판타 레이

민태기

판타 레이

Πάντα ῥεῖ   Panta rhei   萬物流轉

혁명과 낭만의
유체 과학사

사이언스북스
SCIENCE BOOKS

책을 쓸 수 있는 용기를 주었고,
사진들을 같이 촬영했으며, 무엇보다 원고를 다듬는 데
누구보다 큰 역할을 해 준 아내에게 바칩니다.

프롤로그

1989년에 영국의 음악가 존 엘리엇 가디너(John Eliot Gardiner)는 "혁명과 낭만의 오케스트라(Orchestre Révolutionnaire et Romantique)"라는 이름의 오케스트라를 창단했다. 18세기 이전의 음악을 그 시대의 원전 악기로만 연주하는 '시대 연주(Period performance)'의 선구자로 잘 알려져 있던 가디너가 '혁명과 낭만'이라는 이름의 오케스트라를 만든 것은 상당히 의외였다. 풍부한 역사 지식을 갖춘 가디너가 '혁명과 낭만'을 키워드로 택한 이유는 아마도 18세기 이후 프랑스혁명으로 탄생한 루트비히 판 베토벤(Ludwig van Beethoven)의 음악에서부터 19세기 '낭만'이라는 이름으로 피어난 시기의 음악까지 모두아우를 수 있는 단어가 마땅히 없었기 때문일 것이다.

흥미롭게도, 가디너가 주목한 이 시기는 과학에서도 중요한 전환점이다. '혁명'으로 번역되는 '레볼루션(revolution)'은 원래 코페르니쿠스가 지구가 돈다는 것을 설명하기 위해 사용한, '회전'이라는 뜻을 가진 단어였다. 니콜라우스 코페르니쿠스(Nicolaus Copernicus)의 지동설, 즉 레볼루션이 서구 사회에 던진 충격이 얼마나 컸던지 천문학 용어였던 레볼루션이 어느새 정치적 혁명, 즉 사회 체제의 변화라는 의미를 가지게 된 것이다. 코페르니쿠스의 레볼루션은 르네 데카르트(René Descartes)의 과학적 사고를 거쳐 뉴턴 역학을 탄생시켰고, 볼테르(Voltaire)가 유럽 대륙에 전파한 아이작 뉴턴(Isaac Newton)의 『프린키피아(Principia)』는 프랑스 혁명의 사상적 기반이 되었다.

거듭되는 혁명의 소용돌이 속에서 과학은 치열한 정치적 논쟁의 중심에 있었다. 과학자들은 혁명을 지지하기도, 반대하기도 하면서 서로 맞서기도 했으며, 조국이 위기에 처했다며 총을 들고 직접 전장에 나서기도 했다. 혁명은 자유와 평등과 연대의 낭만주의 시대를 열었지만, 과학자들의 삶은 결코 낭만적인 것만은 아니었다. 하지만 과학의 역사에서 가장 격렬했던 이 시기는 오늘날 제대로 다루어지지 않고 있다. 오늘날 뉴턴 역학은 그저 고전 역학으로 불리고 있을 뿐, 어떤 역사적 배경에서 뉴턴 역학이 등장했는지, 그리고 이것이 받아들여지고 극복되기까지 얼마나 오랜 노력이 있었는지에 대해서 사람들은 거의 관심을 갖지 않는다. 그래서인지 뉴턴 역학이라는 한 줄기에서 출발한 열역학이나 전자기학 등 여러 과학 분야들은 현재 서로 상관없는 것처럼 받아들여지고 있다. 대담한 가정이겠지만, 나는 마치 서로 분절된 것처럼 보이는 개별 과학을 꿰뚫는 하나의 연결 고리가 존재한다고 생각한다. 그것이 무엇인지 알 수 있다면 우리는 '혁명과 낭만의 시대의 과학'을 새로운 관점에서 서술할 수 있을 것이다.

나는 이 '잃어버린 고리'를 '판타 레이($\pi\acute{\alpha}\nu\tau\alpha\ \dot\rho\epsilon\tilde\iota$)'라는 개념에서 찾고자 한다. '판타 레이'는 고대 그리스 철학자 헤라클레이토스(Heracleitos)의 유명한 언명으로 "만물유전(萬物流轉)", 즉 "모든 것은 흐른다."라는 뜻이다. 모든 사물은 고정되어 변하지 않는 것이 아니라 마치 흐르는 유체(流體)와 같이 시간에 따라 끊임없이 변한다는 것이다. 이처럼 고대로부터 지식인들은 변화하고 움직이는 모든 것들을 유체 현상으로 이해하려고 했다. 대표적인 예가 아리스토텔레스(Aristoteles)이다. 아리스토텔레스는 지상의 물체들은 물, 불, 공기, 흙의 조합으로 이루어졌다는 4원소설을 제시했다. 그리고 천상 세계의 물체들, 즉 우주와 행성 같은 천체들은 제5원소라 불리는 유체 에테르($\alpha\iota\theta\acute\eta\rho$, aether)로 구성되어 있다고 보았다. 아리스토텔레스의 영향력이 여전히 남아 있던 르네상스 시대와 과학 혁명 초기, 학자들은 천체의 움직임을 이해하기 위해서는 에테르의 움직임을 이해해야 한다고 생각했고, 그러기 위해 '보텍스(vortex, 소용돌이)'라는 유동 현상에 주목했다. (유체 역학에서는 '와류(渦流)', '와동(渦動)'이라고 부르지만, 이 책에서는 훨씬 포괄적인 의미를 가진 '보텍스'라는 단어를 사용할 것이다.) 레오나르도 다 빈치(Leonardo da Vinci)의 보텍스 스케치에서 볼 수 있듯이, 그 시대 사람들은 우리가 사는 세계를 '판타 레이'의 관점으로 보고, 모든 물리 현상을 유체의 보텍스로 이해하고 설명하고자 했다. 그것은 그들에게 지극히 자연스러운 일이었다.

근대 과학의 효시 뉴턴 역학도 사실은 판타 레이와 보텍스 개념에서 출발했다. 코페르니쿠스의 레볼루션을 설명하기 위해 데카르트

1513년 르네상스 지식인 다 빈치가 그린 보텍스. 메디치 가문의 후원으로 성장한 다 빈치는 인체의 해부와 자연 현상에 대한 수백 개의 스케치를 남겼는데, 상당수가 유체의 소용돌이, 즉 보텍스에 대한 것이다. 다 빈치가 유독 보텍스를 많이 그린 것은 해부를 하며 관찰한 심장과 판막 주위의 혈류 보텍스를 인간 활력의 원천으로 생각하였기 때문이다. 이처럼 보텍스를 운동의 근원으로 본 과학 혁명 초기 지식인들의 생각은 데카르트의 보텍스 이론으로 이어졌고, 이에 대한 반론으로 뉴턴의 만유인력이 등장한다. 하지만 보텍스에 대한 논쟁은 그렇게 만만하지가 않았고, 19세기까지 수학과 물리학에 있어 늘 핵심 이슈들이었다. 한편, 프랑스의 르네상스를 꿈꾸던 프랑수아 1세의 요청으로 1516년 다 빈치는 프랑스로 이주한다. 당시 프랑스의 수도는 파리였지만, 잦은 외부 공격에 취약한 탓에 왕실은 파리를 벗어나 루아르 계곡에 숨어 살다시피 하였다. 이에 다 빈치는 왕궁을 파리로 옮길 것을 제안하고, 프랑수아 1세가 이를 받아들여 만들어진 것이 바로 루브르궁이다. 이렇게 하여 파리를 지키던 요새였던 루브르는 왕궁으로 개발되기 시작했고, 다 빈치에 의해 프랑스 왕실에서도 메디치 가문을 따라 미술품 수집이 시작되었다. 1519년 다 빈치는 프랑수아 1세의 품 안에서 사망하는데, 이러한 이유로 루브르에 다 빈치의 유품들이 소장되었고, 또한 세계 최고의 걸작 「모나리자」가 루브르에 전시되는 계기가 되었다.

는 유체의 회전 운동 보텍스를 에테르에 도입했다. 우주 공간을 가득 채운 에테르의 소용돌이가 거대한 행성들을 움직인다고 본 것이다. 뉴턴 역학은 바로 이 데카르트의 보텍스 이론에 대한 정면 도전이었다. 이를 위해 뉴턴은 '운동'을 수학적으로 표현하기 위해 미적분학을 개발했다. 여기서 그는 '유율(流率, fluxion)'이라는 단어를 만들어 미분 변화량을 표현했는데, '유율'이란 유체의 변화량이라는 뜻이다. 뉴턴의 영향을 받은 벤저민 프랭클린(Benjamin Franklin) 역시 전기 현상을 '전류(electric current)'라는 유체 유동으로 이해했고, 제임스 클러크 맥스웰(James Clerk Maxwell)의 전자기 방정식 역시 에테르 유체의 유동 방정식으로 정의되었다. 열과 연소에 대한 연구 역시 칼로릭(caloric, 열소(熱素)라고도 한다.)과 플로지스톤(phlogiston, 연소(燃素)라고도 한다.)이라는 유체 입자들의 흐름으로 이해되었다.

하지만 산업 혁명을 거치며 과학 기술이 비약적으로 발전하면서 자연 현상을 설명하는 이론에서 유체들이 하나둘씩 사라지기 시작했다. 여기서 새로운 학문들이 탄생했다. 앙투안로랑 드 라부아지에(Antoine-Laurent Lavoisier)가 플로지스톤 유체가 없다는 것을 밝히자 연금술은 화학으로 거듭났고, 열을 설명하기 위해 도입한 칼로릭 유체가 사라지면서 엔트로피 개념과 열역학이 등장했다. 뉴턴의 중력 법칙은 데카르트의 보텍스들을 태양계에서 깨끗이 소멸시켜 버렸다.

어떻게 보면 혁명과 낭만의 시대 과학사는 유체 소멸의 역사였다. 마지막으로 남은 유체 에테르는 전자기학을 탄생시켰고 그 이론과 함께 20세기까지 살아남았지만, 알베르트 아인슈타인(Albert

Einstein)의 상대성 이론으로 치명적 타격을 입고 소멸한다. 이제 양자 역학과 상대성 이론을 두 기둥으로 삼은 현대 물리학에서 판타 레이나 보텍스를 개념적 도구로 사용하는 일은 없어졌다. 이후 물리학에서 유체 역학은 서서히 잊혀졌다. 동시에 과학과 철학을, 물리학과 생물학을, 학문과 사회를 연결하던 고리도 사라졌다.

과학은 사회와 격리된 한 천재의 고독한 산물이 아니라 그가 살았던 시대의 필연적 결과물이다. 과학자들 역시 누군가의 아들이나 딸이었고 남편이자 아내였으며 부모였기에 자기 시대와 결코 떨어질 수 없었다. 예술가의 작품을 이해하려면 그가 살았던 시대와 삶에 대해 아는 것이 중요하듯, 과학을 이해하기 위해서도 과학자들이 살았던 시대와 그들의 삶에 주목해야 한다. 이는 인간사에서 너무 멀리 떨어져 버린 오늘날 과학의 참모습을 찾기 위해서다. 물리학에서 잊혀진 유체 역학은 20세기 두 차례의 세계 대전을 거치며 항공기와 로켓의 기초 이론으로 각광을 받으며 공학 분야에서 새로운 자리를 잡았다. 화폐의 흐름을 추적하는 경제학 속에서도 유체 역학의 흐름을 쫓던 옛 과학자들의 유산을 발견할 수 있다. 유체 역학은 여전히 현대 사회의 중요한 구조와 흐름을 이끌고 있다.

이 책에서는 유체 역학의 역사를 다룬다. 하지만 자연 현상의 일부를 설명하는 특정 학문 분야의 흥망성쇠만을 다루려는 것은 아니다. 왜냐하면 거기에는 인간 사회 전체에 대한 이야기가 담겨 있기 때문이다. 판타 레이와 보텍스라는 개념을 가지고 근대 과학사를 들여다보면 혁명과 낭만의 시대에 탄생했던 물리학, 화학, 생물학, 다양한 공학 분야와 그 선구자들의 고민과 논쟁을 보다 일관된 시각에서 바라볼 수 있다. 그런 의미에서 나는 과학사에서 가장 치열했던 이 시기를 주저 없이 '판타 레이'의 시대라고 부르고자 한다.

보텍스(vortex, 와동, 와류, 소용돌이)를 그린 명화로는 산드로 보티첼리(Sandro Botticelli)의 「비너스의 탄생」이 유명하다. 바람의 신이 바람을 일으켜 비너스를 육지 쪽으로 보내는데, 여신의 머리카락이 흩날리는 모습은 켈빈-헬름홀츠 불안정성으로 생긴 물체 뒤의 보텍스 흘림(vortex shedding)으로 인한 현상이다. 아마 미술 작품 중 거의 유일하게 머리카락이 흩날리는 것을 묘사한 작품일 것이다.

차례

DEVS INADIVTORIVM MEV INTENDE DNE AD ADI

1부
책이 건물을 죽이리라

빅토르 위고(Victor Hugo)는 소설 『파리의
노트르담』에서 이 문장 하나로 과학 혁명을
표현했다. 위고가 활약하던 시절, 노트르담은
폐허로 버려져 있었다. 중세를 호령하던
노트르담이 왜 무너졌는지를 추적하던 위고는
그 끝에서 15세기 요하네스 구텐베르크(Johannes
Gutenberg)의 인쇄 혁명을 발견한다. 종교의
시대에 건물은 신의 말씀을 기록하고 숭배하는
곳이었지만 책이 퍼지며 건물은 권위를
잃었다. 위고는 15세기 노트르담이 힘을 잃어
가며 벌어지는 인간 군상의 모습을 날카롭게
집어낸다. 같은 시기, 종교에 가려져 있던 과학은
코페르니쿠스의 레볼루션으로 서서히 드러나고,
이제 우주를 움직이는 원리는 신화가 아니라
유체(流體)로 이해되기 시작한다.

15세기 후반, 장 푸케(Jean Fouquet)가 그린 「성령 강림(Descente du Saint-Esprit, avec
en fond l'Île de la Cité)」. 노트르담 대성당 위 하늘에 형성된 보텍스에서 신의 손과 빛으로 표현된
성령이 내려온다. 계몽의 시대의 전조일까?

1장
레볼루션과 보텍스

1582년 10월 4일의 다음 날이 10월 15일이 되면서 갑자기 달력에서 열흘이 사라진다. '그레고리력(Gregorian calendar)'이라 불리는 새 달력의 도입으로 벌어진 일이다. 기원전 46년 율리우스 카이사르(Julius Caesar)가 시행한 율리우스력은 1년에 단 11분의 오차, 즉 0.002퍼센트라는 엄청난 정확도였지만, 미세한 오차가 1,500년 이상 누적되며 차이는 무려 10일에 이르게 된다. 오차의 누적으로 부활절이 다른 절기와 충돌하자 로마 교황청은 오랜 고민 끝에 10일을 삭제하고 새 달력을 정하게 된 것이다. 하지만 신교 국가들은 교황이 밀어붙인 새 달력을 거부했고, 종교 전쟁으로 둘로 나뉜 유럽은 심지어 달력도 두 가지를 사용하는 대혼란이 벌어진다. 종교 전쟁 속에서 강행된 달력 개혁의 배경에는 니콜라우스 코페르니쿠스의 '레볼루션(revolution)'이 있었다.

1473년 폴란드 북쪽 도시 토룬(Toruń)에서 태어난 코페르니쿠스는 꽤 유명한 가톨릭 주교였던 외삼촌의 권유로 교회법을 공부하면서 교황청의 고민거리인 달력 문제에 눈을 돌린다. 'Copernicus'라는 이름에서 알 수 있듯이 구리(copper) 상인이었던 그의 아버지는 이 지역에 영향력을 행사하던 튜튼 기사단(Ordo Theutonici)에 맞서 폴란드 도시들을 대표하는 열혈 정치인이었다. 1501년 코페르니쿠스는 달력 문제를 본격적으로 연구하기 위해 파도바 대학교에서 의학을 전공한다. 의대에 진학한 이유는 히포크라테스(Hippocrates)가 "점성학을 알지 못하는 자는 의사가 될 수 없다."라고 할 정도로 이 시절 의학은 천문학을 배우는 유일한 방법이었기 때문. 당시 일원론적 세계관에서 점성술로 인간사를 바라보는 것은 당연한 일이었고, 천문학(astronomy)과 점성학(astrology)은 아직 구분되지 않았다.

새로운 달력이 필요하다는 것은 모두가 공감했으나, 어느 시점부터 얼마만큼 수정해야 하는지가 문제였다. 월세를 받는 집주인에게도, 대출 이자를 갚아야 하는 채무자에게도, 달력의 수정은 이해 관계가 복잡하게 얽힌 첨예한 문제였다. 이처럼 누구도 나서지 못하는 상황이 계속되자 1514년 교황 레오 10세(Leo X)는 직접 달력 문제를 해결하고자 천문학(또는 점성술)으로 이름 높은 코페르니쿠스를 초청한다. 하지만 코페르니쿠스는 교황의 요청을 정중히 거절했다. 이미 천동설을 의심하고 있던 그는 지구를 중심에 둔 천문 체계로는 달력 개혁에 근본적인 한계가 있다고 생각했기 때문이다. 1517년 마르틴 루터(Martin Luther)가 레오 10세의 면죄부 발행에 반박문을 발표하며 시작된 종교 전쟁으로 달력 개혁은 중단된다.

폴란드 프롬보르크 대성당에 묻힌 코페르니쿠스. 코페르니쿠스는 외삼촌이 주교로 있던 이 프롬
보르크 대성당에 근무하며 지동설을 완성한다. 안타깝게도 출판을 눈앞에 두고 코페르니쿠스는
사망하고, 그의 유해는 성당에 묻혔다. 하지만 정확한 위치는 알려지지 않았다. 2005년 성당에서
발견된 신원 미상의 유골이 2008년 DNA 분석을 통해 코페르니쿠스의 것으로 밝혀졌고, 유골이
발견된 자리에 사진과 같이 기념비가 세워졌다. 참고로 프롬보르크 대성당은 쾨니히스베르크에
서 불과 70킬로미터 떨어진 곳에 있다.

1장 레볼루션과 보텍스

이 무렵 코페르니쿠스는 천동설에서 벗어나 자신의 새로운 이론인 지동설을 체계화하여 노트 형식으로 배포하기 시작하고, 여기에 사용된 정교한 천문 계산은 전문가들의 입소문을 타게 된다. 한편, 끊임없이 폴란드와 대립하던 튜튼 기사단은 종교 전쟁의 틈바구니에서 루터의 힘을 등에 업고 독자적인 국가 수립에 나선다. 이렇게 폴란드 북부 지역에서 역사상 최초의 신교 국가로 탄생한 나라가 프로이센이다. (1525년) 이때 새 국가의 수도로 야심 차게 건설된 신도시가 바로 '왕의 산'이라는 뜻을 가진 쾨니히스베르크(Königsberg)이다.

당시, 폴란드와 대립하던 튜튼 기사단은 재정 조달을 위해 은 함유량이 낮은 주화를 남발했다. 이 때문에 폴란드에 대혼란이 벌어지자 구리 상인의 아들이었던 코페르니쿠스가 나섰다. 그는 순도가 떨어지는 새 주화가 유통되며 벌어진 현상을 분석했다. 순도가 낮은 은화가 풀리자 순도 높은 구 은화는 녹여서 은으로 팔려 사라졌고, 대신 질 낮은 새 은화만 계속 유통되었다. 나중에 경제학에서 "악화가 양화를 구축한다."라는 '그레셤의 법칙'으로 알려진 이 문제를 최초로 분석한 사람이 코페르니쿠스였다. 그는 화폐는 액면가의 고정된 가치를 가지는 것이 아니라 적절한 시장 가격을 갖는다는 것을 처음으로 밝히며 화폐 개혁을 주장한다. 하지만 복잡한 정치 상황으로 코페르니쿠스의 화폐 개혁은 받아들여지지 않았다. 한참 뒤, 그레셤의 법칙을 해결한 사람은 아이작 뉴턴이다.

1533년 코페르니쿠스는 레오 10세의 조카였던 새 교황 클레멘스 7세(Clemens VII)에게 지동설을 설명할 기회를 얻는다. 해가 지날수록 율리우스력의 오차가 누적되자 교황청은 정확한 1년의 길이를 설명할 수 있는 코페르니쿠스의 이론(지동설)에 호감을 보인다. 하지만 신교의 리더 마르틴 루터는 1539년 "여호수아가 멈추라고 한 것은 태양이지 지구가 아니다."라고 성경 구절을 인용하며 가톨릭이 옹호하던 지동설에 돌직구를 날렸다. 루터의 공격은 신교의 나라 프로이센으로 둘러싸여 있던 폴란드의 가톨릭 성직자 코페르니쿠스를 난처하게 했다. 지동설이 종교 갈등으로 번질 것을 우려한 주위 사람들의 권유로, 코페르니쿠스는 외부 활동을 줄이고 책의 출판을 추진한다. 하지만 출판 과정은 매우 더뎠고, 1543년 출판 교정이 마무리될 무렵 이미 코페르니쿠스는 뇌출혈로 쓰러진 뒤였다. 다행히 코페르니쿠스는 자신의 책의 인쇄본을 보고 난 뒤 눈을 감았다. 이렇게 서구 문명에 가장 큰 충격을 준 저작물『천구의 회전에 대하여(*De Revolutionibus Orbium Coelestium*)』가 세상에 드러났다.

이 책은 소수의 전문가만이 이해할 수 있었기에 단 400부만 인쇄되었고, 그나마도 다 팔리지도 않았다. 6권으로 이루어진 이 책의 원제에서 '레볼루티오니부스(revolutionibus)', 즉 '레볼루션(revolution)'은 천체의 회전을 의미한다. '레볼루션'이 '혁명'이라는 의미를 가지게 된 것은 뉴턴의『프린키피아』가 출판되던 1688년 영국의 명예 혁명(Glorious Revolution)부터이다. 이처럼 원래 천문학 용어였던 '레볼루션'은 코페르니쿠스 이후 '혁명적인 변화'라는 의미로 이해되기 시작했다. 철학자 이마누엘 칸트(Immanuel Kant)는 코페르니쿠스의 '레볼루션'을 "코페르니쿠스적 전환(Kopernikanische Wendung)"이라고 명

일본의 가나자와 공업 대학이 소장하고 있는 『천구의 회전에 대하여』 초판 원본. 이 대학에는 코페르니쿠스의 책 외에도 갈릴레오, 케플러, 데카르트, 베르누이, 뉴턴, 찰스 다윈(Charles Darwin)의 초판본들이 소장되어 있다. '공학의 새벽 문고(工學の曙文庫)'라고 불리는 이 컬렉션을 어떻게 이 조그만 지방 사립 공과 대학이 보유하게 되었는지는 알 수 없지만, 이 컬렉션을 소개하는 홈페이지는 다음과 같이 서술하고 있다. "가나자와 공업 대학은 공학의 창조적인 탐구와 인간의 가치와의 관계를 제대로 파악하고 판단하기 위해서는 과학 및 공학 발전의 궤적에 대한 역사적 인식이 중요하고 또한 필수적이라고 확신합니다. 이러한 생각에서 과학 기술사 및 과학 기술 윤리에 대한 교육과 연구를 하고 있습니다. 또한 이러한 목표를 위하여 과학사 속의 주요 과학적 발견, 기술적 발명의 원전 초판을 수집하고 그것을 교육 및 연구에 활용하고 있습니다. 가나자와 공업 대학은 통찰력을 갖춘 다음 세대의 기술자를 육성하기 위해, 모든 학생에게 과학이나 기술의 문화사, 사상사, 윤리에 관한 과목을 필수로 하고 있습니다. 공학의 새벽 문고는 그 중추를 이루는 것으로 강의에 활용되고 있습니다." 이 대학은 지난 10년간 일본 대학 평가에서 부동의 1위를 달리며 대학 혁신의 아이콘으로 불리고 있으며, 9층짜리 도서관을 운영하고 있다. 한편, 이 책은 현재 전 세계에 300권 정도만 남아 있는 회귀본으로 2008년 크리스티 경매에서는 150만 달러에 거래되었다.

명했으며, 토머스 쿤(Thomas Kuhn)은 이를 다시 "코페르니쿠스 혁명 (Copernican Revolution)"이라고 부르며 패러다임이 완전히 바뀌는 과정을 일컫는 용어로 사용했다.

『천구의 회전에 대하여』가 출판되자 천문학자들은 지동설보다 코페르니쿠스의 획기적인 천문 계산법에 더 주목했고, 태양의 1년 주기에 대한 계산은 한층 더 정확해졌다. 마침내 1582년 교황 그레고리우스가 코페르니쿠스 이론에 사용된 계산법을 바탕으로 새 달력을 발표한다. 이것이 현재 우리가 사용하고 있는 달력인 그레고리력으로, 율리우스력의 오차 0.002퍼센트는 0.00008퍼센트로 줄어들었다. 하지만 신교 국가인 영국은 170년이나 지난 1752년이 되어서야 새 달력을 받아들였고, 가톨릭을 받아들이지 않은 러시아는 볼셰비키 혁명 정부가 들어선 1918년에야 받아들였다. 따라서 1642년 크리스마스에 태어난 영국 과학자 뉴턴은 사실 그레고리력으로는 1643년생이고, 1917년 러시아 10월 혁명은 그레고리력으로는 11월 혁명이다. 교황청의 새 달력에서 출발한 코페르니쿠스 이론은 학계와 가톨릭 교회에서 받아들여졌지만, 의외의 사건으로 종교 논쟁으로 번진다.

독일에서 시작된 루터의 종교 개혁이 프랑스로 전해져 1562년 위그노 전쟁이 발발하면서 가톨릭은 이제 유럽 전역에서 신교와 대결하게 된다. 당황한 교황청이 가톨릭의 단일 대오를 강조하며 일체의 이견을 금지하자, 사상 통제에 강력히 반발하던 조르다노 브루노(Giordano Bruno)는 1591년 베네치아에서 체포되어 종교 재판에 회부

된다. 이후 재판 과정에 벌어진 논쟁에서 브루노가 '사상의 자유'의 중요한 사례로 코페르니쿠스의 지동설을 언급하자 이제 지동설은 과학계의 손을 떠나 종교와 정치적 자유의 이슈로 부각된다.

무려 8년에 걸친 고문과 재판에도 끝내 자신의 신념을 굽히지 않았던 브루노는 유럽 전역에 엄청난 파장을 일으켰다. 교황청 역시 종교 전쟁의 대립 속에 내부 단속을 포기할 수 없었기에 결국 1600년 브루노를 공개 화형에 처했다. 얼마 전까지 코페르니쿠스의 이론으로 새 달력을 완성했던 교황청은 이 시점 이후 지동설을 불온 사상으로 간주한다.

브루노가 처형되던 1600년, 보헤미아(지금의 체코)의 수도 프라하에 요하네스 케플러(Johannes Kepler)가 등장한다. 신성 로마 제국 황제 루돌프 2세(Rudolf II)의 초청으로 튀코 브라헤(Tycho Brahe)의 천문대에 합류한 것이다. 당시 루돌프 2세는 명목상 신성 로마 제국 황제였지만 거듭된 실정으로 자신이 다스리던 빈에서 따돌림을 받아 신교가 지배하던 프라하에 머물렀다. 달력 개혁 이후 정확한 천문 관측이 중요해지자 황제는 자유 도시 프라하에 유럽 최고의 천문대를 짓고, 당대 최고의 관측 전문가인 덴마크 왕족 튀코 브라헤를 초빙했다. 여기에 유럽 전역에서 최고의 학자들이 모여 성과들이 나오기 시작하자, 케플러도 초청한 것이다.

최고의 천문학자 튀코 브라헤와 일하게 된 것은 케플러로서는 엄청난 행운이었다. 하지만 브라헤는 자료를 쉽사리 공유하지 않았다. 게다가 케플러는 코페르니쿠스의 '레볼루션'에 근거하여 지동설을 확신했지만, 튀코 브라헤는 동의하지 않았다. 왜냐하면, 코페르니쿠스 이후 더욱 발전된 관측 기술로 새롭게 발견된 자료들은 코페르니쿠스의 이론과 차이가 있었기 때문이다. 1601년 귀족과의 만찬에서 와인을 마시고 생리 작용을 참다가 방광이 터져 어이없이 죽어 가던 튀코는 마지막 순간에야 모든 자료를 케플러에게 넘긴다는 유언을 남긴다.

케플러는 튀코 브라헤가 수십 년간 관측하며 꼼꼼히 남긴 행성 운행 자료를 정리하다가 놀라운 사실을 발견한다. 당시까지 천동설이든 지동설이든 모든 행성 운행은 등속 원운동이라고 가정하고 있었다. 그런데 관측 자료에 따르면 행성 궤도는 타원이었고 등속 운동도 하지 않았다. 바로 이 때문에 브라헤의 관측 결과와 코페르니쿠스의 이론이 달랐던 것이다. 이후 케플러는 코페르니쿠스의 이론에 타원 궤도를 결합함으로써 보다 완전한 지동설을 완성한다. 1625년 케플러는 브라헤가 남긴 방대한 자료를 바탕으로 코페르니쿠스보다 훨씬 정확한 천문 관측표를 출판한다. 이 천문 관측표는 후원했던 루돌프 2세를 기념하여 "루돌프표(Tabulæ Rudolphinæ)"라고 명명했다. 여기서 뉴턴의 만유인력 법칙의 기반이 되는 '케플러의 법칙'이 탄생한다.

한편, 코페르니쿠스를 배출한 파도바 대학교 교수 갈릴레오 갈릴레이(Galileo Galilei)가 1609년 천문 관측에 망원경을 도입하여, 육안에 의존하던 관측 기술은 한층 더 발전한다. 이제 적어도 천문학을 배우는 학자들 사이에서 지동설과 타원 궤도는 부인할 수 없는 사실로 굳어진다. 하지만 거듭되는 신교와의 갈등에 통제력을 상실할까 불안해하던 교황청은 마침내 1616년 코페르니쿠스의 『레볼루션』, 즉 『천구의 회전에 대하여』를 금서로 지정하기에 이른다.

∞

　루돌프 2세가 사망하자 신성 로마 제국은 보헤미아에 신앙의 자유를 허용하지 않았고, 반발한 보헤미아의 지배 세력들이 1618년 황제의 비서를 프라하 왕궁 창문 밖으로 집어 던지는 사건이 발생한다. 제국은 총동원령이 내려지고, 당황한 보헤미아는 신교 국가에 도움을 청하며 국제전으로 확장된다. 이것이 전 유럽을 완전히 초토화한 30년 전쟁의 시작이다. 1620년 프라하 외곽에서 전쟁 초기의 승패를 결정짓는 '백산 전투'가 벌어졌다. 여기에 프랑스 귀족 출신 용병이 참전하는데, 이 사람이 바로 청년 르네 데카르트이다. 1596년 위그노 전쟁 막바지에 프랑스 법복 귀족의 아들로 태어난 데카르트는 아버지의 뒤를 이어 법대를 졸업하지만, 넓은 세계를 경험하고자 네덜란드 독립 영웅 빌럼 판 오라녜(Willem van Oranje)[1]의 아들 마우리츠 판 나사우(Maurits van Nassau) 군대의 일원으로 프라하 전투에 참가한 것이다.

　1620년 프라하 전투가 끝나자 데카르트는 군대를 떠나 학문과 사상의 자유를 누리기 위해 1629년부터는 네덜란드에 아예 정착한다. 할아버지와 외할아버지가 모두 의사였지만 어릴 때부터 몸이 약했던 데카르트는 아버지가 원하던 법학 공부를 의학 공부와 병행했다. 그리스 어로 '피시스($\phi \acute{u} \sigma \iota \varsigma$)'는 라틴 어로는 '나투라이(naturae)', 영어로는 '네이처(nature)'로서 '자연'이라는 의미와 함께 '본질(또는 본성)'

네덜란드 화가
프란스 할스(Frans Hals)가 그린
데카르트의 초상화.

이라는 뜻도 가지고 있다. 아리스토텔레스는 자연 철학으로서 피지스를 다루는 학문을 '물리학(physics)'이라고 불렀다. 코페르니쿠스 시절 점성학과 결합되어 있던 의학은 데카르트 시대에 와서는 생명의 '본질(physis)'인 운동 메커니즘을 '물리학(physics)'으로 다루는 '생리학(physiology)'으로 발전했다. 따라서 의사 데카르트는 사물의 운동과 천체의 운동을 '생리학' 관점으로 바라보았다. 이러한 연구의 결과로 탄생한 것이 1637년의 『방법서설(*Discours de la Méthode*)』이다.

"Cogito, Ergo Sum." 즉 "나는 생각한다, 고로 존재한다."로 유명한 『방법서설』은 존재론과 인식론을 결합한 근대 서양 철학의 출발점이다. 이 명제는 의사 데카르트의 기계론적 인간관이 반영된 것으로, 인지와 감각에 대한 해부학적 분석과 생리학을 기초로 데카르트

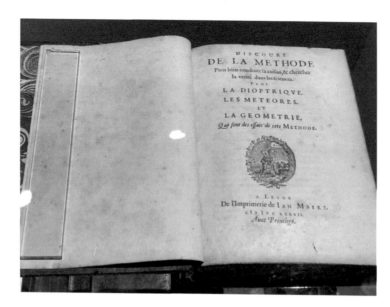

일본 가나자와 공업 대학의 데카르트의 『방법서설』 초판 원본. 동시대의 지식인들이 주로 라틴 어로 책을 쓴 것과 달리 프랑스 어로 집필되었다. 따라서 라틴 어로 'Cogito, Ergo Sum'으로 알려진 명제는 사실 이 책에는 프랑스 어로 "Je pense, donc je suis"라고 씌어 있다. 책의 원제목은 "이성을 올바르게 이끄는 방법, 그리고 이 방법의 실험들인 굴절 광학, 기상학 및 기하학 등의 과학에서 진리를 찾기 위한 방법의 서설(Discours de la methode pour bien conduire sa raison, et chercher la verite dans les sciences plus la dioptrique, les meteores et la geometrie qui sont des essais de cette methode)"이다. 제목에서 알수 있듯이 『방법서설』에서 말하는 방법의 대상은 형이상학으로서의 추상적인 철학이 아니라, 합리적인 이성 체계를 위한 구체적인 과학이다. 데카르트는 'physiolgy'를 신봉하는 의사로서 인간을 잘 만들어진 기계로 간주하고(기계론적 인간관), 인간의 인식과 운동을 해부학적으로 규명하고 설명했다. 여기서 기계론적 인과율이 탄생하여 반드시 결과에는 원인이 있다는 합리적이고 이성적인 사고 체계가 등장한다. 데카르트는 또한 합리적 사고 체계를 기하학에 적용하여 자와 컴퍼스만을 사용하는 유클리드 기하학에서 벗어나 최초로 좌표계를 도입한다. 이를 데카르트 좌표계(Cartesian coordinate)라고 한다. 우리가 중학교 때 배우기 시작하는 XY 좌표계가 이것인데, 여기서 해석 기하학이 시작되었고, 뉴턴과 라이프니츠의 미적분학이 탄생하게 된다.

는 인간을 혈액이라는 순환 유체가 지배하는 유체 기계로 생각했다.

또한, 데카르트는 인과율에 대한 확고한 믿음으로, 모든 질환에는 반드시 원인이 있고 그 원인을 제거하는 것이 의사의 사명이라고 보았다. 코페르니쿠스 시절만 해도 인간의 질병을 해결하기 위해서 천문 관측이 중요했지만 데카르트는 인간의 생로병사가 우주의 자연 법칙과 연결된다는 막연한 믿음에 불과한 일원론적 세계관을 거부했다. 대신 물리 법칙이 적용되지 않는 영혼의 영역과 반드시 직접적인 인과율이 존재하는 물질의 영역을 구분하는 이원론적 세계관을 도입한다. 이 시점부터 비로소 과학은 종교와 신비주의를 벗어나기 시작했다. 데카르트의 체계적이고 과학적인 분석이 알려지며 의사로서의 명성도 높아진다. 그의 영향을 절대적으로 받았던 네덜란드의 과학자 크리스티안 하위헌스(Christiaan Huygens)가 간곡히 방문을 요청할 정도로, 데카르트는 당대의 지식인들이 꼭 진찰을 받고 싶어 하던 의사였다.

1647년 데카르트는 프랑스 과학 영재 블레즈 파스칼(Blaise Pascal)의 치료 요청을 받고 그를 방문한다. 사실 데카르트는 치료보다는 파스칼의 진공 실험에 더 관심이 있었다. 데카르트가 생각한 인과율의 물리 법칙은 반드시 직접적인 접촉을 통해서만 전달되므로, 아무런 전달 매질이 없는 진공은 존재할 수 없다. 진공을 주장했던 파스칼은 진공을 믿지 않는 데카르트에 처음에 실망하지만, 논리적이고 합리적인 데카르트의 생리학적인 처방에 차차 효과를 보자 결국 데카르트를 진심으로 존경하게 된다.

당시 파스칼은 1643년 갈릴레오의 제자 에반젤리스타 토리첼리(Evangelista Torricelli)의 수은주 실험을 물로 바꾸어 동일한 결과를 얻는다. 이 실험의 목적은 물과 수은주로 진공을 만들어 공기가 누르는 힘, 즉 기압을 측정하는 것이다. 여기서 유체 정역학(hydrostatics)이 탄생하고,[2] 이들의 업적을 기려 압력의 단위에 '토르(Torr)'와 '파스칼(Pa)'이 사용된다. 이후 진공 논쟁을 주도하던 파스칼은 유체 정역학 연구를 통해 1653년 '파스칼의 원리'를 발견한다. 이를 이용하면 유체의 단면적을 바꾸는 것만으로도 작은 힘으로 큰 힘을 발생시킬 수 있다. 기계식 압착기인 유압 프레스가 여기서 탄생했다. 자동차나 열차에 널리 쓰이는 유압식 브레이크 역시 파스칼의 원리를 이용한 것이다.

30년 전쟁이 절정에 이르자 가톨릭의 사상 통제가 더욱 심해진다. 교황 가문과 잘 알고 지내던 대학자 갈릴레오조차 가택 연금될 정도로 교황청은 지동설의 확산을 막는 데 필사적이었다. 하지만 지동설에 대한 관심은 더욱 높아져만 갔다. 종교 전쟁이 마무리되는 시점에 지구가 태양을 돌고 있다는 사실은 지식인들에게 더 이상 의문의 대상이 아니었다. 문제는 '왜 도는가?'였고, 이제부터는 무엇이 행성들의 '레볼루션'을 일으키는지에 대한 의문으로 바뀌었다. 기계론적 인과율을 신봉하던 데카르트의 관점에서 행성의 운동에는 반드시 원인이 있어야 했고, 힘은 원격으로 작용하는 것이 아니라 직접적인 접촉에 의해서만 가능했다. 따라서 진공을 믿지 않던 그는 우주를 '에테르'라는 유체로 가득 채워진 공간으로 보고, 에테르가 만드는 '보

일본 가나자와 공업 대학이 소장한 파스칼의 『액체의 평형에 대한 논문집(*Traitez de l'equilibre des liqueurs*)』 초판 원본. 파스칼의 원리 발견 이후 말년의 파스칼은 유체 정역학 연구에 매진했고, 파스칼의 원리를 포함한 그의 유체 역학 연구 성과들은 사후에 출판된 이 책에 정리되어 있다.

텍스'가 행성들을 회전시킨다고 생각했다. 이를 '보텍스 이론'이라 부르는데, 당대 최고의 석학이 제시한 이 이론으로 촉발된 논쟁은 향후 수백 년간 과학계의 화두가 되어 결국 아인슈타인의 상대성 이론에까지 이르게 된다.

전 유럽을 휩쓴 30년 전쟁은 1648년 베스트팔렌 조약으로 마무리된다. 보헤미아에서 합스부르크 가문에 대한 반발로 시작된 이 전쟁으로 신성 로마 제국은 독일에 대한 영향력을 완전히 상실하여 오스

1장 레볼루션과 보텍스

트리아와 동유럽으로 축소되었다. 인구의 3분의 1이 사망한 독일은 수많은 제후국으로 분할되어 유럽에서 가장 낙후된 곳으로 전락한다. 하지만 전쟁 중에 베를린의 브란덴부르크 공국과 합병한 프로이센은 베스트팔렌 조약으로 대규모 영토를 보장받으며 신흥 강국으로 등장한다. 또한, 80년간의 기나긴 독립 전쟁 끝에 네덜란드의 독립이 최종 확정되어, 신대륙 발견 이후 강대국으로 군림하던 네덜란드의 지배자 스페인의 몰락이 시작된다. 종교의 도그마에 갇혀 국력을 낭비한 스페인과 신성 로마 제국과 달리 철저히 실리를 챙긴 프랑스와 영국이 30년 전쟁 이후 유럽의 강대국으로 급부상한다.

한편, 베스트팔렌 조약으로 독립국이 된 스웨덴은 부국강병을 위해 당대 최고의 석학 데카르트를 초청하고, 데카르트는 1649년 스웨덴으로 향한다. 하지만 건강에 무리가 갔는지, 아니면 스웨덴의 기후에 적응하지 못한 탓인지 폐렴을 얻어 1650년 사망한다. 당대 최고의 의사였고 장수와 건강의 비법을 터득했다고 알려진 데카르트의 급사는 유럽 지성계에 충격을 주었으며, 한동안 그의 암살설이 음모론으로 돌기도 했다. 그의 나이 53세였다.

2장
소용돌이와 저항

17세기 유럽에 전파된 커피는 대도시를 중심으로 급속히 퍼진 커피하우스(coffeehouse)를 통해 유행처럼 번져 갔다. 사교를 담당하던 선술집에서 술에 빠져 있던 유럽 사람들은 새로이 등장한 커피의 각성제 효과를 만끽하며 비로소 맨정신으로 새로운 사상과 학문, 예술을 꽃피워 나가기 시작한다. 커피가 전해지기 전 유럽 인들이 주로 마시던 음료수는 와인으로, 심포지엄의 어원인 '심포시온(συμπόσιον)'은 그리스 어로 '같이 마시다.'라는 뜻이다. 고대 그리스에서 지성의 발달은 바로 이 '심포지온'에서 비롯되었다. 그리스 지식인들은 밤새 와인을 마시며 인간 본성과 우주에 관해 토론을 벌였다. 플라톤의 대표작인 『향연(饗宴)』의 그리스 어 제목이 『심포지온』이다. 이처럼 유럽은 오랫동안 술에 취해 있었고, 유럽이 산업 혁명과 시민 혁명을 통해 깨어난 것은 커피 대유행의 시기와 때를 같이 한다.

런던에 커피하우스가 유행하자 다양한 분야의 사람들이 모여 토

현대 과학과 사상, 그리고 다양한 경제 제도의 출발점이 된 17세기 런던의 커피하우스.

론을 즐기기 시작했다. 여기서 이제 막 태동하기 시작한 근대 물리학적 성과들이 자연 철학의 이름으로 논의된다. 단돈 1페니만 내면 커피하우스에서 무제한으로 커피를 마시며 이 논쟁에 참여할 수 있었기에 커피하우스를 '페니 대학(Penny University)'이라고 불렀다. 커피하우스에 모여 자연 과학을 토론하던 로버트 훅(Robert Hooke), 로버트 보일(Robert Boyle) 등의 학자들은 자신들만의 모임을 만든다. 이것이 1660년 런던 왕립 학회의 시작이다. 커피하우스가 난립하자 치열한 경쟁 속에 다른 가게와 차별화를 시도한 커피하우스들도 등장한다. 1688년 런던 에드워드 로이드(Edward Lloyd) 커피하우스의 주요 고객은 선원들과 선주들로서 그들은 로이드의 커피하우스에서 각종 해운 관련 정보들을 교환했다. 여기서 세계 최대의 해운 및 보험사 로이드(Lloyd)가 탄생했다. 뉴욕과 런던의 증권 거래소 역시 커피하우스에서 유래했고, 세계 최대의 경매 회사인 소더비와 크리스티 역시 커피하우스에서 시작했다.

커피하우스의 유행이 유럽을 휩쓸던 1642년에 태어난 뉴턴은 부유한 어머니의 재혼으로 방황한다. 심지어 그녀는 뉴턴에게 학교를 그만두게 하고 농사일을 가르치려 했다. 이때, 케임브리지 출신 외삼촌이 어머니를 설득해 준 덕분에 뉴턴은 1661년 케임브리지에 입학한다. 뉴턴은 절대 어머니의 도움을 받지 않기 위해 대학 시절 각종 아르바이트로 학비를 조달하고 심지어 대부업까지 하며 이재에 밝은 면모를 보였다. 그 역시 커피하우스의 단골손님이었다. 그는 젊은 시절 이미 중력 법칙의 많은 부분을 밝혀냈지만, 커피하우스에서 로버트 훅과 벌인 빛의 본질에 관한 논쟁에서 무참히 깨지자 훅이 주도하던 주류 학계와 연을 끊고 중력과 관련한 일체의 내용을 발표하지 않고 있었다.

1681년, 런던의 한 커피하우스에서 훅과 중력에 대한 논쟁을 벌이던 에드먼드 핼리(Edmond Halley)[1]는 논리에 밀리자 케임브리지에 칩거해 있던 훅의 라이벌 뉴턴을 찾아간다. 여기서 핼리는 뉴턴이 이미 오래전에 중력 법칙을 발견했다는 것을 알고 놀란다. 그는 뉴턴에게 이 결과를 발표하도록 권유하지만, 뉴턴이 계속 주저하자 핼리 스스로 인쇄 비용까지 부담하며 책으로 출판하도록 적극 추진한다. 이 책이 바로 1687년의 『프린키피아』이다. 이때 뉴턴의 나이 45세이고, 중력에 대한 뉴턴의 아이디어가 만들어진 지 무려 20여 년이 지난 뒤의 일이다. 모두 3권으로 이루어진 이 책의 1권은 $F=ma$로 대표되는 힘에 대한 법칙들을 다루고, 3권은 중력이 거리의 제곱에 반비례한다는 만유인력의 법칙을 다룬다. 여기서 케플러의 행성 운동 법칙들이 모두 수학적으로 증명된다. 2권은 현대 물리학자들의 주목을 별로 받지 못하는데, 바로 유체 역학을 다룬다. 2권의 표적은 당시 행성 운동의 원인을 설명하는 주류 학설인 데카르트의 보텍스 이론이었다.

1644년에 출간된 『철학의 원리』에서 데카르트는 행성의 회전 운동, 즉 레볼루션을 일으키는 힘은 우주를 가득 채운 유체인 에테르가 일으키는 보텍스라고 생각했다. 용기에 채워진 물을 회전시키면 물 위에 뜬 꽃잎도 같이 회전하듯이 행성도 에테르라는 유체의 보텍스 속에서 회전한다는 대학자의 이러한 설명은 꽤 설득력 있었다. 하지만 케플러 법칙에 따르면 태양계 바깥쪽에 있는 행성일수록 공전 속도가 느려지므로 보텍스 역시 바깥쪽으로 갈수록 느려져야 한다. 이렇게 태양에서 멀어질수록 에테르가 느려진다는 것은 보텍스 회전에 제동이 걸린다는, 즉 마찰이 작용한다는 것을 의미한다. 마찰이 저항으로 작용하면 보텍스는 유지될 수 없다. 더군다나 행성들의 궤도를 가로지르는 혜성은 에테르의 마찰 저항을 거슬러 이동해야 한다. 진자 운동이 공기 저항 때문에 영원히 지속할 수 없는 것처럼 에테르 보텍스에 의한 행성 운동 역시 유체의 저항 때문에 지속될 수 없다는 것이다.

이처럼 뉴턴은 유체의 저항 때문에 거리에 따라 유체의 속도에 차이가 만들어진다고 보았다. 이러한 거리에 따른 유체의 속도 차이를 물리학에서는 속도의 전단율(剪斷率, shear rate)이라 부른다. 뉴턴의 정의에 따르면 유체의 저항은 속도의 전단율에 선형적으로 비례하고, 그 비례 계수가 '점도(粘度, viscosity)'가 된다. 뉴턴 이후 유체의 점도와 전단율이 선형적이지 않은 경우가 훨씬 많이 발견되자 이를 구분하기 위해 선형적인 경우를 '뉴턴 유체(Newtonian fluid)'라고 하고, 비선형적인 경우를 '비뉴턴 유체(non-Newtonian fluid)'라고 부른다.

뉴턴은 『프린키피아』 2권에서 보텍스 이론으로는 케플러의 법칙을 설명할 수 없다고 비판하고, 『프린키피아』 3권에서 수학적으로 만유인력을 도입했다. 물체 간의 힘은 질량에 비례하고 거리의 제곱에 반비례한다는 만유인력 방정식은 에테르 보텍스의 도움 없이도 케플러의 타원 궤도와 공전 법칙을 완벽하게 설명한다. 문제는 뉴턴의 만유인력이, 닿지 않아도 원격으로 작용한다는 점이었다. 데카르트를 비롯한 당시 과학자들은 물체를 움직이는 힘은 반드시 직접적인 접촉이나 충돌을 통해서만 가능하다고 믿었다. 과학은 미신이나 신비주의에서 벗어나기 위해 염력이나 주술같이 원격으로 작용하는 힘을 거부했다. 닿지 않아도 작용한다는 뉴턴의 대담한 가정은 『프린키피아』(『자연의 수학적 원리』)로 데카르트의 『프린키피아』(『철학의 원리』)를 반박한 것이다. 주류 과학계에서는 격렬한 반발이 터져 나왔다.

과학계가 뉴턴의 『프린키피아』를 받아들이는 데는 오랜 시간이 걸렸다. 학자들은 뉴턴을 여전히 신비주의자라고 생각했고 데카르트의 보텍스 이론을 믿었다. 이들은 뉴턴 역학에 반격하기 위해 점성이

2장 소용돌이와 저항

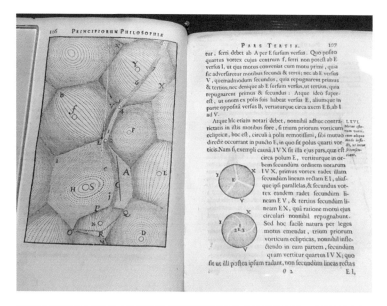

일본 가나자와 공업 대학이 소장한 데카르트의 『철학의 원리』 초판 원본. 보텍스 이론을 설명하는 부분이다. 이 책 역시 『프린키피아』로 불리며, 당시 보헤미아 공주 엘리자베트(Elisabeth, Princess of Bohemia)에게 헌정되었다. 독일 하이델베르크 성에서 태어난 그녀의 아버지는 하이델베르크의 군주 프리드리히 5세(Friedrich V)였다. 장 칼뱅(Jean Calvin)을 받아들인 신교의 지도자였던 그는 프라하에서 30년 전쟁이 발발하자 신교의 보호를 위해 보헤미아의 군주로 즉위한다. 하지만 데카르트가 참전한 1620년의 백산 전투에서 패전하자 보헤미아에서 추방되어 가족과 함께 네덜란드로 망명했다. 어린 시절 하위헌스에게 과학과 철학을 배우며 성장한 엘리자베트 공주는 대학자 데카르트와 평생의 친구가 되었다. 가족의 망명 후 네덜란드에서 태어난 엘리자베트의 여동생 소피아(Sofia of Hanover)는 나중에 하노버 영주와 결혼한다. 여기서 그녀는 궁정 도서관 관장이던 대학자 고트프리트 빌헬름 라이프니츠(Gottfried Wilhelm Leibniz)를 만나 엄청난 존경심을 갖고 기꺼이 후원자가 된다. 이 소피아가 낳은 아들이 나중에 영국의 국왕이 되는 조지 1세(George I)이다. 한편, 하이델베르크 성은 30년 전쟁으로 엄청난 피해를 입어 다시는 복구되지 못하고 현재까지 폐허로 남아 있다.

존재하지 않는 비점성 유체, 즉 이상 유체(ideal fluid) 이론을 전개했다. 이상 유체로서의 에테르의 보텍스는 라이프니츠에 계승되어 레온하르트 오일러(Leonhard Euler)와 다니엘 베르누이(Daniel Bernouli)에 의해 발전되었고, 19세기에는 켈빈 경(Lord Kelvin), 헤르만 폰 헬름홀츠(Herman von Helmholtz)로 이어져 맥스웰 전자기학의 핵심 원리가 되었으며, 마침내 상대성 이론의 탄생을 이끄는 역할을 한, 기나긴 과학사의 연결 고리이다. 참고로, 역사상 『프린키피아』로 불리는 책은 데카르트의 『프린키피아』, 뉴턴의 『프린키피아』 그리고 버트런드 러셀(Bertrand Russell)과 앨프리드 노스 화이트헤드(Alfred North Whitehead)의 『수학의 원리(Principia Mathematica)』가 있다.

∞

한편, 이 시기 영국은 정치적 격동에 휘말린다. 1660년 영국 역사상 유일한 공화정이었던 올리버 크롬웰(Oliver Cromwell)의 청교도 혁명 정부가 무너지고 왕정 복고가 이루어졌다. 이후 의회와 왕권은 다시 대립하며 위기가 고조되었다. 1687년 제임스 2세(James II)는 대학을 직접 통제하기 위해 케임브리지에 자신의 비선 실세를 파견한다. 이에 교수들이 들고 일어서고, 이러한 조치에 분개한 뉴턴은 제임스 2세에 대항하는 케임브리지 교수들의 대표자가 되어 전면에 나섰다. 이때 『프린키피아』는 출판을 앞두고 마지막 인쇄 교정 중이었다. 마침내 1688년 의회는 네덜란드의 오라녜 공(네덜란드 독립 영웅 빌럼의 증손자)을 윌리엄 3세(William III)로 추대하고 제임스 2세를 축출하는데 이것이 '명예 혁명'이다. 앞에서 설명한 것처럼 이때부터 '레볼

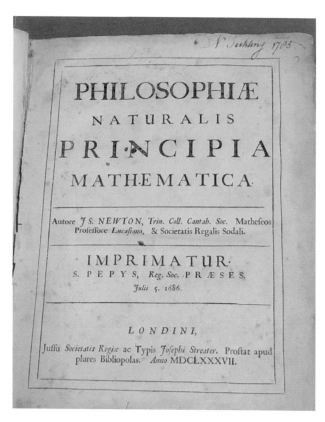

PHILOSOPHIÆ
NATURALIS
PRINCIPIA
MATHEMATICA·

Autore *JS. NEWTON*, Trin. Coll. Cantab. Soc. Mathefeos
Profeffore *Lucafiano*, & Societatis Regalis Sodali.

IMPRIMATUR·
S. PEPYS, *Reg. Soc.* PRÆSES.
Julii 5. 1686.

LONDINI,
Juffu *Societatis Regiæ* ac Typis *Jofephi Streater*. Proftat apud
plures Bibliopolas. *Anno* MDCLXXXVII.

일본 가나자와 공업 대학이 소장하고 있는 『프린키피아』 초판본의 두 종류 표지. 왼쪽은 맨 아래 출판 정보가 2행이지만 오른쪽은 3행인 것을 알 수 있다. 여기에는 『프린키피아』를 세상에 알리기 위해 고군분투한 핼리의 눈물겨운 사연이 들어 있다. 당시에도 과학책은 잘 팔리지 않았기에 출판사 역할을 했던 서적상들은 왕립 학회의 지원이나 보증금이 있어야만 나섰다. 하지만 지원금 심사에 탈락한 핼리는 사비를 들여 인쇄하고, 서적상의 이름이 들어갈 자리에 왼쪽 표지와 같이 "plures Bibliopolas", 즉 "다수의 서적상"이라고 표기해 자신이 직접 서적상들을 찾아다니며 판매했다. 하지만 해외 판매는 할 수 없이 "Samuel Smith"라는 서적상을 이용하는데, 이렇게 만들어진 것이 오른쪽 표지이다. 이 책의 원제목은 『자연 철학의 수학적 원리(*Philosophiæ Naturalis Principia Mathematica*)』로, 이 제목은 뉴턴이 공격하고자 했던 보텍스 이론이 기술된 데카르트의 『철학의 원리(*Principia Philosophiæ*)』에서 단어의 순서를 의도적으로 앞뒤로 바꾸어 만든 패러디이다. 비슷한 예로 카를 마르크스(Karl Marx)가 있다. 그는 1846년 선배 공산주의자 피에르조세프 프루동(Pierre-

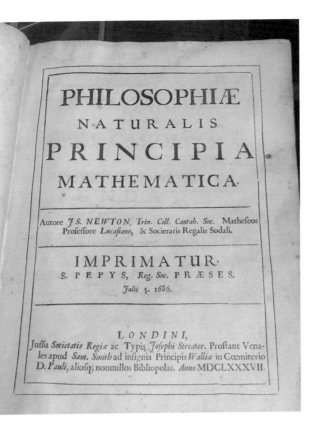

Joseph Proudhon)이 『빈곤의 철학』을 출판하자, 이를 비판하고자 1847년 『철학의 빈곤』이라는 책을 출판했다. 젊은 마르크스가 신인 혁명가로 등장하던 무렵 공산주의는 프랑스 혁명의 영향으로 "못 살겠다 갈아엎자."가 대세였고, 이에 박사 출신 마르크스는 "무식이 도움이 되었던 적이 없다."라는 유명한 말로 급진파들을 제압하기 시작했다. 한편, 뉴턴의 『프린키피아』 2권의 점성 유체 이론으로 데카르트의 보텍스 이론이 난타당하자 프랑스 학계에서 뉴턴의 『프린키피아』는 금기시되었다. 이 무렵 프랑스에서 쫓겨난 볼테르는 망명지 런던에서 뉴턴의 『프린키피아』를 접하고 충격을 받아 프랑스에 소개한다. 볼테르는 자신의 연인이던 여성 과학자 에밀리 뒤 샤틀레(Émilie du Châtelet)에 부탁하여 뉴턴의 『프린키피아』를 프랑스 어로 번역한다. 볼테르는 1686년 파리에 문을 열어 오늘날까지 유지되고 있는 커피하우스 '카페 프로코프(Café Procope)'를 아지트 삼아 디드로, 달랑베르 등에게 불온 사상이던 뉴턴 역학을 전파한다. 여기서 프랑스 혁명의 초석이 되는 백과사전파가 탄생하고, 프랑스 계몽주의자들에 의해 새로운 과학 기술의 시대가 열린다.

루션'은 정치적 의미를 띤 단어, '혁명'이 되었다. 뉴턴은 케임브리지의 대표로 새로 구성된 의회에 파견되어 런던의 정치에 입문한다.

1696년,『프린키피아』한 권으로 당대 최고의 수학자이자 물리학자의 반열에 올라선 당시 54세의 뉴턴은 갑자기 수십 년간 일하던 케임브리지를 떠나 조폐국의 감사 역을 맡는다. 이 직책의 연봉은 케임브리지 교수의 4배였지만, 당시의 관행상 그냥 놀고먹어도 되는 명예직이었다. 하지만 그는 조폐국에 출근하자마자 엄청난 일들을 벌이기 시작해, 영국 경제, 나아가 세계 화폐사를 완전히 바꾸는 업적을 이룬다. 당시 영국에서는 은화의 테두리를 깎아서 팔아먹는 문제가 심각해서, 시중에는 액면가보다 가치가 낮은, 테두리가 깎인 화폐만 유통되고 있었다. (오래전 코페르니쿠스가 지적하기도 했던 문제고, 1558년 영국의 토머스 그레셤(Thomas Gresham)이 "악화가 양화를 구축한다."라고 표현한 바로 그 문제이다.) 이는 영국 은화의 가치를 더욱 폭락시켰다. 또한 액면가보다 재료비가 훨씬 비싸지자 영국 은화를 대량 구입하여 유럽 대륙으로 몰래 유출하여 은으로 팔아서 이익을 남기는 사업가들도 등장한다. 때문에 영국에는 화폐 부족이 심각해져, 1689년의 권리장전으로 의회와 타협하여 겨우 안정을 찾은 윌리엄 3세는 정권의 위기를 맞고 있었다.

케임브리지 시절, 뉴턴은 연금술에 심취해 있었다.[2] 뉴턴은 당시 아리스토텔레스의 4원소설을 신봉하고 있었다. 4원소설에 따르면 물질은 물, 불, 흙, 공기로 이루어져 있고, 물과 흙은 아래로 떨어지는 속성을, 불과 공기는 위로 떠오르는 속성을 가지는데, 뉴턴은 자신이 그 속성을 만유인력 법칙으로 규명했다고 믿었다. 이렇듯 4원소설을 믿었던 뉴턴은 새로운 물질을 조합하는 방식으로 연금술을 진지하게 연구했다. 원소의 조합에 대한 현대적인 화학 이론이 정립된 것은 뉴턴으로부터 100년이나 지난 18세기 프랑스의 라부아지에에 이르러서였으니, 당시 학자들에게 연금술은 결코 허황하지 않은 매력적인 분야였다.

그는 당대 최고의 수학자이자 물리학자였지만, 동시에 직접 금속을 녹이고 주물을 뜨고 합금을 하는 노련한 주조 숙련공이었다. 당시 영국은 국가 정책으로서의 금융의 중요성을 인식하고 중앙 은행을 설립한다. 이것이 바로 '영란 은행(英蘭銀行, Bank of England)'이다. 영국 화폐의 위기가 최고조에 오른 1695년, 뉴턴은 이미 테두리가 깎였을 가능성이 높은 구은화를 신은화로 새로 만들어 교체하도록 정부에 건의한다. 대학자의 건의에 따라 대규모 화폐 교환이 실시되고, 여기에 뉴턴이 총책임자로 임명된다.

뉴턴은 우선 테두리를 깎아내지 못하도록 톱니 모양을 새겨 넣는 아이디어를 제시한다. 이후 오늘날에 이르기까지 전 세계가 이 디자인을 채택한 주화를 발행하고 있다. 또한 여러 합금 기술을 채택하여 위조 화폐가 쉽게 제조되지 못하도록 한다. 여기에, 수학적 이론을 총동원하여 생산 공정을 최적화함으로써 단시간에 화폐 교체를 이루어낸다. 이것은 오랜 시간 연금술에 빠져 있던 뉴턴이 금속 주조 공정을 훤히 꿰뚫고 있기에 가능했다. 아울러 『프린키피아』 2권에서 다룬 유체 이론으로 녹인 금속 용융물을 효과적으로 다룰 수 있었기

영국 런던 시내의 런던탑에 있는 뉴턴의 초상화. 17세기 초까지 왕궁이던 이곳에는 주화 제작소인 민트(Mint)가 있었다. 지금은 화폐 박물관인 이곳에 이 초상화가 있다. 이 초상화는 뉴턴이 조폐국에서 추진하여 영국 금융의 대변화를 가져온 '대규모 주화 재제작(Great Recoinage)'을 설명하고 있다. 뉴턴이 케임브리지에 근무한 것이 27년간이었고, 조폐국에서 일한 것이 31년간이었다. 두 기간이 말해 주듯 뉴턴은 수학이나 물리학보다는 영국 금융의 안정과 발달에 더 힘을 쏟았고, 영국의 대표적인 관광지인 런던탑에서 영국인들은 뉴턴을 단순히 수학자나 물리학자가 아닌 금융 혁명가로 소개한다. 현재 영국 산업의 중심은 금융이며 런던과 뉴욕은 세계 금융을 양분한다.

에 뉴턴은 누구도 도달하지 못했던 주조 생산성으로 액면가와 동일한 제조 원가의 은화를 만들 수 있었다. 그는 또한 스스로 수사관이 되어 수많은 화폐 위조범들을 체포한다. 이를 위해 런던의 범죄 집단과 거래를 하기도 하고 밤거리 유흥가의 단골로 위장하는 등 직접 증거를 수집해 가며 수십 명의 거물급 화폐 위조범을 잡아 처형시키는 데 혁혁한 공을 세운다. 1699년 조폐국장이 사망하자, 뉴턴은 그 뒤를 이어 종신직 조폐국장이 되어 1727년 죽을 때까지 근무했다.

뉴턴은 조폐국에서 일하던 수십 년간 상당한 재력가가 되었다. 한편, 1714년 앤 여왕이 후사가 없이 사망하자 영국의 스튜어트 왕조는 단절된다. 의회는 그들의 권력을 유지하기 위해 앤 여왕의 먼 친척인 독일 하노버 영주 게오르크 1세를 허수아비 국왕으로 데려와 조지 1세로 세웠다. 현재 영국 왕실은 이 하노버 왕조의 후손들이다. 이러한 정권 교체 시기에 1720년 런던의 커피하우스들의 미확인 소문들과 '묻지 마' 투기로 시작된 '남해 버블 사건(South Sea bubble)'이라는 주식 사기 사건이 일어난다. 조폐국장 뉴턴은 여기에 휘말려 2만 파운드를 날렸다. 하지만 자산 관리에 탁월했던 그는 1727년 사망 시에 어머니의 유산을 제외하고도 3만 2000파운드(현재 가치로 약 60억 원)의 유산을 남겼다.

조지 1세가 하노버 영주일 때 하노버 궁정에는 뉴턴의 런던 왕립학회와 대립하던 라이프니츠가 있었다. 조지 1세는 어머니 소피아가 존경하던 라이프니츠의 능력에 여러모로 의지했고, 심지어 라이프니츠는 앤 여왕의 왕위 계승권자가 조지 1세임을 입증하기도 했다.

하지만 영국에 지지 기반이 없던 조지 1세는 안정된 영국 정착을 위해 런던 왕립 학회와 맞선 라이프니츠를 데리고 갈 수 없었다. 버림받은 라이프니츠는 독일 하노버에 남아 1716년 쓸쓸한 죽음을 맞이한다. 한편, 하노버 궁정에는 라이프니츠와 함께 궁정 악사로 게오르크 프리드리히 헨델(Georg Friedrich Händel)이 일하고 있었다. 라이프니츠와 달리 영국의 정세를 잘 알고 있던 헨델은 조지 1세가 즉위하기 전 미리 영국에 정착하여 조지 1세가 즉위할 때 영국의 궁정 악사로 자연스레 합류한다. 또 1720년 뉴턴이 '남해 버블 사건'으로 막대한 손실을 볼 때 헨델은 막대한 이익을 보았다.

'남해 버블 사건'은 역사상 최대의 금융 사건으로 경제 현상에 '버블(bubble, 거품)'이라는 단어가 처음 사용되었고, 이후 기업 회계에 공인 회계사 및 외부 감사 시스템이 도입되는 계기가 되었다. 이 사건으로 당시 영국 GDP의 몇 배에 이르는 주식 가치가 순식간에 공중 분해되어 버렸다. 영국 정부는 300여 년이 지난 2015년에야 이 부채를 모두 갚았다. 이러한 희대의 투기에 휘말린 뉴턴은 "내가 그래도 천체의 움직임은 계산할 수 있겠는데, 인간의 광기는 도저히 모르겠더라."라고 했다.

3장
소멸되는 것과 소멸되지 않는 것

커피하우스에서 시작된 과학과 지식의 발달로 계몽주의 시대가 열리자, 유럽 지식인들은 동네 카페를 벗어나 국경을 넘어 편지를 주고받으며 이성에 의한 새로운 세계관을 형성한다. 이를 '서신 공화국(Republic of Letters)'이라고 부른다.[1] 서신의 내용은 서로의 안부를 묻는 차원을 떠나 최신 연구 동향을 나누거나 출판물을 소개하고 토론하는 것으로 발전했다. 당시의 지식인들은 이러한 정보 교류에 적극적으로 참여하는 것이 당연한 의무였고, 막 태동하기 시작한 과학 혁명은 서구 사회 전체의 보편적인 주제로 자리매김했다.

한편, 인쇄 기술이 발달함에 따라 이러한 서신들을 모으고 최신 학술 성과들을 정리한 정기 간행물이 출판되기 시작한다. 이것이 학술지의 탄생이다. 1665년 1월 최초의 학술 저널 《주르날 데 사방(*Journal des Sçavans*)》이 프랑스에서 출간되기 시작했고, 두 달 뒤 런던 왕립 학회 저널인 《철학회보(*Philosophical Transactions*)》가 탄생했다. 이러한 연유로 현재에도 학술지는 '서신 공화국'의 전통에 따라 제호에 Letters나 Communications 등의 이름이 붙는 경우가 많다.

1654년에 신교 박해를 피해 스위스로 도피한 가문의 후예로 태어난 야코프 베르누이(Jacob Bernoulli)는 아버지의 뜻에 따라 신학으로 학위를 받지만, 비밀리에 수학과 물리학을 공부하여 1687년 바젤 대학교의 수학 교수가 된다. 1667년에 태어난 동생 요한 베르누이(Johann Bernoulli)는 아버지의 뜻에 따라 향료 사업을 배우며 의사 면허를 얻지만, 형 야코프의 꼬임에 빠져 수학과 물리학에 뛰어들었다. 두 형제는 라이프니츠의 이론을 공동으로 연구하여 미적분학을 더욱 명료히 하며 명성을 쌓아 간다.

공동 연구를 하며 함께 움직이던 베르누이 형제는 동생 요한이 유럽 학계의 대가로 성장하자 서서히 틀어진다. 동생은 바젤 대학교 교

17~18세기 수학 명문가로 이름 높은 베르누이 가문의 두 형제.
야코프 베르누이(왼쪽)과 요한 베르누이(오른쪽).

수 자리를 엿보지만 형의 방해로 번번이 임용에 실패하고 돈독했던 형제 사이는 멀어지고 만다. 이 무렵 어느 프랑스 귀족이 실업자 신세인 동생 요한을 초청하여 미적분학을 가르쳐 달라며 후원을 약속한다. 대신 요한의 새로운 연구 결과를 자신이 사용할 수 있도록 해 달라는 다소 황당한 조건이 붙어 있었지만, 밥벌이가 궁하던 요한은 이에 동의한다. 요한은 1694년 네덜란드 흐로닝엔 대학교의 교수가 되어 비로소 실업자 신세를 면했다. 뜻밖에 1696년 요한이 가르치던 프랑스 귀족이 미적분학 책을 출판하고 요한이 발견한 핵심 정리를 자신의 이름으로 발표한다. 귀족의 이름은 기욤 드 로피탈(Guillaume de l'Hôpital). 요한은 분노하지만 어쩔 수 없었다. 몇 가지 조건을 만족시키는 경우, 분수 함수의 극한 값은 그 분자와 분모의 함수를 각각 미분한 경우와 같다는 그 유명한 '로피탈 정리(L'Hôpital's rule)'는 이렇게 탄생했다. 로피탈 정리가 요한의 업적으로 밝혀진 것은 무려 200년이나 지난 20세기에 들어서였다.

1696년 6월 요한 베르누이는 자신의 미적분학 실력을 과시하기 위해 라이프니츠가 주도하던 학술지 《학술 기요(Acta Eruditorum)》에 '최단 강하 곡선(brachistochrone)' 문제 풀이를 공개 제안한다. 최단 강하 곡선 문제란 높이가 다른 두 지점을 최소 시간으로 낙하하며 이동하려면 어떤 곡선인지를 찾는 것이다. 요한은 해결 시간으로 6개월을 제시하지만 라이프니츠는 6개월로는 "대륙 너머의 학자"가 참여하기 힘들다며 1년을 제안한다. 요한이 받아들여 1년 뒤 제출된 답들을 공개하기로 한다. 라이프니츠가 언급한 대륙 너머의 학자란 뉴턴을 말한 것으로 당시만 해도 뉴턴과 라이프니츠는 서로를 인정하고 존경하는 사이였다.

1년 뒤, 1697년 5월 요한 베르누이의 풀이와 함께 정답자가 공개되었다. 공개된 정답자는 라이프니츠, 형 야코프 베르누이, 에렌프리트 발터 폰 치른하우스(Ehrenfried Walther von Tschirnhaus), 그리고 익명의 고수 단 4명이었다. 요한은 이 익명의 고수가 뉴턴임을 금방 알아챘다. 당시 뉴턴은 막 시작한 조폐국 일로 눈코 뜰 새 없이 바빴지만, 요한의 편지를 받고 퇴근 후 이 문제를 순식간에 풀어 다음 날 출근하는 길에 '익명'으로 답장을 보냈다. 익명의 답장이었지만 자신들이 수개월 걸린 문제를 단 몇 시간 만에 풀어낸 사람이 뉴턴임을 직감한 요한은 "발톱만 보아도 사자임을 알 수 있다."라고 했다.

한편, 형 야코프의 풀이는 동생 요한의 풀이보다 더 엄밀한 해법이었고, 심지어 요한의 풀이에서 오류를 밝혀낸다. 이를 계기로 둘 사이에 변분법 논쟁이 본격화되며 형제는 완전히 결별한다. 하지만 이러한 논쟁은 뉴턴과 라이프니츠에 의해 태동한 미적분학을 한층 더 발전시켰다. 로피탈 역시 정답을 제출했으나 요한은 의도적으로 정답자 명단에서 제외했다. 여기서 로피탈 역시 당대의 실력 있는 수학자 중 한 사람이었음을 알 수 있다. 요한이 숨겨 버린 로피탈의 풀이는 300년이 지난 1988년에야 공개되었다. 최단 강하 곡선 문제의 정답을 우리는 현재 사이클로이드(cycloid)라고 부른다.

1705년 형 야코프가 사망하자 동생 요한은 재빨리 형의 바젤 대학교 교수직을 이어받으며 고향으로 돌아온다. 이때 흐로닝엔에서 태어난 요한의 두 아들도 함께 돌아오는데, 1700년에 태어난 둘째 아들이 '베르누이 정리'로 유명한 다니엘 베르누이이다. 요한은 자신의 아버지가 그랬던 것처럼, 아들 다니엘이 배고픈 수학자가 되기보다 사업가가 되기를 원했다. 다니엘은 절충안을 제시하는데, 그것은 아버지를 이어 의대에 진학하는 대신 아버지가 수학을 가르쳐 주는 조건이었다.

∞

뉴턴의 『프린키피아』가 대륙에 전해지며 데카르트의 보텍스 이론이 허물어지기 시작하자 대륙에서는 뉴턴에 대한 반감이 고조된다. 뉴턴이 점성을 가진 유체의 운동은 결국 소멸한다고 데카르트의 보텍스 이론을 공격하자, 뉴턴 반대파들은 소멸하지 않는 에테르 유동을 찾기 시작했다. 데카르트의 후계자 라이프니츠는 소멸하지 않는 '비스 비바(visviva, 살아 있는 힘)'를 주장한다. 이것이 뉴턴-라이프니츠 논쟁의 핵심이다. 하지만 논쟁은 엉뚱하게도 뉴턴과 라이프니츠 중에 누가 미적분학을 처음 발견했는지에 관한 지적 재산권 싸움으로 변질된다.

1710년 영국은 세계 최초로 '저작권법(Copyright Act)'을 제정한다. 당시 서신 공화국 붐으로 출판물이 폭발적으로 증가하자 가난한 원저작자와 재력가 출판권자 사이의 줄소송이 이어졌기 때문이다. 1696년의 로피탈 정리를 둘러싼 에피소드 역시 이러한 맥락에서 이해할 수 있다. 1710년 뉴턴 지지자들이 라이프니츠를 표절 혐의로 고소한다. 당황한 라이프니츠가 직접 반론에 나서자 두 사람의 우정과 존경은 순식간에 무너지고 양 진영의 논쟁은 진흙탕 싸움이 되었다. 1712년 런던 왕립 학회는 진상 조사단을 꾸리고 라이프니츠가 뉴턴을 표절했다고 1714년 발표한다. 당시 왕립 학회 회장은 뉴턴이었다. 하노버 궁정 소속 학자였던 라이프니츠는 모시던 하노버 영주 게오르크 1세의 도움을 기대했으나, 그는 1714년 영국 국왕 조지 1세가 되어 영국으로 떠나 버렸다. 영국 의회의 눈치를 보던 새내기 왕 조지 1세는 라이프니츠를 버릴 수밖에 없었다. 라이프니츠는 하노버에 홀로 남겨져 별다른 대응도 못 하고 1716년 사망한다.

1712년 베르누이 가문의 또 다른 수학자였던 요한의 조카 니콜라우스 베르누이(Nicolaus Bernoulli)가 아브라암 드 무아브르(Abraham de Moivre)의 주선으로 뉴턴을 방문한다. 드 무아브르는 프랑스 출신이지만 신교도라는 이유로 박해를 받자 영국에서 활동하며 뉴턴과 핼리의 최측근이 되었다. 그는 나중에 삼각 함수와 복소수의 연결 고리가 되는 '드 무아브르 정리'로 유명해지며, 이 정리는 나중에 인류 수학사에서 가장 획기적인 것으로 일컬어지는 오일러 공식($e^{i\pi} + 1 = 0$)의 기초가 된다. 드 무아브르가 주선한 이 자리에서 니콜라우스는 당돌하게 자신이 찾아낸 뉴턴의 『프린키피아』의 오류를 지적했고, 뉴턴은 시원하게 인정하고 『프린키피아』 원고를 수정한다. 드 무아브르의 편지로 조카의 쾌거를 들은 요한은 이후 더욱 집요하게 뉴턴 역학의 허점을 파고들어 뉴턴-라이프니츠 논쟁에 앞장선다. 영국 학계와 대륙 학계 간 다툼은 뉴턴 역학에 대한 전면적인 논쟁으로 격화된다. 아직 미적분학은 불완전했고 뉴턴 역학 역시 오류투성이였지만, 감정 싸움에서 시작된 논쟁으로 오히려 오류가 수정되며 더욱 정교해졌고, 이후 서신 공화국의 네트워크를 통해 전 세계로 퍼지며 눈부시게 발전하게 된다.

∞

1707년 스위스 바젤에서 태어난 오일러는 베르누이 집안과 친하게 지내며 바젤 대학교에 입학하여 요한의 제자가 되었고 그의 아들 다니엘과 친구가 되었다. 오일러는 1724년 데카르트와 뉴턴을 비교하는 내용으로 학위를 받아 뉴턴과 대립하고 있던 요한을 흡족하게 한다. 한편, 요한의 아들 다니엘은 1721년 의학 박사를 받고 수학 분야에서 거둔 뛰어난 업적으로 프랑스 학술원상을 받아 단숨에 유명 인사가 되어, 러시아 황실의 초청으로 1726년 상트페테르부르크 대학교의 수학 교수가 된다. 이즈음 다니엘은 마침 바젤 대학교를 졸업한 친구 오일러를 러시아 황실에 추천하여 오일러 역시 이 대학교 교수로 합류한다. 오일러는 다니엘의 집에 기거한다. 두 사람이 러시아에서 중점적으로 연구한 것은 유체 운동에 관한 것이었다. 특히, 다니엘은 의학 박사로서 혈류의 속도와 압력의 관계에 관심이 많았다.

1732년 프랑스 수학자 앙리 피토(Henri Pitot)는 정압(靜壓, static pressure)과 동압(動壓, dynamic pressure)의 차이를 이용해 유속을 측정하는 장치인 '피토관(Pitot tube)'을 발표한다. 물의 흐름이 정지된 호수에서는 정압만 측정되지만, 흐르는 강물에서는 유체의 속도 때문에 동압이 더해진다. 따라서 이 두 압력을 측정하면 그 차이에서 유체의 속도를 구할 수 있다. 18세기 이전의 유체 역학은 대개 유체 속도가 없는 유체 정역학(hydrostatics)이었지만, 피토가 파리 센 강의 유속을 측정하면서 처음으로 유체의 속도-압력 관계가 도입되었다. 특히 여기서 압력과 관련되는 유체의 물리량이 속도의 제곱이라는 것이 드러났다. 다니엘은 이것에 주목한다. 피토관의 정확한 측정 원리는 100년이 지난 후 프랑스 학자 앙리 다르시(Henry Darcy)에 의해 보완되었고 피토관은 현재까지도 가장 강력한 유속 측정 기구로 사용되고 있으며, 모든 비행기에 필수적으로 설치되어 있다.

1733년 유명 인사가 된 다니엘은 고향 바젤로 돌아와 교수가 되었고, 아버지 요한의 집에 기거한다. 1734년 아버지와 아들이 공동으로 프랑스 학술원상을 수상하자 이를 수치라고 느낀 아버지 요한은 격노하며 아들을 집에서 쫓아냈다. 여기서부터 틀어지기 시작한 부자 관계에 쐐기를 박은 것은 '베르누이 정리'였다.

아들 다니엘은 러시아에서 오일러와 함께한 유체 역학 연구를 모아 1738년 『수력학(Hydrodynamica)』이라는 책으로 발표한다. 여기에 유명한 베르누이 정리가 포함되어 있다.[2] 아들 다니엘은 아버지와의 화해를 기대하며 표지에 "요한의 아들"이라고 표기하여 출판한다. 하지만 아들의 책을 본 요한은 거의 동일한 내용으로 『수리학(Hydraulica)』이라는 책을 출판한다. 출판업자를 협박하여 출판 연도를 "1732년"으로 표기하고, 심지어 다니엘의 절친 오일러를 협박하여 베르누이 정리가 이미 요한이 발견한 것이라고 발표하게 한다.

베르누이 정리는 소멸하지 않는 힘을 주장한 라이프니츠의 관점을 이어받은 유체의 보존량에 대한 기술이다. 다니엘 베르누이는 벽터로 표현되는 뉴턴의 힘을 쓰지 않고, 속도 벡터를 제곱하여 '스칼라량(scalar quantities)^3'으로 바꾸었고, 여기에 다시 스칼라량인 압력을 더하면 유체의 보존량이 유도된다고 보았다. 또한 하위헌스의 진자 운동에 대한 연구에서 착안하여 유체의 보존량이 위치 에너지 혹은 '수두(水頭, water head)'라고 알려진 중력 퍼텐셜로 매개된다고 보았다. 여기서 물리학과 공학에서 흔히 쓰는 '퍼텐셜(potential)'^{4}이라는 개념이 처음으로 등장한다. 유체의 운동과 관련해 보존되는 양이 있다는 관점은 유체 유동은 점성으로 인해 소멸한다는 뉴턴 역학에 대한 정면 도전이었다. 베르누이 정리는 당시 피토관을 비롯한 대부분의 유체 실험과 잘 일치했기에, '소멸되지 않는 힘'에 대한 라이프니츠의 관점이 다시금 주목을 받게 해 주었다.

한편, 아버지와 친구에게 뒤통수를 맞은 다니엘은 아버지와 연을 끊고 오일러와도 소원해지며 수학 연구에서 멀어진다. 말년에 다니엘은 유체의 속도-압력 관계를 규명한 자신의 이론을 기반으로 혈압계를 발명했으며, 이는 현대식 혈압계가 발명될 때까지 사용되었다. 또한, 다니엘은 의사로서 천연두를 연구하며 전염병 연구에 최초로 체계적인 통계학적 방법론을 도입했다. 다니엘의 통계학적 전염병 연구는 백신의 유용성에 대한 이론적 근거를 제공하여 18세기 말에 에드워드 제너(Edward Jenner)의 종두법이 시행되는 데 결정적으로 기여한다.

요한은 물론이고, 그의 아들 다니엘과 제자 오일러 역시 뉴턴 역학에 반감을 품었지만, 그들의 연구에서 탄생한 베르누이 정리와 오일

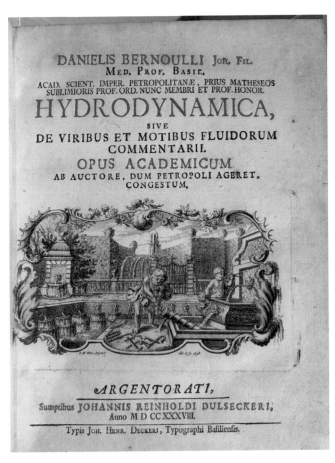

DANIELIS BERNOULLI Joh. Fil.
MED. PROF. BASIL.

ACAD. SCIENT. IMPER. PETROPOLITANÆ, PRIUS MATHESEOS
SUBLIMIORIS PROF. ORD. NUNC MEMBRI ET PROF. HONOR.

HYDRODYNAMICA,

SIVE
DE VIRIBUS ET MOTIBUS FLUIDORUM
COMMENTARII.

OPUS ACADEMICUM
AB AUCTORE, DUM PETROPOLI AGERET,
CONGESTUM,

ARGENTORATI,
Sumptibus JOHANNIS REINHOLDI DULSECKERI,
Anno M D CC XXXVIII.

Typis Joh. Henr. Deckeri, Typographi Basiliensis.

왼쪽 그림은 1720년대 초반 젊은 시절의 다니엘 베르누이를 그린 초상화이다. 당시 베르누이는 의학 박사 학위를 따고 수학 분야에서 놀라운 성과를 내며 유럽 학계의 각광을 받고 있었고 1726년 약관의 나이에 대학 교수가 된다. 오른쪽 사진은 일본 가나자와 공업 대학이 소장하고 있는 다니엘 베르누이의 『수력학』 초판 표지. 1738년 출판한 이 책에는 유명한 베르누이 정리가 포함되어 있다. 사진에 보듯이, 표지 제일 위에 저자의 이름 "Daniel Bernoulli" 다음에 보이는 "Joh. Fil."이라는 표기는 라틴 어로 '요한(Joh.)의 아들(Fil.)'이라는 뜻이다. 다니엘 베르누이는 자신의 신분을 "바젤 대학교 의학 교수(MED. PROF. BASEL)"로 표기하고 있다. 비록 아버지 요한 베르누이가 출판 연도를 1732년으로 속여서 『수리학』을 출판했지만, 학자들의 오랜 연구로 베르누이 정리는 아들 베르누이의 것으로 밝혀졌다. 현대에 와서는 그의 아버지가 아들의 연구를 표절했다는 것이 정설이다.

러 방정식[5]은 모두 뉴턴의 운동 법칙을 비점성 유체의 운동에 적용한 뉴턴 역학의 또 다른 형태였다. 요한이 데카르트의 보텍스 이론을 지지하며 라이프니츠와 대립한 뉴턴의 점성 이론을 받아들이지 않았듯이, 그의 아들 다니엘과 제자 오일러 역시 소멸하지 않는 유체 보존량을 밝히는 데 온 힘을 쏟았다. 하지만 이들의 비점성 이론에 대항하여 1752년 달랑베르 역설이 발표되자 학계는 패닉에 빠진다.

∞

한편, 프로이센의 수도 쾨니히스베르크에서는 이 도시의 7개의 다리를 한 번도 겹치지 않고 모두 건너는 방법이 학자들의 관심을 끌었다. 이를 '쾨니히스베르크의 다리 문제'라고 한다. 1735년 이 문제를 이론적으로 해결한 오일러의 이론으로 현대 위상 수학이 출발한다. 이 무렵, 1724년 쾨니히스베르크에서 태어난 한 청년이 박사 과정을 밟으며 뉴턴 역학에 빠져들어 1755년 「일반 자연사와 천체 이론(*Allgemeine Naturgeschichte und Theorie des Himmels*)」이라는 논문을 발표한다. 그는 이 논문에서 중력 이론을 기반으로 한 태양계 탄생에 관한 가설을 최초로 제안한다. 그가 바로 이마누엘 칸트이다. 성운설(Nebula hypothesis)이라고 불리기도 하는 이 이론 덕분에 보텍스로 가득 찬 우주에서 거대한 보텍스가 수축해 행성이 만들어진다는 데카르트의 보텍스 이론을 넘어설 수 있게 되었다. 나중에 피에르시몽 라플라스(Pierre-Simon de Laplace)가 이 가설을 엄밀화하면서 행성 생성의 기원에 대한 최초의 이론인 '칸트-라플라스 가설'이 만들어진다. 1788년 칸트는『실천 이성 비판』에서 "늘 내 마음속에 가득 차 있는

두 가지는 바로 저 하늘의 빛나는 별과 내 안의 양심"이라는 유명한
말을 남겼고, 이 글귀는 나중에 그의 묘비명이 되었다.

2부
지혜의 시대였고,
어리석음의 시대였다

프랑스 혁명을 다룬 찰스 디킨스(Charles Dickens)의 『두 도시 이야기』는 이 문장으로 시작한다. 이상적인 미래를 꿈꾸었지만, 이성과 폭력이 공존했던 혁명의 양면성이 이한 문장에 함축되어 있다. 볼테르와 루소가 구질서를 무너뜨리는 이데올로기로 뉴턴 역학을 받아들이며 계몽주의를 이끌었지만, 수많은 과학자가 혁명으로 처형되고 추방되는 광기의 시대이기도 했다. 레볼루션과 보텍스를 둘러싼 과학 논쟁은 끊임없이 유체의 본질을 파고들었다. 플로지스톤 유체가 사라지며 화학이 탄생했고, 칼로릭 유체에서 열역학이 시작되었다.

1793년 10월 16일 마리 앙투아네트(Marie Antoinette) 처형 장면.
'회전'을 뜻했던 코페르니쿠스의 '레볼루션'이 과학자조차 처형하고 추방하는 정치적 광기를 머금은 '혁명'의 뜻을 가지게 된 순간이다.

4장
프랑스 혁명을 잉태한 살롱

17세기 유럽의 커피하우스에서 출발한 새로운 학문과 철학이 서신 공화국을 통해 전 유럽으로 퍼지며 곳곳에 아카데미가 설립되었다. 1660년 영국에서 런던 왕립 학회가 탄생한 이후, 프랑스에는 1666년 파리 왕립 아카데미가 만들어지고, 1700년에는 베를린 아카데미가, 1724년에는 러시아에 상트페테르부르크 아카데미가, 1739년에는 스웨덴 왕립 아카데미(노벨상 수상자를 선정하는 스웨덴 한림원)가 설립된다. 18세기 계몽주의의 발달은 프랑스에 널리 퍼졌던 '살롱(salon)' 문화와 밀접한 관련이 있다. 프랑크푸르트 학파의 후계자 위르겐 하버마스(Jürgen Habermas)는 서신 공화국의 배경으로 살롱의 역할에 주목했다. 그의 저서 『의사 소통 이론(*Theorie des Kommunikativen Handelns*)』은 살롱을 커피하우스와 함께 "공론장(public sphere)"으로 설명하며, 여기서 형성된 시대 정신이 권력 이동과 시민 혁명을 촉발했다고 보고 있다.

살롱의 발달에 중요한 역할을 한 것은 살롱을 주최하는 여주인 (hostess)인 마담이다. 당시 여성들은 학문과 예술에 대한 교육이 제한되어 있었고, 심지어 커피하우스 출입도 금지당했다. 커피하우스는 최고의 사교장이었고 커피는 최고의 기호 식품이었으나, 여성은 커피하우스의 출입이 금지되었을 뿐 아니라 커피를 마시는 것도 금기시되었다. 따라서 귀부인들은 살롱을 통해 새로운 학문과 지식에 대한 갈증을 채웠다. 마담들이 주도한 살롱에서는 품격 있는 행동과 예의 바른 수사학이 기본이었고, 남성들의 논쟁이 격화되면 여성 마담들이 개입하여 중재했다. 커피하우스에서 이루어지는 남성들만의 논쟁은 감정적인 싸움이 되기 쉬웠지만, 여성이 주관하는 살롱에서의 토론은 훨씬 생산적이었기에 프랑스 지식인 사회에 광범위하게 도입되었다.

여성이 커피하우스에 갈 수 없었던 당시의 시대 상황은 1732년 요한 세바스티안 바흐(Johann Sebastian Bach)의 작품 「커피 칸타타 (Kaffee Kantate)」에 잘 나타난다. 커피에 푹 빠진 딸과 이를 말리는 아버지의 이야기인 「커피 칸타타」는 라이프치히의 인기 커피하우스 '카페 침머만(Café Zimmermann)'을 위해 작곡된 곡이다. 바흐가 활동하던 작은 대학 도시 라이프치히에서는 카페 침머만을 무대로 학생들이 주축이 된 아마추어 연주 단체 '콜레기움 무지쿰(Collegium Musicum)'이 활동했고, 바흐는 콜레기움 무지쿰을 이끌었다. 런던으로 갔던 동갑내기 헨델을 비롯해 많은 유명 작곡가들이 주로 대도시에서 활동했지만, 바흐는 독일의 작은 도시들에서 평생을 보냈다. 자식이 많았던 바흐는 모험적인 도전보다 안정적인 후원이 절실했고, 법대 출신인 헨델과 달리 대학 문턱에도 못 간 바흐는 학벌도 밀렸다. 바흐는 자식들의 대학 진학을 위해 1723년부터 유럽 최고의 대학이 있던 인구 1만 5000명의 소도시 라이프치히로 과감히 옮겨 생의 마지막 27년을 보냈다. 아버지의 바람대로 바흐의 아들 모두는 라이프치히 대학교에서 교육을 받았다. 이 아들들에 의해 당대에는 잘 알려지지 않았던 바흐의 음악이 유럽 전역에 퍼지게 된다.

∞

1727년 영국 런던 웨스트민스터 사원에서 치러진 뉴턴의 장례식에 볼테르가 참석한다. 평민으로 태어나 재치 있는 언변으로 살롱의 명사로 성장하던 그는 귀족에게 대들다 바스티유에 갇히고, 출옥 후 영국으로 망명한 상태. 볼테르는 왕의 목을 날린 영국 귀족들이 일개 수학 교수의 관을, 그것도 왕족들이 묻히던 웨스트민스터 사원에 운구하는 것을 목격하고 충격에 빠진다. 여기서 뉴턴의『프린키피아』가 그저 수학이나 물리학의 교과서가 아니라 구체제(Ancien Régime)를 무너뜨릴 시대 정신임을 간파한 그는 뉴턴 역학을 프랑스에 이식하기로 결심한다. 1729년 귀국하여 살롱계에 복귀한 볼테르는 후작 부인인 에밀리 뒤 샤틀레를 만난다. 당시 23세의 샤틀레는 개인 교습으로 수학과 물리학에서 이미 대가의 반열에 올라 있었다. 그녀는 달랑베르 생모의 살롱에 참여하던 주요 멤버인 '7인의 현자들' 중 하나였고, 그중에는 샤를 드 몽테스키외(Charles de Montesquieu)도 있었다.

이 시기 유럽 대륙은 행성 운동의 근본 힘을 둘러싼 뉴턴-데카르트 논쟁이 국가 차원의 감정 섞인 자존심 싸움으로 치닫고 있었다. 1733년 셋째 아이를 출산한 샤틀레는 볼테르와 연인이 되며 본격적으로 뉴턴 역학을 연구한다. 볼테르는 샤틀레의 도움으로 1734년 『철학 서간(Lettres Philosophiques)』을 출판해 뉴턴 논쟁에 불을 지핀다.

두 이론이 극명하게 충돌하는 문제는 지구의 곡률 문제였다. 데카르트의 보텍스 이론에 따르면 지구의 극지방보다 적도 부분이 편평하고, 뉴턴 이론에 따르면 극지방이 더 편평하다. 양측의 논쟁이 격화되자 프랑스 정부는 1736년 극지 탐험대를 파견한다. 여기서 극지방이 더 편평하다는 것이 증명되면서 비로소 뉴턴 역학이 유리한 고지에 서게 된다. 승기를 잡은 볼테르는 샤틀레와 공저로 1738년 『뉴턴 철학의 기본 요소들(Élements de la Philosophie de Newton)』 등을 출판하

1738년 『뉴턴 철학의 기본 요소들』 속표지 삽화. 뉴턴 쪽에서 오는 빛을 샤틀레가 거울로 반사해 볼테르에게 비춰 주고 있다. 유럽 학계가 뉴턴파와 라이프니츠파로 나뉘어 대립하던 무렵, 1738년 베르누이 정리가 발표되자 샤틀레는 소멸하지 않는 유체의 보존량으로 도입된 속도의 제곱에 주목한다. 이후 라이프니츠파의 다니엘 베르누이, 오일러 등과 적극 교류하던 그녀는 연인 볼테르가 너무 뉴턴파의 입장만 고집하자 볼테르와의 관계가 틀어진다. 그녀는 새로운 연하의 연인을 사귀고 그의 아이를 가지게 된다. 하지만 당시는 노산의 사망률이 높아 42세인 그녀는 삶이 얼마 남지 않음을 직감하고 평소 추진하던 뉴턴의 『프린키피아』의 프랑스 어 번역을 서두른다. 그녀는 하루에 3~4시간만 자며 마침내 1749년 9월 번역을 마무리하고 3일 뒤 출산했으나 일주일 뒤 사망하고 만다. 이 번역본은 단순한 번역이 아니라 뉴턴 이후 진행된 미적분학의 발전과 논쟁을 정리한 수많은 주석이 달렸고, 이러한 그녀의 방대한 프랑스 어판 주석 덕분에 프랑스는 영국을 제치고 수학과 물리학에서 세계 최고 수준으로 발전한다. 샤틀레는 뉴턴과 라이프니츠의 관점이 동일하다고 생각했다. 나중에 조제프루이 라그랑주(Joseph-Louis Lagrange)는 뉴턴의 힘을 시간에 대해 적분하면 운동량이고, 거리에 대해 적분하면 운동 에너지라며 그녀의 아이디어를 깔끔하게 정리한다. 또한, 보존량이 속도의 제곱이라는 개념은 후에 갈릴레오 좌표 변환이 로렌츠 변환으로 일반화되면서 아인슈타인의 상대성 이론의 유명한 공식 $E=mc^2$의 토대가 된다.

4장 프랑스 혁명을 잉태한 살롱

며 뉴턴 역학 전파에 박차를 가한다.

∞

볼테르와 샤틀레가 뉴턴 사상 전파에 온 힘을 다할 무렵, 살롱에서 태어난 새로운 인물이 뉴턴 역학의 후계자로 등장한다. 1717년 살롱 마담 클로딘 게랭 드 탕생(Claudine Guérin de Tencin)은 장교 루이카뮈 데투슈(Louis-Camus Destouches)와 부적절한 사이가 되어 아들을 낳았고, 그 아이를 고아원에 버렸다. 이 사실을 알게 된 데투슈는 아들을 찾아내 유리 장인에게 맡기며 양육비를 후원했다. 이 아들이 바로 장 르 롱 달랑베르(Jean le Rond d'Alembert)이다.

유리 장인 부부의 손에 자란 달랑베르는 1735년 대학을 졸업하고 1738년 변호사 자격을 얻지만, 당시 볼테르에 의해 프랑스 학계에 소개되기 시작한 뉴턴 역학에 빠져든다. 변호사인 그가 과학 논문을 발표하며 학계에 두각을 나타내자, 드니 디드로(Denis Diderot)는 그의 학문적 성과에 찬사를 보내며 친구가 된다. 당시 디드로는 극작가가 되기 위해 극장 거리에 위치한 카페 프로코프(Café Procope)를 들락거리고 있었다. 칼 장수의 아들로 자란 디드로는 여기에 모여든 지식인들을 만나 친분을 쌓고, 1742년 한 살 연상의 장자크 루소(Jean-Jacques Rousseau)와 친구가 된다. 이렇게 볼테르가 소개한 뉴턴 역학의 인연으로 카페 프로코프에서 달랑베르, 디드로, 루소의 만남이 시작된다. 세 사람을 이어 준 또 다른 요소는 바로 음악이었다.

1722년 프랑스 음악가 장필리프 라모(Jean-Philippe Rameau)는 『화성론(Traite de l'Harmonie)』이라는 책을 펴내며 사상 최초로 화음에 관

카페 프로코프에서 대화하는 볼테르와 디드로 등의 계몽 주의 시대 지식인들.
가운데 팔을 들고 있는 사람이 볼테르이고 그의 왼쪽에 앉아 있는 사람이 디드로이다.

한, 당시로서는 매우 혁명적이고 생소한 이론을 제시한다. 바흐, 헨델, 비발디 등이 주도하던 바로크 음악에서는 동시에 음이 울리는 수직적인 화성 음악보다는 여러 선율이 수평적으로 어울리는 대위법 위주의 다성 음악이 주류였다. 바로크 시대가 끝나고 20세기 현대 음악의 12음 기법이 탄생하기 전까지 라모의 화성학은 음악 이론의 기본이 된다. 하지만 당시는 파동에 대한 물리학적 이해가 부족하여 잘 받아들여지지 않았다. 무엇보다 감성과 영감의 영역이라고 인식되던 음악을 이성과 논리 체계로 묶어 내려는 대담한 시도였기에 사방에서 공격을 받았다. 이에 대해 계몽주의의 첨단을 달리던 달랑베르, 루소, 디드로가 화려한 언변으로 반대 논객들을 격파하며 라모의 화성학을 치켜세우고, 선배 계몽주의자 볼테르가 가세하면서, 라모의 화성학은 든든한 지원군을 확보한다. 특히 달랑베르는 이를 논증하기 위해 뉴턴 역학을 도입한다.

피타고라스가 현의 진동으로부터 음계를 구성한 이래, 진동과 소리의 관계를 물리학적으로 규명하려는 수많은 시도가 있었으나 쉽지 않았다. 1747년 달랑베르는 요한 베르누이의 진자 운동 연구를 수많은 질점(質點)을 연결한 가늘고 긴 줄로 확장하여, 뉴턴의 미적분학으로 현의 진동에 대한 방정식을 유도한다. 이것이 '파동 방정식(wave equation)'으로, 인류 최초의 편미분 방정식이다. 이 해를 구하는 과정에서 당시로서는 학계의 햇병아리 신인 학자였던 달랑베르는 대학자 오일러와 그의 친구 다니엘 베르누이와 논쟁한다. 문제의 핵심은 파동 방정식의 해가 단순한 사인(sine) 곡선이 아니라는 것. 특히 다니엘 베르누이는 수많은 사인 곡선이 중첩되어야 한다는 주장으로 친구 오일러와 대립한다.[1] 이 파동 방정식으로 라모 화성학의 물리학적 의미가 뉴턴 역학의 테두리 안에서 규명되고, 이 과정에서 대가들과 논쟁을 벌인 달랑베르는 학계의 기린아로 성장한다.

이즈음에 달랑베르는 디드로의 소개로 살롱계에 진출한다. 달랑

1751년 출판된 『백과사전』 제1권 표지. 전체 제목은 "백과사전 혹은 과학, 예술, 기술에 대한 이성적인(raisonne) 사전"으로, 이 책의 목적이 신비론적이고 관념적인 신학 체계에 반대한다는 것을 말해 준다. 제목 아래에는 "par une societe de gens de lettres"라는 표현이 있는데, '서신을 주고받은 사람들의 모임'이라는 뜻으로 서신 공화국의 이상을 명확히 보여 주는 것이다. 그 아래에는 공동 편집인 디드로와 달랑베르의 이름이 있다. 여기에서 알 수 있듯이, 이 책은 단순한 사전이 아니라 구체제에 대한 정면 도전이었고, 그 때문에 수많은 탄압을 받으며 1764년에야 겨우 마무리되었다.

ENCYCLOPÉDIE,

O U

DICTIONNAIRE RAISONNÉ

DES SCIENCES,

DES ARTS ET DES MÉTIERS,

PAR UNE SOCIÉTÉ DE GENS DE LETTRES.

Mis en ordre & publié par M. *DIDEROT*, de l'Académie Royale des Sciences & des Belles-Lettres de Prusse ; & quant à la PARTIE MATHÉMATIQUE, par M. *D'ALEMBERT*, de l'Académie Royale des Sciences de Paris, de celle de Prusse, & de la Société Royale de Londres.

Tantùm series juncturaque pollet,
Tantùm de medio sumptis accedit honoris ! HORAT.

TOME PREMIER.

A PARIS,

Chez
{
BRIASSON, *rue Saint Jacques*, *à la Science.*
DAVID l'aîné, *rue Saint Jacques*, *à la Plume d'or.*
LE BRETON, Imprimeur ordinaire du Roy, *rue de la Harpe.*
DURAND, *rue Saint Jacques*, *à Saint Landry*, *& au Griffon.*
}

M. DCC. LI.
AVEC APPROBATION ET PRIVILEGE DU ROY.

베르의 생모 탕생은 아들을 자랑스럽게 생각했지만, 달랑베르는 절대 생모를 용서하지 않았고 독신으로 양어머니와 같이 생활했다. 1749년 탕생이 사망하자, 재력가 남편의 후원으로 탕생의 살롱에 출입하던 마리 테레제 로데 조프랭(Marie Thérèse Rodet Geoffrin) 부인이 그녀의 살롱을 이어받는다.

1748년 디드로가 『백과사전(Encyclopédie)』 편찬 작업에 흥미를 느끼고 뛰어들자, 달랑베르는 이 책에 당대의 서신 공화국에서 뜨겁게 달아오르던 최신 수학 및 물리학 이론과 음악 등 모든 분야의 논쟁을 담아내려는 포부를 품는다. 이렇게 하여 1750년 프랑스 혁명의 원동력이 된 『백과사전』 편찬 작업이 디드로와 달랑베르 두 공동 편집인에 의해 시작되었다. 이들의 시도는 뉴턴의 역학 체계로부터 출발한 새로운 가치관이었기에 교회 세력과 대립하던 왕실과 귀족의 후원을 받았다. 하지만 이 책의 궁극적 목표가 프랑스 사회의 구체제에 대한 공격임을 깨닫자 화들짝 놀란 정부는 검열과 탄압의 칼을 들이대기 시작한다. 이러한 위기에 이들 백과사전파를 후원한 것이 바로 부르주아 재력가이자 살롱의 여주인이었던 조프랭 부인이었다.

∞

한편, 1736년 극지 탐험대에 의해 지구의 곡률 문제에 대한 뉴턴-데카르트 논쟁이 일단락되자 다시 뉴턴-라이프니츠 논쟁이 시작된다. 그 핵심은 물체 운동 전후에 보존되는 물리량에 관한 문제로, 뉴턴파는 벡터인 운동량을 꼽았고 그 반대파인 라이프니츠파는 스칼라량인 운동 에너지를 꼽았다. 이러한 측면에서 1738년 베르누이 정

베르사유 궁전의 상징 '거울의 방'. 프랑스의 오랜 종교 갈등을 끝낸 앙리 4세로부터 시작한 부르봉 왕조는 앙리 4세의 손자 태양왕 루이 14세에 전성기를 맞이한다. 절대 군주의 위엄을 과시하기 위해 세운 베르사유 궁전에 루이 14세는 프랑스의 과학 기술을 과시하고자 '거울의 방'을 만들었다. 거울 제조에는 유리 표면을 매끈하게 하는 고난도의 연마 기술이 필요했지만, 당시 프랑스는 유리 연마 기술이 없어 수입에 의존하고 있었다. 이때 생고뱅(Saint-Gobain)이 거울 국산화에 성공하며 베르사유 궁전에 거울의 방이 탄생한다. 이후 생고뱅은 프랑스 왕실 거울의 독점 업체로 엄청난 부를 축적하고, 이 생고뱅의 후계자가 바로 조프랭 부인의 남편이다. 현재 생고뱅은 각종 첨단 소재 사업으로 사업 다각화에 성공하여 연간 매출액이 수십조 원에 달하는 거대 다국적 기업이다. 한편, 거울의 방은 보불 전쟁에서 승리한 독일이 1871년 1월 18일 독일 제국 선포식을 가진 곳으로, 프랑스 입장에서는 치욕의 현장이었다. 복수를 다짐한 프랑스는 정확히 48년 뒤 1919년 1월 18일 제1차 세계 대전 패전국을 처리하는 '베르사유 강화 회의'를 여기서 개최하여, 거울의 방에서 탄생한 독일 제국의 몰락을 확정했다.

리에 등장한 유체 속도의 제곱은 '살아 있는 힘'이 운동의 보존량으로서 존재한다는 라이프니츠파의 입장을 보여 주는 것이기도 했다.

이러한 라이프니츠파의 관점에 대해 달랑베르는 비판적이었다. 그

4장 프랑스 혁명을 잉태한 살롱

는 1744년의 유체 역학 논문으로 뉴턴파 후계자로서의 진면목을 보여 주었다. 처음에 다니엘 베르누이와 동일한 결과가 나오자 고개를 갸우뚱하던 달랑베르는 한 걸음 더 나아가 움직이는 물체가 유체에서 받는 저항을 유도했다. 여기서 이 저항이 존재하지 않는다는 놀라운 결과를 얻는다.

우리는 현실에서 유체의 저항을 체험한다. 바람을 맞을 때나 수영을 할 때면 언제나 공기나 물 같은 유체의 저항을 느끼게 된다. 그러나 달랑베르는 베르누이 방정식을 이용해 유체의 저항은 존재하지 않는다는 모순을 수학적으로 증명한 것이다. 이것이 바로 '달랑베르 역설(d'Alembert's Paradox)'이다. 물론, 이것은 유체가 점성이 없고 압축성도 없는 이상적인 완전 유체일 때 적용되는 것이다. 실제의 유체는 반드시 점성과 압축성이 있기 때문에 물체 표면에 경계층이 생기게 되고 저항이 발생한다. 심지어 경계층이 벗겨지는 경우 소용돌이(보텍스)가 발생해 저항이 더 강해지기도 한다. 유선형 물체는 이 경계층이 잘 벗겨지지 않아 저항이 아주 약해져 달랑베르의 역설에서 이야기한 상태에 가까워진다. 한 가지 더, 달랑베르의 역설의 관점에서 보면, 항공 역학 교과서에서 많이들 사용하는, 베르누이 정리를 이용한 양력 설명은 그럴듯해 보이지만 참은 아닌 설명이 된다. 보통은 날개의 위아래 모양을, 위는 둥글게, 아래는 평평하게 하는 식으로 다르게 만들면, 날개 위를 지나가는 공기라는 유체의 속도와 날개 아래를 지나가는 공기의 속도가 달라지고, 베르누이 정리에 따라 날개 위와 아래에 작용하는 압력이 달라지기 때문에 날개 아래에서 위로 작용하는 양력이 생긴다고 설명하지만, 달랑베르의 역설에 따르면, 공기 같은 유체 속에서 움직이는 물체는 어떠한 힘도 발생하지 않고, 따라서 날개를 띄우는 그 어떠한 힘, 즉 양력도 발생하지 않는다. 심지어 이 역시 베르누이 정리에서 유도된 결론이다.

달랑베르가 이 놀라운 결과를 1749년 베를린 아카데미에 제출하자 심사 위원들은 실험으로 증명되지 않았다며 게재를 거절한다. 당시 베를린 아카데미에 있던 오일러는 탄도학을 연구하며 포환의 궤적에 영향을 미치는 공기의 힘에 대해 나름의 유체 방정식을 유도하고 있었다. 그 결과로 오일러 역시 공기를 뚫고 날아가는 포환이 아무런 힘을 받지 않는다는 결론에 도달했으나 너무 충격적인 결과라 자신도 못 받아들이고 있었다. 이 와중에 1749년 달랑베르의 도발적인 논문이 제출되었고, 심사 위원이었던 오일러에 의해 거절된 것이다. 베를린 아카데미에 제출된 논문이 거절되자 달랑베르는 쓴웃음을 지으며 반박을 포기하고 1752년 별도로 출판하는데 이것이 『유체의 저항에 대한 새로운 이론(Essai d'une nouvelle théorie de la résistance des fluides)』이다.

행성 운동을 설명한 데카르트의 보텍스 이론은 뉴턴의 도전을 받았고, 라이프니츠를 선두로 데카르트의 후계자들은 뉴턴 역학의 점성 유체 이론을 공격했다. 이들은 뉴턴의 소멸하는 유체에 반대하며 소멸하지 않는 유체의 증거로 베르누이 정리를 제시했지만 뉴턴 역학의 후계자 달랑베르가 다시 베르누이 정리의 모순을 공격한 것이다. 당시는 이 모순이 왜 발생하는지 알지 못했지만 논쟁은 생산적이었고, 이 과정에 새로운 물리 개념이 탄생한다.

∞

달랑베르의 접근 방식은 오일러와는 완전히 다른 새로운 수학적 방법이었다. '퍼텐셜'이라는 생소한 개념을 이용했기 때문이다. 이미 1738년 베르누이 정리에서 유체의 보존량을 설명하기 위해 위치 에너지로서의 '중력 퍼텐셜'이 도입되었지만, 달랑베르의 퍼텐셜은 스칼라 퍼텐셜인 베르누이의 중력 퍼텐셜보다 훨씬 발전된 형태의 벡터 퍼텐셜이었다. 위치 에너지와 같은 스칼라 퍼텐셜과 달리 벡터 퍼텐셜은 미분의 방향에 따라 방향성을 만들 수 있어 벡터량인 속도를 표현할 수 있다. 달랑베르는 유체 운동의 속도를 표현하는 벡터 퍼텐셜을 기술하는 데 복소 함수를 이용했다. 복소수(複素數, complex number)는 실수와 허수 두 가지 성분으로 이루어져 있으므로, 하나의 복소 함수에 2개의 물리량을 동시에 표현하는 벡터 퍼텐셜도 쉽게 만들 수 있다. 달랑베르는 미지의 복소 함수를 벡터 퍼텐셜로 가정하고, 유체의 속도는 이 함수의 미분이라고 정의하여 해석 가능한 편미분 방정식으로 유도했다. 이것이 바로 19세기 물리학의 거의 모든 분야에 적용되어 현대 이론 물리학의 기반이 된 '퍼텐셜 이론'의 시작이다.

복소 함수를 이용한 벡터 퍼텐셜은 복잡한 유동을 훨씬 간단하게 다룰 수 있게 해 주는 도구였기 때문에 당시 심사 위원으로서 달랑베르의 논문을 퇴짜 놓았던 오일러에게도 영향을 주었다. 오일러는 1752년 복소 함수의 실수부를 '속도 퍼텐셜(velocity potential)'이라고

백과사전파의 일원으로 근현대 이론 물리학의 기초가 된 퍼텐셜 이론을 구축하고 움직이는 물체가 유체에서 받는 저항에 대한 '달랑베르의 역설'을 발표한 장바티스트 르 롱 달랑베르.

부르며 자신의 이론에 도입했다. 남은 허수부는 달랑베르의 후계자들에 의해 '유동 함수(stream function)'로 정리되었다. 복소 평면에서 실수와 허수가 수직으로 만나듯이, 동일한 유동 함수의 값을 이은 '유선(流線, streamline)'은 속도 퍼텐셜에 수직으로 배열한다. 벡터 퍼텐셜을 이용한 수직 배열은 나중에 전기와 자기가 수직으로 만나는 전자기학에서 '장(場, field)'이라고 불리는 물리적 개념으로 발전한다. 또한 달랑베르의 벡터 퍼텐셜에 도입된 복소 함수는 나중에 코시-리만 방정식(Cauchy-Riemann equation)을 통해 수학적 엄밀성이 확립된다.

유체 속에서 움직이는 물체가 아무런 힘을 받지 않는다는 '달랑베르 역설'이 발표되자, 충격에 빠진 오일러는 그 원인을 곰곰이 생각했다. 그는 유체 유동에 대한 불완전한 편미분 방정식 때문이라고 추정했다. 달랑베르의 퍼텐셜 이론은 속도 퍼텐셜이나 유동 함수와 같은 수학적 변수들만을 다루고 있어서 실제적인 물리량인 속도-압력에 대한 직접적인 편미분 방정식은 아니었다. 이에 1755년 오일러는 최초로 속도-압력을 변수로 하는 완전한 형태의 유체 편미분 방정식을 만드는데 이것이 오일러 방정식이다. 오일러는 새로 유도된 자신의 방정식으로 즉시 달랑베르의 역설을 해결하려 했으나 결론은 같았고, 여전히 저항은 없었다. 베르누이 정리와 오일러 방정식이 유체 점성항을 생략한 비점성 이론이기 때문에 달랑베르 역설이 생긴다는 게 밝혀지는 것은 무려 100년이나 지난 1846년 아데마르 장 클로드 바레 드 생브낭(Adhémar Jean Claude Barré de Saint-Venant)의 연구를 통해서이다.

달랑베르 역설은 고전 물리학의 시대를 뛰어넘어 20세기 물리학에도 큰 영향을 미쳤다. 예를 들어 1822년 클로드 루이 나비에(Claude Louis Navier)가 오일러 방정식에 점성 항을 도입하자 1845년 조지 개브리얼 스토크스(George Gabriel Stokes)가 이를 일반화하여 나비에-스토크스 방정식(Navier–Stokes equations)을 완성하여 이 문제에 다시 도전한다. 여기서 에테르 유체를 통과하는 행성의 저항과 빛의 이중성이 동시에 해결해야 하는 이슈로 떠올랐고, 이것이 아인슈타인의 상대성 이론의 탄생을 촉발했다.

∽

달랑베르 역설이 발표된 1752년 프랑스는 오페라 논쟁으로 한바탕 소동이 벌어진다. 1752년 이탈리아의 조반니 바티스타 페르골레지(Giovanni Battista Pergolesi)의 오페라 「마님이 된 하녀(La Serva Padrona)」가 파리에서 크게 성공한다. 페르골레지 오페라의 성공에서 대중의 역할을 확인한 루소를 비롯한 계몽주의자들은 복잡하고 화려한 바로크 양식의 오페라에 반대하고 귀에 쏙쏙 들어오는 쉬운 선율을 중심으로 한 음악이 발전해야 한다고 주장했다.

루소는 자신의 주장을 입증하기 위해 「마을의 점쟁이(Le Devin du Village)」라는 오페라를 작곡한다. 음악 교육을 받은 적도 없던 루소의 오페라는 사람들을 사로잡았다. 이 오페라에 사용된 노래들 중에는 동요 「주먹 쥐고 손을 펴서」와 개신교 찬송가 54장 「주여 복을 구하오니」, 96장 「예수님은 누구신가」 두 곡으로 잘 알려진 것도 있을 정도이다. 계몽주의자들의 주장은 나중에 볼프강 아마데우스 모차르트(Wolfgang Amadeus Mozart)와 요제프 하이든(Joseph Haydn) 등에 영향을 주었다. 모차르트는 루소의 오페라를 리메이크하여 「바스티앙과 바스티엔(Bastien und Bastienne)」이라는 작품을 쓰기도 했다. 이후 계몽주의의 영향으로 강렬한 임팩트를 가지는 단순한 선율이 새로운 음악 사조를 열었다. 이것이 고전파 음악으로 이후 베토벤에 이어진다. 계몽주의자들의 오페라 논쟁 역시 구체제에 대한 시민 계급의 도전이었다.[2]

이즈음 루소는 서서히 볼테르와 대립하기 시작한다. 루소 역시 디드로의 소개로 살롱 출입을 시작했지만, 곧 계몽주의자들의 이중성을 간파했다. 당시 계몽주의자들은 살롱 마담들의 식객이었기에, 전제 정치를 비판하면서도 그 제도에 기대고 있었다. 이에 과감히 살롱 생활을 청산하고 급진 사상을 전개한 루소는 온건 개혁파 볼테르와 대립했고, 그의 사상은 나중에 프랑스 혁명에서 좌파들의 사상적 기반이 되었다.

한편, 1745년 루소는 기거하던 여관의 23세 하녀와 동거를 시작하여 아이를 5명이나 낳지만, 이들을 모두 고아원에 버렸다. 1762년 루소는 그의 교육 사상을 정리한 『에밀(Émile, ou De l'éducation)』을 발표하며 어린이들의 교육을 강조하지만, 볼테르는 5명이나 되는 아이들을 버린 루소의 사생활을 폭로한다. 수세에 몰린 루소는 자신이 버린 아이들을 찾았지만 아무런 흔적도 찾지 못했고, 1768년 하녀와 형식적인 결혼식을 올려야 했다.

이러한 논란에도 루소의 급진 사상은 수많은 사람을 움직였으며, 매일 정각에 산책하기로 유명한 독일의 칸트 역시 루소의 저서를 읽다가 산책 시간을 거를 정도였다. 이처럼 루소의 거침없는 주장에 계몽주의자들 상당수가 본인들의 이중성에 대해 고민하기 시작했다. 루소 역시 아이들을 버린 행위 등 본인의 이중성에 대한 반성으로 『참회록(*Les Confessions*)』을 집필했고, 이러한 비합리성에 기초한 루소의 사상을 낭만주의의 시작으로 보기도 한다. 한편, 하버마스의 스승이자 프랑크푸르트 학파의 시조 테오도르 아도르노(Theodor Adorno)와 막스 호르크하이머(Max Horkheimer)는 1947년 저작 『계몽의 변증법(*Dialektik der Aufklärung*)』에서 이성과 합리성에 기인한 이들의 계몽주의가 어떻게 광기와 폭력에 이르는지를 보여 주려 했다. 영화로도 만들어진 파트리크 쥐스킨트(Patrick Süskind)의 『향수(*Das Parfum*)』는 바로 이 18세기 초반의 프랑스를 배경으로 계몽주의의 이중성과 야만을 상징적으로 보여 주는데, 주인공 그르누이 역시 어물전 여인이 버린 5명의 아이들 중 막내로 등장한다.

∞

달랑베르는 같이 살던 양어머니가 사망하자 연인이던 조프랭 살롱의 젊은 마담 줄리 엘레오노르 드 레스피나스(Julie Éléonore de Lespinasse)와 동거하지만, 정작 레스피나스는 다른 남성들과 숱한 염문을 뿌리다 1776년 달랑베르의 품 안에서 숨을 거둔다. 말년에 달랑베르는 조제프루이 라그랑주와 피에르시몽 라플라스를 발탁했다. 19세의 나이로 소개장 하나만 달랑 들고 달랑베르를 찾아 파리로 상경한 라플라스를 보고, 달랑베르는 처음에 이 시골뜨기를 내치기 위해 일부러 어려운 수학책을 던져 주었다. 하지만 라플라스가 이 책을 며칠 만에 독파하자 달랑베르는 즉시 그의 천재성을 알아보고 교수 자리를 주선하여 아카데미 회원으로 받아들였다. 1778년 5월 볼테르가 사망하고, 같은 해 7월 루소가 사망했다. 그들은 모두 프랑스 혁명 정부에 의해 국가 영웅으로 추대되어 프랑스 국립 묘지 팡테옹(Panthéon)에 묻혔다. 한편, 1783년 사망한 무신론자 달랑베르는 본인의 신념과 유언에 따라 아무런 표식이 없는 곳에 묻혔다.

5장
서양이 동양을 넘어서는 1776년

커피하우스와 서신 공화국으로 시작된 17세기 유럽의 과학 혁명과 계몽주의는 18세기에 아메리카 신대륙으로 확장되었다. 이제 서구 사회 전체가 산업 혁명과 시민 혁명이라는 거대한 소용돌이에 휩싸인다. 아메리카 대륙의 신지식인 벤저민 프랭클린이 스코틀랜드의 애덤 스미스(Adam Smith)와 교류하고, 애덤 스미스는 제임스 와트(James Watt)를 발굴한다. 1776년 이 세 사람이 인류사에 길이 남을 기념비적인 업적을 동시에 발표한다. 여기서 서양사의 새로운 패러다임이 시작된다.

1706년에 가난한 집에서 태어나 교육조차 제대로 받지 못한 벤저민 프랭클린은 어릴 때부터 형들의 인쇄 공장에서 일하며 서신 공화국의 신성장 동력이었던 인쇄술에 주목했다. 출판뿐 아니라 신문 발행도 겸하던 당시의 인쇄업은 오늘날로 치면 구글이나 네이버와 같은 첨단 지식 산업이었다. 독자적인 인쇄 사업을 일구기 위해 17세에 가출한 프랭클린은 처음에는 뉴욕으로 갔다. 하지만 이때의 뉴욕은 새로운 인쇄소를 열 수 있을 만큼 크지 않은 도시였기에 더 큰 도시인 필라델피아로 옮겨 주목받는 인쇄업자로 성장한다. 당시 펜실베이니아 총독은 그의 비범함을 금방 알아보고는 후견인이 되어 그를 런던으로 보내 준다. 런던에서 커피하우스에 푹 빠진 프랭클린은 뉴턴의 과학 혁명과 계몽주의로 펼쳐지는 새로운 시대를 보았다.[1] 3년 뒤 필라델피아로 돌아온 그는 런던 커피하우스의 '페니 대학'을 본받아 1727년 유럽에서 퍼지고 있던 새로운 과학과 사상을 자유롭게 토론하는 클럽 '준토(Junto)'를 만든다.

1729년 젊은 인쇄업자 프랭클린을 단숨에 유명 인사로 만드는 일이 발생한다. 바로 지폐의 인쇄로, 이 무렵 식민지 아메리카 대륙은 화폐 부족으로 큰 혼란에 빠져 있었다. 케임브리지의 대학자 뉴턴이 조폐국장으로 투입되어야 할 만큼 당시 주화는 영국 본국에서도 부족했기에 지폐가 대안으로 떠오른다. 13세기에 이미 마르코 폴로(Marco Polo)의 『동방견문록』[2]에서 원 제국의 지폐가 서구 사회에 최초로 소개되지만, 당시 유럽은 종이와 인쇄 기술이 없어 양피지에 필사본이 전부였다. 책값이 집값의 몇 배에 달할 정도였다. 따라서 지폐보다는 금화나 은화 주조가 효과적이었다. 이후 동양의 종이 기술이 유럽에 전파되어 종이 가격이 폭락하고, 여기에 1450년 요하네스 구텐베르크(Johannes Gutenberg)의 인쇄 혁명이 더해지자 상황이 바뀌었다.

과학 혁명과 서신 공화국으로 인쇄술이 발달하자, 마침내 1661년

프랭클린과 그가 인쇄한 지폐. 오른쪽 아래에 "printed by B. Franklin"이라고 새겨져 있다. 보다시피 당시 인쇄술로는 위조하기가 거의 불가능한 나뭇잎 문양이 들어 있고, 이 기술은 상당 기간 극비에 속하는 첨단 기술이었다. 한참 뒤에 밝혀진 바로는 나뭇잎으로 석고 주형을 만들어 인쇄판을 주조했다고 한다. 이는 인류 최초의 자연 모사 기술(nature inspired technology) 또는 생체 모방 공학(biomimetics)이라 할 만하다. 한편, 프랭클린은 현재 미국 100달러 지폐의 모델이다.

스웨덴은 지폐 발행을 시도한다. 하지만 계속된 통화 남발로 은행이 파산하고 책임자였던 스톡홀름 은행 총재가 사형 선고를 받으며 결국 스웨덴은 지폐 정책을 포기한다. 이처럼 지폐 유통은 절대 만만치 않은 일이었다. 금이나 은으로 만드는 주화와 달리 종잇조각에 불과한 지폐는 그 가치가 애매했다. 게다가 지폐는 금화나 은화보다 훨씬 위조가 쉬워 영국 본국은 이를 금지했다. 이 문제를 해결하기 위해 식민지의 젊은 인쇄업자 프랭클린이 나섰다. 그는 지폐 정책을 적극 옹호하는 팸플릿을 대량으로 뿌려 홍보했고, 자신만의 독특한 인쇄 기술로 나뭇잎 모양을 지폐에 넣어 위조 문제를 해결했다. 이렇게 프랭클린의 지폐가 상용화되며 아메리카 대륙에서는 서구 최초로 지폐가 자리 잡았다.

어린 나이에 성공한 인쇄업자로 지역 유지가 된 프랭클린은 의회

의원으로 정치를 시작하고, 1740년대에는 준토에서 나누었던 자연 과학의 아이디어로 과학 탐구에도 많은 시간을 보낸다. 1741년 그는 새로운 개념의 벽난로를 개발한다. 요지는 굴뚝으로 빠지는 열기를 한 번 더 순환하게 함으로써 열효율을 높인 것. 이를 위해서는 데워진 공기가 위로 올라가다 중력을 거슬러 다시 내려온 뒤 배출돼야 하므로 쉽지 않았다. 프랭클린은 이 난제를 해결하기 위해 당시로는 생소한 유체 역학 원리인 사이펀(siphon) 현상을 이용했다. 사이펀 현상을 이용하면 유체가 중력을 거슬러 올라가다 내려가도록 만들 수 있다. 프랭클린 난로는 지금도 사용되고 있을 만큼 획기적으로 난방 효율을 높였고, 식민지의 땔감 부족 문제를 해결했다.

1752년 프랭클린의 유명한 번개 실험이 성공하고, 식민지인으로서는 최초로 런던 왕립 학회 회원이 된다. 이제 프랭클린은 영국뿐 아니라 전 유럽에 꽤 알려진 유명 인사가 되었다. 프랭클린의 실험으로 번개는 신의 분노가 아니라 자연 현상에 불과하다는 것이 밝혀지고, 비로소 전기가 과학의 영역으로 들어왔다. 당시 과학은 모든 물리 현상을 가상의 유체를 통해 설명하는 것이 상식이었기에 프랭클린은 전기 현상을 유체 유동으로 설명했다. 이후 '전류(electric current)'라는 용어가 일반화된다.

한편, 프랭클린의 '연' 실험을 설명하는 그림들을 보면 옆에 보조자가 한 사람 보인다. 그가 바로 벤저민의 아들 윌리엄 프랭클린(William Franklin)이다. 그는 벤저민의 혼외자였지만 부인의 동의하에 데려다 키웠고, 벤저민은 아들의 교육에 무척 공을 들였다. 과학

Franklin and Electricity

1752년 벤저민 프랭클린의 실험을 설명하는 그림.
오른쪽의 소년이 그의 아들 윌리엄이다.

실험도 같이하고 외국 사절로 갈 때도 늘 같이 대동하여 정치 외교 감각을 키워 주면서 자신의 후계자로 삼으려고 했다.

∞

1757년 스코틀랜드의 글래스고 대학교에서는 교내 연구 장비의 유지 보수를 위해 기계공 한 사람을 고용한다. 그가 바로 제임스 와트로, 실력은 뛰어났지만, 길드에 소속되지 못해 글래스고에서는 제대로 일감을 얻을 수 없었다. 이에 와트의 비범함을 알아본 글래스고 대학교 교수들이 대학 안으로 불러들인 것이다. 교수 중에는 스코틀랜드 계몽주의를 이끌던 애덤 스미스와 조지프 블랙(Joseph Black)이 있었고, 와트는 이 교수들과 금방 친구가 되었다. 이처럼 당시 스코틀랜드 계몽주의는 독특한 사상, 즉 자유주의와 개방성, 그리고 평등 사상에 바탕을 두었다. 그 때문에 1759년 프랭클린은 런던에서 꽤 멀리 떨어진 스코틀랜드를 방문했고, 스코틀랜드 계몽주의자들을 만나 그들의 사상에 큰 감명을 받는다.

당시 스코틀랜드 글래스고 대학교 의과 대학 교수였던 조지프 블랙은 1754년 이산화탄소를 최초로 발견했다. 이때는 세상이 물, 불, 흙, 공기로 이루어졌다는 4원소설과 연금술의 시대였기에 기체는 공기 하나밖에 모르던 시절이었다. 블랙의 연구를 시작으로 기체에는 다양한 종류가 있으며 공기는 이들의 조합이라는 것이 서서히 밝혀진다. 이는 다시 조지프 프리스틀리(Joseph Priestley)와 앙투안로랑 드 라부아지에(Antoine-Laurent de Lavoisier)로 이어져 4원소설이 무너지며 연금술의 시대가 끝나고 화학이 탄생한다. 1738년에 출간된 다니엘 베르누이의 유체 역학 책이 『수력학』이라는 데서 알 수 있듯이 당시까지 유체 역학은 대부분 수력학(hydrodynamics)이었다. 하지만 블랙의 발견 이후 기체 역학(aerodynamics)의 시대가 열리고, 1755년 오일러 방정식이 압축성/비압축성을 포괄하는 일반 형태로 유도된 것은 바로 이러한 시대적 배경 때문이다.[3]

1763년 와트는 글래스고 대학교에서 교내 연구 장비로 들어온 토머스 뉴커먼(Thomas Newcomen)의 증기 기관 수리를 맡게 되면서 처음으로 증기 기관을 접한다. 17세기 후반 서구 사회는 급격한 인구 증가로 땔감 부족이 심각한 사회 문제였다. 프랭클린 난로가 주목을 받은 것은 이러한 맥락에서 이해할 수 있다. 다행히 석탄이 흔했던 영국은 땔감용으로 석탄 채굴을 시작했다. 하지만 갱도가 깊어지며 지하수를 퍼 올리는 말의 숫자가 늘어나자 탄광업자들의 고민도 늘어났다. 이에 1698년 토머스 세이버리(Thomas Savery)는 최초로 증기 기관을 사용해 지하수를 퍼 올린다. 이때 자신이 만든 엔진이 말을 대체할 수 있다는 마케팅을 위해 '말 몇 마리의 힘'이라는 뜻으로 '마력(horse power)'이라는 용어를 사용했다. 뉴커먼은 세이버리의 증기 기관을 개량하여 실린더-피스톤 개념을 도입했으며 300년이 지난 지금도 실린더-피스톤은 동력 기관의 기본 원리이다. 정규 교육을 받지 못한 와트는 대학 내 공작소에 소속된 기능공에 불과했지만, 계몽주의에 기반한 글래스고 대학교의 자유로운 학풍 속에서 교수들과 토론하며 조금씩 뉴커먼 증기 기관의 문제점을 깨닫는다.

∞

와트가 증기 기관과 처음 만난 1763년 말, 영국의 재무장관 찰스 타운센드(Charles Townshend)는 글래스고 대학교 교수 애덤 스미스에게 이제 막 이튼 학교를 졸업하는 자신의 17세 아들 헨리 스콧(Henry Scott)의 여행에 동행할 가정 교사가 되어 주기를 요청한다. 타운센드가 제시한 조건은 일체의 경비와는 별도로 교수 연봉의 두 배에 해당하는 300파운드를 매년 지급하고, 이 여행이 종료되면 다시 매년 300파운드를 평생 연금으로 지급한다는 것. 18세기 영국의 부유층에서는 자제들의 견문을 넓히기 위해 최고의 지식인을 가정 교사로 동행시키는 여행이 유행했다. 이를 '그랜드 투어(Grand Tour)'라고 한다. 1764년 시작된 여행을 통해 그들은 유럽 여러 도시를 다니며 문화를 익히고, 달랑베르나 볼테르 등 계몽주의자들과 만나 새로운 사상들을 접하고 생각의 폭을 넓혔다.

여행 중 프랑스를 방문한 애덤 스미스는 달랑베르의 소개로 백과사전파들과 토론을 벌이다 경제를 바라보는 새로운 관점에 눈을 뜬다. 글래스고 대학교에서 애덤 스미스는 도덕 철학 교수였지만, 평소 달랑베르의 백과사전에서 다루는 다양한 분야에 관심이 많았다. 애덤 스미스는 프랑스 지식인 피에르 사무엘 듀퐁(Pierre Samuel du Pont)과 프랑수아 케네(François Quesnay)와 토론하며 유럽에서 새로운 산업과 경제 질서가 재편되고 있음을 직감한다.

특히 의사였던 케네는 재화가 생산되고 유통되는 과정을 인체의 혈액 순환으로 보고 경제 순환을 표로 만들었다. 이를 케네의 '경제표(Tableau économique)'라고 한다. 여기서 케네는 프랑스 의사 선배인

물리적 유체에 적용되는 원리를 경제 정책에 적용함으로써 통화량 조절을 가능케 한 프랑수아 케네와 애덤 스미스. 일종의 생체 모방 기술로 만들어진 프랭클린의 지폐가 이들의 경제 이론과 만나 현대 통화 이론의 기초가 되었다.

데카르트의 '피지올로지(physiology, 생리학)'적 관점을 반영한다. 생리학이 인체의 메커니즘을 체액 유체가 순환하는 물리학 법칙으로 이해하는 것처럼 경제 현상 역시 유체 순환의 물리 법칙으로 재화의 흐름을 이해할 수 있겠다고 생각한 케네는 자신의 견해를 '피지오크라시(physiocracy)'라고 불렀다. 민중(demos)에 의한 지배를 '데모크라시(democracy)'라고 하듯이 '피지오크라시'는 물리 법칙에 의한 지배를 뜻한다. 의사로서 데카르트는 인위적인 치료보다는 휴식으로 인체가 자연스레 치유되는 것을 중요시했다. 체액 순환이 방해받지 않는다면 유체 기계로서의 인체는 물리 법칙에 따라 자연적으로 원래의 균형을 회복할 것으로 보았기 때문이다. 케네의 '피지오크라시' 역시 인위적인 개입을 경제에 좋지 않은 것으로 보았다. '피지오크라시'는 '가만히 두라.'는 의미의 프랑스 어 '레세 페르(Laissez Faire, 영어로는 let (people) do (as they choose))'라는 말로 요약할 수 있었다. 애덤 스미스는 이러한 케네의 생각에 크게 공감한다.[4] 자본주의 시장 경제에서는 '현금 흐름(cash flow)'이나 '유동성(liquidity)'이 중요하게 취급되는데, 여기서 혈액 순환에 기초한 의사 케네의 유체 역학적 관점을 엿볼 수 있다.

당시 영국은 아메리카 대륙에서의 지배권 강화를 위해 프랑스와 벌인 7년 전쟁의 여파로 심각한 재정 압박을 겪고 있었다. 재무 장관 타운센드는 식민지에 많은 세금을 부과했고 식민지에서 광범위하게 유통되던 지폐를 금지한다. 그 때문에 유통 화폐 부족으로 식민지 경제는 혼란에 빠지고, 조세 정책에 대한 저항이 들불처럼 일어난다. 지폐 인쇄업자이자 식민지 의회 대표인 벤저민 프랭클린은 이 문제를 외교적으로 해결하고자 유럽으로 파견된다. 여기서 타운센드의 아들과 여행 중인 애덤 스미스와 다시 만나 여러 가지 경제 현안들에 대한 의견을 나눈다.

1766년 타운센드의 후원으로 계속되던 애덤 스미스의 그랜드 투어는 헨리 스콧의 동생이 파리에서 사망하는 불의의 사고로 끝난다. 교수 연봉 2배의 평생 연금이 보장된 그는 대학에 복귀하지 않고 여행 중 만나고 경험한 여러 생각을 정리할 시간을 가진다. 이렇게 10년간의 집필 끝에 자본주의의 탄생을 이끈 『국부론(*An Inquiry into the Nature and Causes of the Wealth of Nations*)』이 탄생한다. 애덤 스미스는 '자유

방임주의'로 번역되는 케네의 '레세 페르'를 적극 받아들이고, 프랭클린의 지폐를 옹호했다. 지폐는 금화처럼 재료의 가치에 기초한 화폐가 아니라 신용에 기초한 통화(通貨, currency)이다. 또 주화의 시대에서는 불가능했던 '통화량' 조절이 지폐의 유통으로 가능해졌다. 마침내 현대에서 주화는 지폐의 보조 수단이 되었고 더 나아가 이제는 신용 화폐로 급속히 대체되고 있다. 그 시작이 바로 프랭클린과 애덤 스미스에 의해 적극 옹호된 지폐 정책이다.

∞

글래스고 대학교에서 증기 기관을 수리하던 와트는 블랙 교수를 통해 뉴커먼 증기 기관에서 '잠열(潛熱, latent heat)'의 문제를 알게 된다. 실린더 내부의 수증기 응결로 작동하는 뉴커먼의 증기 기관은 상변화(相變化)로 인한 열 손실이 상당했다. 1769년 와트는 응축기를 실린더 외부로 돌려 열효율을 획기적으로 증가시킬 아이디어를 생각해 낸다. 하지만 당시의 제조 기술로는 이 아이디어를 실현할 수 없었다. 그는 일단 특허부터 등록했다.

이처럼 와트 특허의 운명은 제조 기술의 벽에 막혀 있었다. 이때 버밍엄의 잘나가던 사업가 매슈 볼턴(Matthew Boulton)이 와트와 동업하며 상황이 반전된다. 볼턴의 도움으로 특허를 연장하던 와트는 볼턴의 주선으로 버밍엄의 루나 소사이어티(Lunar Society)에서 프리스틀리의 처남 존 윌킨슨(John Wilkinson)을 만난다. 윌킨슨은 대포 포신의 구멍을 완전한 원형으로 가공하는 '보링(boring)' 기술을 개발한다. 이 기술은 와트의 특허에서 피스톤–실린더 사이의 간격 문제를 해결할 수 있는 새로운 제조 기술이었다. 1776년, 윌킨슨의 보링 기술을 바탕으로 와트의 첫 번째 증기 기관이 제작되었다. 뉴커먼과 와트는 둘 다 기능공이었지만, 와트가 차별화된 증기 기관을 만들 수 있었던 것은 대학 내 공작소에서 일하며 교수들의 연구를 자신의 발명에 결합했기 때문이다. 이것은 역사상 최초의 '산학 협동'이다.

∞

인지세법과 타운센드법으로 촉발된 식민지의 계속된 저항으로 온건파 프랭클린의 바람과 달리 1770년 보스턴 학살 사건이 발생한다. 1771년 프랭클린은 다시 한번 스코틀랜드를 방문하여 애덤 스미스 등 스코틀랜드 계몽주의자들을 만나 영국 정부를 설득할 외교적 방법을 모색한다. 하지만 상황은 더욱 악화되어 1773년 보스턴 차 사건으로 이어져 결국 1775년 보스턴에서 미국 독립 전쟁이 시작된다.[5] 1775년 오랜 유럽 생활을 정리하고 귀국한 프랭클린은 더 이상 온건파로 남을 수 없었고, 강경 '혁명파'로 변신한다. 독립 전쟁이 발발하자 식민지 미국인들은 왕당파와 혁명파로 양분되어 미국인들 내부에서도 싸움이 벌어졌고, 심지어 미국 독립 영웅 프랭클린의 개인사에도 이러한 비극이 닥친다. 당시 프랭클린의 로비와 영국 정부의 배려로 뉴저지 총독 자리에 있던 아들 윌리엄은 아버지의 눈물 어린 호소에도 왕당파를 고수했다. 결국 1776년 윌리엄은 뉴저지 총독의 신분으로 혁명군에게 체포되어 감옥에 간힌다. 곧 석방되지만, 아직 혁명군에게 점령되지 않은 뉴욕으로 가서 왕당파 군대를 조직하며 격렬히 저항한다. 마침내 뉴욕마저 함락되자, 윌리엄은 퇴각하는 영국

군을 따라 런던으로 망명한다. 와중에 명문가 딸이었던 윌리엄의 부인은 홀로 미국 땅에서 사망하고, 프랭클린과 아들은 다시는 만나지 않았다.

1776년 3월, 애덤 스미스의 『국부론』이 출판되어 세상에 알려진다. 같은 달, 수년간 자신의 특허를 실현하기 위해 고군분투하던 제임스 와트의 첫 번째 증기 기관이 완성되고, 같은 해 7월 제퍼슨과 프랭클린이 기초한 「독립 선언서」가 발표된다. 이 세 사건으로 서양에서 '산업 혁명'과 '시민 혁명'이 시작되었다. 비로소 서양이 동양을 넘어서게 된 것이다.

6장
열과 저항

17세기의 뉴턴 역학으로부터 촉발된 과학 혁명과 계몽주의는 커피하우스와 서신 공화국을 통해 18세기에는 서구 사회 전역으로 확장되었다. 하지만 아직 과학은 신비주의에서 크게 벗어나지 못했고, 아리스토텔레스의 4원소설에 기반한 연금술이 여전히 지식인들 사이에서 주류 담론을 이루고 있었다. 하지만 18세기 후반 새로이 관측된 실험 결과들이 정량화되자 연금술이 무너지고 화학으로 대체되며 비로소 과학은 신비주의에서 벗어난다.

시작은 새로운 기체의 발견이었다. 1754년 스코틀랜드 글래스고 대학교 의과 대학 교수 조지프 블랙에 의해 이산화탄소가 처음 발견되면서, '기체＝공기'라는 4원소설이 흔들린다. 블랙은 또한 1761년 얼음이 녹을 때 온도 변화 없이 열이 흡수되는 것을 관찰하고, 이를 '숨어 있는 열'이라는 의미로 '잠열'이라고 불렀다. 블랙이 잠열을 발견할 수 있었던 것은 이 무렵 1도 단위로 측정할 수 있는 정밀한 온도계가 탄생했기 때문이다. 1714년 프로이센 출신의 학자로 영국에서 활동하던 다니엘 가브리엘 파렌하이트(Daniel Gabriel Fahrenheit)가 수은 온도계를 발명하고,[1] 1742년 스웨덴 학자 안데르스 셀시우스(Anders Celsius)가 이를 개량한 온도계를 발명한 덕이라 하겠다.[2] 한편, 조지프 블랙은 물질마다 가해지는 열에 따른 온도 상승이 달라지는 것을 발견하고는 '비열'이라는 개념을 만들었다.

1765년 목회자였던 프리스틀리는 벤저민 프랭클린의 번개 실험이후 폭발적으로 증가하던 전기에 관한 연구 성과들을 집대성하는 책을 쓰기 시작한다. 이 과정에서 벤저민 프랭클린의 권유로 시도한 실험에서 뉴턴의 중력 법칙과 마찬가지로 전기력이 거리의 제곱에 반비례하는 것을 발견한다.

1750년 프리스틀리의 친구였던 케임브리지 교수 존 미셸(John Michell)이 비틀림 저울을 이용하여 이미 자기력에서 역제곱 법칙을 발견했기에, 중력과 자기력, 전기력 세 가지 힘 모두에서 역제곱의 법칙이 발견된 것이다. 때문에 학자들은 힘의 원천에 동일한 원리가 작용한다고 생각하게 된다. 나중에 자기력과 전기력이 합쳐지며 전자기학이 탄생하고, 전자기학에서 '장(field)' 개념이 탄생하자, 이를 다시 중력장과 연결하려는 시도가 이어진다. 이를 통일장 이론이라고 한다. 그 시작이 바로 프리스틀리가 발견한 전기력의 역제곱 법칙인 것이다.

프리스틀리는 이 공로로 1766년 런던 왕립 학회 회원이 되었고, 집필하던 책은 1767년 『전기의 역사와 현재(The History and Present State of

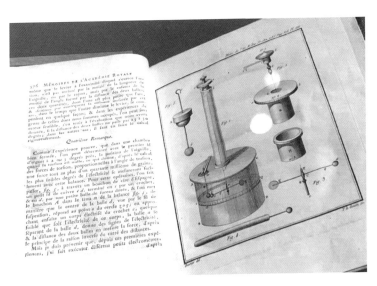

일본 가나자와 공업 대학이 소장한 쿨롱의 『전기와 자기에 관한 연구(*Mémoire sur l'Électricité et le Magnétisme*)』 초판 원본. 쿨롱은 그림과 같은 비틀림 저울을 사용해 뉴턴의 중력 법칙과 마찬가지로 전기력 역시 거리의 제곱에 반비례한다는 '쿨롱의 법칙'을 이 연구에서 보다 엄밀하게 정식화했다.

Electricity)』로 출판되었다. 프리스틀리의 전기력 연구에서 나온 거리의 역제곱 법칙은 나중에 샤를오귀스탱 드 쿨롱(Charles-Augustin de Coulomb)에 의해 '쿨롱의 법칙'으로 정교화되었다. 프리스틀리의 『전기의 역사와 현재』는 1세기 동안 헨리 캐번디시(Henry Cavendish), 알레산드로 볼타(Alessandro Volta), 마이클 패러데이(Michael Faraday), 제임스 클러크 맥스웰(James Clerk Maxwell) 등에게 지대한 영향을 미친다.[3]

1766년 헨리 캐번디시는 조지프 블랙이 발견한 이산화탄소 외에 또 다른 새로운 기체를 발견한다. 정확한 정체를 몰랐기에 그냥 "가

6장 열과 저항

프리스틀리가 사용한 실험 기구들을 그린 그림.

연성 공기"라고 불렸고, 그는 이 공로로 런던 왕립 아카데미 최고의
영예인 코플리 메달(Copley Medal)을 수상한다. 공기보다 무거웠던 이
산화탄소에 비해 매우 가벼운 이 새로운 기체에 흥미를 느낀 블랙은
종이에 밀봉하여 대기 중에 띄울 아이디어를 구상한다. 하지만 생
각과 달리 종이로는 이 '가연성 공기'가 잘 가두어지지 않아 실현되
지는 못한다. 이후 캐번디시는 프리스틀리의 연구를 따라 전기에 대
해서도 많은 연구를 진행했으나 발표하지 않았다. 매우 수줍음을
많이 타는 성격이라 사람들을 만나는 것을 극히 꺼렸기 때문이다.
그의 전기 연구가 알려진 것은 100년이나 지난 뒤 캐번디시 연구소

(Cavendish Laboratory) 설립을 맡은 맥스웰에 의해 캐번디시의 연구 노트가 공개되면서이다.

∞

1774년 프리스틀리는 연소에 관련된 기체를 발견하고, 당시 유행하던 '플로지스톤' 이론으로 설명했다. 플로지스톤 이론에 따르면, 가연성 물질은 플로지스톤이라는 입자를 가지고 있으며 물질을 태우는 연소 반응은 플로지스톤이 빠져나가는 현상으로 설명된다. 같은 해 파리를 방문한 프리스틀리의 발표를 들은 신출내기 학자 라부아지에는 고개를 갸웃거리며 프리스틀리와 다른 생각을 하게 된다. 1775년 라부아지에는 프리스틀리가 발견한 새로운 기체는 인정했지만, 연소는 무엇인가 없어지는 것이 아니라 새로운 것이 생성된다고 보았다. 플로지스톤이 빠져나가는 것이 아니라 '산(酸, acid)'이 생성된다는 것을 증명한 그는 이 기체를 라틴 어로 '산을 생성하는 원소'라는 뜻의 '산소(酸素, oxygen)'라고 불렀다. oxy는 라틴 어로 산이라는 뜻이며, gen은 생성한다는 뜻이다. 또한, 그는 생물의 호흡 역시 산소가 소비되는 느린 연소 반응으로 설명했다. 이러한 연소 연구에 대한 공로로 라부아지에는 프랑스 화약 제조의 총책임자로 임명된다.

이 시기 정량적 실험의 발달은 1752년 달랑베르 역설로 인하여 돌파구를 찾지 못하던 유체 역학에도 영향을 준다. 달랑베르 역설로 유체 저항에 대한 이론적 연구가 막히자, 1775년 프랑스 아카데미는 달랑베르의 주도로 실험팀을 구성한다. 달랑베르는 『백과사전』 저자 중 한 명이던 샤를 보슈(Charles Bossut)에게 실무를 맡겼다. 보슈는 모형 배를 수조에서 끌며 정밀한 계측을 통해 저항은 속도의 제곱에 비례함을 보였다. 뉴턴은 『프린키피아』에서 유체의 저항은 속도에 비례한다고 했기에 보슈의 결과는 항력(drag) 연구에 새로운 지평을 열었다. 벤저민 프랭클린 역시 보슈의 실험을 재현하며 속도의 제곱에 비례하는 유체 저항을 확인한다.

1781년 쿨롱은 물체의 접촉면에 발생하는 '마찰 저항'에 대한 연구를 발표한다. 이에 힌트를 얻은 피에르 뒤 뷔아(Pierre du Buat)는 파이프 내 유체 실험에서 이번에는 속도의 제곱이 아니라 속도에 비례하는 유체 저항을 발견한다. 이후 가스파르 드 프로니(Gaspard de Prony)의 더욱 정밀한 실험을 통해, 유체의 저항은 속도의 제곱에 비례하기도 하고, 속도에 비례하기도 하는 $av^2 + bv$로 표현될 수 있다는 것이 밝혀진다. 이상의 유체 저항 실험들을 종합한 쿨롱은 속도의 제곱에 비례하는 '형상 저항(form drag)'과 속도에 비례하는 '마찰 저항(friction drag)'으로 구분했다. 당시는 해군 군비 경쟁이 심할 때라 선박의 효율성을 높이는 일이 중요했다. 따라서 유체 저항에 대한 연구는 국가의 운명을 건 연구였다. 하지만 이 두 가지 저항만으로는 모형 선박 실험은 실제와 잘 맞지 않았다. 이 문제는 19세기 윌리엄 프루드(William Froude)에 의해 '조파 저항(wave making resistance)'이 추가되며 비로소 해답을 찾게 된다.

유체 흐름 속에 놓인 사물의 앞과 뒤에 생기는 압력의 차이로 발생하는 저항이 '형상 저항'이다. 물체의 형상에 따라 발생하기 때문에 붙여진 이름이다. 따라서 형상 저항을 줄이려면 되도록 유체가 부드

럽게 지나갈 수 있는 형상을 만들어야 한다. 이를 '유선형(streamline form)'이라고 한다. 이와 달리 파이프와 같은 유로(流路) 내부 유동은 형상 저항이 없고 오직 유체와 유로 표면의 마찰로 저항이 발생한다. 이를 마찰 저항이라고 한다. 한편, 물 위를 지나가는 배가 일으키는 파도로 생기는 저항을 조파 저항이라고 한다. 수영 경기에서 레인 선은 옆 선수가 일으키는 파도가 만드는 조파 저항에 영향을 받지 않도록 하는 역할을 한다.

한편, 연소 연구에 한창이던 라부아지에는 조지프 블랙이 잠열을 발견했던 열에 관한 연구로 분야를 확장한다. 1782년의 일이다. 그는 달랑베르가 발탁한 라플라스와 함께 열량계를 개량하여 상변화에 따른 열의 출입을 정량화한다. 여기서 물질의 상태는 기체, 액체, 고체의 세 가지라는 이론이 정립된다.

같은 해, 프랑스의 몽골피에 형제, 즉 조제프루이 몽골피에(Joseph-Michel Montgolfier)와 자크에티엔 몽골피에(Jacques-Étienne Montgolfier)는 캐번디시의 '가연성 공기'를 종이 봉지에 가두려던 블랙과는 달리, 가열한 공기로 종이 봉지를 띄울 생각을 한다. 이들은 이 장치를 확장하여 천으로 만든 대형 풍선에 가열 공기를 넣어 띄우는 열기구를 발명한다. 자신감을 얻은 몽골피에 형제는 사람들이 보는 가운데 공개 실험을 하기로 발표한다.[4]

1783년 라부아지에는 라플라스와의 공동 연구를 통해 캐번디시가 발견한 '가연성 공기'를 연소하면 물이 된다는 것을 보이고, '물을 만드는 원소'라는 의미로 '수소(水素, hydrogen)'라고 이름 붙였다. 여전히 플로지스톤 이론에 집착한 프리스틀리는 이 수소가 바로 연소의 핵심 물질인 플로지스톤이라고 주장하며 다시 한번 헛다리를 짚는다. 한편, 몽골피에 형제가 종이 봉지가 아닌 천으로 된 풍선을 이용하자, 자크 샤를(Jacques Charles)은 종이와 달리 천 풍선에는 수소를 채울 수 있음을 깨닫고 수소를 이용한 기구 개발에 착수한다. 샤를은 나중에 기체의 온도-부피에 대한 상관 법칙을 유도했다. 1802년 조제프 루이 게이뤼삭(Joseph Louis Gay-Lussac)이 미발표였던 이 연구를 발굴하여 '샤를의 법칙'이라고 이름 붙였다.

1783년 6월 4일, 몽골피에 형제의 열기구 공개 실험이 성공한다. 뒤이어 8월 27일 샤를 역시 수소 기구 공개 시연에 성공해 두 팀의 경쟁에 불이 붙는다. 9월 19일 베르사유궁에서 루이 16세 부부가 지켜보는 가운데 몽골피에 형제는 동물을 열기구에 실어 나르는 공개 실험에 성공하고, 이에 루이 16세는 열기구에 사람이 타는 것을 허락한다. 마침내 11월 21일 몽골피에 형제는 유인 열기구 공개 시연에 성공하며 탑승자인 장프랑수아 필라트르 드 로지에(Jean-François Pilâtre de Rozier)는 인류 최초의 유인 비행사가 되었다. 이에 뒤질세라 샤를 역시 12월 1일, 유인 수소 기구를 시연하는데, 대담하게도 탑승자는 샤를 자신이었다.

열기구는 수소 기구보다 안전했지만, 부력은 수소 기구가 더 강력했다. 또한 수소 기구는 별도로 기체를 가열할 필요도 없어 장거리 비행에 유리했다. 이에 드 로지에는 '일정 성분비의 법칙'[5]으로 유명한 스승 조제프 루이 프루스트(Joseph Louis Proust)와 함께 열기구에

몽골피에 형제의 열기구. 세상을 놀라게 한 그들의 비행은 수많은 문헌 기록으로 남아 있다. 이 그림도 그중 하나로 몽골피에 형제의 열기구 외양뿐 아니라 크기와 무게 등의 제원이 자세히 적혀 있다. 그림 속에 조그맣게 보이는 두 사람은 비행사 로지에, 그리고 동승한 달랑드 후작(Marquis d'Arlandes)이다. 이 열기구는 루이 16세의 얼굴과 황도 12궁을 나타내는 상징 등으로 화려하게 장식되었고, 유인 비행 성공 후 루이 16세는 몽골피에 가문을 귀족으로 승격시켰다.

수소 기구를 결합한 '하이브리드' 기구를 개발한다. 하지만 1785년 영국 해협 횡단을 시도하다가 폭발로 사망한다. 드 로지에는 인류 최초의 비행사이자 인류 최초의 항공 사고 사망자였다. 이 소식을 들은 그의 약혼녀는 며칠 뒤 자살했다.

∞

당시 파리에 머물며 이 과정을 목격한 벤저민 프랭클린은 감탄하며 곧 인류사에 새로운 수송 시대가 열릴 것을 직감했다. 프랭클린이 파리에 머물렀던 이유는 1775년부터 계속된 미국 독립 전쟁에서 프랑스의 원조를 위한 외교 때문이었다. 그 결과 식민지가 승리하고, 1783년 9월 3일 파리 조약에 의해 신생국 미국의 독립이 승인된다. 이 과정에서 프랑스 정부의 신뢰를 얻은 프랭클린은 1784년 루이 16세의 요청으로 라부아지에, 조제프이냐스 기요탱(Joseph-Ignace Guillotin)과 함께 '메스머 사건' 조사에 착수한다.

당시 독일 의사 프란츠 안톤 메스머(Franz Anton Mesmer)는 눈에 보이지 않는 뉴턴의 중력처럼 자석에서 나오는 '자기(磁氣)'가 병을 고칠 수 있다고 주장했다. 그는 모차르트의 아버지와도 친분이 깊어 1768년 신동 모차르트가 루소의 오페라 「마을의 점쟁이」를 리메이크해 「바스티앙과 바스티엔」을 작곡할 때 후원을 맡기도 했다. 메스머는 자석 치료에 '글라스 하모니카(glass harmonica)'라는 악기의 몽환적인 소리를 이용했다. 글라스 하모니카는 스타 과학자 프랭클린이 발명한 악기로, 물을 묻힌 손가락으로 유리잔을 문지를 때 나는 소리를 이용한 것이다. 유리가 긁히는 듯한 신비로운 음향에 끌린 메스머는 어린 모차르트에게 이 악기를 가르쳐 주어 모차르트는 글라스 하모니카를 위한 곡을 작곡하기도 했다. 메스머는 프랭클린이 만든 이 악기를 자신의 치료에 사용했던 것이다.

열기구에 들썩이던 파리에서는 메스머의 치료법이 논란거리였다. 인간이 하늘을 나는 모습에 사람들은 과학이라는 이름만으로도 매료되었고, 과학은 구질서에 맞서는 새로운 권력이자 권위였다. 따라서 뉴턴 이론으로 무장한 메스머의 치료는 설득력이 있었고 사람들은 빠져들었다. 메스머는 전기를 발견하고 글라스 하모니카를 발명한 프랭클린을 만나 조언을 구한다. 주류 학자들이 메스머의 치료법을 신비주의라고 공격하자, 프랭클린의 지지가 필요했기 때문이다. 하지만 프랭클린이 생각한 과학은 달랐다.

라부아지에와 프랭클린은 '블라인드 테스트(blind test, 맹검)'를 도입하여 누가 어떤 치료를 받는지 모르게 했는데, 결과는 치료받은 쪽(시험군)과 치료받지 않은 쪽(대조군)의 차이가 없었다. 한때 신비주의로 취급받던 뉴턴의 중력이 과학으로 인정받은 것은 중력 법칙이 누구에게나 동일하게 보편적으로 작용하기 때문이다. 그러나 메스머의 치료법은 분명 누군가에게 효과가 있었겠지만 누구에게나 보편적이지는 않았고, 이런 것은 과학이 아니다. 결국 메스머는 추방되고, 메스머 위원회의 접근 방법은 이후 의약품이나 의료 행위에서 검증의 표준이 되는 '임상 시험'의 시초가 되었다.

이 무렵, 빈에서 계몽주의 오페라인 「피가로의 결혼」을 성공시킨 모차르트는 메스머의 소식을 접한다. 자신을 오페라의 세계로 이

끈 메스머에 대한 모차르트의 반응은 오페라 「코지 판 투테(Cosi fan tutte)」에 드러난다. 「피가로의 결혼」에 나오는 대사 "여자는 다 그래 (Così fan tutte)"를 모티프로 만들어진 이 오페라에서 의사 메스머는 황당한 치료를 하는 웃음거리로 묘사된다. 어린 시절 존경하던 후원자 메스머에 대한 모차르트의 시각이 얼마나 싸늘하게 바뀌었는지를 볼 수 있다.

∞

1785년 스타 학자의 반열에 오른 라부아지에는 물을 산소와 수소로 분리하며 4원소설을 완전히 뒤엎고, 이어지는 연구에서는 플로지스톤 이론의 허점을 증명한다. 하지만 프리스틀리를 비롯한 당시 학계의 상당수는 여전히 플로지스톤 이론을 믿고 있었다. 뉴턴 역학이 받아들여지는 데 상당한 기간이 필요했듯이 플로지스톤 가설이 완전히 극복되는 데에도 많은 시간이 필요했다.

프랑스 혁명기의 대표 화가 자크루이 다비드(Jacques-Louis David)가 1788년에 그린 라부아지에 부부의 초상화. 라부아지에 부인에게 그림을 가르치던 다비드는 프랑스 혁명과 동시에 급진파에 합류하여, 루이 16세의 처형 판결을 주도했다. 이후 1793년 공안 위원회 12인 중 한 사람으로 무수한 단두대 판결을 지휘했는데, 그중에는 자신이 가르치고 초상화를 그려 주었던 라부아지에 부부에 대한 판결도 있었다. 라부아지에의 부인 마리안 폴즈 라부아지에(Marie-Anne Paulze Lavoisier)는 라부아지에가 행한 모든 실험에 함께한 훌륭한 조수였으며, 영국의 조지프 블랙, 프리스틀리의 저술들을 프랑스 어로 번역해 남편의 연구를 도왔다. 마리안이 화가 다비드에게 그림을 배운 이유는 남편의 실험 도구와 실험 장면들을 정밀한 그림으로 남기기 위해서였고, 이렇게 남겨진 라부아지에의 저술은 화학 혁명을 이끄는 원동력이 되었다. 라부아지에의 사후에도 늘 이 초상화를 곁에 두었던 마리안은 죽을 무렵에야 자신의 조카에게 이 그림을 넘겼고, 후손들이 간직하던 이 그림은 1924년 미국의 대부호 록펠러 가문에 매각되었다. 프랑스의 대표 화가 다비드의 대표작들은 루브르에 있지만, 이 그림만은 뉴욕 메트로폴리탄 미술관이 소장하고 있다.

비슷한 예로 열의 이동을 설명하는 '칼로릭' 이론이 있다. 프랭클린이 전기를 '전류'라는 유체 현상으로 이해했듯이, 당시 모든 물리 현상은 유체 입자의 유동으로 이해하는 것이 일반적이었다. 따라서 열의 이동 역시 가상의 입자인 칼로릭의 흐름으로 이해되었다. 라부아지에나 라플라스 역시 이러한 칼로릭 이론을 받아들였고 1824년에 나온 카르노의 열역학 이론도 칼로릭 이론에 기반한다. 열의 이동에 관해 칼로릭 이론만 있었던 것은 아니다. 1738년 다니엘 베르누이는 그의 유체 역학 저서인 『수력학』에서 칼로릭 유동의 도입 없이 단지 열은 입자의 동역학적 운동이라는 개념을 제시했다. 베르누이는 유체의 압력이 분자 운동의 결과라는 보일의 견해를 발전시켜, 분자 운동이 활발해질수록 온도가 높아진다고 생각했다. 하지만 유체의 압력과 온도, 부피에 대한 명확한 관계가 정립되기 전이라 당시에는 캐번디시 정도만 베르누이를 지지했고, 다수의 학자는 칼로릭 이론을 지지했다. 다니엘 베르누이의 주장이 받아들여지는 것은 제임스 프레스콧 줄(James Prescott Joule)과 루돌프 클라우지우스(Rudolf Clausius)에 의해 칼로릭 이론이 무너지고, 맥스웰과 루트비히 볼츠만(Ludwig Boltzmann)에 의해 통계 열역학이 등장한 뒤의 일이다.

이 무렵 프랑스의 정치 상황은 왕실과 귀족에 대한 불만이 고조되며 급박하게 전개된다. 파리에서 카페 프로코프를 들락거리던 디드로의 후계자 피에르 보마르셰(Pierre Beaumarchais)가 1774년 귀족 사회를 비꼬며 발표한 희곡 「세비야의 이발사」가 대성공을 거두고, 이에 고무되어 1784년 발표한 속편 「피가로의 결혼」 역시 크게 성공하자 깜짝 놀란 당국은 이 작품들의 공연을 금지하기에 이른다.[6] 하지만 이런 심상치 않은 분위기 속에서도, 재정 압박이 심했던 프랑스에서 조세 징수관의 역할도 겸하던 라부아지에는 세금 징수에 더욱 고삐를 죄었다. 심지어 확실한 과세를 위해 1787년에는 파리 전체를 둘러싼 성벽을 만들어 시민들의 원망 대상이 되고 만다.

1789년 7월 14일 바스티유 습격으로 프랑스 대혁명이 시작된다. 초기에는 라부아지에도 혁명을 지지했지만, 영국의 명예 혁명과 달리 과격 양상을 띠며 루이 16세가 처형되자 상황은 급변한다.[7] 1793년 급진 좌파가 집권하여 공안 위원회의 공포 정치가 시작되자 혁명의 권력은 부르주아에서 도시 빈민으로 넘어갔고, 적폐 세력으로 몰린 앙시앵 레짐의 상징 '조세 징수관'이 단두대를 피해가기는 어려웠다. 결국 라부아지에는 1794년 5월 8일 재판을 받고 그날 오후 바로 처형되었다. 라부아지에가 사형당한 단두대는 공교롭게도 라부아지에와 함께 메스머 사건을 조사한 동료 기요탱이 고안한 것이었다.

한편, 라그랑주는 프랑스 혁명 초기 희생될 뻔했으나 라부아지에의 비호로 살아남았다. 하지만 정작 라부아지에가 재판에 회부되자 두려움에 입을 닫았다. 라부아지에의 재판정에 울려 퍼진 구호는 "공화국은 과학자를 필요로 하지 않는다."였다. 침묵으로 목숨을 부지한 라그랑주는 공안 위원회의 광기가 사라진 다음에서야 "이 머리를 베어 버리기에는 일순간으로 충분하지만, 프랑스에서 같은 두뇌를 만들려면 100년도 넘게 걸릴 것이다."라고 평가했다.

6장 열과 저항

7장
루나 소사이어티와 산업 혁명

청동은 섭씨 900도에서 녹지만, 주철은 섭씨 1,300도 이상이 되어야 녹는다. 기원전부터 주철을 녹여 제품을 만들었던 중국과 달리 서양은 16세기까지 이 온도에 도달하지 못했다. 중국에서 시작된 주철 기술로 동아시아에서는 오래전부터 무쇠솥을 만들기 시작했는데, 이 차이가 동서양의 식생활을 다르게 만들었다. 즉 동양은 솥으로 밥을 지어 먹었고, 솥이 없던 서양은 화덕에 빵을 구워 먹었다. 인류는 수천 년 전부터 철기 시대에 진입했지만, 서양의 철기 문화는 중세까지만 해도 기껏해야 대장간에서 수백 도로 달군 철을 망치로 두들겨 창검이나 농기구를 만드는 수준이었다. 이러한 기술 격차를 만든 것이 바로 '풀무'였다.

중국인들은 불의 온도를 올리기 위해서 강력한 바람을 불어넣는 유체 기계 '풀무'의 고성능화에 성공했다. 인류 초기의 풀무는 한 방향으로만 작동하는 것이었지만, 기원전 중국에서는 양쪽으로 작동하는 획기적인 개선이 이루어져 불의 온도를 훨씬 높이 올릴 수 있었다. 이것이 유럽에 알려지게 된 것은 2,000년이나 지난 뒤였다. 이러한 이유로 영어로 용광로를 '돌풍을 불어 넣는 가마'라는 뜻으로 'blast furnace'라고 부른다.

16세기 유럽에서는 청동으로 대포를 만들고 있었지만, 구리가 나지 않던 헨리 8세의 영국은 주철 대포 개발에 국가의 운명을 걸었다. 드디어 주철 공정 개발에 성공하면서, 그의 딸 엘리자베스 1세가 스페인의 무적 함대를 수장하며 후진국이었던 영국이 제해권을 장악한다. 이후 서양의 해전은 함포 사격의 각축장이 되었다.

유럽에서 주철 기술이 발달함에 따라 17세기 네덜란드에서 서양 최초로 주철로 된 요리 기구 '더치 오븐(Dutch oven)'이 탄생한다. 1704년 영국의 청동 주물 기술자 에이브러햄 다비(Abraham Darby)는 직접 네덜란드로 건너가 더치 오븐의 주철 기술을 배워 1709년 독자적인 주철 기술을 개발한다. 이것이 바로 철강 기술의 혁신을 가져온 코크스 공법이다.

도자기 역시 섭씨 1,300도 이상의 고온이 필요하다. 중국은 기원전부터 도자기를 만들어 사용했으나, 가마 온도를 높이 올릴 수 없던 서양에서는 국물 요리가 발달하기 힘들었다. 유럽에서는 왕이나 귀족, 성직자들, 부자들만이 은이나 구리 같은 금속 식기를 사용했을 뿐이었다. 따라서 수프를 담을 그릇도 없던 서민들은 빵에 수프를 담아 먹었다. 하지만 유럽에 커피와 차(茶)가 크게 유행하면서 이를 담을 유일한 그릇인 명나라 도자기의 수입이 급격히 증가해 명나라는 엄청난 이익을 얻는다. 당시 전 세계에서 도자기를 만들 수 있는 나라는 명나라와 조선 정도밖에 없었다. 이 사실을 잘 알고 있던 일본이 임진왜란에서 제일 많이 공을 들인 것은 조선의 도공들을 빼내는 것이었다. 이 때문에 임진왜란을 "도자기 전쟁"이라고 부르기도 한다. 임진왜란 직후 만주족이 명나라를 공격하면서 명의 도자기 수출항들이 봉쇄되고, 도자기 수입이 끊긴 유럽 상인들은 대안을 찾기 위해 혈안이 되었다. 마침 일본은 조선에서 빼돌린 도공들로 도자기 생산을 시작하고, 유럽에 수출하면서 중국 도자기는 급속히 일본 도자기로 교체되었다. 이후 서구인들에게 동양을 대표하는 선진국은 중국과 일본 두 나라라는 인식을 심어 주게 되면서 아시아의 판도가 바뀐다.

16세기 이후 섭씨 1,300도 이상의 고온을 만들 수 있게 된 유럽은 도자기 개발에도 박차를 가하고, 18세기 초 드디어 유럽에서도 도자기가 생산되기 시작한다. 철강 산업으로 영국의 산업 혁명을 이끈 버밍엄(Birmingham)의 루나 소사이어티에서 연소 현상을 연구하던 프리스틀리와 주철을 만들던 그의 처남 윌킨슨, 도자기를 만들던 그들의 친구 조사이어 웨지우드(Josiah Wedgwood)가 함께 모인 데는 이러한 배경이 있었다.

∞

1758년 벤저민 프랭클린은 스코틀랜드를 방문하러 가던 길에 영국 철강 산업의 중심지 버밍엄에 들른다. 이 방문은 자기력의 역제곱 법칙을 발견한 케임브리지 교수 존 미셸의 주선에 의한 것으로, 미셸 교수는 이때 친구인 의사 이래즈머스 다윈(Erasmus Darwin)과 사업가 매슈 볼턴을 프랭클린에게 소개했다.

이 무렵 잘나가던 철물 사업가 매슈 볼턴은 자신의 어머니를 치료한 촉망 받던 의사 이래즈머스 다윈을 알게 된다. 14세에 학교를 그만두고 가업을 잇느라 제대로 된 과학 교육을 받은 적이 없던 볼턴은 케임브리지 출신 다윈이 들려주는 새로운 과학적 발견들에 흥미를 느끼고 급속히 친해진다. 1759년 스코틀랜드 방문을 마친 프랭클린은 1760년 다시 버밍엄을 방문하여 볼턴을 만난다. 여기서 프랭클린이 자신의 주특기인 전기 실험을 선보이자 볼턴은 새로운 과학 기술에 눈을 뜬다. 한편, 1762년 존 미셸의 친구였던 프리스틀리가 말에서 떨어지며 다윈의 치료를 받게 되어 둘의 친분이 시작된다.

1765년 자신의 철물 사업을 확장하려던 볼턴은 도자기에 입히는 금속 장식이 유행하자 도자기 업자 조사이어 웨지우드와 협력을 시작한다. 이 무렵 다윈 역시 웨지우드와 절친이 되었고, 이들은 새로운 과학 기술의 흐름을 공부하기 위한 정기적인 모임을 시작한다. 프랭클린의 전기 실험에 매료된 볼턴의 소개로, 다윈과 웨지우드 역시 새로운 과학인 전기에 눈을 뜬다. 1767년 이들은 다윈과 친분을 쌓고 있던 당대 최고의 전기 연구자 프리스틀리를 초청하여 이 모임에 합류시킨다. 모임은 밤늦게까지 계속되기 일쑤였고, 가로등이 없던 시절이라 귀갓길 안전을 위해 보름달이 뜨는 날 만나기로 한다. 이런 이유로 이 모임의 이름이 '달빛 모임'이라는 뜻의 '루나 소사이어티(Lunar Society)'로 정해진다.

한편, 스코틀랜드의 글래스고 대학교에서 뉴커먼의 증기 기관을 개선하던 제임스 와트는 1765년 그의 멘토 조지프 블랙 교수로부터 스코틀랜드의 캐런(Carron) 철강소를 소개받는다. 청동 대포를 여전히 고수하고 있던 유럽 대륙과 달리 영국은 주철 대포가 군사력의 주축이었고, 1709년 영국의 에이브러햄 다비가 코크스 제철법을 개발하며 영국의 주철 기술은 훨씬 발전한다. 이러한 영국의 철강 산업 붐을 타고 1758년 만들어진 캐런 철강소는 주철 대포를 해군에 납품하려던 신생 업체였다. 군수 산업 부문 이외에 민간 부문으로 사업 확장을 꾀하던 중에 이렇게 제임스 와트를 만나 대포와 비슷한 제품인 증기 기관의 실린더에 도전하게 된 것이다. 하지만 캐런 철강소의 주철 품질은 만족할 만한 수준이 아니었다. 와트의 특허인 응축기를 따로 두는 신개념의 증기 기관을 위해서는 실린더와 피스톤의 공차를 획기적으로 줄여야 했지만 캐런 철강소의 기술로는 불가능했다. 이 무렵, 볼턴은 사업을 확장하면서 당시 철물 공장에서 사용하던 수력으로는 도저히 늘어나는 생산량을 감당할 수 없어 와트의 증기 기관에 주목한다. 결국, 낮은 주철 품질로 고생하던 캐런 철강소는 포 결함으로 1773년 영국 정부로부터 군납 허가가 취소되고 모든 함선에서 캐런 사의 대포가 제거되었다. 이 때문에 캐런 철강소의 경영난이 심해지자, 볼턴은 와트 증기 기관의 지분을 받는 대가로 채무를 갚아 주며 와트의 동업자가 되었다.

1774년 동업자 볼턴의 간곡한 요청으로 와트는 스코틀랜드 글래스고를 떠나 영국 버밍엄으로 오게 된다. 볼턴은 와트를 루나 소사이어티에 가입시키고, 여기서 와트는 프리스틀리의 처남 윌킨슨을 만난다. 이 무렵 철강소를 운영하던 윌킨슨은 '보링' 기술을 개발한다. 와트는 이 보링 기술이 그토록 기다리던 실린더와 피스톤의 간격을 줄이는 핵심 기술임을 간파하고, 그에게 증기 기관 실린더 제작을 맡긴다. 한편, 와트 특허의 만료가 다가오자 볼턴은 의회 로비를 통해 특허 유효 기간을 무려 1800년까지 연장하며 와트와 윌킨슨의 개발 시간을 벌어 준다.

1776년 마침내 와트의 특허가 구현된 최초의 증기 기관이 만들어져 즉시 현장에 사용되었다. 와트의 증기 기관은 기존의 뉴커먼 증기 기관과는 비교도 할 수 없는 엄청난 효율을 자랑했다. 이후 증기 기관은 탄광에서 물을 퍼 올리는 용도뿐 아니라 다른 산업으로도 급속히 확대, 응용되며 대개 수력에 의존하던 영국 산업 전반에 증기 기관 혁명이 일어난다. 특히 주철 생산 분야에서 적극 활용되기 시작한다. 초기 증기 기관의 역할은 용광로에 동양의 풀무보다 더욱 강력한 바람을 불어넣는 것이었고, 이 덕분에 철기 시대 이후 처음으로 서양의 철강 기술이 동양을 넘어서게 되었다.[1] 이처럼 동서양의 문명사적 역전에는 열유체에 대한 연구가 중심 역할을 했다.

1784년 증기 기관을 이용한 최초의 현대식 연속 제철 공정인 '퍼들법(puddling process)'이 개발되며 영국의 철강 산업은 더욱 비약적으로 발전하게 된다. 역사학자들은 이를 기점으로 산업 혁명이 시작되었다고 보고 있다. 1800년 특허 만료까지 와트와 볼턴은 무려 450개의 엔진을 팔았다. 같은 시기 비록 효율은 떨어지지만, 와트의 특허를 회피하면서 가격이 저렴한 다른 업자들의 증기 기관들 역시 1,000 개 이상이 팔렸다. 이처럼 수많은 엔진이 산업 전반에 깔리면서 맨체스터 같은 신흥 공업 도시들이 출현한다. 이러한 공로로 와트와 볼턴이 1785년 런던 왕립 아카데미 회원으로 선출된다. 두 사람은 정식 과학 교육을 받은 적이 한 번도 없었지만, 자격 심사에서 단 한 사람도 이의를 제기하는 사람이 없었다.

∞

영국의 산업 혁명을 이끌었던 루나 소사이어티가 내리막길을 걷게 된 계기는 다름 아닌 1789년의 프랑스 혁명이었다. '레볼루션'이 처음으로 혁명의 의미로 쓰인 1688년의 명예 혁명을 겪은 영국인들은 프랑스 혁명을 지지했고, 신지식인들이었던 루나 소사이어티 회원들 역시 프랑스 혁명을 적극 지지했다. 하지만 1790년 영국 정치인 에드먼드 버크(Edmund Burke)가 이성을 빙자한 프랑스 혁명의 야만성을 비판하며 「프랑스 혁명에 대한 고찰(Reflections on the Revolution in France)」을 발표하여 논쟁이 시작된다. 그나마 영국에서 진보적 정치인이었던 버크는 프랑스 혁명이 보여 주는 폭력을 통해 계몽주의로 포장된 인간의 야만성을 보여 주려고 했다. 실제로 프랑스는 통제 불능의 상태로 치닫고 있었다. 이에 루나 소사이어티에서 가장 급진적이었던 프리스틀리가 프랑스 혁명을 지지하며 버크의 주장에 맞서자 상황은 급변한다.

프랑스 혁명의 슬로건에 "왕정 타도"가 등장하자 영국 정부는 혁명의 기운이 영국으로 번지는 것을 우려한다. 영국 정부는 프랑스 혁명을 지지하는 영국 내 진보적 지식인들을 통제하기 위해 버크의 글을 교묘히 이용한다. 친정부 여론을 부추겨 프랑스가 지원했던 미국 독립 전쟁으로 식민지를 상실했던 것을 상기시키자, 프랑스 혁명에 대한 지지는 애국심에 반하는 행동으로 영국 대중들에게 인식된다.

1791년 6월 프랑스 국왕이 유폐되며 왕정 타도가 현실화하자 프랑스 혁명을 둘러싼 영국 내 대립은 더욱 과격해진다. 불안한 상황에서도 프리스틀리가 이끌던 루나 소사이어티는 꿋꿋이 1791년 7월 14일 프랑스 혁명 2주년 기념 모임을 강행하고, 여기에 몰려든 군중들이 돌을 던지며 폭동이 시작된다. 모임 장소를 쑥대밭으로 만든 폭도들은 프리스틀리의 집에 난입하여 불을 질렀고, 프리스틀리와 그의 아내(윌킨슨의 누이)는 겨우 탈출했다. 4일간 진행된 이 '프리스틀리

1791년 7월 14일 폭도들에 의해 불타는 프리스틀리의 집. 무려 4일간이나 계속된 이 폭동에서 루나 소사이어티 회원들의 집 대부분이 습격당했고 프랑스 혁명의 전파를 우려한 영국 정부는 방관한다. 이 사건을 역사에서는 '프리스틀리 폭동(Priestley Riots)'이라고 부른다. 이미 시민 혁명을 겪은 영국은 프랑스 혁명을 초기에는 환영했지만, 1791년 6월 루이 16세가 국외로 도주하다가 잡혀 감옥에 갇히며 재판에 회부되자 여론이 바뀐다. 프랑스에서 영국과 같은 입헌 군주제 도입은 물 건너갔고, 영국 정부는 이를 심각하게 인식했다. 여기에 미국 독립 전쟁에서 프랑스가 한 역할이 부각되며 프리스틀리의 행동은 영국인들에게 반애국적인 것으로 인식된다. 다음 쪽 아래 그림은 프리스틀리(왼쪽)과 미국의 혁명가 토머스 페인(오른쪽)을 악마 같은 음모가로 풍자한 카툰이다. 당시 영국인들의 프리스틀리에 대한 견해를 짐작할 수 있게 해 준다. 기체 연구에 심취한 프리스틀리는 다양한 실험을 통해 1780년 인류 최초로 탄산수 제조법을 발명한다. 이후 영국에서는 다양한 탄산수 제조법이 제안되었고, 가정에서도 손쉽게 만들 수 있는 탄산수 제조법 특허는 1903년 영국의 와인 업자 길베이(Gilbey)에 의해 탄생한다. 하지만 유럽에서 음료수는 대부분 와인과 맥주, 커피였고 탄산수는 광천수가 대량으로 유통되었기에 크게 주목받지 못했다. 1998년 이스라엘의 소다스트림은 여러 회사로 소유권이 돌아다니던 길베이의 특허를 인수하고, 마침 불어 닥친 '웰빙 붐'으로 크게 성공한다. 2018년 소다스트림은 무려 32억 달러(약 3조 5000억 원)의 가격으로 펩시에 인수되었다.

The FRIENDS of the PEOPLE

폭동' 사건에서 루나 소사이어티의 회원들은 집중 공격 대상이었고, 와트와 볼턴은 증기 기관 공장을 지키기 위해 직원들을 무장시켜야 했다.

프리스틀리 폭동으로 루나 소사이어티의 활동은 거의 정지되었으며, 집과 교회, 연구소 및 수많은 연구 자료를 모두 잃은 프리스틀리는 도망자 신세가 되었다. 집도 절도 없이 떠돌던 프리스틀리는 일단 런던에 머무르며 웨지우드를 비롯한 여러 지인의 도움을 받았고, 정부를 상대로 피해 보상을 받은 후 1794년 미국으로 망명했다.

한편, 루나 소사이어티를 탄생시킨 존 미셸은 자기력의 역제곱 법칙을 발견한 비틀림 저울을 이용하여 말년에 뉴턴 중력의 역제곱 법칙을 증명하는 비틀림 저울을 개발한다. 하지만 사용해 보지도 못한 채 1793년 사망했다. 그가 죽은 뒤 1798년 캐번디시는 친구가 남긴 이 기구로 뉴턴 만유인력 법칙의 미지수였던 중력 상수 G를 측정하는 데 성공했다.[2]

∞

한편 프리스틀리 폭동이 잠잠해지자 아직 산업계에서 막강한 권력을 가지고 있었던 볼턴은 1797년 다시 한번 영국사에서 위대한 일을 벌인다. 산업 혁명은 영국에 급격한 인구 증가를 가져왔고 저소득층의 경제 활동 역시 폭발적으로 증가하고 있었다. 뉴턴 이후 영국의 주화는 주로 은으로 만들었지만, 저소득층을 위해서는 은화보다 훨씬 싼 거래 수단이 필요했다. 여기서 '구리(銅)'로 만든 주화인 동전(銅錢)이 탄생한다. 하지만 곧 위조 동전이 대량으로 만들어져 유통되기 시작했고, 더욱 심각한 문제는 동전의 생산 단가가 동전의 액면가보다 비싸졌다는 것이었다.[3] 이것은 정부로서도 상당한 골칫거리였다. 저가의 화폐가 필요한 저소득층에 있어 액면가에 맞는 동전의 발행은 국가 경제의 유지를 위해 필수적이었다. 이에 100년 전의 뉴턴처럼 볼턴이 나서게 된다.

볼턴은 주화 제작 공정을 단조로 찍어내는 스탬핑(stamping)으로 바꾸고, 자신의 증기 기관으로 단위 시간당 생산량을 극대화해서 제조 단가를 획기적으로 낮춘다. 또한, 뉴턴이 했듯이 테두리 디자인을 복잡하게 만들어 어설픈 공정 기술로는 위조 비용이 오히려 비싸지도록 만들었다. 이런 노력으로 영국은 다시 위조 화폐의 공포에서 벗어난다. 1800년 와트의 특허가 만료되어 증기 기관 사업은 접었지만, 볼턴은 동전 제조만은 사망할 때까지 계속했다. 1809년 볼턴이 사망하자, 인생의 동반자 와트는 낭독한 조문에서 볼턴의 가장 위대한 업적이 바로 이 동전 제조였다고 했다. 2011년 영국 정부는 50파운드 고액권을 발행했는데, 표지 인물로 볼턴과 와트를 선정했다.

8장
혁명 사관 학교
에콜 폴리테크니크

 1746년 프랑스 부르고뉴 와인의 본고장 본(Beaune)에서 상인의 아들로 태어난 가스파르 몽주(Gaspard Monge)는 16세인 1762년 리옹의 대학에 진학한 뒤 불과 1년 만에 대학에서 물리학을 가르치게 된다. 1764년 대학을 마치고 고향으로 돌아온 몽주는 18세의 나이에 본의 도시 계획을 맡았다. 이 계획을 유심히 지켜보다 몽주의 천재성에 감동한 어느 장교의 적극 추천으로, 그는 1765년 귀족들만 들어가던 메지에르(Mézières) 왕립 공과 대학에 입학한다. 하지만 신분의 차이로 몽주는 방황했고, 이런 그에게 손을 내민 것은 당시 이 학교 수학 교수를 맡고 있던 샤를 보슈였다. 1년 뒤 몽주는 군사 요새화 프로젝트에서 뛰어난 기하학과 수학 실력을 발휘하며 순식간에 메지에르 왕립 공과 대학의 스타로 떠오른다. 1768년 보슈는 프랑스 아카데미 회원이 되었고 루브르에 만들어진 유체 역학 연구소 교수로 부임하며 메지에르를 떠난다. 몽주는 그의 후임 교수가 되었다. 1770년 몽

혁명가이자 과학자였고 정치가였던
라자르 카르노.

주는 자신의 첫 논문을 보슈에게 보내고, 보슈는 이 논문을 달랑베르와 디드로의 『백과사전』에 소개한다. 루브르 유체 역학 연구소 교수가 된 보슈는 1775년 달랑베르와 함께 유체 저항을 실험으로 측정하는 업무를 맡았다.

    1771년, 몽주가 안정된 교수 생활을 하던 메지에르 왕립 공과 대학에 고향 후배 하나가 입학한다. 그가 바로 라자르 카르노(Lazare Carnot)로, 열역학의 '카르노 사이클'로 유명한 사디 카르노(Sadi Carnot)의 아버지이다. 1753년 부르고뉴의 지역 법관의 아들로 태어난 카르노는 메지에르 왕립 공과 대학에서 몽주의 지도를 받던 중, 이 학교를 방문한 신대륙의 마당발 지식인 벤저민 프랭클린을 만나 깊은 인상을 받는다. 1780년 몽주는 보슈의 뒤를 이어 루브르 유체

역학 연구소 교수를 겸임하고, 여기서 라그랑주, 라플라스, 라부아지
에 등의 파리의 학자들과 교류하며 학계 명사로 성장한다.

군대에서 장교가 된 라자르 카르노는 연구를 병행하여 1784년 역
학에 대한 논문을 발표한다. 여기서 비탄성 충돌로 인한 '에너지 손
실'이라는 당시로는 생소한 개념을 도입한다. 완전 탄성 충돌의 경우,
충돌 전후의 운동 에너지가 보존되지만, 현실적으로 이런 완전 탄성
충돌은 존재하지 않는다. 실제 충돌은 비탄성일 수밖에 없고 물체
는 충돌할 때마다 운동 에너지를 잃는다. 이후 카르노는 관로 내 유
동에서 급격한 확대와 수축이 있는 경우에도 손실(head loss)이 발생
하여 유체의 보존 법칙인 베르누이 정리가 성립하지 않는 것을 보인
다. 또한, 손실에 대한 관계식을 유도하여 냈다. 이를 '보르다–카르노

방정식(Borda-Carnot equation)'이라고 한다. 참고로, 장샤를 드 보르다 (Jean-Charles de Borda) 역시 보슈에 앞서 뉴턴의 유체 저항을 심도 있게 연구한 프랑스 학자로 수학, 물리학, 정치학을 연구했고, 프랑스 해군에 복무하며 항해 관련 기술과 장치를 발명해 냈다. 이처럼 달랑베르 역설 이후 프랑스 학계는 유체의 저항을 실험으로 규명하기 위해 온갖 노력을 기울이고 있었다.

이즈음 카르노는 파리에서 미국 독립 전쟁의 지원을 위해 맹활약하던 프랭클린이 주도한 혁명적인 정치 모임에 참석하며 정치에 대한 안목을 갖게 된다. 또한, 1784년 친구로 지내던 몽골피에 형제의 열기구 실험을 적극적으로 도와주며 열기구와 함께 당시 막 등장하기 시작한 와트의 증기 기관을 보면서 새로운 기술 혁명의 시대가 열리고 있다고 주장했다.

∞

한편, 달랑베르가 발탁한 라그랑주는 오일러의 속도 퍼텐셜을 증명하며 달랑베르 퍼텐셜 이론의 수학적 기반을 만든다. 라그랑주의 증조할아버지는 이탈리아로 이주한 프랑스 장교였고, 어머니는 의사의 딸이었기에 상당히 유복한 가정에서 태어났다. 하지만 라그랑주가 어린 시절, 아버지의 투자 실패로 어려움을 겪으며 수학을 직업으로 선택한다. 생계형 수학자였던 그는 달랑베르의 추천으로 베를린 아카데미에서 오일러의 후임이 되었으며, 1786년부터는 파리에 정착했다.

달랑베르가 발탁한 또 다른 인물 라플라스는 파도에 대한 연구에 달랑베르의 퍼텐셜 유동을 도입하여 더욱 정교하게 발전시킨다. 당시 학계의 관심사는 지구의 모양을 정확하게 예측하는 이론적 방법이었다. 적도 반지름이 큰 타원형 지구 모양은 데카르트 보텍스 이론을 무너뜨리는 근거였기에 상당히 중요했던 것. 이를 이론적으로 규명하기 위해 라플라스는 지구를 회전 유체로 보고 퍼텐셜 이론을 전개한다. 1783년 지구의 구면 좌표계에 대해 유도된 라플라스의 퍼텐셜 유동 방정식에 대해, 라그랑주가 발탁한 신진 학자 아드리앵마리 르장드르(Adrien-Marie Legendre)가 해를 제시한다. 여기서 르장드르 함수가 탄생하여 지구의 모양에 대한 정확한 이론적 정보가 구해지고 물체와 물체 사이의 중력 퍼텐셜이 수학적으로 보여진다. 이처럼 퍼텐셜 방정식이 천체 물리 현상을 설명하는 데 유용하다는 것이 알려지자 1799년 라플라스는 그의 불후의 명작『천체 역학(*Mécanique Céleste*)』에서 달랑베르의 퍼텐셜 이론을 정식화하는데, 이때부터 퍼텐셜 이론에 사용된 방정식을 '라플라스 방정식'이라고 부르게 되었다.

1788년 라그랑주는 뉴턴 역학에서 더욱 발전한 새로운 개념의 역학 체계를 발표한다. 이것이 바로『해석 역학(*Mécanique Analytique*)』이다. 해석 역학은 오일러와 달랑베르에 의해 발전된 뉴턴 역학이 정리된 것으로, 기존의 뉴턴 역학이 벡터량이었다면, 라그랑주 역학은 나중에 '장'이라고 불리게 되는 물리적 공간에서의 스칼라 보존량에 관한 기술이다. 여기서 스칼라 보존량은 운동 에너지와 퍼텐셜 에너지의 합으로 정의되고, 이를 데카르트 좌표계가 아닌 일반 좌표계에서의 미분량으로 표현하여 이전의 뉴턴 역학에 대한 각종 논쟁을 모두 포괄하는 오일러-라그랑주 방정식이 탄생한다. 이제 운동량 및 에너지 보존 법칙이 조금씩 체계를 갖추게 되었고, 역동적인 에너지의 변환이 퍼텐셜 에너지로 매개되는 것으로 정리되며 1784년 카르노가 밝힌 비탄성 충돌로 인한 에너지 손실 역시 비로소 수학적으로 이해되었다.

『해석 역학』의 1788년 초판에서 라그랑주는 "유체 역학의 창시자는 달랑베르"라고 기술하면서 오일러에 대해서는 단 한 줄도 서술하지 않았다. 그러다가 1811년의 2판에서야 "유체 유동에 대한 최초의 일반식은 오일러 덕분"이라는 표현을 슬그머니 집어넣었다. 당시까지 물리 현상은 대개 유체 유동으로 설명하는 것이 일반적이었기에, 수학적으로도 유체 방정식을 기반으로 역학 체계를 표현했다. 『해석 역학』에서 라그랑주는 고정된 좌표계가 아니라 운동하는 유체의 질점에 따라 이동하는 좌표계를 고려하면 오일러의 유체 방정식에 비선형 대류항이 없어지므로 훨씬 간단히 표현될 수 있음을 보인다. 이렇게 '전미분(total derivative, 또는 물질 미분(material derivative))'이 도입되었다. 여기서 라그랑주는 자신의 이동 좌표계 관점을 전통적인 방식과 구분하기 위해, 고정된 좌표계에서 유체 운동을 바라보는 관점을 "오일러 기술(Eulerian description)"이라고 했다. 이후 라그랑주의 후계자들은 오일러 기술과 구분되는 라그랑주적 관점을 "라그랑주 기술(Lagrangian description)"이라고 부르기 시작했다.

이처럼 유체 유동을 수학으로 기술하는 관점에는 오일러 방식과 라그랑주 방식의 두 가지가 있다. 강가에서 흐르는 강물을 바라보는 것처럼 관찰자가 고정된 상태에서 유체를 바라보는 것이 오일러 관점이다. 반면, 라그랑주 방식은 관찰자가 유체와 함께 움직이면서 유체를 바라보는 관점, 즉 강물 위에 배를 띄우고 배 위에서 강물을 관찰하는 방식이다. 유체 현상을 기술하는 두 가지 방식이 있는 이유는 때에 따라 수학적 표현을 쉽게 하기 위해서인데, 일반적으로는 오일러 방식이 선호된다.

∞

1789년의 프랑스 대혁명은 몽주와 카르노 두 사람의 삶을 완전히 바꾸어 놓았다. 1791년 6월, 비밀리에 국외로 탈출하던 루이 16세가 붙잡히자 민심이 급변하여 영국식 입헌 군주제는 더 이상 고려되지 않고 과격한 급진주의가 혁명을 주도한다. 이에 군주정 폐지를 우려한 주변 왕국들이 프랑스 혁명 정부를 위협하자 1792년 4월 프랑스 혁명 정부는 이들에 대해 전쟁을 선포한다. 하지만 혁명으로 귀족들이 맡던 장교 층이 붕괴하면서 프랑스 군대는 와해되었다. 당시까지 서구에서의 전쟁은 귀족 장교들이 돈을 주고 고용한 용병들에 의한 전투였기에 비용을 치를 귀족들이 없는 프랑스에는 제대로 된 병사도 없었다. 먼저 전쟁을 선포했지만 정작 위험에 빠진 건 프랑스였다. 당황한 혁명 정부는 7월 11일 "조국은 위기에 처했다."라며 의용군 소집을 호소한다. 전국에서 의용군이 파리에 집결하고 국경을 넘은 오스트리아-프로이센 연합군이 파리 근처까지 들이닥치자 고조된 분위기가 파리를 휩쓸며 상황은 더욱 급박하게 흘렀다. 마침내 8월 10일 흥분한 의용군들이 무장 봉기하여 왕궁에 난입하여 왕권이 정지되고 국왕과 가족들이 강제로 감옥에 유폐되는 사태가 벌어진다.

1792년 4월, 프랑스 혁명 정부가 마리 앙투아네트의 오빠가 황제로 있던 합스부르크 가문의 오스트리아에 선전 포고하자, 한껏 고무된 전방의 공병 대위 클로드 조제프 루제 드 릴(Claude Joseph Rouget de Lisle)은 하룻밤 사이에 군가 하나를 작곡한다. 같은 해 7월 위기에 처한 조국을 구하려는 마르세유의 의용군들은 파리를 향해 진군하며 이 노래를 부르기 시작했다. 이들은 8월 10일 왕궁을 습격할 때도 이 노래를 계속해서 불러 마침내 프랑스 혁명의 상징곡이 된다. 이후 사람들은 이 마르세유 의용군이 부른 군가를 「라 마르세예즈(La Marseillaise)」라고 이름 지었고, 마침내 프랑스의 공식 국가가 되어 오늘날까지 사용되고 있다.[1]

하지만 전선의 상황은 혁명 정부에 불리했고, 농민들로 이루어진 의용군은 오스트리아-프로이센 연합군의 정예 부대에 속수무책이었다. 그런데 1792년 9월 20일 놀랄 만한 일이 벌어진다. 프랑스 동북부 발미에서 연합군에 맞선 프랑스 의용군은 대포에도 놀라지 않고 기마병에도 흔들리지 않으며, "조국 만세!(Vive la Nation!)"라는 구호와 함께 낫과 곡괭이를 들고 일제히 연합군의 용병 부대에 달려들었다. 의용군의 기세에 놀란 수만 명의 용병이 후퇴하며 프랑스 혁명 정부는 최초의 승리를 얻게 된다. 독일의 대문호 요한 볼프강 폰 괴테(Johann Wolfgang von Goethe)는 연합군 측에서 이 발미 전투를 현장에서 직접 지켜보며 "오늘 1792년 9월 20일, 이곳, 이날부터 세계사의 새 시대가 열렸다."라고 평가했다. 승리에 한껏 고무된 혁명 정부는 9월 21일 왕정을 폐지하고 '프랑스 공화국'을 선포한다. 이를 '프랑스 제1공화국'이라고 한다. 유폐된 루이 16세는 혁명 재판에 기소되어 다음 해인 1793년 1월 단두대에서 처형되었다. 이제 프랑스 혁명은 루비콘 강을 건넜고, 대(對)프랑스 동맹은 스페인, 영국, 네덜란드로 확장되며 프랑스는 전 유럽과 상대해야 하는 상황에 직면한다.

∞

열렬한 혁명 지지자였던 몽주와 카르노는 혁명 초기부터 혁명 정부에서 일했다. 1791년 카르노는 전 국민 교육을 실행하기 위한 위원회 활동을 주도했지만, 과격파의 반대로 실패하고, 1792년에는 전선에 파견된다. 카르노는 루이 16세 재판에서 친구 몽골피에 형제, 학자 샤를 등의 과학자들과 함께 왕의 처형에 찬성했다. 1792년 루브르의 유체 역학 연구소 교수였던 몽주는 혁명 정부에 의해 해군 장관으로 임명되지만, 1793년 국왕이 처형되며 혁명이 급진주의로 흐르자 4월 장관에서 사임하고 프랑스 아카데미에 전념한다. 하지만 혁명 정부는 8월 아카데미마저 폐지한다.

라부아지에 부부의 초상화를 그렸던 화가 다비드가 주도한 혁명 위원회는 8월 8일 루브르에 있던 프랑스 아카데미를 폐지하고, 8월 10일 루브르를 박물관으로 바꾸어 왕실의 소장품들을 대중에게 공개한다. 다비드의 결정으로 프랑수아 1세에게 맡겨진 다 빈치의 「모나리자」가 처음으로 일반인들에게 공개되었다. 잘 알려지지 않았던 「모나리자」는 이때부터 대중의 평가를 통해 걸작으로 평가되기 시작했다.

스위스 루체른에 있는 「빈사의 사자」. 중세 이후 스위스는 유럽 전역에 용병을 수출했다. 1527년 카를 5세의 로마 약탈로 교황청이 함락 위기에 몰렸을 때 수백 명의 스위스 용병들이 결사적인 항전으로 교황 클레멘스 7세를 지켜내자, 스위스 용병은 용맹과 충성의 상징이 되었다. 이후 유럽 전역에서 왕실 호위병으로 스위스 용병들을 고용했고, 현재도 로마 교황청은 스위스 용병을 근위대로 고용한다. 1789년 혁명으로 귀족들의 용병은 흩어졌지만, 왕실의 근위대는 여전히 건재했고, 이들은 모두 스위스 출신 용병이었다. 1792년 8월 10일 혁명 의식으로 무장한 의용군이 왕궁에 난입하자 루이 16세를 호위하던 수백 명에 이르는 스위스 용병들은 죽음으로 국왕 가족들을 지켜냈다. 이 조각은 이들의 희생을 기리기 위해 부르봉 왕조가 부활한 뒤, 1821년 세워진 조각 작품이다.

이때 혁명 정부의 분위기는 "공화국은 과학자를 필요로 하지 않는다."였고 이러한 슬로건에 휘둘린 혁명 재판소는 아카데미 소속의 수많은 과학자를 단두대에 세웠다. 1794년 3월, 혁명의 지도자이기도 했던 수학자 니콜라 드 콩도르세(Nicolas de Condorcet) 후작마저 체포되어 자살하고, 같은 해 5월에는 화학자 라부아지에가 처형되었다.

발미 전투 승리의 기쁨은 잠깐이었고, 혁명 전쟁은 더욱 절망적으로 흘러갔다. 오로지 혁명 정신으로 무장한 의용군은 과도한 평등 사상으로 사병들의 투표로 전술과 작전을 결정하기도 하고, 이에 반대하는 장교들을 암살하기도 했다. 1793년 8월, 이러한 광기에 휩쓸린 오합지졸을 보다 못한 카르노는 혁명 정부의 최고 의사 결정 기구인 공안 위원회에 합류하여 전면적인 군대 개혁에 나선다.

우선, 이념에 투철한 지원병에 의지하는 것이 아니라, 인재 풀 확보를 위해 18세부터 25세까지의 남성 전부를 강제 징집한다. 이는 서구 역사상 최초의 국민 개병제이다. 이로써 불과 1년 만인 1794년에 150만 명에 달하는 군대가 창설되어 용병 위주의 다른 국가들은 상상도 할 수 없는 규모의 프랑스 공화국 군대가 만들어진다. 우리에게 국민 개병제는 익숙하기에 누구나 생각할 수 있을 것 같지만, 150만 명의 군대가 소비하는 엄청난 물자를 생각한다면 결코 쉬운 일이 아니다. 이를 위해 여성들은 군복이나 전시 물자를 만드는 노동에 동원되는 등, 나머지 인구에게는 군대 보급을 맡는 일이 임무로 주어졌다. 또한 카르노는 대학 스승이었던 몽주에게 호소하여, 당대 최고의 수학, 물리학, 공학 등의 학자들을 모아 역사상 최초의 전시 총동원 체제를 만든다.

몽주의 부인은 대장간을 소유하고 있었다. 이 때문에 몽주는 금속 제조 공정에 관심을 가지고 주조 공정에 자신의 수학 지식을 접합시킨다. 카르노가 학계에 호소한 1793년의 위기 상황에 그는 대포의 제조와 철강의 생산에 대한 논문을 발표하며 화답했다. 명예 혁명 이후 영국의 화폐 위기를 대수학자 뉴턴이 유체 역학을 결합한 주조 공정으로 극복했듯이, 프랑스 혁명의 위기에 몽주 역시 주조 공정으로 극복하고자 했다.

카르노는 보급품의 체계적인 생산과 효율적인 관리, 그리고 적재적소에 배치하는 일에 수학과 과학 지식 모두를 쏟아부었다. 이런 점에서 현대 물류학자들은 카르노를 '물류학'의 원조로 보기도 한다. 그 결과로 프랑스 군대는 그 수가 3배로 증가했지만 군대 운영 비용은 절반으로 줄었다. 1793년 하반기에 들어 전황이 급속히 개선되며 프랑스군이 곳곳에서 승리를 거두자, 카르노는 "승리의 조직자"로 불리게 된다. 이해 12월 자신감을 얻은 프랑스군은 왕당파 반란군의 거점이었던 툴롱을 함락한다. 이 작전의 공로로 하급 장교였던 24세의 보나파르트 나폴레옹이 장군으로 초고속 승진한다.

점진적 개혁론자인 카르노와 몽주는 당시 공포 정치를 이끌던 급진파 막시밀리앙 드 로베스피에르(Maximilien de Robespierre)와 대립하고 있었다. 1794년 7월 로베스피에르는 공안 위원회에서 카르노 등의 반대파를 축출하려고 시도한다. 하지만 그의 독재에 반감을 품고 있던 의원들의 반대에 부딪히며 오히려 자신이 체포된다. 로베스피에르가 반대파를 처리한 방식대로 그 역시 하루 만에 단두대에서 처형되며 공포 정치가 막을 내린다.[2]

카르노는 상처 난 프랑스의 혁명 정신을 바로 세우기 위해 재건 프로젝트를 즉시 가동한다. 그는 몽주가 그해 3월에 제안한 아이디어를 채택하여 9월 새로운 형태의 고등 교육 기관을 창설한다. 이곳은

에콜 폴리테크니크의 문장. 혁명 사관 학교라는 위상에 걸맞게 갑옷을 배치하고, 중간에 "Pour la Patrie, les Sciences et la Gloire", 즉 "조국, 과학 그리고 영광을 위하여"라는 문구를 새겨 이 학교의 목적이 무엇인지를 분명히 하고 있다.

혁명 군대를 지도할 엘리트 장교를 선발하고 지도하는 역할을 했다. 이 학교가 바로 에콜 폴리테크니크(École Polytechnique)이다. 이러한 전통에 따라 이 학교의 입학생들은 아직도 군사 훈련을 받고 있으며 중요 행사에는 군복을 입고 파리에서 시가 행진을 한다. 카르노의 제안으로 몽주는 기꺼이 이 학교의 교수직을 수락했고, 라그랑주와 라플라스를 동료 교수로 끌어들여 에콜 폴리테크니크는 19세기 최고의 석학들을 배출하는 명문교가 된다. 또한 카르노와 몽주는 폐지되었던 프랑스 아카데미를 1795년 8월 다시 열어 이전 멤버 모두를 다시 불러들였다.

　1795년 10월 파리에서 왕당파의 대규모 반란으로 안정을 찾아가던 혁명 정부에 다시 위기가 닥친다. 이때 26세의 어린 장군 나폴레옹이 나서 반란 세력이 점령한 시가지에 대포를 발사해 시원하게 진압해 버린다. 그는 이 대포 한 방으로 프랑스 혁명의 소용돌이 속에서 혼란을 극복하는 질서의 아이콘으로 급부상하며 국민의 존경과 혁명 정부의 신뢰를 동시에 받게 된다. 나폴레옹의 맹활약을 유심히 보던 카르노는 그를 이탈리아 원정군 사령관으로 추천한다. 1796년 나폴레옹이 이탈리아를 점령하고, 1797년에는 합스부르크 가문의 오스트리아를 침공하여 휴전을 받아내며 오스트리아가 굴욕적으로 대프랑스동맹에서 탈퇴한다. 나폴레옹의 인기가 하늘을 찌르자 혁명 정부는 나폴레옹의 귀국을 두려워한 나머지 그를 견제하려고 머나먼 이집트로 원정을 보낸다. 그 와중에 프랑스 국내 정치는 점점 혼란이 가중되고, 마침내 주변국들의 침공 위협이 다시 거세지자 나폴레옹은 1799년 급거 귀국해 쿠데타로 집권한다. 이후 나폴레옹은 새 정부에 카르노와 몽주를 주요 인사로 등용하고 이들은 이후 혁명과 반혁명의 격동기에 나폴레옹과 운명을 함께했다.

한편, 1794년 7월 로베스피에르가 실각하고 하루 만에 단두대에서 처형당하자 그와 함께 공포 정치를 이끌었던 화가 다비드는 즉시 체포되어 투옥되었다. 그가 라부아지에를 단두대에 세운 지 불과 두 달 만의 일이었다. 이때 다비드의 급진주의와 잔혹함에 치를 떨며 이혼하고 떠나 버린 전처가 감옥에 갇힌 다비드를 찾아왔다. 그는 그녀의 극진한 옥바라지로 겨우 몸을 추스를 수 있었다. 한동안 절망적인 상태에 놓여 있던 다비드는 출옥한 뒤 나폴레옹에게 발탁되어 우리가 알고 있는 나폴레옹 시대의 화려한 그림들을 남겼다. 한때 「마라의 죽음」 등을 그리며 급진 공화파의 선두에서 수많은 반대파의 처형을 주도했던 다비드는 이후 프랑스 공화국을 무너뜨린 황제 나폴레옹에게 충성했다. 급진 좌파에서 완전히 변신한 그도 결국 나폴레옹과 운명을 같이했다. 1815년 나폴레옹이 몰락하자 벨기에로 망명해서 그곳에서 쓸쓸히 생을 마감한다.

9장
대포와 화약

1453년 동로마 제국의 멸망은 서양사에서 중세가 종말을 고하고 근대가 시작된 기점이다. 과학 기술의 측면에서는 창과 칼 같은 냉병기에 의존하던 유럽이 대포라는 화기를 앞세운 이슬람에 굴복한 사건이기도 하다. 두 세력 모두 화포를 지니고 있었으나, 오스만 제국은 훨씬 강력한 대포로 1,000년 이상 난공불락의 요새였던 콘스탄티노플의 3중 성벽을 허물어뜨리며 함락시켰다. 이는 단순한 전쟁의 결과를 넘어서, 인류사에서 전쟁의 패러다임이 활과 창검을 이용한 용맹 무쌍의 기사도에서 화포로 상징되는 과학 기술로 이동했다는 의미를 지닌다.

총포의 발달은 16세기를 거치며 기사 계급을 완전히 몰락시켰다. 1605년에 발표된 미겔 데 세르반테스(Miguel de Cervantes)의 소설 『돈키호테(Don Quijote)』는 이러한 격변기의 시대상을 잘 보여 준다. 같은 시대를 배경으로 한 문학 작품인 알렉상드르 뒤마(Alexandre Dumas)

의 소설『삼총사(*Les Trois Mousquetaires*)』의 '총사(Mousquetaires)'는 소총인 머스킷(musket)을 사용하는 병사를 일컫는다. 하지만 이 작품에서 삼총사는 주로 칼만 들고 다니고 정작 총은 작품 후반부까지는 잘 등장하지 않는다. 당시에도 총포 무기 체계가 완전히 자리 잡지 않았음을 알 수 있다.

16세기 말 유럽의 지배 구조를 바꾼 가장 큰 사건은 아마도 변두리 국가 영국이 스페인의 무적 함대(Armada)를 격파한 사건일 것이다. 당시 아메리카 신대륙을 지배하고 아시아까지 발을 넓힌 스페인의 힘은 제해권에 있었고, 바다로 둘러싸인 변두리 영국은 유럽과 교류하기 위해서는 어떻게든 해군력을 키워야 했다. 이혼 문제로 로마 가톨릭과 결별하며 종교 전쟁의 한 축을 담당한 영국의 헨리 8세는 가톨릭의 수호자였던 스페인과의 대결을 피할 수 없었기에 그 방법을 고민했다. 해전에서 대포의 역할은 결정적이므로, 영국은 대포의 확보에 온 힘을 다한다. 당시까지 대포는 주로 청동으로 만들었는데, 정작 영국은 구리가 생산되지 않아 청동 대포 제조에 애를 먹고 있었다.

역사적으로 청동기 시대 이후 철기 문명이 시작되었지만, 이때까지 유럽은 제철 기술이 발달하지 못하여 철제 무기는 단조로 생산하는 칼에 국한되어 있었다. 주조로 만들어야 하는 대포의 경우 잘 깨지는 주철의 한계로 화약 폭발력을 버티지 못하고 포신이 깨지는 경우가 많아 실전 배치는 못 하는 상황이었다. 헨리 8세는 영국에서 흔하던 철광석을 이용한 주철 대포 기술 개발에 박차를 가해 드디어 주철 대포를 실전 배치한다. 덕분에 그의 딸 엘리자베스 1세에 이르

스페인 무적 함대와 영국 함선들의 교전 모습. 스페인 함대는 오랜 항해에 지치기도 했지만, 영국 함선들의 주철 대포의 공격에 많은 피해를 입었다. 그림은 필립 제임스 드 라우더버그(Philipe James de Loutherbourg)의 1796년 작품인 「스페인 무적 함대의 패배(Defeat of the Spanish Armada)」이다.

러 강력한 주철 대포로 무장한 영국 해군이 스페인의 무적 함대를 격파한 것이다. 이때가 1588년이다.[1]

∞

뉴턴은 『프린키피아』에 중력과 연관된 운동 법칙을 설명하기 위해 대포의 탄도에 대한 삽화를 실었다. 뉴턴이 운동 법칙에 대해 연구하고 미적분학을 개발하게 된 배경은 사과에 대한 관심보다는 대포의 탄도였다고 보는 것이 맞을 것이다. 대포와 탄도의 문제는 문명의 교체와 국가의 존망과 직결된 문제였다. 무엇보다 『프린키피아』에 실린

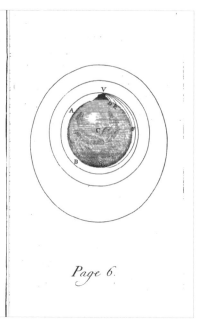
1977년 보이저(Voyager) 탐사선에 실린 뉴턴의 대포 탄도 그림. 뉴턴의 후기작인 『세계 체계에 관한 논고(A Treatise of the System of the World)』(1728년)에 실린 것이다. 중력을 이기기 위해 대포 탄도의 속도를 높일수록 탄도의 궤적은 포물선 → 타원 → 쌍곡선으로 변하는 것을 보여 준다. 뉴턴 시대에는 기술적 한계로 인간이 발사한 탄도는 포물선밖에 달성할 수 없었지만, 20세기 로켓 기술이 발전하자 인간이 만든 탄도체로 우주 비행이 가능하게 되었다. 타원 궤도로 지구 주위를 도는 인공위성을 넘어 1977년 발사된 보이저 호는 행성 간 인력을 이용하여 쌍곡선 궤적으로 영원히 우주 저편으로 날아가는 최초의 비행체가 되었다. 보이저 호에 담을 인류 문명의 대표적인 기록물을 선정하는 일을 맡았던 천문학자 칼 세이건(Carl Sagan)은 주저 없이 바로 이 대포 탄도 삽화를 선정했다. 이 그림을 금으로 만든 디스크에 담은 보이저 호는 현재 태양계를 벗어나 성간 공간을 날고 있다.

이 삽화가 이를 웅변해 준다.

그는 대포의 화약 폭발로 얻어지는 추진력과 포환에 작용하는 중력으로부터 이미 경험적으로 알고 있던 포물선 궤적을 수학적으로 유도한다. 또한, 추진력이 훨씬 강해지면 천체와 같은 원운동이나 타원 궤도 운동 혹은 쌍곡선 궤도 운동까지 가능할 것으로 예상한다. 하지만 당시 기술로 이러한 강한 추진력은 불가능했기에 학자들은 일단 대포 탄도의 포물선 궤도에 대한 실용적인 문제로 도입했다. 이는 탄도학(ballistics)에 대한 최초의 체계적인 이론이다. 탄도학의 어원은 그리스 어 '발레인(βάλλειν)'에서 온 것으로, '던지다.'라는 뜻이다. 고대 그리스 때부터 투창, 투원반, 투해머, 투포환 등 각종 무기 던지기 시합이 있었던 것으로 보아, 추진력으로서 화약이 무기 체계에 등장하기 이전부터 탄도학은 중요한 문제였다.

1742년 영국의 벤저민 로빈스(Benjamin Robins)는 수많은 총포 탄도 실험에 뉴턴 역학을 적용하여 탄도에 대한 최초의 포괄적인 이론서인 『새로운 포의 원리(New Principles of Gunnery)』를 출판한다. 그는 여기서 이론적인 탄도 궤적이 포물선이지만 실제로는 공기 저항에 의해 비거리(飛距離)가 짧아짐을 보였고, 그 외에도 탄도 궤적에 영향을 주는 다양한 물리 현상을 연구했다. 또한, 당시 구형이던 포환과 총알이 포신이나 총구에서 받은 회전량으로 공기 중에서 휘어진다는 것을 발견한다. 이를 방지하기 위해서 포환이나 총알을 구형에서 길쭉한 회전체로 바꾸고 포신이나 총구에 나사산을 만들면 그 양이 감소한다고 주장했다. 1852년 독일 물리학자 하인리히 구스타프 마그누스(Heinrich Gustav Magnus)가 이러한 휘어짐을 보다 체계적으로 연구하여, 이를 '마그누스 효과(Magnus effect)'라고 부르게 된다.[2]

1741년부터 베를린 아카데미에서 연구하던 오일러는 『새로운 포의 원리』의 중요성을 알게 된 프로이센 정부의 요청으로 이 책을 급히 번역하기 시작한다. 오일러는 여기에 방대한 수학적 주석을 붙여 출판했다. 이렇게 탄생한 것이 1744년의 오일러의 유체 역학 연구로, 여기에서 앞서 설명한 '달랑베르 역설' 논쟁이 촉발되었다. 유체 속에서 움직이는 물체는 아무런 저항을 받지 않는다는 '달랑베르 역설'이 베를린 아카데미에 논문으로 제출되던 무렵, 오일러 역시 자신의 연구에서 공기를 가로질러 날아가는 포탄이 아무런 저항을 받지 않는다는 결과에 놀라고 있었다. 이는 뉴턴 역학의 점성 유체 이론에 반발한 베르누이와 오일러 유체 방정식의 한계를 보여 주고 있었다.

이렇듯 관측 결과와 일치하지 않는 문제가 있었지만, 이 연구는 탄도 궤적에 대한 당대 최고 수학자의 최신 이론이었기에 순식간에 유럽 대륙으로 퍼진다. 포병 장교였던 나폴레옹은 오일러의 책을 탐독했다. 다른 포병 장교들보다 수학 실력이 월등했던 그는 이 책의 의미를 훨씬 더 깊이 이해했다. 이는 프랑스 혁명의 소용돌이 속에서 일개 포병 장교가 어린 나이에 장군이 되게 하는 기반이 되었다.

∞

18세기 말 루나 소사이어티에서 탄생한 증기 기관 역시 영국 대포 발전에 결정적인 역할을 하게 된다. 주력 사업인 대포 제작이 철퇴를 맞고 제임스 와트와의 증기 기관 사업마저 루나 소사이어티의 볼턴에게 내주며 파산 위협에 직면한 캐런 철강소는 루나 소사이어티의 윌킨슨이 개발한 보링 기술을 훔쳐 새로운 대포 개발에 착수한다. 당시 대포는 주조 공정의 공차로 인해 포신과 포환 사이의 간격이 꽤 넓었기에 추진력으로 사용되는 화약의 폭발력이 '유극(遊隙, windage)[3]

이라고 불리는 간격으로 상당히 새고 있었다. 루나 소사이어티에서 제임스 와트가 증기 기관을 성공시킬 수 있었던 결정적인 이유는 윌킨슨이 개발한 보링 기술로 실린더와 피스톤의 공차를 획기적으로 줄였기 때문이다. 이 보링 기술을 대포 제조에 이용할 수 있음을 눈치챈 캐런 철강소는 윌킨슨의 허락도 받지 않고 무단으로 포신의 가공 공정에 보링 기술을 사용하여 유극의 틈새를 완벽히 줄였다. 이렇게 하면 폭발력의 손실을 줄이므로 훨씬 적은 양의 화약을 사용할 수 있어 재장전의 시간이 단축될 뿐 아니라 발사 후 반동으로 대포가 물러나는 거리도 짧아지고 포신의 냉각 시간도 단축되므로 짧은 시간에 더 많은 포환을 발사할 수 있었다. 1778년 캐런 철공소는 새로운 대포를 출시하면서 이 대포의 이름을 '캐러네이드(Carronade)'라고 이름 붙인다. 1779년 최초의 캐러네이드가 실전에 배치되기 시작하며, 이 캐러네이드 대포로 향후 유럽 해전의 판도가 바뀐다.[4]

∞

1781년 아메리카 대륙 출신 벤저민 톰프슨(Benjamin Thompson)은 영국에서 벤저민 로빈스의 연구를 발전시켜 총포의 화약에 의한 추진력에 대한 연구로 런던 왕립 학회 회원이 되었다. 영국 식민지의 가난한 집에서 태어나 별 기회를 잡지 못하던 벤저민 톰프슨의 운명이 바뀐 것은 1772년 럼퍼드라고 불리던 지역에 살던 부유한 미망인과 결혼하게 되면서부터이다. 이 결혼으로 기득권에 합류한 벤저민 톰프슨은 미국 독립 전쟁의 와중에 왕당파의 입장에 서게 된다. 하지만 독립파 폭도들에게 집이 약탈당하자 부인과 딸을 버리고 영국으로 도주한다.[5]

럼퍼드 백작, 벤저민 톰프슨. 과학 대중화를
선구적으로 강조했다.

1785년 벤저민 톰프슨은 망명지인 영국을 떠나 독일로 건너가 여러 요리 기구를 개발하는 등 각종 유체와 열에 관련된 실용적인 연구를 수행했다. 가난한 사람들의 끼니를 위해 수프를 개발하기도 한그는 감자의 재배를 장려하여 독일의 식량난 해소에 결정적 공헌을한다. 또한, 다양한 커피 기구도 개발하여 유체 역학 원리를 이용한대표적인 커피 추출 기구인 '퍼콜레이터(percolator)'를 발명하기도 하는 등 다방면에 걸친 활약으로 유럽 지식인들의 주목을 한몸에 받았다. 이러한 공로로 1791년 신성 로마 제국의 작위를 받아 벤저민 톰프슨은 백작이 되었다. 그는 자신의 작위명으로 '럼퍼드(Rumford)'를 선택했지만, 그사이 미국은 독립하여 자신의 부인을 다시는 만나지 못했다. 럼퍼드 백작은 오늘날 주방의 표준이 되는 '키친 레인지(kitchen range)'를 개발했으며, 주철 팬을 이용한 요리 기법인 '팬 쿡(pan cook)'

과 저온 조리법인 '수비드(sous vide)'의 창시자로 알려져 있다.

1796년 영국으로 돌아온 럼퍼드 백작은 새로운 개념의 벽난로를 발명한다. 이는 벤저민 프랭클린의 벽난로를 개선한 것이다. 프랭클린의 경우 열효율을 증가시키기 위해 유체의 사이펀 현상을 이용했다면, 럼퍼드는 반사벽을 이용했고, 위쪽으로 빠지는 연기에 난류(亂流, turbulence)가 발생하지 않도록 유로(流路)를 설계했다. 이렇게 하면 훨씬 작은 크기의 벽난로가 가능해진다. 좁은 주거 공간에서 고생하던 런던의 서민들에게 이 벽난로는 큰 인기를 끌어 그는 더욱 유명해지게 되었다.

이어서 1798년 럼퍼드 백작을 세계적으로 널리 알리는 연구가 발표된다. 열과 일에 대한 동일성 실험이다. 그는 대포 연구를 계속하다가 포신을 깎아내는 공정에서 엄청난 열이 발생하는 것을 관찰했다. 당시까지 열은 칼로릭 입자의 유동으로 이해되었으므로, 그의 관찰 결과는 존 돌턴(John Dalton) 같은 당대 과학자들에게 엄청난 공격을 받았다. 하지만 럼퍼드의 연구를 기점으로 칼로릭 가설에 대한 반론이 시작된다.

칼로릭 이론에 따르면, 열은 칼로릭 입자의 흐름이므로, 칼로릭 입자가 모두 소진되면 더 이상 열의 발생은 없어야 한다. 하지만 럼퍼드의 실험에 따르면 포신을 깎아내는 일에서 열은 무제한으로 발생했다. 따라서 럼퍼드는 열의 발생이 칼로릭이 아니라 일에 의한 것이라는 생각을 굳혔다. 여기에 돌턴의 후계자 제임스 줄의 실험이 더해지며 '열과 일의 동일성'이 체계적으로 증명된다. 나중에 열과 일의 동

9장 대포와 화약

일성이 헤르만 헬름홀츠의 에너지 보존 법칙과 결합하자, 클라우지우스는 칼로릭 입자를 배제한 채 오직 열과 일만으로 카르노 열기관을 해석할 수 있었고, 마침내 칼로릭 이론이 극복되었다.

유명 인사가 된 럼퍼드 백작은 당대에서는 보기 드물게 과학의 대중화를 강조했다. 1799년 자신의 이상을 실현하기 위해 런던 왕립 연구소(Royal Institution)를 설립하는데, 나중에 여기서 조수로 일하던 패러데이가 발탁되어 19세기 전자기학이 시작되는 계기가 된다. 또한 럼퍼드 백작은 런던 왕립 학회에 거금을 기부하여 1800년 자신의 이름을 딴 '럼퍼드 메달(Rumford Medal)'을 만들었다. 이는 코플리 메달과 함께 런던 왕립 학회 최고의 상이다.

∞

한편, 프랑스 혁명의 소용돌이 속에서 1794년 라부아지에가 기소되자 남편의 석방을 위해 백방으로 뛰던 부인 마리안 폴즈 라부아지에(Marie-Anne Paulze Lavoisier)는 지인들이 몸을 사리며 구명 운동에 소극적이자 절망에 빠진다. 13세의 나이에 아버지의 조세 징수원 동료였던 28세의 라부아지에와 결혼 생활을 시작했던 그녀에게 라부아지에는 남편 이상의 존재였고 존경의 대상이었다. 라부아지에가 단두대에서 처형된 직후 로베스피에르 역시 처형되며 급진 좌파 정부가 몰락하고 정권은 우파 부르주아의 손에 넘어간다. 남편의 처형과 함께 마리안 역시 전 재산을 몰수당하고 투옥되었으나 우파 정권이 들어서자 재산을 돌려받았다. 미망인이 된 마리안은 라부아지에가 남긴 노트를 정리하여 책으로 출판하려고 했다. 하지만 감정에 북

받친 마리안이 남편을 처형에 이르게 한 프랑스 혁명가들을 원색적으로 비난하는 내용을 서문에 실으려 하자 출판업자는 출판을 포기했다. 이때 라부아지에의 절친이었던 피에르 사무엘 듀퐁이 나서서 출판을 맡았고, 마리안은 출판 비용으로 거액의 돈을 그에게 미리 선지급한다.

1797년 프랑스 선거에서 왕당파가 다수당이 되자 구시대로 회귀할 우려가 커진다. 로베스피에르의 급진 좌파를 전복하고 기득권을 누리던 군사 정부는 위기 탈출을 위해 나폴레옹을 끌어들여 1799년 쿠데타를 감행, 성공한다. 다시 귀족에 대한 강력한 제재가 추진되고, 이 와중에 듀퐁의 집이 폭도들에게 약탈당하며 듀퐁 일가는 무일푼이 되고 만다. 다시 라부아지에의 저서 출판이 무산되고 한때 연인으로 혼담까지 오갔던 듀퐁과 마리안은 원수가 되었다. 듀퐁의 며느리는 당시 시아버지와 마리안의 싸움을 끔찍한 기억으로 회상한다. 그만큼 마리안에게 비운의 남편 라부아지에의 저서 출판은 자신의 인생 전체를 걸 만큼 처절한 투쟁이었다.

무일푼이 된 듀퐁 일가는 프랑스에 대한 희망을 버리고 미국으로 망명한다. 갓 태어난 신생국 미국에서 무엇으로 먹고살지 걱정하던 그때, 듀퐁의 아들, 엘뢰테르 이레네 듀퐁(Éleuthère Irénée du Pont)은 어느 날 사냥을 갔다가 미국의 화약이 터무니없이 비싸고 질이 낮다는 것을 알게 된다. 프랑스 혁명 전, 듀퐁은 절친 라부아지에에게 아들을 맡겨 당시로는 첨단 기술인 화약 제조법을 배우게 했다. 이 때문에 아들은 상당한 화약 제조 기술을 보유하고 있었고, 듀퐁은 미국에서 먹고살기 위해 화약 제조 회사를 만든다. 이것이 세계적 화학 기업 '듀폰(Dupont)'의 시작으로 이때가 1802년이었다.

듀폰은 신생 독립국 미국의 군납업체로 초고속 성장하고, 듀퐁은 아들의 사업 성공으로 마리안의 채무를 갚는다. 마침내 마리안은 라부아지에의 노트를 묶어 책으로 출판하는데, 그 원천은 라부아지에가 아들 듀퐁에게 가르쳐 준 화약 기술이었다. 결국 듀퐁은 라부아지에의 기술로 벌어들인 돈으로 마리안에게 진 빚을 갚은 셈이다.

1803년 아버지 듀퐁은 미국 대표로 나폴레옹과 협상을 벌여, '루이지애나'로 불리던, 북아메리카 대륙의 한가운데를 차지한 프랑스령을 사들인다. 이 땅은 루이지애나뿐 아니라 오클라호마, 아칸소, 미주리, 캔자스, 네브라스카, 아이오와, 와이오밍, 다코타, 몬태나 등 남한 면적의 17배가 넘는 엄청난 땅이었다. 당시 전 유럽을 상대로 전쟁을 벌이던 나폴레옹은 전쟁 자금이 급했을 뿐 아니라 이 영토를 수비할 군사적 여유도 없었다. 무엇보다 쓸모없는 땅이라 생각했는데, 바로 그 점을 듀퐁이 간파하고 파고든 것이다. 이 구매는 "역사상 가장 현명한 구매"로 불리며 미국 영토가 순식간에 2배가 되어 미국은 대륙 서부로 영토를 확장한다.

매력적인 미망인이었던 마리안은 듀퐁을 포함한 수많은 남성의 청혼을 받았고, 그중에는 럼퍼드 백작도 있었다. 1804년 마리안은 자신의 이름에 '라부아지에'를 유지하는 조건으로 럼퍼드 백작과 재혼한다. 프랑스 혁명의 와중에 산전수전 다 겪으며 불같은 성격으로 변한 마리안과 미국 독립 전쟁의 와중에 부인을 버리고 망명한 이력이 있는 럼퍼드 백작은 사사건건 다툼을 벌였다. 한 번은 마리안이 럼퍼드의 동의 없이 연회를 열자 럼퍼드 백작은 대문을 걸어 잠갔고, 마리안은 태연히 잠긴 철문 사이로 손님들과 담소를 나눴다. 그리고 연회를 마친 마리안은 조용히 물을 끓인 후 럼퍼드 백작이 가장 아끼던 화분들에 끼얹어 버렸다. 이들 부부는 4년 뒤 이혼했다.

∞

프랑스 혁명의 소용돌이에서 폭도들에 의해 집이 털린 듀퐁이 미국으로 건너가 화려하게 재기했듯이, 영국에서 프랑스 혁명을 지지하다 정치적 논쟁에 휘말려 모든 것을 잃은 프리스틀리도 미국으로 건너갔다. 이처럼 당시 상당수 유럽의 인재들이 기회의 땅으로 여겨졌던 신생 독립국 미국으로 건너갔는데, 그중에는 모차르트의 단짝 로렌초 다 폰테(Lorenzo Da Ponte)도 있었다. 1805년 그는 뉴욕 맨해튼에 정착하여 컬럼비아 대학교 교수가 되었고, 그에 의해 맨해튼에 미국 최초로 오페라가 시작되어, 오늘날 세계 최대의 오페라단인 메트로폴리탄 오페라단으로 이어진다.

이 시기 유럽 지식인들의 미국에 대한 동경을 잘 보여 주는 인물이 제임스 스미스손(James Smithson)이다. 1764년 영국 귀족의 혼외자로 태어난 스미스손은 1787년 캐번디시와 함께 런던 왕립 학회 회원으로 선출되는데, 23세로 최연소 회원이었다. 그는 동시대의 프리스틀리, 라부아지에와 활발하게 교류한 열성 과학자였을 뿐 아니라, 투자자로서도 성공하여 엄청난 돈을 벌었다. 그는 사망하면서 전 재산을 당시 신생 독립국인 '미국'에 준다는 유언을 남긴다. 그가 왜 한 번도 가 본 적도 없는 미국에 이 재산을 넘겼는지는 정확히 알 수 없다. 아마도 열렬한 공화주의자였던 그는 미국을 이상적인 민주주의 국가로 보았던 것 같다. 그의 유산은 금화 11상자로 전체 무게는 무려 769킬로그램에 달했는데, 인류의 과학과 지식을 증진하고 확산하는 데 사용해 달라는 그의 유지에 따라 1846년 스미스소니언 연구소(Smithsonian Institute)가 발족한다. 현재 스미스소니언 연구소는 19개의 박물관과 미술관, 동물원, 9개의 연구소를 보유하고 있고 전체 전시물의 개수는 1억 5400만 개가 넘는다.

10장
나폴레옹을 무너뜨린 산업 혁명

1768년에 재봉사의 12명의 자녀 중 아홉째로 태어난 조제프 푸리에(Joseph Fourier)는 9세에 고아가 되었다. 12세에 왕립 군사 학교에 입학하여 수학에 탁월한 재능을 보인 그는 15세에 루브르 유체 역학 연구소를 맡았던 보슈의 역학에 대한 논문으로 유명해진다. 그는 1789년 파리 왕립 아카데미에 기웃거리지만 미천한 출신이라 접근조차 막히자 실망하고 낙향한다. 21세에 모교인 왕립 군사 학교의 교수가 되지만, 뉴턴과 파스칼이 21세에 이미 세상을 뒤흔드는 업적을 이루었다며 매우 낙심한다. 그가 교수가 되던 1790년은 막 프랑스 혁명이 시작된 시기로, 그는 구시대의 상징인 신분제를 뒤엎은 혁명에 열광하며 매우 적극적으로 가담한다. 하지만 혁명이 과격해지자 공포 정치에 반감을 품다 1794년 체포되어 단두대를 기다리는 신세가 된다. 하지만 공포 정치를 이끌던 로베스피에르가 처형되면서 석방된다.

1794년 말, 푸리에는 파리 고등 사범 학교(École Normale)에서 입학 허가를 받는다. 파리 고등 사범 학교 역시 혁명 교사를 양성하기 위해 공포 정치 지도자들이 설립한 학교이다. 1794년 공포 정치가 몰락하자 몽주 등이 이를 이어받았고, 같은 시기 만들어진 에콜 폴리테크니크와 함께 프랑스 과학 및 문화 발전의 원동력이 되었다. 이 두 학교는 혁명 이전의 교육 기관과 달리 신분의 제한 없이 오로지 시험으로만 입학생을 선발했고, 학비 등 모든 경비를 국가에서 부담하는 서구 최초의 공교육 기관이었다. 이를 통해 프랑스는 폭넓은 인재 풀을 확보하게 되었다. 나중에 다른 나라들의 교육 제도에도 큰 영향을 미치게 된다. 이 두 학교를 묶어서 프랑스 어로 최고의 학교라는 뜻의 '그랑 제콜(Grandes École)'이라고 부르며 오늘날에도 프랑스를 이끄는 엘리트 교육 기관으로 남아 있다. 현재 프랑스의 주요 인물들이 거의 모두 그랑 제콜 출신들이다.

푸리에는 파리 고등 사범 학교에서 인력 양성을 담당하던 라그랑주, 라플라스와 몽주의 지도를 받는다. 푸리에의 비범함을 알아차린 이들은 1795년 푸리에에게 파리 고등 사범 학교의 강의를 요청하고, 푸리에의 강의 능력을 유심히 보던 몽주는 그를 제자 라자르 카르노가 세운 에콜 폴리테크니크의 교수로 임명하여 혁명 인력 양성을 맡긴다. 여기서 푸리에는 학생들이 별로 좋아하지 않던 스승 라그랑주의 강의에 대해 비판하기도 했다. 1797년 푸리에는 라그랑주의 뒤를 이어 에콜 폴리테크니크의 해석 역학 부문의 학과장을 맡게 되었고, 학생들에게 매우 인기가 좋은 교수 중 하나였다.

같은 해, 포병 장교 출신 나폴레옹은 이탈리아 원정에 성공하며 영웅으로 확실히 자리매김한다. 아직 라이플(강선 머스킷)이 개발되지 않은 당시의 소총은 근접 거리가 아니면 무용지물이었기에 진용을 갖추어 근접해 오는 보병들에게 대포는 가장 위협적인 존재였다. 따라서 오일러의 탄도학을 꿰뚫고 있던 포병 장교 나폴레옹은 다른 유럽 국가 그 누구도 상대하기 힘든 전략-전술가였다.[1]

한편, 몽주는 나폴레옹의 요청으로 이탈리아에 동행하여 전리품이라 할 수 있는 엄청난 양의 약탈 문화재들을 감정하고 분류, 관리하는 업무를 맡았다. 이탈리아 원정에서 몽주의 능력에 만족한 나폴레옹은 이집트 원정에도 동행하기를 요청하고, 몽주는 아끼던 후배 교수 푸리에를 이집트에 같이 데리고 갔다. 나폴레옹의 이집트 원정에 동행한 몽주는 병사들이 사막의 신기루에 현혹되어 여러 가지 사고가 발생하자, 이것이 가열된 공기의 밀도 차로 발생한 빛의 굴절이라는 자연 현상임을 최초로 밝혀 프랑스 군대의 전투력 유지와 향상에 크게 기여한다.

1798년 7월 나일 강 하구 아부키르에 상륙한 나폴레옹은 순식간에 이집트를 점령한다. 당시 인도에서 막대한 수익을 얻고 있던 영국에게 이집트는 인도와의 중요한 연결 거점이었기에[2] 넬슨 함대는 나폴레옹을 맹추격해 따라붙었다. 8월 영국의 넬슨 함대가 아부키르에서 캐러네이드로 무장한 우수한 화력으로 프랑스 함대를 격파한다. 상륙 한 달 만에 본국과의 연결이 끊긴 나폴레옹 군대는 이집트에 고립되고 만다.

한편, 푸리에는 이집트 점령지의 행정, 교육을 담당했을 뿐 아니라 각종 고고학 발굴 사업을 지휘했다. 1799년 7월 에콜 폴리테크니크의 제자였던 장교 피에르프랑수아 부샤르(Pierre-François Bouchard)가 로제타석(Rosetta Stone)을 발견하자, 푸리에는 이 비석의 중요성을 즉시 알아보았다. 같은 해 8월, 고립된 나폴레옹은 여러 상황이 급박하게 돌아가자 푸리에와 군대를 남겨둔 채 홀로 이집트를 탈출하여 11월 파리에서 쿠데타로 집권했다.

평소 대수학자 라플라스를 눈여겨보았던 나폴레옹은 집권 직후 그를 내무부 장관에 임명했으나, 몽주나 카르노, 푸리에와 달리 행정에는 소질이 없었던 라플라스는 한 달 만인 12월에 해임된다. 하지만 나폴레옹은 학자로서의 그의 능력은 여전히 높이 평가해 의원에 추대했다.

1800년 5월 프랑스의 새 지도자 나폴레옹은 자신을 발탁했던 라자르 카르노를 자신 휘하의 전쟁 장관으로 임명하고 알프스를 넘어 두 번째로 이탈리아로 진격한다. 이탈리아는 이미 나폴레옹이 점령했던 지역이지만, 1798년 넬슨의 주철 대포로 나폴레옹이 이집트에 고립되었을 때 프랑스는 이탈리아에서 지배력을 상실했다. 이것이 나폴레옹이 이집트를 탈출하게 된 동기 중 하나였다. 나폴레옹의 프랑스는 1800년 6월 마렝고 전투에서 승리하며 다시 이탈리아를 점령하는 데 성공한다.

자코모 푸치니(Giacomo Puccini)의 오페라 「토스카」는 마렝고 전투 당시의 로마를 배경으로 하고 있다. 1796년 1차 나폴레옹 원정으로 로마에 공화정이 수립되지만, 프랑스의 지배력 상실로 공화정은 무너지고 로마의 공화파들은 지하로 숨어 투쟁한다. 이 와중에 알프스를 넘은 나폴레옹이 다시 진격해 오자 로마의 혁명적 공화파가 전면에 나서고 이를 막아내려는 왕당파의 탄압 역시 필사적이었다. 오페라는 이 역사의 소용돌이 속에 공화파 혁명 지도자와 사랑에 빠진 여인 토스카의 비극적 운명을 담고 있다.

∞

한편, 지휘관 없이 이집트에 남겨진 프랑스군은 2년을 버티다 1801년 영국에 항복했고, 로제타석은 영국 박물관으로 이송되었다. 다행히 푸리에는 그 전에 로제타석 사본을 만들어 두었고, 풀려난 프랑스 군대와 함께 이 사본을 가지고 프랑스로 돌아왔다. 1801년 귀국한 푸리에는 이집트에서 수집하고 연구한 내용을 바탕으로 고대 이집트에 대한 방대한 논문을 출판하기 시작한다. 이것이 이집트학의 시초이다. 여기서부터 서구에서 고대 오리엔트 문명에 대한 관심이 일어나게 된다.

이집트에서 푸리에의 탁월한 행정력을 유심히 봐 둔 나폴레옹은 그를 프랑스 그르노블(Grenoble)의 지사로 임명한다. 푸리에는 그르노블에서 11세 천재 소년 장프랑수아 샹폴리옹(Jean-François Champollion)을 만난다. 1790년 가난한 집안에서 태어나 제대로 된 교육을 받지 못하던 샹폴리옹은 당시 그르노블 대학교에 재학 중인 형의 하숙집에 얹혀살며 형에게 개인 교습을 받고 있었다. 형은 동생의 재능을 감당할 수 없어 당대의 '흙수저' 석학 푸리에게 동생을 소개한 것이다. 샹폴리옹의 언어적 천재성을 직감한 푸리에는 이 어린 소년에게 로제타석 사본을 보여 주었고, 샹폴리옹은 인생의 목표를 정하게 된다.

이즈음 푸리에는 지역 행정 업무뿐 아니라 수학 연구를 병행했다. 1804년 당시 가장 뜨거운 이슈였던 열, 특히 칼로릭의 유체 이동으로 설명되던 열 전달에 대한 연구를 시작하여 고체에서의 열전도를 주제로 한 최초의 논문을 1807년 제출했다. 이 논문에서 푸리에는 열전도에 대한 편미분 방정식의 해로 사인, 코사인의 조합으로 이루어진 급수해(series solution)를 제안하는데, 이것이 '푸리에 급수(Fourier series)'이다. 하지만 심사 위원이었던 라그랑주, 라플라스, 르장드르는 수학적 엄밀성이 떨어진다며 받아들이지 않았다. 특히 급수의 수렴성이 문제였기에 처음에 푸리에의 스승 라그랑주가 증명을 시도했으나 성공하지 못한 채 1813년 사망한다. 나중에 푸리에의 제자 요한 페터 구스타프 르죈 디리클레(Johann Peter Gustav Lejeune Dirichlet)가 푸리에 급수의 수렴성을 증명했고, 과학과 기술에 '푸리에 변환(Fourier transform)'이 도입되는 계기가 되었다.

편미분 방정식을 풀 때 급수해가 많이 사용된다. 알려진 함수의 급수를 방정식의 답으로 가정하고, 급수를 방정식에 대입하여 각 항의 계수를 찾아내면 급수해가 구해진다. 푸리에 급수는 급수의 일종으로 사인, 코사인의 조합으로 이루어져 있고, 일정한 주기를 갖는 함수에 사용된다. 무한개의 항으로 이루어진 급수해는 수렴성이 중요하기에 푸리에 급수의 엄밀성이 제기되었던 것이다. 푸리에 변환은 소리의 파형이나 물체의 진동과 같이 시간에 따라 일정한 주기를 가지고 변화하는 파동을 푸리에 급수를 이용하여 주파수별로 분해하는 것을 말한다. 푸리에 변환으로 분해된 파형들을 다시 조합하면 원래의 파형이 재현되므로 오늘날 음향 기기 등에서 필수적으로 사용되고 있다.

푸리에 급수로 달랑베르에서 시작된 파동 방정식의 의미가 명확해졌다. 이처럼 푸리에 급수는 열전도뿐 아니라 다양한 분야에 적용되었다. 당시의 일반적인 믿음과 같이 열전도 현상은 칼로릭 입자의 유동으로 이해되고 있었기에 푸리에의 열전도 해석에도 달랑베르의 퍼텐셜 유동을 표현한 라플라스 방정식이 사용되었다. 이후 '장'에 대한 퍼텐셜이나 확산 등 공간에서의 물리적 현상에 연관된 2차 편미분을 '라플라시안(Laplacian)'이라고 부르게 된다.

∞

1804년, 나폴레옹이 황제에 즉위하면서 프랑스 혁명으로 탄생한 공화국이 막을 내렸다. 열렬한 공화파였던 베토벤은 프랑스 혁명을 적극 지지했으며 나폴레옹의 군대가 프랑스 혁명의 정신인 '자유, 평등, 박애'를 앞세우고 유럽의 왕정들을 무너뜨리자 처음에는 환호했다. 베토벤은 1803년 완성된 교향곡 3번 악보 표지에 나폴레옹에게 바친다고 썼으나, 1804년 나폴레옹이 황제가 되자 너무나 실망한 나머지 나폴레옹에 대한 부분을 아주 심한 덧칠로 지우고 "영웅(Eroica)"으로 고쳐 적었다.

프랑스 혁명기의 화가 다비드가 그린 「나폴레옹 대관식」(부분). 일생의 역작으로 1805년에 시작하여 1808년에야 완성되었다. 미국 기업가들의 의뢰로 1808년 시작된 복제품 작업은 원작보다 훨씬 오래 걸려 1815년 나폴레옹의 몰락 뒤 다비드가 벨기에로 망명한 이후인 1822년에야 마무리되었다. 현재 원작은 루브르에 전시되어 있고, 베르사유궁에는 복제품이 걸려 있는데, 이 사진은 복제품이다. 두 작품에는 단 하나의 차이가 있다. 그것은 나폴레옹 여동생들의 모습으로, 원작품에는 모두 흰 옷을 입고 있으나, 복제품에는 한 명이 분홍색 드레스를 입고 있다. (그림 왼쪽 끝에서 두 번째) 그녀가 바로 나폴레옹이 가장 아낀 폴린 보나파르트(Pauline Bonaparte)이다. 오빠를 가장 따랐던 그녀는 나폴레옹이 몰락하여 유배되었을 때 모든 재산을 처분하고 섬까지 따라가서 옥바라지했다. 당대 최고의 미인이었던 그녀를 짝사랑했던 다비드는 나폴레옹이 몰락한 후에 완성된 이 복제품에서 그녀를 돋보이게 했다. 한편, 남성 편력이 심했던 폴린을 걱정하던 오빠는 1803년 교황을 배출한 로마 명문 귀족 보르게세(Borghese) 가문으로 그녀를 시집보냈다. 하지만 끼를 감추지 못하던 그녀는 직접 누드 모델을 자청해 비너스 조각상을 제작한다. 유럽을 제패한 황제의 여동생을 새긴 누드 조각은 엄청난 스캔들이었고, 가문의 명예를 걱정한 남편은 이 조각을 자신의 집 안에 두고 절대 외부인들이 보지 못하게 막았다. 현재 이 조각은 로마 외곽에 있는 보르게세 저택의 미술관(Galleria Borghese)에 전시되어 있다.

베토벤과 달리 독일의 상당수 지식인은 나폴레옹에 열광했다. 1806년 독일 예나 전투에서 승리한 나폴레옹이 말을 타고 예나에 입성하는 것을 보고 "저기 세계 정신이 온다."라고 외친 예나 대학교 교수 게오르크 빌헬름 프리드리히 헤겔(Georg Wilhelm Friedrich Hegel)이 대표적이다. 참고로 칸트에 이어 독일 관념론을 완성한 헤겔은 1801년 박사 학위를 받았는데, 칸트는 「일반 자연사와 천체 이론」이라는 논문을 썼고, 헤겔은 「행성들의 궤도에 관하여(De Orbitis Planetarum)」를 박사 학위 논문으로 썼다.

나폴레옹이 황제가 되자 몽주는 정권의 과학 정책 핵심 인물로 작위를 받으며 승승장구했지만, 뼛속 깊이 공화주의자였던 라자르 카르노는 나폴레옹의 황제 등극에 반대하다 야인으로 물러난다. 하지만 이 때문에 43세인 1796년에 얻은 늦둥이 첫아들 사디 카르노의 교육에 많은 시간을 보내게 되어 인류사에 길이 남을 업적을 탄생시키는 초석이 되었다. 라자르 카르노가 만든 공화파 혁명 인력 양성소 에콜 폴리테크니크의 학생들이 나폴레옹의 황제 즉위에 반발하자 나폴레옹은 이 학교를 손보려고 했지만, 몽주가 나서서 끝까지 학생들을 지켜 주었다.

한편, 샹폴리옹은 푸리에의 적극적인 후원에 힘입어 정식으로 학업을 이어 갔다. 심지어 푸리에는 샹폴리옹이 군대 면제를 받도록 주선해, 19세가 되던 1809년 그르노블 대학교 교수가 되도록 지원했다. 같은 해, 푸리에는 나폴레옹으로부터 남작 작위를 받는다. 이미 라플라스는 1806년 백작 작위를 받았고, 몽주는 1808년 남작 작위를 받은 뒤였다.

황제에 오른 나폴레옹은 아직 굴복하지 않는 영국에 대한 침공을 시도한다. 1805년 10월 트라팔가르에서 죽음으로 맞선 넬슨 제독의 주철 대포는 다시 한번 프랑스 함대를 격파한다. 이에 영국을 포기하고 유럽 대륙 동쪽으로 급선회한 나폴레옹은 그해 12월 아우스터리츠 전투에서 승리하며 1,000년간 지속하던 신성 로마 제국을 없애 버린다. 이후 몇 년간 프랑스 제국은 전성기를 구가한다. 당시 유럽에서 '황제' 칭호는 서로마 제국의 명맥을 이어 온 합스부르크 가문의 신성 로마 제국과 동로마 제국의 종교적 자산을 이어받은 러시아 단 두 곳만이 사용하고 있었다. 신성 로마 제국을 없애 버린 황제 나폴레옹에게 남은 곳은 이제 러시아뿐이었다.

나폴레옹의 마지막 도박인 러시아 원정이 1812년 시작된다. 레오 톨스토이(Leo Tolstoy) 불후의 명작 『전쟁과 평화』는 나폴레옹의 러시아 원정을 배경으로 하고 있다. 당시 유럽에서 후진국에 속하던 러시아의 지식인 상당수는 프랑스 유학파로, 프랑스에서 배운 계몽주의와 혁명 사상으로 무장한 인텔리였다. 그들은 롤 모델로 삼았던 프랑스가 조국 러시아로 쳐들어오자 충격에 빠진다. 이처럼 톨스토이는 '조국 전쟁'으로 불리며 결사 항전에 나선 당시의 러시아의 모습을 그다지 애국적인 관점으로 보지는 않았다. 반면 표트르 차이콥스키(Pyotr I. Tchaikovsky)의 「1812년 서곡」은 나폴레옹의 프랑스를 물리친 러시아의 영광에 대해 민족주의적 감각으로 작곡한 곡이다.[3]

나폴레옹이 러시아로 떠난 1812년 라그랑주와 라플라스의 제

마드리드 프라도 미술관이 소장한 스페인 화가 프란시스코 고야(Francisco Goya)의 작품 「1808년 5월 3일」. 궁정 화가였지만 진보적 자유주의자로 「벌거벗은 마야」로 센세이션을 일으킨 화가 고야는 공화파로서 스페인 왕실을 조롱하는 그림도 그리며 프랑스 혁명을 지지했다. 그러나 나폴레옹이 황제로 즉위하고 프랑스가 조국 스페인을 침략하자 몹시 혼란스러웠다. 마침내 나폴레옹 군이 1808년 5월 3일 마드리드에서 민간인을 대상으로 대량 학살을 일으키자 그는 나폴레옹을 증오하는 입장으로 돌아섰고, 나폴레옹이 몰락하던 시점인 1814년 스페인 정부에 제안하여 이 그림을 완성했다. 이후 고야는 계몽주의로 포장된 인간 이성이 시민 혁명과 전쟁 속에서 보여 준 야만성에 치를 떨며, 인간성 자체에 대한 극심한 혐오를 그린 작품을 연달아 그린다. 이러한 그의 작풍은 후에 스페인 미술이 현대 미술을 이끌게 한 원동력으로 평가되고 있다.

자 시메옹 드니 푸아송(Siméon Denis Poisson)에 의해 '푸아송 방정식 (Poisson equation)'이 발표된다. 라플라스 방정식에서 물체와 물체 사이의 중력 퍼텐셜이 규명되었지만, 물체 내부의 중력에 관해서는 설명할 방법이 없었다. 이를 알고 있던 푸아송은 라플라스 방정식에 '소스(source, 생성이라는 뜻)' 항을 더하여 해결한다.

단위 면적당 유체 흐름의 양을 유속(流束, flux)이라고 할 때, 소스에서 시작된 유체가 3차원 공간으로 고르게 퍼지면, 주어진 거리 r에서 유속은 구의 표면적 $4\pi r^2$만큼 감소한다. 예를 들어, 소스에서 20 킬로미터 떨어진 지점의 유속은 10킬로미터 떨어진 지점보다 2분의 1이 아니라 4분의 1이 된다. 이처럼 유체 유속이 소스에서 멀어질수록 $4\pi r^2$에 반비례하므로 중력의 역제곱 법칙이 수학적으로 설명된다. 같은 이유로 전파의 세기 역시 발송 지점에서 거리의 제곱에 반비례한다. 이로써 1750년 존 미셸이 발견한 자기력의 역제곱 법칙이나, 1785년 쿨롱의 법칙으로 알려진 1766년 프리스틀리의 정전기의 역제곱 법칙 모두 푸아송 방정식의 퍼텐셜 유동으로 해석이 가능해졌다. 이로써 달랑베르의 퍼텐셜 이론은 푸아송에 의해 더욱 정교해졌고, 라플라스 방정식은 푸아송 방정식에서 소스 항이 없는 특정한 형태로 정리되었다.

∞

1814년 나폴레옹이 러시아에서 패퇴하기 시작하자, 대프랑스 동맹 연합군이 물밀듯이 프랑스 국경을 넘어 몰려들었다. 이에 야인으로 물러난 61세의 라자르 카르노가 분연히 일어나 다시 프랑스군에 복귀하고, 67세의 몽주 역시 방위군을 조직하여 조국 방어에 나선다. 특히 라자르 카르노는 탁월한 군사 전략으로 자신이 맡은 도시를 성공적으로 방어한다. 하지만 결국 나폴레옹은 항복하고 엘바 섬에 유배되었다. 프랑스에는 부르봉 왕가가 부활하여 단두대에서 처형된 루이 16세의 동생 루이 18세가 새로운 프랑스 왕이 되었다. 끝까지 저항하던 라자르 카르노는 루이 18세의 항복 명령을 받고서야 투항했다.

나폴레옹 시절 프랑스의 거의 유일한 우방국이었던 미국은 영국이 해로를 장악한 상황에서도 프랑스와의 무역을 계속했다. 이에 1812년 영국은 미국과 전쟁에 돌입하고, 1814년 나폴레옹이 몰락하자 영국의 본격적인 미국 침략이 시작되었다. 이때 수도 워싱턴 D.C.가 함락되고 백악관과 의회 건물이 불타 버리는 미국 역사상 초유의 사태가 벌어진다. 하지만 이어진 볼티모어 전투에서 미군이 버텨 내자 전쟁은 소강 상태에 빠져 1815년 정전에 이른다. 이 볼티모어 전투에서 밤새 계속된 영국의 함포 사격을 눈물로 지켜보던 미국인 변호사 프랜시스 스콧 키(Francis Scott Key)는 포연 속의 새벽에 미군 요새에 나부끼는 성조기를 보고 너무나 감동한 나머지 즉시 시를 써 내려갔다. 이후 그는 「천국의 아나크레온에게(To Anacreon in Heaven)」라는 노래의 선율에 이 가사를 붙여 불렀는데, 이것이 바로 미국 국가인 「성조기(The Star-Spangled Banner)」이다.[4]

1815년, 나폴레옹이 엘바 섬을 탈출하여 다시 정권을 잡자 라자르 카르노는 내무부 장관에 임명되고, 몽주와 함께 다시 국민 방위군을 조직한다. 하지만 워털루 전투로 나폴레옹의 백일천하가 끝나자 라자르 카르노는 해외로 추방되었다. 나폴레옹 전쟁의 마무리를 위해 소집된 '빈 회의'는 모든 것을 나폴레옹 전쟁 이전으로 돌리고 프랑스 혁명의 성과들을 부정하는 '빈 체제'를 만들었다. 프랑스 대혁명이 이룬 모든 성과들이 왕정 복고와 빈 체제로 철저히 파괴되는 것을 지켜보던 몽주는 정신적 충격을 크게 받고 치매에 걸려 1818년 사망한다.

1815년의 급박한 정치적 상황은 그르노블의 푸리에와 샹폴리옹에게도 불어닥쳤다. 나폴레옹은 엘바 섬을 탈출하여 푸리에의 도움을 기대하고 그르노블로 향했다. 하지만 사태의 엄중함을 깨달은 푸리에는 도망가 버린다. 이 같은 처세 덕분에 푸리에는 나폴레옹의 몰락 이후에도 학계에서 지위를 유지할 수 있었다. 라플라스 역시 푸리에와 마찬가지로 나폴레옹의 시대가 끝났음을 감지하고 재빨리 부르봉 왕조 편에 섰으며, 그 공으로 왕정 복고 후인 1817년 남작에서 후작으로 승격되었다. 한편, 그르노블 대학교 교수이던 샹폴리옹은 푸리에의 설득에도 나폴레옹 편에 가담했다가 워털루 전투 이후 교수직에서 쫓겨난다. 하지만 푸리에는 계속 샹폴리옹을 지원했고, 마침내 1822년, 32세의 신예 학자 샹폴리옹의 이집트 문자 해독이 세상을 놀라게 했다.

샹폴리옹의 이집트 문자 해독은 영국 의사 토머스 영(Thomas Young)과의 오랜 경쟁 속에서 이루어졌다. 둘 다 로제타석을 기초로 해독을 시도했다. 샹폴리옹은 푸리에가 가져온 사본을 기초로, 토머스 영은 영국 함대가 영국 박물관으로 가져온 실물을 기초로 연구했다. 둘 다 언어 천재였고, 토머스 영이 먼저 상당 부분 규명했으나 상형 문자에서 막혀 있었다. 샹폴리옹이 이 상형 문자들의 마지막 열쇠를 풀어내며 마침내 수천 년간 잊혀졌던 이집트 문명이 알려지기 시작한다.

한편, 의사 토머스 영은 1803년 이중 슬릿을 통한 빛의 간섭 현상의 발견으로 뉴턴 이후 오랫동안 지속한 빛의 입자-파동 논쟁에 종지부를 찍었다. 1807년에는 오일러의 연구를 발전시켜 '영률(Young's modulus)'이라고 불리는 고체의 탄성 계수를 정의했다. 여기서 처음으로 근대적인 의미의 고체 역학이 시작되었다.

∞

프랑스에는 라자르 카르노가 만든 국민 개병제를 바탕으로 한 강력한 육군이 있었다. 이 군대는 대프랑스 동맹을 격파하며 유럽 대륙을 지배했다. 당시 프랑스가 국민 개병제로 모든 남성을 병력화할 수 있던 배경에는 과학 기술이 있었다. 전통적인 무기인 창검과 활의 경우 만드는 제품의 특성상 장인 정신에 의한 수공업 생산이라 양산이 불가능하다. 하지만 주조와 단조를 이용하는 총포 제작 공정은 생산 기술만 확보되면 얼마든지 양산이 가능하다. 또한, 창검과 활을 다루는 전투병은 오랜 기간 수련이 필요하지만, 총포를 다루는 경우에는 2주간의 훈련만으로도 바로 전투에 투입할 수 있어 전투 부대의 대형화가 가능했다.

하지만 함포 사격에 의지하는 해전은 오로지 대포의 성능에 따라 승패가 좌우되었다. 영국의 산업 혁명으로 탄생한 신무기 캐러네이드는 같은 시간에 2배 이상의 포환을 프랑스 함대에 퍼부을 수 있었다. 1798년 영국의 넬슨 제독은 이집트에서 승리를 구가하던 나폴레옹 군대를 아부키르 해전에서 격파하고, 1805년에는 황제 나폴레옹을 트라팔가르 해전에서 굴복시켰다. 이것은 나폴레옹을 몰락시키는 계기가 되었다. 결국 영국의 산업 혁명이 만든 승리인 셈이다.

11장
엔진의 대중화와 대중 과학

1776년 제임스 와트의 증기 기관이 탄생하자 다양한 산업 분야에 엔진을 응용하려는 연구들이 진행된다. 그중 가장 주목할 만한 것이 교통 수단 분야이다. 인류 최초로 인공 동력에 의한 이동이 시작되어 마침내 인간은 이동에 있어서 자연적인 제약을 극복한다. 이렇게 촉발된 사람의 이동과 교류는 이전의 어떤 인류 문명과도 비교할 수 없을 만큼 빠르게 확장되었고, 산업 혁명도 가속화시켰다. 1824년에 발표된 프랑스 과학자 사디 카르노의 열기관 연구가 영국에서 더 주목을 받게 된 배경에는 새로운 이동 수단과 속도를 갈망하던 영국의 산업 혁명이 있었다.

1765년 식민지 미국에서 태어나 필라델피아에서 화가 생활을 하던 로버트 풀턴(Robert Fulton)은 커피하우스에서 피어난 지식 교류에 힘입어 다양한 분야에 관심을 가지다 필라델피아의 기린아 벤저민 프랭클린을 알게 된다. 풀턴은 그를 통해 당시 떠오르던 유럽 대륙의 새로운 학문들에 눈을 뜨고, 그의 조언에 따라 보다 큰물에서 활동하기 위해 1786년 영국으로 떠난다. 영국에서 초상화를 그리며 생계를 유지하던 그의 관심은 온통 영국에서 새롭게 등장하기 시작한 각종 기계류에 쏠려 있었고, 이런 가운데 여러 가지 발명품으로 꽤 명성을 얻게 된다. 최초로 사회주의(socialism)라는 용어를 사용한 영국의 사상가 로버트 오웬(Robert Owen)은 풀턴의 명성을 듣고 1794년 자동으로 밭을 가는 농기계를 의뢰했는데, 결국 실현되지는 못했다. 이 무렵 풀턴은 영국에서 직접 목격한 와트의 증기 기관에 엄청난 충격을 받고, 곧바로 이를 선박에 응용하려고 생각한다.

1797년 풀턴은 혁명의 혼란에 빠진 프랑스 파리로 향한다. 그의 손에는 증기 기관으로 작동하는 인류 최초의 잠수함에 대한 도면이 쥐어져 있었다. 당시 프랑스 혁명 정부는 주철 대포를 앞세운 강력한 영국 해군에 대한 두려움이 있었고, 풀턴은 그 점을 간파한 것이다. 1800년 풀턴의 잠수함 노틸러스(Nautilus) 호가 프랑스에서 성공적인 시연을 한다.[1] 풀턴과 친분이 있던 몽주와 라플라스는 즉시 그를 나폴레옹에게 소개하고, 프랑스 정부는 잠수함의 전력 배치를 추진한다. 나폴레옹은 1798년 이집트 아부키르에서 넬슨 제독에게 대패한 뒤 이집트에 프랑스 군대를 그대로 둔 채 탈출한 경험이 있었기에 해군력의 확보에 혈안이 되어 있었다.

잠수함 실전 배치를 위한 테스트가 계속되는 동안, 풀턴은 선박의 이동에서 강물의 유속이나 해수의 조류에 의한 유체 저항의 심각성을 알게 된다. 이후 선박 저항에 대한 체계적인 연구에 집중했다. 사실 와트가 증기 기관을 내놓은 이후 이미 여러 사람이 엔진을 이용한 증기선을 제시했지만, 그렇게 실용적이지 않았다. 인공 동력을 이용한 선박에서 가장 큰 문제점 중 하나는 강물을 거슬러 올라가는 것이 당시로는 만만치 않다는 것. 풀턴은 이전의 증기선에서 여러 문제점, 특히 유체 저항을 극복하는 데 온 힘을 쏟았고, 마침내 최초의 실용적인 증기선이 1803년 풀턴에 의해 센 강에서 시연되었다. 이렇듯 풀턴이 유체 저항에 대한 연구를 통해 획기적인 증기선을 개발할 수 있었던 것은 당시 프랑스 혁명 정부를 이끌던 유체 역학자 보슈, 카르노, 프로니의 후원 덕분이었다.

그러나 잠수함의 전력화가 더 급했던 나폴레옹의 눈에 풀턴의 개발 속도는 너무나 더뎌 보였다. 1804년 마침내 나폴레옹은 풀턴의 프로젝트를 중지시키고 프랑스 정부의 후원을 끊어 버린다. 후원 중단의 또 다른 배경에는 영국에서 조달되던 엔진의 수급 문제가 있었다. 풀턴의 잠수함과 증기선은 적성국 영국의 와트가 만든 회사의 증기 기관을 사용하고 있었다. 이를 잘 알고 있던 영국 정부가 증기 기관의 프랑스 수출을 금지하면서 풀턴이 할 수 있는 일이 없어졌다. 풀턴은 할 수 없이 자신의 연구를 계속하기 위해 영국행을 택하게 되고 영국 정부 역시 풀턴의 영국행에 대해 상당한 금전 지원을 해 주었다. 나폴레옹에 맞선 영국의 입장에서 프랑스 해군력의 보강을 원천 차단하려는 의도도 있었다. 하지만 1년 만에 1805년 트라팔가르 해전에서 프랑스 해군 전력이 궤멸하자 영국에서도 풀턴은 더 이상 필요 없어진다. 심한 배신감에 그는 1806년 고향 미국으로 돌아간다.

로버트 풀턴(위)과 1803년 8월 9일 프랑스 파리 센 강에서 이루어진 풀턴의 증기선 시연을 기념하기 위해 시험 운항이 이루어진 강변에 세워진 기념 명판(오른쪽). 다섯째 줄에 보슈, 카르노, 프로니의 이름이 새겨진 것을 볼 수 있다. 이들은 모두 달랑베르가 시작한 유체 저항의 후속 연구를 하던 인물들로서 풀턴의 증기선 프로젝트를 적극 후원했다. 이 기념 명판은 이들 달랑베르의 후예들이 보는 앞에서 풀턴이 증기선을 시연했다고 기록하여, 인류 최초의 증기선은 프랑스 유체 역학자들의 후원이 절대적이었음을 명확히 밝히고 있다.

A CET EMPLACEMENT DU QUAI DIT "DES BONSHOMMES"
L'INGENIEUR AMERICAIN ROBERT FULTON
PRESENTA LE 21 THERMIDOR DE L'AN XI (9 AOUT 1803)
AUX CITOYENS
BOSSUT, CARNOT, PRONY ET VOLNEY
SON "CHARIOT D'EAU MÛ PAR LE FEU"
QUI EFFECTUA SUR LA SEINE
SES PREMIERES EVOLUTIONS

1807년 그의 증기선이 미국에 등장하면서 아메리카 대륙에 증기선이 퍼진다.

∞

이 무렵, 영국에서는 와트의 증기 기관을 이용한 또 하나의 교통수단이 탄생한다. 증기 기관차가 바로 그것이다. 당시 영국에 불어닥친 증기 기관 열풍은 역설적으로 와트의 특허로 제한을 받았다. 와트는 뉴커먼 기관에서 열효율을 가장 크게 잡아먹던 잠열을 제어하기 위해 응축기를 외부로 돌려 효율을 극대화하고, 이 아이디어를 특허로 등록했다. 와트의 특허를 피해 갈 길이 없던 탄광주들은 와트에게 비싼 로열티를 지급했기에 불만이 많았다. 이를 해결한 것이 1797년 26세의 리처드 트레비식(Richard Trevithick)이 개발한 고압 증기 기관

11장 엔진의 대중화와 대중 과학

이다. 그는 고압 증기를 대기 중으로 직접 뿜어내 와트의 응축기가 없이도 훨씬 효율을 높일 수 있었다. 이를 통해 일약 스타덤에 오른 그는 자신이 만든 증기 기관으로 움직이는 차량 개발에 착수한다. 이리하여 1801년 최초의 증기 기관차가 탄생하고 1803년에는 마차가 달리던 런던 거리에서 그의 증기 기관차가 주행 시연을 한다.

하지만 고압 증기 기관을 이용한 기관차는 늘 폭발의 위험이 있어 사람을 나르는 마차에 적용되기에는 무리가 있었다. 빼어난 탄광 기술자였던 트레비식은 자신이 만든 증기 기관차의 시장성은 사람이 타지 않는 석탄 운반 궤도 차량에 있다고 보았다. 당시 마차에 의해 운행되던 이 궤도 차량에 증기 기관을 달아 1804년 시연이 성공하자 사람들은 열광한다. 이것이 인류 최초의 증기 기관차의 탄생이다. 하지만 성공의 기쁨도 잠시, 이 기관차는 새로운 문제점을 드러낸다. 당시의 주철로 만든 열차 궤도는 증기 기관차의 무게를 견디지 못하여 깨지기 일쑤였다. 이러한 단점이 부각되자 그의 증기 기관은 잊혀져 갔다.

∞

1813년 전성기를 구가하던 나폴레옹은 적성국 영국의 한 과학자를 초청한다. 그가 바로 인류 최초의 대중 과학자로 명성을 날리던 험프리 데이비(Humphry Davy)로, 럼퍼드 백작이 발굴한 인물이다. 자신의 계몽주의적 이상을 위해 만든 '왕립 연구소'에서 일반 대중에게 과학 지식을 전달할 적임자를 찾고 있던 럼퍼드 백작은 수려한 외모에 화려한 언변으로 유명했던 험프리 데이비를 발탁한다. 흙수저 출

트레비식의 고압 증기 기관을 이용한 증기 기관차.

신으로 독학으로 연구한 험프리 데이비는 1798년 프리스틀리 기체 연구소에서 두각을 나타낸다. 곧이어 얼음에 마찰을 가해 열을 발생시키는 실험으로 주류 학설인 칼로릭 이론에 반기를 든다. 칼로릭 이론에 대항하던 럼퍼드는 특히 이 부분이 마음에 쏙 들었다.

확신에 찬 럼퍼드 백작은 그에게 대중 강연을 맡긴다. 순식간에 청중들을 사로잡은 이 강의는 입소문을 타고 연속으로 매진되며 왕립 연구소의 주요 행사로 자리 잡았다. 1812년 험프리 데이비의 대중 과학 강연을 너무나 듣고 싶어 했던 어느 흙수저 청년은 평소 알고 지내던 독지가의 도움으로 가까스로 입장권을 구한다. 서점 직원이던 이 청년은 험프리 데이비의 모든 강연을 빠짐없이 메모해 책으로 편집해서 선물한다. 감동한 험프리 데이비는 그를 즉시 조수로 채용한다. 이 청년이 바로 마이클 패러데이이다.

1813년 나폴레옹의 초청으로 프랑스를 방문한 험프리 데이비는 마이클 패러데이를 대동했다. 그들은 게이뤼삭, 앙드레마리 앙페르 (André-Marie Ampère) 등 당대의 프랑스 학자들과 교류한다. 나폴레옹은 그들에게 자신이 점령한 유럽 어디든 갈 수 있는 자유 통행권을 주었다. 덕분에 이들 일행은 나폴레옹 전쟁으로 학술적 교류가 단절된 상태에서 새로이 등장하는 학문들을 집대성할 수 있게 된다. 이는 패러데이의 전자기학이 탄생하는 계기가 되었다.[2]

∞

한편, 탄광 기술자 조지 스티븐슨(George Stephenson)은 트레비식의 증기 기관차에 매료되었다. 트레비식보다 열 살 어린 그는 트레비식의 동료가 되어 지식을 왕성하게 흡수하며 증기 기관차의 잠재력을 재빨리 알아차린다. 이후 스티븐슨은 독자적인 증기 기관차 개발에 착수하여, 1814년 스티븐슨의 첫 증기 기관차 '블뤼허(Blücher)'가 탄생한다. 스티븐슨은 트레비식의 증기 기관차가 왜 실패했는지 정확히 알고 있었기 때문에 자신의 열차를 성급히 시장에 내놓기보다 우선 기관차의 하중을 버틸 수 있는 열차 궤도의 개발에 더 집중했다. 참고로 이 기관차의 이름은 1814년 나폴레옹을 격파하고 파리를 점령한 프로이센 사령관, 게프하르트 레베레히트 폰 블뤼허(Gebhard Leberecht von Blücher)의 이름에서 따온 것이다. 파리가 외국군에게 점령당한 것은 백년 전쟁 이후 400년 만의 일이었다. 블뤼허는 나폴레옹을 엘바 섬으로 귀양 보냈으며, 1815년 엘바 섬을 탈출한 나폴레옹을 다시 격파한 것도 블뤼허 장군이다.

나폴레옹의 통행권으로 유럽을 여행하던 험프리 데이비 일행은 나폴레옹이 실각하자 신변의 위협을 느끼고 1815년 서둘러 귀국길에 오른다. 오랜 유럽 여행을 마치고 귀국한 험프리 데이비에게 탄광 협회는 안전한 탄광 램프의 개발을 의뢰한다. 영국에서는 탄광에서 사용하는 가스등의 폭발이 중요한 문제였기에 탄광 협회에서는 현상금까지 걸었다. 어렸을 적부터 탄광에서 자란 스티븐슨 역시 이 문제에 관심이 많았고, 자신의 아이디어를 제출했다. 동시에 험프리 데

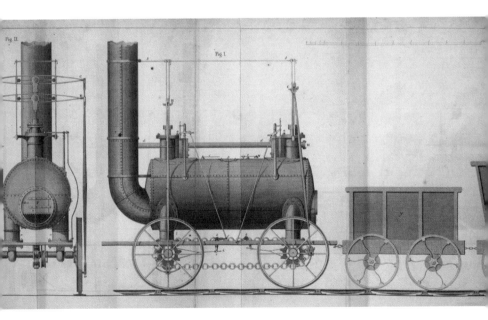

조지 스티븐슨의 증기 기관차. 블뤼허를 개량한 것으로 1825년에 설계한 모델이다.

영국 왕립 연구소에서 열린 대중 과학 강연의 한 장면. 1802년의 이 강의에서 험프리 데이비는 당시 '웃음 가스'로 불리던 산화질소에 대한 실험을 선보이고 있다. 실험자는 토머스 영이고 갈색 기체 주머니를 들고 있는 이가 바로 험프리 데이비이다. 오른쪽 문 앞에서 흐뭇하게 미소지으며 이 우스꽝스러운 장면을 지켜보고 있는 이가 왕립 연구소를 창립한 럼퍼드 백작, 그 오른쪽에 안경을 끼고 있는 사람은 유태인 지식인 아이작 디즈레일리이다. 나중에 아이작 디즈레일리의 아들 벤저민 디즈레일리는 영국 수상이 되어 빅토리아 시대 대영제국의 전성기를 이끈다. 그림에서 보듯이 그의 강의는 마치 잘 짜인 오페라와도 같이 익살스럽고 매력적인 일종의 '과학 콘서트'였으며, 일반 대중들이 과학의 마법에 사로잡히게 하는 엄청난 역할을 했다. 이렇게 시작된 영국 왕립 연구소의 대중 과학 강연은 현재까지 이어지고 있으며, 리처드 도킨스나 칼 세이건과 같은 스타 대중 과학자의 탄생을 이끌었다.

이비 역시 해결책을 제시했는데 공교롭게도 두 아이디어는 거의 유사했다. 하지만 험프리 데이비는 이미 대중 과학 강연을 이끄는 거물로 적성국 나폴레옹에게까지 인정받는 인물이었고, 스티븐슨은 그냥 탄광 기술자에 불과했다. 결국 상금은 험프리 데이비에게 돌아갔고, 스티븐슨이 아이디어를 훔쳤다는 오명을 벗게 되는 것은 한참 뒤의 일이다. 이 사건으로 스티븐슨은 열차 궤도의 개발에만 전념한다.

스티븐슨은 우선 레일의 연결 부위를 개량하여 하중이 집중되지 않도록 설계한다. 레일의 소재도 깨지기 쉬운 주철보다 강도는 약하지만 연성(軟性)이 좋은 연철로 대체한다. 투자자들을 설득한 끝에 스티븐슨이 고안한 증기 기관차 전용 레일이 조금씩 시범적으로 깔리기 시작한다. 1821년에 최초로 실용적인 철도 부설이 시작되고, 1825년에는 상업적으로 의미 있는 철도 산업이 시작된다. 또한, 스스로 개발한 이 궤도에 가장 알맞은 기관차 개발도 병행하여, 열차 궤도 개발을 발판으로 당시에 불어닥친 증기 기관차 붐을 선도한다. 이로써 인류 역사상 가장 획기적인 철도 운송이 탄생하여 산업 혁명이 본궤도에 오른다.

증기 기관차 상용화에 성공하지 못한 트레비식은 다른 여러 기술 개발에도 실패했고, 남아메리카에서 재기를 노리다가 결국 전 재산을 날리며 오도 가도 못하는 신세가 되었다. 1822년 남아메리카를 여행하던 스티븐슨의 아들이 알거지가 된 증기 기관차의 아버지 트레비식을 우연히 알아본다. 그가 마련해 준 여비로 트레비식은 겨우 귀국할 수 있었다. 트레비식은 자신이 발명한 증기 기관차가 스티븐슨에 의해 화려하게 꽃피는 것을 지켜보며 말년을 쓸쓸히 보내다 1833년 사망한다.

스티븐슨은 철도 운송 시스템의 표준을 만들었다. 이후 영국은 이후 불과 10년간 무려 3,200킬로미터의 철도를 건설한다. 그가 설정한 선로 폭을 '표준궤(standard gauge)' 혹은 '스티븐슨 궤(Stephenson gauge)'라고 부른다. 그 폭은 1,435밀리미터로, 이후 산업 혁명 시기 모든 나라는 영국이 설정한 이 궤도 폭에 모든 시스템을 맞춰야 했다. 통일된 철도 운송 시스템은 국경을 넘어 전 세계가 단일한 표준화를 추진하게 만들었다. 또한, 마차 운송 시대와 달리 속도가 빨라진 열차 시간에 맞추기 위해, 시계탑 종소리에만 의존할 수 없게 된 승객들은 회중 시계를 지녀야 했다. 국가마다 표준시를 설정해야 했고, 순식간에 국경을 통과하는 철도 운송은 상품의 통관이나 관세, 환율의 문제를 부각시켰다. 이런 맥락에서 증기 기관이 탄생시킨 운송 혁명으로부터 인류는 세계화(globalization)의 길에 들어섰다고 보기도 한다.

톨스토이의 소설 「안나 카레니나」는 이러한 시대 상황을 소재로 하고 있다. 철도가 도입되자 사람들은 모두 표준화된 시스템에 종속되어 시스템이 설정한 규율과 제도에 순응해야 했다. 작품 전반에 걸쳐 기차와 철도가 이야기의 연결 고리로 계속 등장하고, 철도 시스템은 사회적 통념에 맞서는 여주인공 안나가 몸부림치며 저항하는 모습과 오버랩된다. 결국 안나는 달리는 열차에 몸을 던져 최후를 맞이한다. 이처럼 코페르니쿠스의 레볼루션 이후 인간 자유 의지의 상징이었던 과학 기술은 산업 혁명을 거치며 인간을 속박하는 수단으로 바뀌고 있었다.

12장
혁명의 좌절과 열역학

클로드 루이 마리 앙리 나비에(Claude Louis Marie Henri Navier)는 1785년 태어났다. 1789년 혁명이 발발하자 변호사인 나비에의 아버지는 국민 의회 의원으로 혁명에 적극 참여했다. 하지만 1793년 공포 정치의 와중에 사망하고, 나비에는 유명한 엔지니어였던 어머니의 삼촌에게 맡겨졌다. 어머니의 삼촌에게 교육을 받던 나비에는 그의 영향과 권유로 1802년 에콜 폴리테크니크에 진학한다. 입학 성적은 거의 밑바닥이었지만, 그르노블에 가기 전에 잠시 에콜 폴리테크니크에서 교편을 잡고 있던 푸리에의 지도를 받으면서 나비에의 수학적 재능이 빛을 발한다. 푸리에 역시 나비에의 소질을 알아보고 일생의 멘토가 된다.

나비에는 1804년 졸업 후, 국립 교량 도로 학교(École Nationale des Ponts et Chaussées)에 진학하여 프랑스에서 최고의 엔지니어로 주목받는다. 국립 교량 도로 학교는 18세기 부르봉 왕조에 의해 만들어진 프랑스 최고의 엔지니어 양성 기관으로, 원래 이름은 '왕립 교량 도로 학교'였으나 프랑스 혁명 이후에 '국립'이라는 이름으로 바뀌었다. 일종의 사관 학교였던 에콜 폴리테크니크 출신들이 상당수 졸업 후 정통 엔지니어의 길을 걷기 위해서 이 학교에 진학했다.

오귀스탱 루이 코시(Augustin Louis Cauchy)는 1789년 혁명 발발 한 달 뒤에 부르봉 왕조의 고위 관료의 아들로 태어났다. 혁명이 과격해지자 그의 아버지는 가족들과 함께 지방으로 피신했다. 코시의 가족은 1794년 로베스피에르가 처형되며 공포 정치가 끝나자 파리로 돌아왔다. 이후 나폴레옹이 집권하며 코시의 아버지는 다시 고위 관료로 중용된다. 당대의 석학들인 라그랑주와 라플라스가 코시의 집을 드나드는 분위기에서 자란 코시는 어릴 때부터 이들에게 깊은 영향을 받는다. 1805년 최상위 성적으로 에콜 폴리테크니크에 진학한 코시는 1807년 졸업 후 나비에와 마찬가지로 국립 교량 도로 학교에 진학하여 역시 최고의 엔지니어로 성장한다.

한편, 1796년에 태어난 라자르 카르노의 아들 사디 카르노는 1812년에 아버지가 만든 에콜 폴리테크니크에 진학한다. 이즈음 이 학교는 이미 프랑스 최고의 명문으로 자리 잡아, 사디 카르노가 입학할 무렵에는 가스파르귀스타브 코리올리(Gaspard-Gustave Coriolis)와 같은 동년배 천재들이 줄지어 입학했다. 코리올리의 아버지는 루이 16세의 장교였다. 그는 프랑스 혁명이 정점이던 1792년 혁명 의용군들이 왕궁에 난입하여 국왕이 유폐되자 탈출한 뒤 지방에서 기업가로 변신했다. 이렇게 다양한 신분 배경을 가졌지만 훗날 유명해지는 이

라자르 카르노의 아들인 사디 카르노.
1813년의 초상이다.

러한 학생들에 걸맞게, 교수진에도 초기 멤버였던 라플라스와 라그랑주에 더하여 푸아송, 게이뤼삭, 앙페르 등 당대의 젊은 석학들이 포진해 있었다.[1] 푸아송과 게이뤼삭은 에콜 폴리테크니크 출신으로, 혁명 인력 양성 기관으로 출발한 이 학교가 이제는 안정화의 길을 걷고 있음을 보여 준다.

당대의 석학들과 함께하던 사디 카르노의 에콜 폴리테크니크 생활은 오래가지 못한다. 1814년 나폴레옹이 러시아 원정에 실패하고 대프랑스 동맹 연합군이 물밀듯이 프랑스 국경을 넘어 파리로 몰려들자 사디 카르노는 혁명 사관 학교인 에콜 폴리테크니크의 동료 학우들과 총을 잡고 파리 방어전에 나선다. 나폴레옹의 황제 즉위에 반대하다 야인으로 물러나 있었던 아버지 라자르 카르노 역시 61세의 노구를 이끌고 군대로 복귀하여 조국 방어전에 나서기도 했다. 하지만 프랑스는 항복하고 만다.

1814년 프랑스에 부르봉 왕조가 부활하자 왕당파였던 코시는 날개를 달고 1815년 에콜 폴리테크니크의 교수가 되었다. 하지만 혁명 엘리트를 키우기 위해 세워진 에콜 폴리테크니크는 공화파 불순 학생들의 소굴이었다. 이를 불편해하던 루이 18세는 마침내 1816년 학교를 폐쇄한다. 1년 뒤 학교가 다시 열릴 무렵, 에콜 폴리테크니크는 재편되었고, 그 중심에는 블랙리스트를 만들어 과감하게 반대파를 제거한 코시가 있었다. 이때 왕당파 장교의 아들로 출신 성분이 좋았던 코리올리는 코시의 추천으로 에콜 폴리테크니크에서 강의를 맡게 된다. 코리올리 역시 에콜 폴리테크니크를 졸업한 후 국립 교량 도로 학교에서 수학하여 엔지니어의 길을 걷고 있었다. 에콜 폴리테크니크에서 교편을 잡은 이후에는 현장 경험을 바탕으로 수차에 대한 여러 가지 실험을 통하여 수력학과 마찰력에 대한 연구를 수행했다.

∞

에콜 폴리테크니크가 폐쇄될 때 학생 중에는 열혈 운동권이자 어린 수학 천재였던 18세의 오귀스트 콩트(Auguste Comte)가 있었다. 1815년 입학하여 수학적 재능이 탁월한 그를 나비에는 유심히 봐 둔다. 콩트의 입학 동기로는 장 레오나르 마리 푸아죄유(Jean Leonard Marie Poiseuille)가 있었다. 콩트와 푸아죄유는 학교가 폐쇄되자 각자 의대에 진학하여 의사의 길을 걷는다. 낙향하여 의학 공부를 하던 콩트는 처음에 왕당파 교수들로 교체된 에콜 폴리테크니크에 동료 학생들이 복귀하지 않을 것으로 기대했다. 그러나 그의 생각과 달리 친구들은 매우 현실적이었고 학교는 곧 정상화되었다. 실망한 콩트는 도무지 메스가 손에 잡히지 않아 1817년 다시 파리로 상경한다. 이때 콩트를 거둬들인 인물이 생시몽(Saint-Simon) 백작이다.

1760년 귀족의 아들로 태어난 생시몽은 미국 독립 전쟁에 자원 입대하기도 한 괴짜이다. 그는 프랑스 혁명 기간 부동산 투기로 막대한 돈을 벌었지만 공포 정치 시절에는 단두대 직전까지 갔다가 겨우 풀려났다. 이후 살롱에서 재산을 탕진해 가며 당대의 석학들과 만나 점차 사회 문제에 눈을 뜨게 된다. 특히 그는 혁명 엘리트 기관인 에콜 폴리테크니크를 동경하여, 수십 년 손아래 젊은이들과 함께 강의를 듣기도 했다. 생시몽은 학교 앞에 개인 연구실을 차렸고, 여기에 콩트가 합류한 것이다. 생시몽과 콩트는 뉴턴에서 비롯된 역학적 성과들을 자연 현상뿐 아니라 사회 현상에도 적용하려는 연구를 수행한다. 여기서 두 사람에 의해 과학으로서의 '사회학(sociology)'과 '실증주의(positivism)'가 처음으로 시작된다. 특히 에콜 폴리테크니크의 과학적 업적들이 반영된 '과학적 세계관'에서 '역사의 진보'라는 개념이 탄생했다.

1822년 생시몽과 콩트는 결별했으나, 이들의 '진보'에 대한 확고한 믿음은 1814년의 왕정 복고와 빈 체제로 무력감에 빠진 공화파 지식인들에게 다시 한번 혁명의 열기를 불어넣게 된다. 나중에 콩트의 진보 개념은 다윈의 진화론과 결합하여 카를 마르크스의 '과학적 세계관'과 '역사의 진보'에 결정적인 영향을 끼친다. 이후 콩트의 실증주

루브르 박물관의 대표작인 테오도르 제리코(Theodore Gericault)의 「메두사 호의 뗏목(Le Radeau de la Meduse)」. 1814년 프랑스에서는 왕정이 부활한다. 피비린내 나는 혁명의 급진주의와 나폴레옹 전쟁에 지친 프랑스 인들은 차라리 부르봉 왕조에 호의적이었다. 이런 가운데 1816년 아프리카로 향하던 대형 선박 메두사 호가 좌초하는 사고가 발생한다. 사고 초기 충분한 시간이 있었지만 당황한 선장은 배를 버리고 귀족들과 장교들만을 태운 구명선으로 제일 먼저 탈출했다. 버려진 사람들은 필사적으로 뗏목을 만들었다. 그들은 절망 속에 망망대해를 떠돌았고, 사망한 동료의 인육을 먹어 가며 버티다 기적적으로 구출된다. 이 사고에 대한 재판에서 선장의 잘못으로 꼬리 자르기를 하려던 정부의 의도와 달리 왕실과의 연결 고리가 드러나자 왕정은 2년 만에 신뢰가 땅에 떨어진다. 젊은 화가 제리코는 이 충격적인 사건을 수년간 추적하며 이 작품을 그리게 되었다. 1819년 살롱전에 출품한 이 작품에 대해 왕실은 불편한 심기를 감추지 못했다. 친정부 언론의 집중 포화를 받으며 이 작품을 둘러싼 논쟁이 격화되자 제리코는 이 그림을 가지고 영국에서 전시회를 열어 대성공을 거둔다. '단순한 해난 사고'로 볼 수도 있을 이 사고에 왜 저렇게까지 권력이 사고 은폐에 집착하는지 사람들이 주목하기 시작하고, 여기서 프랑스에서 권력과 부정부패의 사슬의 정점에 왕실이 있다는 것이 드러난다. 결국 왕정은 설 자리를 잃고 1830년 7월 시민 혁명으로 부르봉 왕조는 다시 쫓겨났다.

의는 오스트리아 빈 학파로 이어져 에른스트 마흐(Ernst Mach)와 루트비히 비트겐슈타인(Ludwig Wittgenstein)에게 계승되었다.

∞

이 무렵, 정치학 용어로서의 '보수주의(conservatism)'라는 단어가 처음으로 등장한다. 프랑스 낭만주의 작가로 유명한 샤토브리앙 자작 프랑수아르네(François-René, vicomte de Chateaubriand)는 처음에 프랑스 혁명을 지지했지만, 급진 좌파에 대항해 왕당파 반혁명군을 조직하여 싸우다 영국으로 추방된다. 그는 나폴레옹이 집권하자 발탁되었다가, 나폴레옹을 '네로' 황제에 비유하는 글을 발표하여 물러나게 된다. 당대 최고의 문학가로 이름을 날렸던 그는 부르봉 왕조가 부활하자 왕당파 정치인으로서도 맹활약하여 외무부 장관의 자리까지 오르게 된다. 참고로 프랑스식 안심 스테이크 요리를 '샤토브리앙'이라고 한다. 이는 식도락가였던 샤토브리앙의 이름에서 유래한 것으로, 이 요리는 그의 전속 요리사가 개발했다.

1818년 샤토브리앙은 《보수주의자(Le Conservateur)》라는 간행물을 펴내며 자신의 이념적 지향을 명확히 밝힌다. 그전까지 정치적 이념의 분류는 루이 16세의 처형을 둘러싸고 벌어진 논쟁에서 비롯한 '좌파-우파'였다. '우파' 이념을 제대로 정의할 필요가 있다고 생각한 샤토브리앙은 전통 가치를 '보존(conserve)'한다는 물리학적 의미를 도입하여 전통과의 단절을 선언한 좌파와 이념적 차이를 두었다. 사실 이러한 보수주의 개념은 프리스틀리 폭동을 촉발한 바 있는 1790년 영국 진보적 정치인인 에드먼드 버크의 「프랑스 혁명에 대한 고찰」

에서 이미 많은 부분 언급된 것이다. 당시 급진 좌파들에 의해 추방되었던 샤토브리앙은 영국에 머물며 이 개념을 구체화했다.

1826년 창간된 《르 피가로(*Le Figaro*)》는 이렇게 탄생한 '보수주의'를 지지하는, 프랑스에서 가장 오래된 일간지이다. 신문의 이름은 보마르셰의 불온 작품 「피가로의 결혼」에서 따 왔다. 극 중 피가로는 끊임없이 기득권을 유쾌하게 풍자하고 날카롭게 비판하는 역할을 수행한다. 여기서 알 수 있듯이 보수주의 역시 본질적으로는 기득권을 비판하고 변화를 지지한다는 측면에서 '수구'와 구분된다. 이처럼 혁명에 반대하는 보수주의가 새로운 대안 이념으로 등장하자, 1834년 영국에서는 전통적으로 지지 계층에 따라 분리되던 토리당-휘그당 구도가 깨지며 최초로 보수주의를 정치 구호로 내세운 이데올로기 정당 보수당(Conservative Party)이 탄생하여 현재까지 이르고 있다.

∞

한편, 독일로 추방된 라자르 카르노는 마침 독일에 몰아친 대대적인 사회 개혁 흐름에 동참한다. 종교 전쟁의 여파로 작은 나라들로 분할되어 있던 독일은 나폴레옹 전쟁을 계기로 공화파 지식인들의 각성이 시작되었고, 그 중심에는 독일 최고의 지식인 알렉산더 프라이허 폰 훔볼트(Alexander Freiherr von Humboldt)가 있었다. 훔볼트는 추방 중인 라자르 카르노를 만나 프랑스의 부국강병을 이끈 국가 주도의 중앙 집권식 사회 개혁을 배운다. 특히 공교육 인재 배출을 맡았던 에콜 폴리테크니크에 대해 깊은 감명을 받게 된다.

라자르 카르노가 독일에서 공화파 지식인들을 만난 것은 '신시나투스 소사이어티(Cincinnatus Society)'라는 모임이다. 이 모임은 기원전 5세기 고대 로마 공화파 지도자인 루키우스 퀸크티우스 킨킨나투스(Lucius Quinctius Cincinnatus)의 이름에서 유래했다. 독립 전쟁 당시 미국에서도 신시나투스 소사이어티가 만들어졌고 오하이오 주 신시내티의 이름은 여기에서 유래했다. 미국 독립 전쟁에 참여했던 생시몽 역시 신시나투스 소사이어티에 가입하기도 했다. 카르노와 훔볼트의 만남 이후 독일의 교육 시스템은 프랑스처럼 공교육 중심으로 전환된다. 이러한 분위기에서 디리클레, 카를 구스타프 야코프 야코비(Carl Gustav Jacob Jacobi), 닐스 헨리크 아벨(Niels Henrik Abel), 카를 프리드리히 가우스(Carl Friedrich Gauss), 조제프 리우빌(Joseph Liouville), 베른하르트 리만(Bernhard Riemann) 등이 성장하면서 19세기 과학의 중심지가 독일로 이동한다.

독일에서 프랑스 시스템의 도입을 가장 잘 보여 주는 예가 디리클레이다. 게오르크 옴(Georg Ohm)의 제자였던 디리클레는 1822년 파리로 가서 르장드르의 눈에 띄어 푸리에와 푸아송의 지도를 받았다. 이후 독일로 돌아와 훔볼트와 함께 프랑스식 사회 개혁에 앞장섰다. 그는 계몽주의자이자 유태인 거부였던 멘델스존 가문과 친분을 맺고 작곡가 멘델스존의 여동생과 결혼했다. 푸리에 급수의 수렴성을 증명한 디리클레는 라플라스 방정식을 연구하면서 경계 조건의 중요성에 주목한다. 이에 편미분 방정식에서 고정 경곗값을 가지는 경우를 디리클레 경계 조건이라고 부른다. 나중에, 카를 노이만(Carl Neumann)은 리만의 영향으로 디리클레의 연구를 이어받았고, 편미분 방정식에서 미분값으로 경계 조건을 가지는 경우를 '노이만 경계 조건'이라고 부른다.

한편, 아버지는 추방되었지만 프랑스에 남은 아들 사디 카르노는 군대에서 장교 생활을 시작한다. 하지만 1814년 왕정 복고 이후 철저히 승진 인사에서 배제되는 식으로 고난의 길을 걷게 된다. 1819년 사디 카르노는 결국 야전 장교의 길을 포기하고 파리 생활을 선택하여 다시 학문의 길에 들어선다. 그는 1821년 독일로 추방된 아버지를 만나러 간다. 여기서 둘은 오랜만에 만나 수 주 동안 같이 지내며 많은 이야기를 나누게 된다. 특히 아버지 라자르 카르노가 프랑스가 영국에게 패하게 된 결정적인 이유로 증기 기관을 언급하자, 아들 사디 카르노는 여기에 인생의 목표를 걸게 된다. 파리에 돌아오자마자 사디 카르노는 영국의 증기 기관을 집중적으로 파고든다. 영국인들은 수많은 문헌을 통해 엄청난 양의 다양한 실험 결과를 발표하고 있었다. 하지만 카르노는 영국인들이 의외로 이들을 하나로 묶을 수 있는 이론은 아직 내놓지 못했음을 알게 된다.

∞

학교를 졸업하고 엔지니어의 길을 걷던 나비에는 1819년 모교 국립 교량 도로 학교에서 교편을 잡았다. 현장에서 탁월한 교량 엔지니어였던 그는 엔지니어링이 경험적인 데이터에 의존하는 데서 벗어나 어떻게든 수학과 물리학적인 이론으로 연결되도록 노력했다. 교량 엔지니어였던 나비에가 처음에 관심을 가진 부분은 고체의 탄성학(elasticity)이다. 1821년 사상 최초의 탄성 방정식이 만들어지는데 이를 '나비에 방정식(Navier equation)'이라고 부른다. 1807년 토머스 영이 '영률'을 제시한 이후 푸아송 역시 '푸아송 비(Poisson ratio)'를 발표하며 고체 탄성학에 관심이 있었기에, 나비에가 발표한 이 방정식을 두고 나비에와 푸아송의 논쟁이 시작된다. 이 논쟁은 나중에 코시가 나비에의 방정식을 엄밀히 정리하면서 해소되어, '나비에-코시 방정식'이라고 불리기도 한다.

한편, 나비에의 에콜 폴리테크니크 4년 선배인 푸아송은 에콜 폴리테크니크 학생 시절 이미 르장드르의 눈에 띄어 라그랑주에게 발탁되었고, 라플라스는 아예 그를 아들로 생각하여 후계자로 키웠다. 라플라스 방정식을 확장하여 중력과 전자기력의 역제곱 법칙을 설명하는 푸아송 방정식으로 유명 인사가 된 푸아송은 푸리에가 그르노블로 떠나자 그의 뒤를 이어 에콜 폴리테크니크 교수가 되었다. 나중에 푸리에의 열에 관한 연구를 두고 나비에와 또 이견을 보여 다시 한바탕 다투기도 했다.

당시 나비에는 뉴턴 이래로 유체의 저항이 존재하는 것은 경험적으로 알고 있지만, 오일러의 방정식으로는 표현이 되지 않는다는 점에 주목했다. 아직 전단력에 대한 수학적 이해가 명확하지 않았지만, 나비에는 1822년 속도의 라플라시안으로 점성 항을 유도하여 오일러 방정식에 추가했다. 나중에 이 방정식은 푸아죄유의 실험과 스토크스의 전단력에 관한 이론적 보강을 통해 유체 유동 방정식으로 확고히 자리 잡아 '나비에-스토크스 방정식'으로 불리게 된다. 이 방정식으로 달랑베르 이후 도무지 답이 보이지 않던 유체의 마찰 저항에

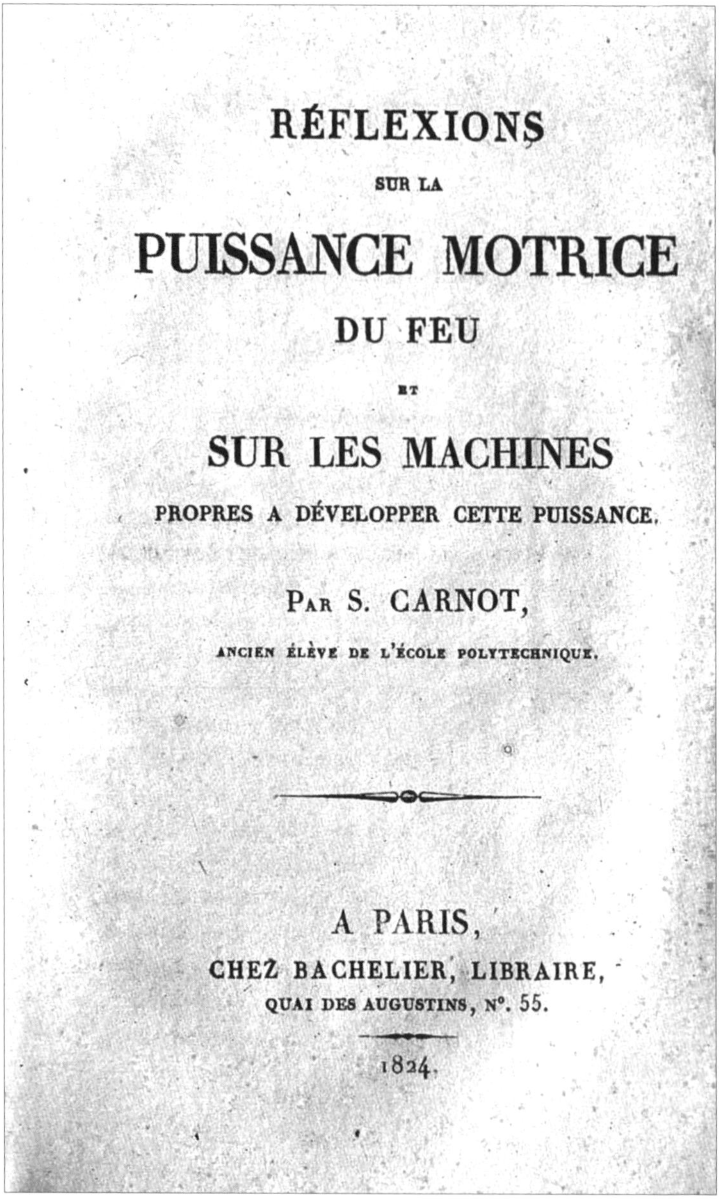

RÉFLEXIONS

SUR LA

PUISSANCE MOTRICE

DU FEU

ET

SUR LES MACHINES

PROPRES A DÉVELOPPER CETTE PUISSANCE.

PAR S. CARNOT,

ANCIEN ÉLÈVE DE L'ÉCOLE POLYTECHNIQUE.

A PARIS,

CHEZ BACHELIER, LIBRAIRE,

QUAI DES AUGUSTINS, Nº. 55.

1824.

대한 이론적 해석이 비로소 시작된다.

∞

1823년 라자르 카르노가 망명지에서 사망하고, 아버지와 같이 살고 있던 사디 카르노의 동생 이폴리트 카르노(Hippolyte Carnot)가 파리로 돌아와 사디 카르노와 합류한다. 이폴리트는 망명 중인 아버지를 만났던 형이 그 뒤에 새로운 연구를 완성했다는 것을 알게 된다. 이 연구는 이전에는 존재하지 않았던 완전히 혁신적인 내용이었다. 하지만 수줍음이 많던 사디 카르노는 이 연구의 발표를 주저하고 있었다. 외향적이던 동생은 형을 꼬드겨 출판하는데 이것이 바로 '카르노 사이클(Carnot cycle)'로 유명한 1824년의 불후의 저작이다. 하지만 이 책은 단 600부만이 인쇄되었고, '카르노'라는 이름이 금기시된 왕정 복고 체제 아래에서 주목받지 못한 채 금방 잊혀졌다. 이 책이 사람들에게 알려지게 된 것은 1830년 7월 혁명으로 부르봉 왕조가 다시 무너지게 되면서이다.

일본 가나자와 공업 대학이 소유하고 있는, 1824년 출판된 사디 카르노의 책 『불의 동력과 그 동력을 발생시키는 기계에 대한 고찰(Réflexions sur la puissance motrice du feu et sur les machines propres à développer cette puissance)』 표지. 카르노 연구의 위대한 점은 '엔진'이라 불리던 기계의 효율은 어떤 작동 유체를 사용하든 상관없이, 또 이 유체들이 어떤 원리로 작동하는지도 상관없이 오로지 온도라는 물리량에만 의존한다는 것을 밝힌 것이다. 이후 엔진은 열기관으로 불리게 되었다. 이 연구에서 '경로 무관(path independent)'이라는 개념이 탄생하고 열역학의 기본 원리로 상태(state)가 핵심 요소로 등장한다. 책의 표지에서 재미있는 건 제목 아래 저자의 이름 "S. CARNOT"가 있고, 그 아래 조그만 글씨로 "ANCIEN ÉLÈVE DE L'ÉCOLE POLYTECHNIQUE"(영어로 표현하면 "former student of the École Polytechnique")이라고 굳이 자신의 출신으로 '에콜 폴리테크니크'를 명시해 두었다는 점이다. 하지만 당시 정치적 상황 때문에 이 책은 몇 부 팔리지 않고 서점에서 철수되었기에 나중에 영국 물리학자 켈빈 경이 이 책을 사려고 온 파리 시내를 다 헤매도 구하기 힘들었다고 한다.

DE LA COLONNE DE POMPÉE. — _Etched by J.ʳ Gillray, from the Original Intercepted Drawing._ SCIENCE IN THE PIL

London, Publish'd March 6.ᵗʰ 1799, by H. Humphrey, 27 S.ᵗ James's Street.

an Intercepted Letter from General Kleber, dated
Frimaire, 7.ᵗʰ Year of the Republic." that, when
was obliged to retire into the New-Town at the
he Turkish Army under the Pacha of Rhodes,
e Scavans, who had ascended Pompey's Pillar
Purposes, was cut off by a Band of Bedouin Arabs,

who, having made a large Pile of Straw and
dry Reeds at the foot of the Pillar, set Fire
to it, and rendered unavailing the gallant
Defence of the learned Garrison, of whose
Catastrophe the above Design is intended
to convey an Idea.

To study Alexandria's store
Of Science, Amru deem'd a bore;
And, briefly, set it burning.
The Man was Ignorant, 'tis true,
So sought one comprehensive view
Of the Light shed by Learning.

Your modern Ar
French vagrant
They've fairly
They've learnt the
Amru to Books
These Bedoui

3부
과학은 오류투성이지만, 그런 잘못은 종종 저지르는 게 좋아

쥘 베른(Jules Verne)의 『지구 속 여행』에 나오는
대화로, 과학에 대한 쥘 베른의 솔직한 생각을
엿볼 수 있다. 증기 기관에서 시작한 산업
혁명은 1830년 7월 혁명과 1848년 2월 혁명의
정치적 격동기와 함께 발전해 갔다. 자유와
평등을 주장하며 권위에 대한 도전으로 죽음을
불사하던, 결코 낭만적이지만은 않았던 낭만주의
시대, 과학은 끊임없이 오류를 반복하고, 또
수정하며 한 걸음씩 나아갔다. 이 무렵, 열역학과
산업 혁명을 이끈 칼로릭 유체는 오류로 밝혀지며
사라졌고, 에테르 유체를 둘러싼 잘못된
이해에서 전자기학이 탄생했다. 여기서 새로운
과학의 여명이 드러나기 시작한다.

13장
낭만적이지 않은 낭만주의 혁명

1789년의 프랑스 혁명으로 붕괴된 부르봉 왕조는 나폴레옹의 몰락으로 1814년 부활한다. 하지만 돌아온 왕족들은 혁명 전보다 오히려 더 심하게 망가져 있었고, 이로 인해 왕당파와 공화파의 대립은 보수와 진보의 이름으로 더욱 격렬해졌다. 이러한 대립은 정치뿐 아니라 문화 예술 및 과학 기술 분야 등 사회 전반에 걸쳐 자유주의의 확산을 가져온다. 한때 급진주의자로 나폴레옹을 증오하던 베토벤은 1824년 무려 10여 년간 중단했던 작품 활동을 재개하는데 이때 들고 나온 작품이 바로 영국의 로열 필하모닉 소사이어티가 의뢰한 「합창」이다.[1] 베토벤은 인류사를 통틀어 가장 위대한 작품으로 꼽히는 이 교향곡에 반체제 작가였던 프리드리히 실러(Friedrich Schiller)의 「환희의 송가(An die Freude)」를 가사로 붙였다.

1759년에 태어난 실러는 계급 사회를 통렬하게 비판하며 쓴 희곡 「군도(群盜, Die Räuber)」가 1781년 성공하며 문제적 문학가로 급부상한다. 급진주의 사상가였던 그는 이 작품으로 괴테와 함께 '질풍노도' 문학의 핵심에 합류하지만, 그 대가로 감옥에 가게 되고 그의 작품은 금지된다. 이에 1782년 고향을 떠나 망명 생활을 시작하며 쓴 시가 「환희의 송가」이다. 그의 반체제 사상을 반영하고 있는 이 시는 상당히 과격하다. 마지막 9연에서는 "폭군의 사슬에서 탈출을, 나쁜 자들에게도 아량을, 죽음의 침상에도 희망을, 교수대 위에도 자비를! 죽은 자들도 살아나게!"[2]라며 강력한 구호를 외친다. 시대를 대표하던 베토벤이 이러한 작품을 가사로 채택하여 교향곡을 발표할 정도로 나폴레옹 몰락 이후 빈 체제의 보수주의와 프랑스의 왕정 복고에 대한 반감은 상당했다.

이처럼 문화 예술에서 낭만주의와 자유주의 색채들이 명확해진다. 조아키노 안토니오 로시니(Gioacchino Antonio Rossini)의 1816년 오페라 「세비야의 이발사」와 1829년의 「윌리엄 텔」 역시 이러한 맥락에서 이해할 수 있다. 1816년 로시니는 보마르셰의 반체제 작품 「세비야의 이발사」를 오페라로 작곡하여 공전의 히트를 친다. 주로 가벼운 희극 오페라를 작곡하던 그는 어느 날 시대 정신을 상징하던 베토벤을 만나 큰 깨달음을 얻고 「합창」에 필적할 오페라 대작을 만들기로 결심한다. 실러의 불온 희곡을 오페라로 만든 「윌리엄 텔」은 이렇게 탄생했다. 하지만 무려 6시간의 연주 시간이 필요한 이 오페라는 현재 거의 연주되지 않는다. 대신 서곡만 연주되는데, 서곡조차 12분이 넘어, 서곡 중에서도 4부만이 주로 연주된다. 로시니가 이 작품을 작곡할 때가 37세로, 그는 39년을 더 살았지만 이 작품을 마지막으로 사망할 때까지 단 하나의 오페라도 더 작곡하지 않았다.

∞

이 시기 보수 대 진보의 대립에서 과학계도 자유롭지 못했다. 그것을 가장 잘 보여 주는 예가 바로 프랑스의 천재 수학자 에바리스트 갈루아(Évariste Galois)이다. 1811년 갈루아는 파리 근교의 작은 도시에서 촉망받는 공화파 정치인의 아들로 태어났다. 훌륭한 성품으로 주민들의 지지를 받던 그의 아버지는 1814년 시장이 되었다. 1828년 갈루아는 에콜 폴리테크니크 입학 시험에 낙방한다. 에콜 폴리테크니크는 최고의 석학들에게 배울 수 있는 곳이었을 뿐 아니라, 아버지의 정치 노선을 따르던 갈루아에게는 공화파 청년들이 모여 있는 동경의 대상이었다. 진학이 좌절되자 그는 낙심하지만, 더욱 수학 연구에 몰입했고 1829년 4월 그의 첫 번째 논문을 발표한다. 이어 5월 말과 6월 초 두 편의 논문을 과학 아카데미에 제출한다. 심사 위원이었던 코시는 두 편의 논문을 한 편으로 줄여 '아카데미 상'에 도전할 것을 권유한다.

1829년 7월, 갈루아의 아버지는 정치적 싸움에 휘말린 끝에 자살한다. 이는 갈루아의 인생을 송두리째 바꾸어 놓았다. 같은 달, 그는 에콜 폴리테크니크에서 두 번째 입학 시험을 치렀지만, 다시 떨어졌다. 갈루아는 이것이 당시 학계를 쥐고 있던 왕당파가 공화파인 자신을 배척하고 있기 때문이라고 생각하기 시작한다. 대신 그는 파리 고등 사범 학교에 입학했다. 1830년 2월, 갈루아는 코시의 조언을 받아들여 이전의 논문 두 편을 한 편으로 만들어 아카데미에 제출한다.

4월에는 수학자 자크 샤를 프랑수아 스튀름(Jacques Charles François Sturm)의 도움을 받아 3편의 논문을 발표한다. 갈루아가 아카데미에 제출한 논문은 푸리에가 심사를 맡았는데, 푸리에가 4월에 사망하면서 어이없게도 갈루아의 논문이 분실된다. 6월, 아카데미 상 수상자가 야코비로 결정되고 자신의 논문은 검토조차 되지 않았다는 사실을 알게 된 갈루아는 자신이 정치적 이유로 배척당하고 있다고 확신한다.

∽

1830년 2월, 프랑스에서는 문화 예술계의 지형을 바꾸는 중요한 사건이 발생한다. 그것은 바로 빅토르 위고가 1830년 2월 발표한 희곡 「에르나니(Hernani)」였다. 나폴레옹이 집권한 1802년에 태어난 위고는 젊은 시절 보수주의의 거장이자 대작가였던 샤토브리앙을 존경하며 그를 본받으려 했다. 하지만 베토벤과 로시니와 마찬가지로 이 무렵 자유주의로 돌아섰다. 낭만주의 극을 표방한 「에르나니」는 형식적으로 고전극 전통에 반기를 들었을 뿐 아니라 내용적으로도 군주에 대한 음모를 다루면서 검열 당국의 주목을 받는 문제적 작품이었다. 급기야 공연 무대에서 지지 세력과 반대 세력 간의 환호와 야유가 반복되며 심지어 관객들끼리 난투극을 벌이는 '에르나니 논쟁(La Bataille d'Hernani)'이 일어났다. 이 난투극에는 위고의 동갑내기 작가 뒤마 외에도 오노레 드 발자크(Honoré de Balzac)와 작곡가 엑토르 베를리오즈(Hector Berlioz) 역시 위고의 지지자로 함께했다. 정치적 논쟁과 결합한 이 소동 속에서 「에르나니」가 성공하며 낭만주의는 결정적인 승리를 거둔다. 이처럼 낭만주의는 결코 낭만적이지 않았다. 이 사건에 이어 프랑스에 1830년 7월 혁명이 일어나며 부르봉 왕조는 다시 무너진다.

7월 혁명이 일어나자 에콜 폴리테크니크 학생들은 제복을 입고 블랙리스트로 공화파들을 숙청한 코시의 집 앞에서 시위한다. 바뀐 정치적 상황에서 코시는 버티지 못하고 결국 추방된다. 후임으로 공화파 나비에가 임명된다. 나비에는 곧바로 평소에 봐 두었던 32세의 콩트를 에콜 폴리테크니크의 수학 조교로 임명했다. 이때 러시아에서 엔지니어 생활을 하던 에밀 클라페롱(Émile Clapeyron)은 7월 혁명 소식을 듣자마자 즉시 귀국한다. 1818년 에콜 폴리테크니크를 졸업한 클라페롱은 왕당파가 지배하는 프랑스의 정치적 상황을 혐오하여 무려 10년 동안이나 외국에 있었다. 그는 귀국하자마자 공화파 서클 생시몽 모임에 가입하고, 생시몽 모임을 주도하던 사디 카르노의 동생 이폴리트 카르노를 만난다. 이 만남에서 클라페롱은 당시 아무도 주목하지 않았던 사디 카르노의 1824년 저서를 알게 되고, 카르노 사이클로 대표되는 이 연구의 엄청난 폭발력을 즉시 간파했다. 클라페롱은 약간 장황하게 서술된 이 책을 훨씬 효과적으로 표현할 방법을 연구한다. 사디 카르노 역시 자신의 연구에서 결함들을 발견하고 이를 수정하는 후속 연구에 박차를 가한다.

∞

1830년 7월 혁명의 소용돌이 속에서 파리 고등 사범 학교의 총장은 시위 가담을 막기 위해 학생들을 학교 안에 가둬 버린다. 갈루아

1830년 7월 혁명을 그린 외젠 들라크루아(Eugène Delacroix)의 「민중을 이끄는 자유의 여신」. 빅토르 위고는 이 그림에서 아이디어를 얻어 1832년 6월의 학생 무장 봉기를 배경으로 『레 미제라블(*Les Misérables*)』을 집필했다. 이 그림 오른쪽에 권총을 들고 등장하는 소년은 『레 미제라블』의 '가브로쉬(Gavroche)'의 모델이 되었다. 메두사 호 사고에서 보듯이 왕정 복고 이후 프랑스의 사회 부조리는 더욱 심해진다. 하지만 기득권 세력이 총동원되어 "이 모든 게 볼테르 때문이고, 이 모든 게 루소 때문"이라며 오히려 진보 진영에게 책임을 뒤집어씌우는 프레임을 만들기 시작한다. 이러한 한심한 작태에 분노한 빅토르 위고는 『레 미제라블』에 이 표현을 가브로쉬가 반어적으로 부르는 노래로 삽입했다. 대략적인 내용은 "내가 못생긴 것도 가난한 것도 이게 다 볼테르 때문이고 루소 때문이라는" 것. 가브로쉬는 바리케이드에서 이 노래를 부르며 진압군을 조롱하며 실탄을 구하다 진압군의 총에 사망한다. 1985년 캐머런 매킨토시(Cameron Mackintosh)가 『레 미제라블』을 뮤지컬로 각색하며 이 노래의 역사적 배경을 전혀 알지 못하는 영어권 관객들을 위해 "Little People"이라고 가사의 내용을 바꾸었다. 루브르에서는 들라크루아 작품 옆에 제리코의 「메두사 호의 뗏목」을 나란히 전시하고 있어, 7월 혁명의 배경이 무엇인지 명확히 보여 준다. 이 작품을 기점으로 루브르 박물관의 전시품과 오르세 미술관의 전시품이 시대적으로 나뉜다. 한편, 요즘 제일 인기 있는 록 그룹 중 하나인 영국의 콜드플레이(Cold Play)의 대표작 「비바 라 비다(Viva la Vida)」 역시 들라크루아의 바로 이 그림을 모티프로 하고 있다. 참고로 제목은 '인생 만세'라는 뜻의 스페인 어로 20세기 멕시코의 혁명 화가 프리다 칼로의 마지막 작품에서 따온 것이다.

는 동료들을 이끌고 담벼락을 넘어 탈출을 시도하지만 실패한다. 같은 해 12월에 총장이 신문에 학생들을 비난하는 글을 싣자, 갈루아는 이 총장을 격렬히 공격하는 반박문을 기고한다. 결국 퇴학을 당한 갈루아는 공화파 군대인 국민 방위군에 합류한다. 그 와중에도 수학 연구를 계속하여 1830년 12월, 1831년 1월에 2편의 논문을 발표하여 학계의 주목을 받았고, 푸아송은 다시 한번 아카데미에 논문을 투고해 보라고 권유한다.

1830년 말, 정부 전복 음모로 국민 방위군이 해산되면서 갈루아도 투옥된다. 이듬해 4월에 석방되지만, 5월 석방을 축하하는 연회에서 7월 혁명으로 탄생한 새로운 프랑스 왕의 이름인 "루이필리프에게!"를 외치며 칼로 건배하다 곧바로 체포되었고 6월에 다시 석방된다. 7월에는 이미 해산된 국민 방위군 제복을 입고, 실탄을 장전한 소총과 권총, 그리고 칼을 들고 시위를 주동하다 다시 한번 투옥된다. 감옥에서 그는 아카데미에 제출한 논문이 거절되었다는 푸아송의 답변을 받고 격분한다. 하지만 좀 더 이론을 체계화하라는 푸아송의 충고를 받아들여 감옥에서 자신의 논리를 구체화한다. 그러다가 자신의 처지를 비관하여 자살을 시도하기도 했다.

1832년 3월, 콜레라가 파리를 급습하여 1만 8000명 이상이 사망한다. 갈루아 역시 감염되어 병원으로 옮겨져 치료를 받았다. 여기서 의사의 딸을 만나 사랑에 빠진 그는 석방 후에 그녀와 여러 통의 편지를 주고받는다. 하지만 그녀는 그와 거리를 두려 했고, 그녀의 이름은 이 시기 갈루아의 논문 원고 여백에 여러 번 등장한다. 이 일과 연관이 있는지, 아니면 어떤 이유에서인지 명확하지는 않지만 5월 30일 갈루아는 결투를 하게 된다. 일설에는 정치적 음모라고도 하는 이 결투에 임하면서 그는 죽음을 예감했고, 결투를 앞두고는 마지막으로 자신의 수학 이론을 정리하는 데 많은 시간을 보냈다. "시간이 없다."라는 표현이 원고 곳곳에 등장한다. 결투 전날 이 원고는 지인들에게 보내졌다. 그의 예감대로 갈루아는 5월 30일 결투에서 총을 맞고, 병원으로 옮겨진 다음 날인 5월 31일 사망한다. 불과 20세였다.

갈루아의 마지막 소원은 가우스나 야코비 등의 학자들이 자신의 이론을 받아들여 주는 것이었다. 하지만 지인들이 그들에게 논문을 전하기나 했는지 아무런 기록이 없다. 그의 유고는 사망한 지 11년이나 지난 1843년에 수학자 조제프 리우빌의 손에 들어간다. 리우빌은 놀라운 논문을 발견했다며 아카데미에 보고한다. 1846년 출판된 이 논문은 '갈루아 이론'으로 불리며 현대 수학의 초석이 되었다. 참고로 리우빌은 1830년 갈루아가 3편의 논문을 쓰는 데 도움을 준 수학자 스튀름의 평생 친구로, 1836년 이들은 2차 선형 미분 방정식을 다루는 획기적인 방법을 제안하는데, 이를 '스튀름-리우빌 이론(Sturm-Liouville theory)'이라고 한다.

∞

갈루아가 사망한 1832년 사디 카르노도 이 콜레라에 감염되어 급사한다. 당시의 전염병 처리 관행에 따라 그의 소지품 대부분이 불에 태워졌고 1824년 이후 진행된 그의 후속 연구가 모두 소실되었다. 심지어 그의 유일한 출판물인 1824년의 책조차도 당시의 정치 상황으로 인해 거의 알려지지 않은 실정이라 사디 카르노 불후의 업적은 그대로 잊힐 위기에 처한다. 하지만 클라페롱이 사디 카르노의 연구를 이어 간다. 클라페롱은 스스로 고안한 각종 그래프로 사디 카르노의 이론을 훨씬 이해하기 쉽도록 설명했다. 마침내 1834년 클라페롱의 저서 『열의 동력에 관하여(*Mémoire sur la Puissance Motrice de la Chaleur*)』가 출판되자 비로소 카르노 사이클이 세상에 알려졌고, 이 책을 읽은 클라우지우스와 켈빈 경이 열역학 연구에 뛰어들었다.

이 무렵, 1832년 나비에는 코리올리와 공동 연구를 시작한다. 당시 코리올리는 그동안 진행된 수차에 대한 유체 기계 연구를 통해 에너지와 일에 대해 최초로 정의했다. 또한, 회전 유체 기계에 대한 관심에서 회전 좌표계에 대한 연구를 했는데, 여기서 1835년 코리올리 힘(Coriolis force)이 세상에 알려진다. 말년에 나비에는 콩트의 사상을 적극 지지하고 후원했다.[3] 과학 기술이 인류 사회의 진보를 가져올 것이라 굳게 믿었던 나비에는 1836년 사망할 때까지 과학 기술과 과학적 사고를 사회 전반에 적용하는 시도를 멈추지 않았다. 콩트의 사상 체계는 나중에 1840년대 존 스튜어트 밀(John Stuart Mill)과의 교류를 통해 훨씬 발전하며, 이후 근대 사회학의 탄생으로 이어진다.

∞

갈루아가 사망한 다음 날인 1832년 6월 1일, 역시 콜레라를 앓던 공화파 지도자 장 막시밀리앙 라마르크(Jean Maximilien Lamarque) 장군이 사망하며 소요 사태가 시작된다. 6월 2일 공화파 학생 지도자였던 갈루아의 장례식은 이러한 상황에서 치러졌다. 이 장례식에 공

프랑스의 국립 묘지인 팡테옹에 묻힌 할아버지 라자르 카르노(왼쪽)와 손자 사디 카르노(오른쪽).
여기에 묻힌 사디 카르노는 카르노 사이클로 잘 알려진 라자르의 아들 사디 카르노(1796~1832년)
가 아니라 라자르의 손자 사디 카르노(1837~1894년)이다. 1832년 콜레라 사망으로 시신이 소각된
형의 요절을 너무나 안타까워한 동생 이폴리트 카르노는 1837년 아들을 낳자 형의 이름을 따서
사디 카르노로 지었다. 사디 카르노는 삼촌의 뒤를 이어 할아버지가 세운 에콜 폴리테크니크를 졸
업하고, 당시 최고 엘리트 엔지니어의 코스로 여겨진, 나비에와 코시 및 코리올리 등을 배출한 국
립 교량 도로 학교를 졸업하여 엔지니어가 되었다. 하지만 조국이 위기에 처하자 정치인으로 변신
하여 1887년 프랑스 제3공화국의 대통령이 된다. 그는 프랑스 최초의 좌파 대통령으로 어려운 정
치적 환경 속에서 국민의 사랑을 받았지만, 1894년 암살되었다. 프랑스에서 사디 카르노 이후 좌
파가 대통령이 된 것은 100년이나 지난 1980년 미테랑 대통령 때이다.

화파 지도자들이 집결함으로써 소요 사태가 가열되며, 6월 5일 라마
르크의 장례식에서 봉기가 일어난다.

당시 공원에서 글을 쓰고 있던 빅토르 위고는 총소리를 듣고 시내
로 나섰다가 시위 학생들이 세운 바리케이드에 갇힌다. 시가전의 한
복판에 서게 된 위고는 모든 상황을 생생하게 목격하고 경험한다. 이

프랑스 파리 팡테옹 카르노의 무덤 위에 있는 푸코의 진자. 1851년 푸코 실험 장치의 복제품이다. 푸코는 1835년에 발표된 코리올리 힘을 이용해 사상 최초로 지구 자전을 실험으로 증명한다. 그는 실험 장소로 볼테르, 루소, 카르노 등의 프랑스 혁명 지도자들이 묻힌 이곳을 택했다. 지구의 공전은 이보다 앞서 베셀 함수를 만든 프리드리히 베셀(Friedrich Bessel)이 1833년 연주시차를 측정함으로써 증명되었다. 이로써 지동설과 천동설 사이의 수백 년간에 걸친 천문학 논쟁이 종결되었고, 1835년 교황청은 코페르니쿠스, 케플러, 갈릴레오 등에 대한 금서 지정을 해제했다. 교황청이 갈릴레오의 종교 재판에 대해 사과한 것은 1992년의 일이다. 오늘날 최고의 지성 중 하나인 기호학자 움베르토 에코는 그의 장편 소설『푸코의 진자』를 통해 '다 빈치 코드' 부류의 음모론을 비판한다. 그에게 있어 푸코의 진자는 신비주의 세계관을 극복하는 실증주의의 상징이었다.

를 배경으로 쓴 소설이 바로 1862년의 『레 미제라블』로, 무려 6권으로 이루어져 세계에서 가장 긴 소설 중 하나였다. 하지만 출판된 지 1주일 만에 초판이 매진될 정도로 엄청난 인기를 끌었다. 1985년 제작된 뮤지컬 역시 대단한 호응을 얻어 수십 년 동안 공연되면서 세계 최장기 공연 기록을 세웠다.

1830년 7월 혁명이 일어나자 사람들은 수십 년 전에 겪은 끔찍한 혁명의 기억으로 차마 왕정을 완전히 폐지하지 못했다. 대신 부르봉 왕조를 쫓아내고 영국식 입헌 군주제를 도입하는 정도에서 적절히 타협한다. 하지만 이를 도저히 인정할 수 없었던 급진 공화파는 7월 혁명을 미완의 혁명으로 규정하고 여러 봉기를 계속 시도했다. 그 마지막 종착역이 1832년 6월 봉기였다. 7월 혁명 이후에도 계속된 왕당파와 공화파의 대립과 혼란, 그리고 잦은 시가전에 누적된 피로감으로 파리 시민들은 이를 외면했고, 공화파는 점점 소수가 되었다. 이에 압박감을 느낀 소수의 급진 학생들에 의해 주도된 이 6월 봉기는 순식간에 정부군에 의해 진압된다. 흩어진 혁명군은 파리 곳곳을 돌아다니며 문을 두드리고 도피처를 호소했으나 호응하는 시민은 없었고, 결국 모두 총살되었다.

14장
엔진이 만들어 낸 컴퓨터

1757년 하노버 군악대에서 일하던 음악가 윌리엄 허셜(William Herschel)은 프랑스와의 전쟁 위협이 고조되자 도망을 결심한다. 그는 얼마 전 하노버 궁정 음악가 선배 헨델이 런던으로 가서 크게 성공한 것을 상기하고는 영국으로 탈출했다. 당시 영국 국왕은 하노버 영주를 겸하고 있어 허셜은 탈영으로 기소되었으나 곧 풀려났다. 헨델 못지않게 뛰어난 음악가였던 그는 24개의 교향곡을 비롯하여 수많은 곡을 작곡했다. 또한 상당한 실력의 연주자이기도 해서 런던 음악계의 스타로 활약했다.

그의 운명이 바뀐 계기는 음악 화성을 수학적으로 이해하려다 알게 된 뉴턴 역학과 광학이었다. 특히 굴절 광학의 발달로 개량된 망원경으로 밤하늘을 보자마자 아름다운 별들에 매료되어 버렸다. 이후 음악가 윌리엄 허셜은 완전히 천문학에 빠져, 스스로 망원경 제작에 나선다. 허셜은 35세이던 1773년부터 본격적으로 천체 관측 결과

윌리엄 허셜의 문장. 음악가였던 윌리엄 허셜은 천문학 공로로 기사 작위를 받았다. 이 문장의 가운데에는 그의 유명한 망원경이 그려져 있고, 그 위의 ⚥ 기호는 그가 발견한 천왕성을 나타낸다. 그리고 아래에 적힌 'CŒLIS EXPLORATIS'는 '천체 탐험가'라는 뜻이다.

를 학계에 발표하기 시작한다.

이 무렵 빼어난 바이올린 연주자였던 케임브리지 교수 존 미셸을 알게 되면서 둘의 관계는 윌리엄 허셜의 인생에 지대한 영향을 미친다. 벤저민 프랭클린, 프리스틀리, 캐번디시, 조지프 블랙과 친분이 있었던 존 미셸은 영국 산업 혁명을 이끈 루나 소사이어티의 산파 역할을 했던 인물로, 그가 개발한 비틀림 저울로 캐번디시가 만유인력 상수를 구했다. 존 미셸은 종종 자신의 집으로 과학자들을 초청하여 같이 악기를 연주하는 모임을 가지고는 했다. 프리스틀리는 플루트를 불었고, 캐번디시는 피아노를 쳤으며, 조지프 블랙은 플루트를 부르거나 노래를 불렀다.

존 미셸의 아마추어 음악 모임에 동참하게 된 전문 음악가 윌리엄 허셜은 이들과 만나면서 체계적인 과학에 눈뜨게 된다. 마침내 그는 1781년 인류사에서 한 번도 관측된 적이 없었던 토성 너머의 새로운 행성인 천왕성을 발견한다. 이 업적으로 그는 런던 왕립 학회 최고의 영예인 코플리 메달을 수상한다. 하노버 궁정 음악가였던 그의 인생은 천문학자로 바뀌었다. 한편, 1793년 존 미셸이 사망하자 윌리엄 허셜은 자신을 천문학으로 이끈 미셸의 망원경을 구입해서 천문학 연구를 이어 갔다.

∞

천문학에 빠져 혼기를 놓친 윌리엄 허셜이 1788년 50세의 나이에 늦장가를 가서 1792년에 낳은 늦둥이 아들이 존 허셜(John Herschel)이다.[1] 1810년 케임브리지에 입학한 존 허셜은 대부호의 아들이었던 찰스 배비지(Charles Babbage)를 입학 동기로 만난다. 서로의 천재성을 간파한 두 사람은 금세 절친이 되어 평생의 동반자가 되었다. 열혈 청년이었던 찰스 배비지와 존 허셜은 당시 케임브리지의 뉴턴 수학 전통에 대해 불만을 가지고, 대신 유럽 대륙에서 폭발적으로 발달하던 프랑스 수학에 빠져들었다. 그들은 영국의 수학이 뉴턴의 도그마에 빠져 정체되어 있음을 깨닫고, 1812년 라그랑주 역학을 본받아 라그랑주의 해석 역학에서 이름을 딴 '해석 학회(Analytical Society)'라는 학내 모임을 만들게 된다. 라이프니츠 수학을 적극 도입한 이들의 노력으로 미적분학 기호들이 뉴턴의 표기법에서 라이프니츠의 표기법으로 바뀌어 현재 사용하고 있는 미적분학 기호들로 정착한다. 영국에서의 이러한 흐름은 나중에 '영국 라그랑주 학파

(British Lagrangian School)'라고 불리게 된다. 여기서 보존량으로서의 에너지와 퍼텐셜을 규정한 라그랑주 역학이 본격적으로 영국에 소개되며, 19세기 초 영국에서 라그랑주 역학을 기반으로 '해밀턴 역학(Hamiltonian mechanics)'이 탄생하게 된다. 나중에 해밀턴 역학은 통계 열역학의 발전과 함께 현대 물리학과 양자 역학을 이끌게 된다.

한편, 그들은 당시 프랑스 정부가 추진하던 '수학표' 프로젝트에 주목한다. 각종 로그 함수 및 삼각 함수를 표로 만드는 프랑스 국가 프로젝트의 책임자는 풀턴의 증기선을 후원한 바 있는 프랑스 유체 역학자 가스파르 드 프로니였다. 프로니의 작업은 각종 함수를 다항식 급수로 전개하고 수십 명의 수학자들이 순차적으로 반복되는 단순화된 계산으로 수치를 구하는 것이었다. 당시 이러한 계산을 일일이 손으로 수행하는 수학자 또는 계산원을 '컴퓨터(computer)'라고 불렀다. 이처럼 컴퓨터는 현대적인 전자식 컴퓨터가 등장하기 전인 1960~1970년대까지 계산하는 사람을 일컫는 용어였다. 2016년 개봉 영화 「히든 피겨스」를 보면 여성 계산원들이 모여 손으로 계산하는 곳을 '컴퓨터실'이라고 부르는 것을 볼 수 있다.

찰스 배비지는 영국에서 발달한 증기 기관이 이러한 수학자들의 지겨운 반복 작업을 대체할 수 있을 것으로 직감한다. 프로니의 작업은 일종의 '테일러 급수(Taylor series)'를 활용한 것이었다. 테일러 급수 역시 푸리에 급수와 마찬가지로 급수의 한 형태이다. 테일러 급수를 이용하면 어떤 함수라도 다항식의 합으로 나타낼 수 있어 로그와 같은 특수 함수의 값을 간단히 구할 수 있고, 이를 이용하면 원주

율도 쉽게 구할 수 있다. 테일러 급수는 영국의 수학자 브룩 테일러 (Brook Taylor)가 이미 1715년에 발표한 것이지만 이를 발전시킨 것은 프랑스 혁명기의 라그랑주와 코시였다.

프랑스 수학의 월등함을 알게 된 찰스 배비지는 1815년부터 프랑스 미적분학을 본격적으로 도입한다. 1819년 찰스 배비지와 존 허셜은 평소 동경하던 파리를 방문하여 라플라스, 푸아송, 앙페르, 게이뤼삭, 장바티스트 비오(Jean-Baptiste Biot) 등을 만난다. 여기서 그들은 프로니 프로젝트의 세부적인 내용을 파악하고, 자동 계산 장치에 대한 아이디어를 구체화한다. 한편, 찰스 배비지의 천재성을 간파한 라플라스는 그를 에든버러 대학교 교수로 추천하지만, 찰스 배비지의 자유주의적 반골 기질 때문이었는지 받아들여지지는 않았다.

영국으로 귀국한 그들은 1821년 영국의 천문학계에 널리 사용되고 있던 수학표들을 검증하는 작업을 시작한다. 생각보다 오류가 너무 많다는 것을 알게 된 배비지는 이 수치들을 검증하고 자동으로 계산하는 기계 장치의 개발에 즉시 착수한다. 이 기계는 일단 프로니의 단계별 프로세스를 도입하되, 프로니와는 달리 사람이 아닌 기계가 자동으로 계산을 수행한다. 기계의 기어박스로 숫자 연산을 구현할 때, 곱셈보다는 덧셈이 쉽다. 배비지는 x^2이나 x^3과 같은 다항식 연산에서 제곱이나 세제곱을 입력값의 차분량에 대한 유한한 덧셈으로 바꿀 수 있다는 점을 이용했다. 이처럼 다항식의 값을 유한 차분법(finite difference method)으로 구하므로 '차분 엔진(difference engine)'이라고 불렀다.

1843년 배비지의 차분 엔진을 시연하는 모습.

인류 최초의 자동 계산 장치인 컴퓨터에 '엔진(engine, 기관)'이라는 이름이 붙은 이유는 당시 유일한 인공 동력원이 증기 기관이었기 때문이다. 1821년 마이클 패러데이가 전자기 유도를 이용해 만든 모터는 아직 불완전했고, 전기 모터가 자동 기계 장치의 동력원으로 실용화된 것은 한참 뒤의 일이다.

차분 엔진의 작업은 생각보다 방대했다. 영국 정부를 설득하여 지원받은 예산 외에도 1827년 사망한 찰스 배비지의 아버지가 물려준 막대한 유산이 모두 투입되었다. 하지만 1831년 모든 예산이 소진되어 결국 미완성으로 남게 된다. 전용 프린터까지 달린 이 기계는 찰스 배비지의 설계에 따르면 무려 2만 5000개의 정밀 기계 부품이 필요하고 전체 무게는 10톤이 넘었다. 1991년 영국 정부는 찰스 배비지의 설계대로 차분 엔진을 만들어 완벽하게 작동하는 것을 증명했다. 이 장치는 무려 31자리의 유효 숫자를 계산할 수 있었고, 현재 영국 과학 박물관에 전시되어 있다. 2008년 마이크로소프트 부회장 출신의 백만장자 네이선 미어볼드(Nathan Myhrvold)가 거액의 돈을 들여 두 번째로 차분 엔진을 재현했다. 이 기계는 2016년까지 미국 실리콘 밸리에 전시되다가 현재는 시애틀로 옮겨 전시되고 있다.

∞

　1828년 케임브리지 대학교의 루카스 석좌 교수가 된 찰스 배비지는 영국 학계에서 벌어진 학문의 본질에 관한 논쟁의 중심에 서게 된다. 케임브리지 대학교 루카스 석좌 교수는 뉴턴이 맡았던 자리로, 찰스 배비지 이후에 스토크스가 그 자리에 앉았고, 최근에는 스티븐 호킹(Stephen Hawking)이 맡았던 가장 권위 있는 자리로서, 당시 학계에서 찰스 배비지의 위상을 알 수 있다. 이 무렵 찰스 배비지는 차분 엔진의 지지부진한 진행과 아버지의 사망으로 복잡해진 머리를 식히러 유럽 대륙으로 여행을 떠났다가 석좌 교수 임명 소식을 듣게 되었다. 그는 처음에 이 자리를 거절하려 했으나 존 허셜 등 친구들의 설득으로 수락한다. 프랑스 혁명과 에콜 폴리테크니크의 성과에 영향을 받은 그는, 나폴레옹의 몰락과 빈 체제 이후에 유럽 전역으로 퍼진 자유주의의 신봉자로서 수학과 과학은 실용적이고 사회에 기여해야 한다고 역설하며, 당시의 보수적인 영국 학계에 정면으로 도전한다. 1830년 그는 『과학의 쇠퇴와 그 원인에 대한 고찰(*Reflections on the Decline of Science and some of its Causes*)』을 통해 보수적인 왕립 아카데미를 통렬히 공격하며 개혁을 시도했지만 대중 스타 과학자였던 험프리 데이비의 반격으로 실패한다.

한발 물러선 찰스 배비지는 자신의 이상을 실현하기 위해 1831년 영국 과학 진흥 협회(British Association for the Advancement of Science, BAAS)를 결성하여 현실 참여적인 과학 기술에 앞장선다. 영국 과학 진흥 협회의 창립자 중에는 조지 케일리(George Cayley)가 있었다. 그는 최초로 비행의 원리를 체계화하여 항력, 양력, 추력이라는 기본 개념을 정의했다. 이전까지 학자들은 새를 모방하여 퍼덕거리는 날개로 비행체를 만들고자 했으나, 그는 이런 고정 관념에서 탈피하여 고정익의 글라이더를 처음으로 만든 사람이다. 그 역시 에콜 폴리테크니크의 영향을 받아 1837년 영국의 최초의 공과 대학 '로열 폴리테크닉 대학(Royal Polytechnic Institute, 오늘날 웨스트민스터 대학교)'을 설립하여 초대 총장을 맡았다.[2] 한편, 조지 케일리의 사촌인 수학자 아서 케일리(Arthur Cayley)는 라그랑주 역학을 이어받은 윌리엄 해밀턴(William Rowan Hamilton)과 함께 나중에 '케일리-해밀턴 정리'로 유명해진다.

다양한 실용 학문을 개척하던 찰스 배비지는 경제학으로도 영역을 넓혀 1832년 『기계와 생산의 경제학에 대하여(*On the Economy of Machinery and Manufactures*)』를 통해 공업 생산에서 기계 도입에 대한 정치 경제학적 해석을 최초로 수행한다. 그는 생산성을 높이기 위해서는 숙련 노동과 비숙련 노동을 구분해서 배치해야 하고, 비숙련 노동은 교육과 훈련이 필요하다고 강조했다. 특히 단순 작업에 배치된

비숙련 노동은 기계로 대체할 것을 주장해 공장제를 적극적으로 옹호했다. 애덤 스미스 시절에도 이미 분업은 있었지만, 증기 기관과 같은 대량 생산 기계가 생산 현장에 광범위하게 도입되지는 않았다. 반면, 찰스 배비지의 시대에 와서는 스티븐슨 등의 영향으로 노동력이 자동화된 기계로 급속히 대체되며 인류 사회를 완전히 뒤바꾸고 있었다. 찰스 배비지와 존 허셜의 파리 방문 이후 그들과 친분을 유지하던 프랑스 과학자 비오는 배비지의 경제학 책을 1833년 프랑스 어로 번역하여 유럽 대륙에 소개한다.[3] 기계 생산의 시대적 변화를 간파한 찰스 배비지의 날카로운 분석은 이후 카를 마르크스에게 직접적인 영향을 주게 된다.

이 무렵, 찰스 배비지의 친구 존 허셜은 그의 아버지 윌리엄 허셜로부터 시작된 천문 관측에서 얻은 생각들을 1831년의 저서 『자연 철학의 연구에 대한 예비적인 담론(A Preliminary Discourse on the Study of Natural Philosophy)』에 담았다. 이 책은 자연에서의 관찰을 논리적인 법칙으로 끌어낼 수 있는 새로운 과학적 방법론을 정립한다. 그는 콩트의 실증주의에 영향을 받아 올바른 과학이란 연역적 추론이 아니라 사실에 입각한 '귀납 과학'이라는 주장을 펼쳤고, 이는 당시 보수적인 학계에서 자유주의를 갈망하던 젊은 학자들에게 상당한 영향을 끼치게 된다. 그중에는 보수적인 전통을 고집하던 케임브리지에서 방황하던 졸업반 찰스 다윈이 있었다. 이 책으로 식어 버린 줄 알았던 학문에 대한 다윈의 열정이 다시 살아나고, 관찰에 입각한 존 허셜의 '귀납 과학'은 '진화론'의 사상적 기반이 되었다. 훗날 배비지가 만든 영국 과학 진흥 협회에서는 찰스 다윈이 출판한 『종의 기원』을 두고 진화론에 대해 보수와 진보 사이의 격렬한 토론이 벌어진다.

1833년 찰스 배비지는 차분 엔진의 경험을 바탕으로 훨씬 더 발달한 기계 장치의 개발에 착수한다. 차분 엔진이 각종 수학 함수를 계산하는 수치 계산기였다면 새로운 기계는 '논리 연산'을 포함하는 장치였다. 이 사용자가 명령문을 통해 원하는 연산을 수행하는 개념으로 현대식 컴퓨터의 원조가 된다. '해석 엔진(analytical engine)'으로 명명되며 여전히 '엔진'이라는 이름을 가진 이 기계는 증기 기관을 동력으로 천공 카드로 프로그램을 입력하고 기억 장치 및 중앙 처리 장치를 갖춘 최초의 '인공 지능'이었다. 이즈음 찰스 배비지는 사교 연회에서 18세의 매력적인 수학 천재 아가씨를 만나게 된다. 그녀가 바로 에이다 러브레이스(Ada Lovelace)이다. 찰스 배비지는 그녀에게 미완성의 차분 엔진을 보여 주었고, 그녀는 즉시 이 장치에 빠져들었다. 당시 초기 형태로 일부만 존재하던 이 장치의 작동 원리를 한눈에 알아본 사람은 그녀가 유일했다.

에이다 러브레이스는 1815년 시대를 풍미한 낭만주의 시인 조지 고든 바이런(George Gordon Byron)의 딸로 태어났다. 바이런의 자유분방한 기질을 본받을까 우려한 그녀의 어머니는 딸이 절대 '문·사·철', 즉 문학, 역사, 철학 공부를 못하도록 막았고, 대신 어려서부터 고액 과외로 수학을 익히게 했다. 교사 중에는 당대의 수학자 오거스터스 드 모르간(Augustus De Morgan)이 있었다. 드 모르간은 러브레이스의 수학 천재 기질을 일찌감치 간파하고 마이클 패러데이 등의 다양한 학자들과 교류하게 했으며 그녀의 빼어난 미모와 춤 실력은 그녀를 과학 사교계의 유명 인사로 만들었다.[4]

1838년 보수 학계와의 논쟁에 지친 찰스 배비지는 실용 학문에 전념하기 위해 종신직인 케임브리지 루카스 석좌 교수직을 사임한다. 그는 존 허셜과 함께, 루나 소사이어티에서 펼쳐졌던 사업가들과 학자들의 산학 협동 모임을 모방하여 자신의 이상을 실현하고자 했다. 그는 특히 당시 스티븐슨에 의해 폭발적으로 발달하고 있던 철도 기술에 주목해, 열차의 안전을 위해 기관차 앞에 달린 장애물 보호 장치인 '배장기(pilot, cow-catcher)'를 발명하기도 한다. 그는 또한 스티븐슨의 표준궤에 비해 선로 폭이 넓은 '광궤(broad gauge)'의 우월성을 증명해 보이기도 한다. 그의 주장으로 나중에 러시아 시베리아 횡단 철도에 '광궤'가 채택되었다.

한편, 그는 해석 엔진의 개발에도 더욱 박차를 가한다. 해석 엔진은 논리 연산도 포함하므로 수치 계산이 목적이었던 차분 엔진과는 비교도 안 될 정도로 방대한 노력이 필요했고 설계 도면만 무려 수천 페이지가 넘었다. 찰스 배비지는 다시 영국 정부의 재정 지원을 요청한다. 하지만 이미 차분 엔진의 무모함에 크게 당한 정부는 돈을 주는 대신에 찰스 배비지에게 기사 작위 수여를 제안하며 어떻게든 무마해 보려고 했으나 그는 작위를 거절한다.

1842년 찰스 배비지가 설계한 새로운 연산 장치인 해석 엔진을 분석한 최초의 논문이, 영국이 아닌 이탈리아 학자에 의해 프랑스 어로 출판된다. 찰스 배비지의 해석 엔진은 인간 사고의 '판단' 영역에 속하는 '논리 연산' 역시 엔진이라는 자동화된 기계의 단순 반복 계산으로 이루어질 수 있다는 믿음에서 출발했다. 획기적인 아이디어였지만, 영국 학계에서는 이 장치를 이해하는 사람이 별로 없었다. 이에 찰스 배비지는 이미 세 아이의 엄마가 된 26세의 에이다 러브레이스에게 이 논문의 영어 번역을 맡겼다. 뉴턴 역학을 프랑스에 소개하기 위해 『프린키피아』를 프랑스 어로 번역하며 방대한 각주를 붙였던 천재 수학자 샤틀레와 마찬가지로, 그녀는 찰스 배비지의 해석 엔진을 분석한 프랑스 어 논문에 각주를 붙여 나갔다. 그녀가 영어로 번역한 논문은 원래 논문의 무려 3배 분량이 되었다.

1843년 에이다 러브레이스는 이 방대한 각주의 말미에 베르누이 수를 구하는 논리 프로세스인 '알고리듬'을 유도하며 해석 엔진이 수행할 수 있는 일련의 명령문을 이 알고리듬에 따라 제시한다. 이것이 인류 최초의 '프로그램'이다. 여기서 그녀는 스승 드 모르간의 기호 논리학을 해석 엔진에서 수행되는 논리 연산들에 적용해 자동 기계 장치가 논리 연산 명령을 수행할 수 있음을 보인다. 런던 수학회를 만든 드 모르간은 당시 기호 논리학의 시작을 알리는 '드 모르간의 법칙'으로 유명해져 있었다. 합집합이나 교집합, 여집합 등으로 잘 알려진 '드 모르간의 법칙'을 이용하면 논리 연산에 필요한 AND나 OR를 수학적으로 구현할 수 있다. 그녀의 주석에 포함된 논리 연산자에는 IF나 DO-LOOP 같은 현대 프로그램의 원형이 그대로 제시되었다. 이러한 작업을 통해 에이다 러브레이스는 찰스 배비지의 자동 기계 장치가 숫자의 계산을 넘어서 인간 지능의 역할을 수행할 수 있다고 생각했다. 시대를 앞선 그녀의 놀라운 비전은 그녀가 작성한 엄청난 분량의 주석 곳곳에 서술되어 있다. 하지만 이 해석 엔진 역시 당시의 기계 기술로는 제작할 수 없었다. 한편, 자신의 수학 능력을 믿었던 에이다 러브레이스는 말년에 도박에 빠진다. 자신의 수학 실력을 믿다가 재산을 날린 뉴턴과 마찬가지로 그녀 역시 자신이 만든 수학 모형이 계산해 주는 확률에 베팅을 계속하다가 결국 가산을 탕진하고 자궁암으로 1852년 사망한다. 그녀의 나이 36세, 아버지 바이런이 사망할 때의 나이와 같았다.

찰스 배비지는 1871년 사망할 때까지 해석 엔진의 제작에 힘썼으나 결국 완성하지 못한다. 찰스 배비지와 에이다 러브레이스가 끝내 완성하지 못한 '엔진'은 이후 20세기 초 영국 수학자 앨런 튜링(Alan Turing)에 의해 그 생명을 얻는다. 튜링은 사상 처음으로 제대로 작동하는 자동 연산 장치를 제작했고, 여기서 현대적인 컴퓨터가 시작한다. 2011년부터 찰스 배비지의 해석 엔진을 재현하려는 프로젝트가 시작되어 2030년대 완성을 목표로 하고 있다.

15장
원격 통신의 시작

　고대로부터 자력이나 정전기는 닿지 않고 작용하는 힘, 즉 원격으로 작용하는 힘으로 잘 알려져 있었다. 과학 혁명 이전 사람들은 염력이나 마술, 우주의 기운 등 보이지 않고 숨어 있는 힘이 세상을 움직인다고 믿었다. 데카르트는 사람들이 믿고 있던 신비주의를 극복하기 위해서 반드시 직접적인 접촉에 의해서만 작용하는 기계론적인과율을 과학의 기본으로 삼았다. 벤저민 프랭클린과 라부아지에가 수행한 메스머의 '자기력 치료'에 대한 검증 역시 이러한 데카르트의 과학 사상을 바탕으로 이루어진 진보였다.

　따라서 데카르트에게는 행성을 움직이는 힘의 전달 매개로 우주를 가득 채운 유체 에테르가 필요했고, 에테르의 소멸하지 않는 운동인 보텍스가 행성 운동의 원천이라고 보았다. 이에 대해 뉴턴은 유체의 점성 저항을 도입하여 유체 유동은 지속하지 못하고 소멸한다고 지적했다. 대신 행성은 에테르의 보텍스로 움직이는 것이 아니라 중력에 의해 스스로 움직인다고 주장했다. 하지만 뉴턴 역시 데카르트와 마찬가지로 중력이 작용하려면 물질의 접촉이 있어야 한다고 생각했기에 에테르의 존재를 부정하지는 않았다. 더 나아가 자력이나 전기력에도 마찬가지로 힘의 매개체가 있다고 생각했다.

달랑베르가 도입한 퍼텐셜 유동은 라플라스, 라그랑주를 거치며 퍼텐셜 이론으로 발전했고, 푸아송에 의해 가상의 이상 유체를 매개로 하는 중력 퍼텐셜이 유도되어 중력의 역제곱 법칙이 설명된 바 있다. 전기 현상 역시 프랭클린에 의해 도입된 개념인 전류라는 유동으로 이해되었고, 당시까지 열역학을 설명하는 기본이 되었던 칼로릭 이론 역시 가상의 칼로릭 유동으로 열전달을 설명함으로써 푸리에의 열전도 방정식이 유도되었다. 이처럼 19세기의 학자들에게 힘을 전달하는 매개체로 에테르나 칼로릭 등의 가상의 유체를 도입하고, 이 가상 유체의 유동으로 물리 현상을 설명하는 것은 지극히 당연한 상식이었다.

∽

1780년 이탈리아 의사 루이지 알로이시오 갈바니(Luigi Aloisio Galvani)는 개구리를 해부하다가 칼에 닿은 개구리 근육이 경련하는 것을 관찰한다. 나중에 '갈바니 실험'이라고 부르는 이 놀라운 발견에서 갈바니는 이미 죽은 근육이 움직이는 것을 보고, 그 원천은 생체 조직에서 만들어진 전기라고 주장했다. 이 소식을 접한 그의 친구 알레산드로 주세페 안토니오 아나스타시오 볼타(Alessandro Giuseppe Antonio Anastasio Volta)는 개구리의 움직임의 원천이 전기라는 것에는 동의했으나, 죽은 생체 조직이 전류를 만들어 낸다는 갈바니의 주장에는 동의하지 않았다. 지속적인 추가 실험 끝에 1794년 볼타는 갈바니가 관찰한 전류의 발생이 금속 칼과 개구리의 생체 조직이 반응한 화학적 결과라고 추론한다. 이는 당시 엄청난 논쟁을 불러일으켰으며, 볼타는 자신의 추론을 증명하기 위해 1800년 화학 물질만으로 이루어진 전류 발생 장치를 만들어 보인다. 이것이 최초의 배터리(전지)이다. 이때까지 전기는 번개나 정전기에 불과했지만, 이제 인류는 처음으로 흐르는 전류를 손에 쥐게 되었고, 여기서 '전기 화학'이라는 학문이 탄생한다.

1799년 럼퍼드 백작이 시작한 왕립 연구소는 이름에 '왕립'을 붙일 수 있는 허가를 받았을 뿐, 재정은 스스로 마련해야 하는 사설 기관이었다. 재정 마련을 위해 럼퍼드 백작은 오페라 공연에서 힌트를 얻어 당시 새로 발견된 신기한 과학 현상들을 사람들에게 선보이는 대중 강연을 시도했다. 이 대중 강연을 위해 발탁된 스타 과학자 험프리 데이비는 대성공을 거둔다. 험프리 데이비의 강연은 런던 시민 누구나 보고 싶어 하는 훌륭한 '쇼'였고, 입장권이 엄청난 가격으로 비싸게 팔리며 왕립 연구소의 재정 문제는 깔끔하게 해결되었다. 과학계의 아이돌로 떠오른 험프리 데이비는 늘 놀라운 실험으로 관객들의 환호성을 자아냈으며, 그중 볼타의 배터리를 무려 2,000개나 연결하여 보여 준 전기 실험은 충격과 공포, 탄성과 환호 그 자체였다.

소년 가장이었던 험프리 데이비는 1812년 기사 작위를 받으며 부자 과부와 결혼하여 상류 사회에 진출한다. 1813년 3월 험프리 데이비의 조수로 합류한 패러데이는 같은 해 10월 험프리 데이비의 프랑스 방문과 유럽 대륙 여행에 동반하지만, 이 여행에서 패러데이의 역할은 하인과 다름없었다. 험프리 데이비 역시 어려운 환경 출신이었지만 상류 사회에 발을 담그며 조금씩 변해 갔다. 특히 그의 부인은 여행 내내 정식 교육을 받지 않은 하층민 출신 패러데이를 대놓고 무시했다. 하지만 일종의 그랜드 투어였던 이 여행은 후에 패러데이가 인류사에 길이 남을 업적을 쌓는 토양이 되었다. 나중에 전자기 연구의 기반이 되는 앙페르와 볼타와의 만남이 있었기 때문이다. 나폴레옹의 통행증으로 여행하던 이들 일행은 1814년 나폴레옹이 몰락하자 신변의 위협을 느끼고 최단 경로로 귀국길에 오른다. 1815년 영국으로 돌아온 패러데이는 초기에는 험프리 데이비의 조수로 화학 실험을 거들며 실험 방법에 대한 체계적인 지식을 익힌다.

1820년 덴마크의 한스 크리스티안 외르스테드(Hans Christian Ørsted)는 전류가 흐르는 전선 주위에서 자침이 움직인다는 연구를 발표하여 학계를 뒤흔든다. 당시 원격으로 움직이는 힘은 전기, 자기, 중력으로, 이들 각각은 서로 다른 이상 유체 유동을 매개로 이루어진다고 생각되고 있었다. 하지만 외르스테드의 실험은 전기와 자기가 같은 유체로 연관되어 있음을 보여 준 놀라운 결과였다. 당시 전류 실험에 몰두하던 앙페르가 "왜 한 번도 전선 주위에 나침반을 놓을 생각을 못 했을까?"라고 분통을 터뜨릴 만큼 전기와 자기가 상호 작용한다는 사실은 획기적이었다. 이 소식은 즉시 영국의 왕립 연구소에도 전해졌다. 이를 이용하면 증기 기관과 같은 동력 장치를 만들

수 있음을 알아차린 험프리 데이비는 즉시 연구에 착수하고, 조수 패러데이 역시 이 사실에 주목한다.

1821년 패러데이는 프랑스 여행에서 친해졌던 앙페르와의 교신에서 앙페르가 전류가 흐르는 두 전선 사이에도 힘이 작용한다는 것을 밝혀냈다는 것을 알게 된다. 앙페르는 여기에도 푸아송 방정식을 적용하여 퍼텐셜 유동으로 전기력의 역제곱 법칙을 발견했다. 당시 패러데이는 앙페르가 보낸 편지에 적힌 수학은 잘 이해하지 못했다. 정식 교육을 받지 않은 패러데이에게는 편미분 방정식은 이해 불가의 외계어였다. 대신 그는 외르스테드의 실험에 더 몰두했고, 새로운 장치로 지속적인 원 운동을 만들어 사상 최초로 전기로 작동하는 '모터'를 개발한다. 이 결과는 외르스테드의 실험과 더불어 학계에서 엄청난 주목을 받으며 단숨에 패러데이를 멘토 험프리 데이비의 반열에 올린다. 하지만 모터 개발에 먼저 나섰다가 실패한 험프리 데이비는 패러데이가 자신의 아이디어를 훔쳤다고 생각했고, 멘토의 불편한 심기를 우려한 패러데이는 전기와 자석에 대한 후속 연구를 당분간 보류한다.

1823년 왕립 연구소에 다시 재정난이 닥치자 이제는 유명인이 된 패러데이가 유일한 대안으로 여겨졌다. 험프리 데이비는 하는 수 없이 그에게 대중 강연을 맡긴다. 화려한 퍼포먼스를 보여 주었던 험프리 데이비와 달리 조용하고 차분하며 진지한 패러데이는 전혀 다른 스타일로 관객을 사로잡아 왕립 연구소의 새로운 스타가 되었다. 그는 1824년 런던 왕립 아카데미 회원으로 추대되어, 단 1표의 반대로 회원이 되었다. 반대표가 누구인지는 명확했지만, 늘 겸손하던 패러데이는 험프리 데이비에게 더욱더 깍듯이 대했다.

1825년 왕립 연구소 회장에 오른 패러데이는 왕립 연구소를 세계적으로 유명하게 만든 '크리스마스 강연(Christmas Lectures)'을 시작한다. 이 강연은 기존의 대중 과학 강연들과 달리 관객층의 확대를 위해 '후속 세대'에 초점을 맞추었다. 이는 젊은 날 자신을 과학의 세계로 인도한, 왕립 연구소에서 펼쳐졌던 험프리 데이비의 매력적인 강연에 대한 오마주이기도 했다. 패러데이는 새로운 크리스마스 강연에서 양초 한 자루에 불을 밝히며 이와 연관된 화학 반응, 연소와 열 그리고 빛에 이르기까지 다양한 물리 현상을 어린이들에게 설명했다. 이렇게 시작된 어린이들을 위한 크리스마스 강연은 오늘날까지 이어져 수많은 어린이를 과학의 세계로 이끌었다. 참고로 1991년 영국 정부는 20파운드 지폐 모델로 패러데이를 선정하며 이 크리스마스 강연 모습을 넣었다.

1829년 험프리 데이비가 사망하자, 패러데이는 그동안 묻어 두었던 전기와 자석에 대한 연구로 다시 돌아왔다. 1831년 패러데이는 후속 실험에서 움직이는 자기장이 전류를 발생시킨다는 것을 발견한다. 1820년의 실험이 전기가 자기를 만들어 움직이는 새로운 동력, 즉 모터의 발견이었다면, 이번 실험은 자기에 의해 전기가 유도되는 현상, 즉 발전기 원리의 발견이었다. 패러데이의 실험으로 전기와 자기의 상호 관계가 만드는 전자기 유도 현상의 전체 모습이 서서히 드러나기 시작한다. 같은 해, 미국 학자 조지프 헨리(Joseph Henry)는 패

1856년 마이클 패러데이의 크리스마스 강연. 알렉산더 블레이클리(Alexander Blaikley)의 그림이다. 양초 강연에서 패러데이는 어린이들에게 이런 메시지를 던진다. "어떤 다이아몬드가 양초처럼 빛날 수 있을까요? 다이아몬드의 아름다움은 어두움에서 빛을 발하는 양초의 불꽃 덕분입니다. 다이아몬드는 양초가 비추기 전까지는 아무것도 아니지만, 양초는 어둠 속에서 스스로 빛나지요." 그리고 강연은 다음과 같이 마무리된다. "나는 여러분이 양초처럼 빛나길 바랍니다. 여러분 세대가 이웃에게 빛을 발하며 인류에 대한 의무가 무엇인지 보여 준다면, 오늘 양초의 아름다움에 대한 강연은 보람될 것 같습니다."

러데이와 다른 형태의 모터를 개발하고, 패러데이와 마찬가지로 '유도 전류'를 발견한다. 비록 전자기 유도 현상에 대한 공식적인 최초 발견자는 패러데이이지만, 조지프 헨리의 공적도 인정되어, 오늘날 유도 기전력의 단위인 '인덕턴스(inductance)'의 단위로 '헨리(Henry, H)'가 사용된다. 한편, 패러데이는 1832년 전기 분해에 대한 실험을 완성한다. 그의 공로를 기리기 위해 일정량의 물질을 분해하는 데 소모되는 전기량의 단위로 '패럿(Farad, F)'이 정의되었다.

∞

이제 인류는 유일한 동력 장치였던 증기 기관에 더하여 전자기력을 이용한 동력 기관인 모터를 얻게 되었다. 뿐만 아니라, 모터에 필요한 전류를 발생시킬 수 있는 발전기도 갖게 되었다.[1] 한편, 조지프 헨리는 전자기 유도 현상을 이용하여 먼 곳으로 신호를 보내는 장치를 개발하기 시작한다. 사실 훨씬 이전부터 조지프 헨리는 전자기 유도 현상을 알고 있었다. 하지만 무슨 이유에서인지 전자기 유도 현상은 발표하지 않았고, 전자기 유도 현상 그 자체보다는 전자기 유도를 이용하여 스위치가 딸깍거리며 움직이는 장치로 원거리 통신을 실현하는 데 집중했다.

1832년 유럽에서의 초청 그림 작업을 마치고 귀국하던 예일 대학교 출신 화가 새뮤얼 모스(Samuel Morse)는 돌아오는 배 위에서 신기한 실험을 목격한다. 당시 패러데이의 실험으로 막 알려지기 시작한 전자기 유도 실험이었다. 몇 년 전 모스는 워싱턴에 머물며 그림 작업을 하다가 아내가 위독하다는 한 통의 편지를 받고 집으로 돌아갔다. 하지만 아내는 이미 사망했고 장례식까지 끝나 큰 충격을 받았다. 증기 기관차로 사람들의 이동은 빨라졌지만, 사람들 간의 통신은 절대 빨라지지 않았다는 것을 깨달은 모스는 늘 새로운 통신에 대해

화가 출신의 전기 통신(전신) 발명자,
새뮤얼 모스.

고민하고 있었다. 그는 전자기 유도 장치가 먼 거리로 즉시 신호를 보낼 수 있다고 확신한다.

여러 유명 인물들의 초상화 작업으로 꽤 인맥이 넓었던 모스는 지인의 도움으로 조지프 헨리를 만나 조언을 구한다. 당시 프린스턴 대학교 교수로 갓 임용된 조지프 헨리는 오래전부터 연구해 온 전자기 유도를 이용한 통신 장치를 이미 상당 부분 실현하고 있었다. 당시 패러데이의 실험이 워낙 유명해 전자기 유도로 작동하는 전자석 정도는 이미 상식이었고, 이 무렵 조지프 헨리나 모스뿐 아니라 많은 그룹이 전자기 유도 현상을 통신에 활용하려는 아이디어를 내놓고 있었다. 그중에는 독일의 천재 수학자 가우스도 있었다. 1835년 가우

15장 원격 통신의 시작

스는 그때까지 실험에 의존하던 전자기 유도 법칙을 이론의 영역으로 발전시켜 '가우스 법칙(Gauss's law)'을 발표한다. 이러한 가우스의 전자기 유도에 대한 공로로 자기장의 단위로 '가우스(Gauss, G)'를 사용한다. 이처럼 치열한 경쟁 속에 조지프 헨리와 모스는 1838년 꽤 성공적으로 작동하는 전신 장치를 시연하게 된다.

전신이 통신이 되려면 먼 거리를 연결하는 전선 네트워크가 핵심이었다. 모스는 국가 기간망으로서의 전신망을 우선 확보해야 한다고 생각했다. 이를 위해 모스는 자신이 그린 초상화의 모델이었던 대통령을 비롯한 미국 연방 정부의 고관대작들에 대한 로비를 시작한다. 그런데 전선의 길이가 길어지면 전기 신호 역시 감쇄되므로, 당시 기술로는 일정 거리 이상의 통신은 불가능했다. 모스는 이를 극복하기 위해 일정 길이 이상의 전선을 이어 주는 스위치 장치, 즉 중계기(relay)를 개발한다. 모스의 개선으로 장거리 통신이 가능해지고, 모스의 로비가 통하여 정부 지원으로 1844년 미국 최초의 장거리 통신 시험이 성공한다. 이 시험은 분당 고작 30개의 글자만 전송하는 수준이었지만 그 효과는 대단했다. 불과 6년 만에 미국 전역에 무려 1만 9200킬로미터의 전신망이 깔리며 미국은 통신 강국의 입지를 굳힌다.

이처럼 모스가 전신을 사업화한 이후에도 1840년에 출원한 그의 특허는 여전히 인정받지 못하고 있었다. 미국 법원의 입장은 '자연 법칙(natural law)'인 전자기 유도 현상을 단순히 통신에 이용했다는 것만으로는 전신에서 독점적인 지위를 인정할 수 없다는 것이었다. 한편, 조지프 헨리는 모스의 전신 개발에 많은 아이디어를 제공했지만,

모스에게 공로를 양보했다. 그는 모스의 특허 소송에 크게 관심이 없었고, 인류 번영에 이바지하는 과학적 진보가 더 중요하다고 생각했다. 영국 과학자 제임스 스미스손이 기부한 막대한 금괴를 기반으로 1846년 탄생한 스미스소니언 역시 조지프 헨리와 마찬가지로 인류의 과학 진보를 이상으로 하고 있었고, 조지프 헨리는 스미스소니언의 초대 관장이 되었다. 1853년, 기나긴 특허 소송 끝에 마침내 연방 대법원에 의해 모스의 특허가 일부 인정되었다. 모스 전신기의 핵심인 중계기에 대한 것이었다. 이 소송은 특허 역사에서 자연 법칙의 이용에 관한 중요한 사례가 되었고, 조지프 헨리는 자신이 맡고 있던 스미스소니언에 모스의 특허를 전시물로 채택했다.

∞

한편, 패러데이는 비록 이론에 약했지만, 자신이 실험적으로 관찰한 전자기 유도를 나름대로 설명하기 위해 '역선(力線, lines of force)'이라는 개념을 도입한다. 자석 주위에 철가루를 뿌리면 N극과 S극을 연결하는 아름다운 곡선이 만들어진다. 이것이 자기력선이다. 또한 전류가 흐르는 도선 주위에 원형으로 생기는 곡선은 전기력선으로 불렸다. 패러데이는 전선이 자기력선을 가로지르며 지나갈 때 전류가 발생한다고 설명했다. 그는 이처럼 전자기 유도 현상을 이 역선들과 연관지어 이해하려고 했다. 하지만 당시 학계에서는 모든 현상을 가상 유체의 유동으로 설명하는 것이 일반적이었기에 정규 교육을 받지 않았던 패러데이의 역선 개념은 동시대의 학자들에게는 거의 받아들여지지 않았다. 나중에 이 패러데이의 역선을 수학적으로 풀어

내는 걸출한 인물이 바로 켈빈 경과 맥스웰이다. 이들은 유체 방정식을 통해 패러데이의 역선을 설명하고 여기서 여러 과학자들이 산발적으로 발견해 온 여러 전자기 현상을 통합적으로 이해할 수 있는 방정식을 만들어 낸다.

16장
혁명과 유태인

중세 기독교에서는 성경에 따라 이자를 받는 행위가 금기시되었다. 대부업 또는 금융 산업이라 불리는 돈놀이는 기독교인으로서는 해서는 안 될 일이었다. 구약의 율법을 공유하는 이슬람에서도 중세 기독교와 마찬가지로 이자는 금지되어 현재에도 유지되고 있다. 이를 보완한 것이 '수쿠크(Sukuk)'로, 이자 대신 투자 수익이나 임대 수익 배분 등으로 보상해 주는 것이 골자이다. 하지만 돈거래는 누군가는 해야 할 일이었고, 이 일은 천대받던 이교도 유태인들에게 맡겨졌다. 지배 계급인 성직자와 귀족의 입장에서 유태인은 가장 다루기 쉬운 계층이었고, 여차하면 그들의 재산을 몰수할 수 있었기 때문이다. 중세 상공업이 발달하면서, 이들 돈 장수 유태인의 지위가 조금씩 상승하며 르네상스 시기에는 기득권으로 성장하여 갈등을 빚기도 했다. 이를 그린 것이 윌리엄 셰익스피어(William Shakespeare)의 희곡 「베니스의 상인」이다. 하지만 유럽에서 여전히 유태인에게는 시민권이 주어지지 않았고, 이동의 자유도 없이 '게토(ghetto)'라고 불리는 일종의 천민 집단 거주지에 살아야 했다.

18세기 커피하우스로 촉발된 계몽주의는 게토에 갇혀 있던 유태인 사회에도 전파되었다. 1729년 독일의 가난한 유태인 집안에서 꼽추로 태어난 모제스 멘델스존(Moses Mendelssohn)은 독학으로 서신 공화국에 넘쳐나는 수학과 철학 서적으로 교양을 무장한다. 부유한 상인으로 성장한 그는 마침내 독일 상류 사회의 명사가 되었다. 멘델스존이라는 이름은 독일어로 '멘델의 아들'이라는 뜻이다. 이처럼 당시 유태인들은 제대로 된 이름조차 가질 수 없었다.[1]

모제스 멘델스존은 고립된 채 비참하게 지내던 유태인 사회의 철저한 계급 의식과 종교적 도그마를 비판하고, 계몽주의를 도입하여 유태인 사회 내부의 개혁을 추진한다. 동시에 유럽 사회에서 처음으로 유태인의 사회적 지위를 인정받기 위한 사상적 투쟁을 시작한다. 서구 사회 최초의 유태인 지성으로 평가받는 모제스 멘델스존의 이러한 노력으로 유태인 사회의 각성이 시작되었다. 새롭게 탄생한 미국 정부는 이러한 계몽주의 유태인들을 주목해 1789년 필라델피아에서 벌어진 정부 주최 독립 축하연에 유태교식 만찬이 제공되기도 했다.

1789년 '자유, 평등, 박애'를 기치로 건 프랑스 혁명으로 비로소 유태인의 지위가 처음으로 보장받는다. 이렇게 시작된 유태인의 해방은 나폴레옹이 전 유럽을 지배하면서 다른 나라에도 강제적으로 퍼진다. 또한 나폴레옹 전쟁으로 대규모 자금이 필요하게 된 각국 정부가 유태인 자금을 차입하면서 유태인 자본이 권력으로 급성장한다. 이렇게 등장한 대표적인 가문이 로스차일드 가문이고, 이들 외에도 멘델스존, 마그누스 가문 등이 19세기 유태인 금융 권력의 중심이 되었다. '로트실트(Rotschild)'라는 이름은 16세기 독일 프랑크푸르트 게토에 살던 이들의 집 안에 걸려 있던 붉은 방패에서 유래한 것으로, 독일어로 'Rot'는 붉은색, 'Schild'는 방패라는 뜻이다. 로스차일드는 이들이 큰 활약을 하던 런던에서 영국식으로 발음한 것이며, 유럽 대륙에서는 독일어 발음을 따라 '로트실트'라고 불린다.

나폴레옹 전쟁과 산업 혁명으로 불과 수십 년 사이에 로스차일드 가문의 자본금은 가히 폭발적으로 증가한다. 영국은 나폴레옹의 영향이 미치지 않았지만, 1790년대 이후 증기 기관으로 산업 혁명이 시작하자 영국에도 유태인 자본이 성장한다. 유태인들은 대규모 시설 투자가 필요한 공장주들에게 설비 자금을 대여해 산업 혁명을 이끌었다. 이후 유태인 자본은 금융 자본으로 산업 지배를 주도한다.

산업 혁명의 진원지였던 영국에서는 1830년대부터 선거권 확대를 요구하는 중산층과 노동자 계급의 요구가 끊임없이 분출된다. '차티스트 운동(Chartism)'이다. 이 시기, 로스차일드 가문의 후원을 받던 유태인 작가 벤저민 디즈레일리(Benjamin Disraeli)가 영국 하원 의원에 선출된다. 이는 급격히 신장된 유태인의 지위를 보여 주는 상징적 사건이다. 그는 차티스트 운동의 열렬한 지지자였으며, 1841~1843년의 영국 주요 선거 결과는 유태인 표에 의해 좌우된다고 할 정도로 로스차일드와 디즈레일리의 영향력은 막강했다. 벤저민 디즈레일리의 아버지 아이작 디즈레일리(Isaac Disraeli)는 유태인 역사가였다. 그는 수천 년간의 유태인 역사에서 "특별히 기억할 만한 천재성이나 재능을 지닌 인물이 없다."라고 말했다. 이때까지 유태인은 셰익스피어의 「베니스의 상인」에 나온 샤일록처럼 돈만 아는 무식함의 상징이었고, 차별 철폐와 평등을 주장하던 프랑스 계몽주의자 볼테르와 디드로조차 유태인을 노골적으로 무시하고 경멸했다. 따라서 오늘날 과학 기술 등 여러 분야에서 유태인이 탁월한 능력을 발휘하게 된 것은 오로지 산업 혁명과 자본주의의 탄생으로 금융 자본이 권력을 장악하기 시작한 19세기 이 시점 이후의 일이다.

∽

1802년 부유한 유태인 은행가 가문에서 태어난 하인리히 구스타프 마그누스는 어릴 때부터 저명한 학자들에게 개인 교습을 받고 1822년 베를린 대학교에 진학하여 화학과 물리학을 수학한다. 그는 1827년 박사 학위를 받고 파리로 가서 게이뤼삭의 연구실에서 앞서가고 있던 프랑스의 체계적인 실험법을 익히며 프랑스 학문 전통에 큰 영향을 받는다. 이후 1831년 베를린 대학교에서 교직을 시작한 마그누스는 초기에 유기 화학과 의학에서 엄청난 업적을 쏟아내며 순식간에 학계의 주목을 받았고, 그의 수업에는 학계의 젊은 피들이 몰려들었다.

1830년대 독일 학계의 중요한 논쟁은 대학의 역할에 관한 것이었다. 프랑스 혁명에서 출발한 에콜 폴리테크니크와 이에 영향 받은 영국 럼퍼드 백작의 왕립 연구소 및 찰스 배비지의 영국 과학 진흥 협회

(BAAS)의 탁월한 업적에 고무된 가우스와 훔볼트 등은 관념론과 이상주의에 치우친 당시 독일 대학들을 비판하며 응용 학문이나 실험 과학, 공학 등을 강조해야 한다며 독일의 과학 진흥을 도모했다.

독일의 학계가 나뉘어 순수냐 응용이냐에 대해 싸움박질을 하는 동안 마그누스의 명강의에는 더욱더 많은 젊은이가 모여들었다. 하지만 독일의 대학 당국은 마그누스가 추진하던 실험 중심의 강의에는 극히 보수적이었다. 더욱이 도제식 기술 교육 전통을 가진 독일 사회에서 대학은 단지 추상적 이론의 전당이었기에 대학 건물 어디에도 실험실이라고는 존재하지 않았고, 학생들에게 실험 실습의 기회를 제공하는 것은 불가능했다.

기존 대학의 커리큘럼으로는 자신의 이상을 펼칠 수 없음을 절감한 마그누스는 1842년 라그랑주가 베를린 아카데미 시절 사용하던 집을 인수한다. 그리고 이 집을 연구실로 만들어 다음 해인 1843년 개소한다. 이 개조 작업에 부유한 아버지에게서 물려받은 재산을 쏟아부어 세계 최고 수준의 실험 기자재를 갖춘 개인 연구소를 탄생시킨 것이다. 마그누스 연구소(Magnus Lab)는 독일 최초의 물리학 실험실이었기에, 물리학 실험에 목말라하던 당대 학계의 신성 루돌프 클라우지우스, 헤르만 헬름홀츠, 구스타프 로베르트 키르히호프 (Gustav Robert Kirchhoff) 등이 합류한다. 여기서 마그누스의 지도로, 켈빈과 줄에 의해 영국에서 막 태동하기 시작한 열역학과 새로운 과학이 독일에서 급속히 발달하게 된다.

1845년 마그누스 연구소에서는 교육뿐 아니라 정기적인 세미나와

하인리히 마그누스와 베를린 시내 마그누스 연구소가 있던 '마그누스 하우스(Magnus Haus)'의 현판. 현판 위쪽의 내용은 마그누스가 이 집에서 1842년부터 1870년 사망할 때까지 살았다는 것과, 이 집이 독일 최초의 물리학 연구소라는 것, 그리고 이 연구소 출신으로 당대의 학문을 선도한 클라우지우스, 헬름홀츠, 키르히호프 등의 이름이 새겨져 있다. 이 현판은 독일 물리학회가 여기서 시작된 것을 기념하기 위해 1930년 만들었다. 하지만 이 건물은 나치 치하에서 유태인의 집이었다는 이유로 좋은 대접을 받지 못하다가, 제2차 세계 대전 후에는 동독 물리학회 본부 건물로 사용되었다. 아래쪽 작은 현판의 내용은, 1989년 베를린 장벽이 무너지고 통일이 된 후 지멘스가 1993~1994년 이 건물의 복원과 재건을 맡았다는 것을 말해 준다. 2001년 이 건물을 매입한 지멘스는 향후 이곳을 지멘스의 대표 건물로 사용하겠다고 밝혀, 지멘스라는 기업이 어디에서 어떻게 시작되었는지를 명확히 보여 주고 있다. 한편, 이 집에서 시작된 독일 물리학회는 이곳이 지멘스의 소유가 되면 학술적 상징성이 훼손될 것을 우려하여 매각 반대 입장을 발표하기도 했다.

강연도 열리기 시작한다. 이에 연구소에 모인 과학자들은 학회를 만들게 되는데 이것이 세계 최초의 물리학회인 '독일 물리학회(Deutsche Physikalische Gesellschaft)'이다. 독일 물리학회의 탄생으로 이후 독일 물리학은 현대 물리학을 선도하게 되었고, 이 학회는 현재도 세계에서 가장 큰 물리학회이다.

재미있는 것은 창립 멤버 중에 마그누스만이 유일한 대학 교수였다는 점이다. 이는 당시 독일 대학 사회가 물리학을 실용 학문 정도로만 인식했다는 것을 보여 준다. 마그누스는 응용 과학과 공학의 중요성을 끊임없이 강조했다. 그는 베를린의 산업계 기술자들과도 교류하며 영국의 산업 혁명을 탄생시킨 루나 소사이어티의 산학 협동 정신을 독일에 이식하려고 시도했다. 이러한 예를 잘 보여 주는 인물이 독일 물리학회 창립 멤버 에른스트 베르너 폰 지멘스(Ernst Werner von Siemens)이다. 마그누스는 대학생이 아니더라도 교육의 기회를 제공했는데, 지멘스는 당시 프로이센에서 촉망받던 군인이었다. 그는 마그누스의 가르침과 격려에 힘입어 다양한 논문을 출판하고 특허를 등록했으며, 모스 전신기를 개량하여 자신만의 전신기를 발명하기도 했다.[2] 이처럼 지멘스가 창립 멤버로 참여할 만큼 '독일 물리학회'에서는 응용 과학과 공학이 결합된 산학 협동이 중요한 핵심 가치였음을 알 수 있다.

∞

1848년 2월, 프랑스 파리에서 혁명이 발생한다. 1830년 7월 혁명으로 부르봉 왕조는 다시 쫓겨났지만, 새 정부는 여전히 루이필리프를 왕으로 하는 입헌 군주제였기에 공화파의 입장에서는 반쪽짜리 혁명이었고, 기득권 세력의 지배는 계속되었다. 이후 산업 혁명으로 급부상한 중산층 부르주아 계급과 노동자들은 끊임없이 의회 권력을 가지려고 했고 쟁점은 투표권이었다. 중산층과 노동자에게 투표권이 주어지지 않은 상태에서는 의회는 기득권 세력을 대표할 수밖에 없었기 때문이다. 같은 시기 영국의 차티스트 운동도 같은 맥락에서 이해할 수 있다. 하지만 영국에서와 달리 프랑스에서 선거권 문제는 그렇게 순탄하지 않았다. 1848년 파리에서 선거권 확대를 요구하는 집회가 열리자 이에 놀란 정부가 발포하여 다수의 사망자가 발생하며 2월 혁명이 시작된다. 이에 루이필리프가 영국으로 망명하고 프랑스에는 다시 공화국이 수립된다. 이를 프랑스 제2공화국이라고 한다. 파리에서 시작된 1848년 2월 혁명은 이전에 프랑스에서 벌어진 1789년과 1830년 혁명과 전혀 다른 양상으로 전개된다.

프랑스에서 시민 혁명으로 공화국이 수립되었다는 소식이 알려지자 베를린에서도 군중들이 모여 표현의 자유와 의회 수립을 보장하는 시위가 벌어진다. 정부군의 무력 진압으로 사망자가 발생하며 상황은 걷잡을 수 없이 확대된다. 3월 오스트리아 빈에서도 격렬한 무장 시위가 발생하여 수상 메테르니히가 사임하며 1815년 이래로 유럽의 보수주의를 상징하던 빈 체제가 붕괴한다. 이후 혁명은 오스트리아 합스부르크 가문의 지배를 받던 이탈리아, 보헤미아(체코), 헝가리 등 전 유럽으로 퍼진다. 1789년의 혁명은 프랑스에 국한되었지만, 나폴레옹 전쟁으로 프랑스 혁명 정신과 자유주의가 전 유럽으로 전파된 1848년에는, 각국의 지식인들과 피지배 계층들이 각성하며 유럽 전체가 혁명의 소용돌이에 빠진다.

1848년 전 유럽을 휩쓴 혁명의 열풍은 음악가들에게도 불어닥친다. 바그너는 폭동을 주동하다 수배령이 내려져 기나긴 도피 생활을 시작했으며, 빈의 요한 슈트라우스 2세는 프랑스 혁명곡 「라 마르세예즈」를 연주하다가 체포되었다. 그의 아버지 요한 슈트라우스 1세는 혁명을 무력으로 진압한 라데츠키 장군을 위해 「라데츠키 행진곡」을 작곡하고, 체포된 아들 요한 슈트라우스 2세는 이러한 아버지의 힘 덕에 풀려난다. 보헤미아의 스메타나는 프라하의 카를 다리에 바리케이드를 쌓고 총을 들고 무장 항쟁을 하다 체포되었으며, 리스트는 고국 헝가리에서 일어난 봉기가 합스부르크 군대에 의해 무자비하게 진압되었다는 사실에 격분하여 피아노곡 「장송(Funérailles)」과 교향시 「헝가리아」를 작곡했다.

1848년 베를린 폭동에 참여한 사람 중에 마그누스의 사촌 누나와 결혼한 전직 은행 직원 파울 로이터(Paul Reuter)가 있었다. 로이터 역시 유태인이었지만, 1847년 잘 다니던 은행을 그만두고 베를린에서 좌파들의 선동 팸플릿을 인쇄하는 일을 맡았다. 그는 1848년 베를린 폭동의 와중에 배후 세력을 발본색원하려는 당국의 추격을 피해 파리로 도피한다. 여기서 그는 유태인 사업가 샤를루이 아바스(Charles-Louis Havas)를 만난다. 아바스는 당시 긴박한 뉴스들이 실린 세계 각국의 신문들을 받아 이를 다시 번역해 프랑스 신문사에 공급하는 사업을 하고 있었다.[3] 이 일에 매력을 느낀 로이터는 아바스의 직원으로 일하면서 뉴스의 전파는 속도가 중요하다는 사실을 알아차린다. 통신사의 중요성을 깨달은 그는 본인만의 통신사를 세운다. 빠른 소식 전송을 위해 처음에는 비둘기를 전서구로 이용하다가, 당시 막 대중화되기 시작한 전신을 긴급 통신에 사용한다. 로이터는 젊은 시절 괴팅겐을 방문하여 전신 연구에 몰두하던 대수학자 가우스를 만난 적이 있어 전신에 대해서는 어느 정도 지식이 있었다. 그는 전신망을 이용한 긴급 통신으로 큰 성공을 거두는데, 이것이 로이터 통신의 시작이다. 로이터는 철도와 전신망으로 세계가 연결되던 시대의 변화를 정확히 파악하고 시장을 선점한 것이다.

로이터가 열심히 좌파 유인물을 돌리던 1847년 말, 혁명의 분위기를 감지한 독일의 유태인 카를 마르크스는 책 한 권을 집필하기 시작하는데, 책이 출판되던 1848년 2월 실제로 혁명이 발생한다. 이 책이 바로 「공산당 선언」이다. 유명한 첫 문장 "하나의 유령이 유럽을 떠돌고 있다, 공산주의라는 유령이."[4]로 시작하는 이 책은 다가올 혁명은 프랑스 혁명과 달리 한 나라에 국한되지 않고, 혁명의 불길이 전 유럽을 휩쓸 것으로 전망한다. 또한 "만국의 노동자여 단결하라."라는 마지막 문장에서는, 산업 혁명으로 발생한 대규모 도시 노동자가 다가올 혁명의 전면에 나설 것으로 예상했다. 그의 전망대로 파리에서 시작된 2월 혁명은 유령과도 같이 전 유럽을 휩쓸었지만, 그의 예상과 달리 그해 프랑스 대통령 선거에서 노동자들의 선택은 전혀 의외의 인물이었다.

1848년 전 유럽을 휩쓴 혁명은 곧 대대적인 반격을 맞게 된다. 프랑스에서는 2월에 발생한 시가전 끝에 일단 공화국이 선포된다. 하지만 이에 만족하지 못한 좌파들의 과격한 요구로 발생한 6월의 무장 시위는 무려 1만 명의 사상자를 내며 가혹하게 진압된다. 이러한 극심한 혼란 속에 치러진 12월의 대통령 선거에서는 아무도 예상하지 못했던 후보가 당선된다. 그는 나폴레옹 몰락 후 외국으로 떠돌며 룸펜 생활을 하던, 당시 불과 40세의 루이 나폴레옹으로, 보나파르트 나폴레옹의 조카였다. 나폴레옹이 조세핀과 결혼할 때 조세핀에게는 전 남편에게서 얻은 딸 오르탕스가 있었다. 나폴레옹은 의붓딸 오르탕스를 자신의 동생 루이와 결혼시키고, 그 사이에서 태어난 아들이 루이 나폴레옹이다. 따라서 조카 루이 나폴레옹은 한편으로는 나폴레옹의 외손자였다.

1848년 2월 혁명으로 출범한 프랑스 제2공화국의 대통령 선거에 루이 나폴레옹이 후보로 등장한 것은 전혀 예상치 못한 일이었다. 1789년 혁명으로 탄생한 프랑스 제1공화국을 무너뜨린 사람이 나폴레옹이었고, 스스로 황제까지 올랐던 그가 몰락하며 왕정이 부활했기 때문이다. 따라서 루이 나폴레옹을 주목하는 사람은 거의 없었고 유력 후보들은 그를 무시했다. 하지만 루이 나폴레옹은 한때 세계를 지배할 뻔했던 삼촌(혹은 외할아버지) 나폴레옹에 대한 저소득층의 향수를 자극한다. 그를 비웃으며 한낱 조롱거리에 불과하다고 생각했던 지식인들과 달리 루이 나폴레옹의 '이미지 메이킹'에 현혹된 도시 빈민과 노동자들은 그에게 몰표를 던졌고, 그는 결국 프랑스 최초의 대통령으로 당선된다. 이러한 어이없는 결과에 좌절한 카를 마르크스는 크게 상심하여 영국으로 망명한다. 여기서 친구 프리드리히 엥겔스(Friedrich Engels)의 권유로 정치 활동을 접고 경제 연구에 몰두한다. 이와 같은 의외의 결과는 불과 24만 명이던 선거권자가 1848년 혁명으로 중산층과 노동자 및 농민들로 확대되어 무려 940만 명이 투표했기 때문이다. '묻지 마' 투표로 루이 나폴레옹 후보의 득표율은 70퍼센트가 넘었고, 프랑스 대통령 선거에서 이 득표율을 넘은 것은 154년이나 지난 2002년 자크 르네 시라크(Jacques René Chirac) 대통령이다. 루이 나폴레옹의 당선 당시 나이였던 40세 기록을 깬 것은 무려 169년이 지난 2017년에 프랑스 대통령이 된 에마뉘엘 마크롱(Emmanuel Macron)이다. 루이 나폴레옹은 삼촌이자 외할아버지인 나폴레옹의 본받아 결국 1851년 쿠데타로 다시 황제에 오르고, 다시 그의 흉내를 내다 1870년 전쟁에서 몰락하여 같은 운명을 걸었다. 유럽 전체가 1848년 프랑스 대통령 선거 결과에 경악을 금치 못할 때, 카를 마르크스는 이렇게 평가한다. "어디선가, 헤겔은 세계사적으로 몹시 중요한 사건과 인물은 두 번씩 나타난다고 썼다. 그러나 그는 이렇게 덧붙였어야 한다. 첫 번째는 비극으로, 두 번째에는 희극으로 나타난다고."

독일과 오스트리아에서는 초기에 물러났던 왕족과 귀족들의 대대적인 반격으로 혁명이 진압된다. 이를 수습하며 오토 폰 비스마르크(Otto von Bismarck)가 혜성같이 등장한다. 1848년 자유주의 혁명이 진압되면서 유럽은 다시 보수주의로 회귀하고 잠시 숨통이 트였던 유태인에 대한 탄압이 다시 시작된다. 그 결과로 독일 유태인의 대대적인 미국 이민이 시작되는데, 그중에는 마르쿠스 골트만(Marcus Goldman)과 그의 절친 요제프 작스(Joseph Sachs)가 있었다. 1848년 미국 이민 후 뉴욕에서 사업을 일으킨 골트만은 자신의 딸을 작스의 아들과 결혼시킨다. 유럽의 로스차일드에 이어 미국에서도 초거대 유태인 자본 골드만삭스(Goldman-Sachs)가 이렇게 탄생한다.

∞

1848년 혁명의 소용돌이 속에 마그누스는 혁명의 대의에 공감하고 적극 지지했지만, 시가전이나 폭동 사태에 휘말리고 싶지는 않았다. 더욱이 프랑스의 에콜 폴리테크니크에서처럼 무장한 학생들이 피를 흘리는 것을 막기 위해 베를린 학생들이 구성한 혁명 연대의 사령관을 스스로 맡았다. 그는 지휘권을 행사하여 학생들이 유혈 사태에 개입하는 것을 적극적으로 막았다. 혁명은 진압되었고 혁명에서 보인 그의 역할로 오히려 마그누스의 독일 내 입지는 더욱 강화되었다. 이후 온건 자유주의 개혁파였던 그의 주장 상당 부분이 받아들여져 독일 대학의 전면적인 개편이 이루어진다. 이로써 독일에서 실험과 실습과 세미나가 병행으로 이루어지는 체계적인 대학 교육이 시작되었다. 이후 독일 물리학의 눈부신 발전과 더불어 마그누스가 기초를 닦은 커리큘럼이 세계 대학 시스템의 표준이 되었다.

1852년, 마그누스는 자신의 연구실에서 실험을 계속하다가 회전하는 실린더 주위에서 힘이 발생하는 것을 발견한다. 이는 오일러 이후 오랫동안 탄도학에서의 의문점이었던 포탄 궤적의 휘어짐을 체계적으로 규명한 것이다. 이를 '마그누스 효과'라고 부른다.

17장
소멸되는 것이 아니라 전환되는 것

산업 혁명으로 신흥 공업 도시로 성장한 영국 맨체스터 인근에서 1818년 부유한 양조업자의 아들로 태어난 제임스 프레스콧 줄(James Prescott Joule)은 정식 교육을 받지 않고 당대 유명 학자들의 가정 교습을 받으며 성장한다. 줄을 가르친 학자 중에는 당시 '맨체스터 문학 철학 모임(Manchester Literary and Philosophical Society)'을 이끌던 존 돌턴이 있었다.

돌턴의 지도로 줄은 어려서부터 다양한 과학 논문을 읽고 실험을 반복하며 이제 막 알려지기 시작한 전자기 현상에 관심을 가진다. 돌턴의 영향을 크게 받은 줄은 나중에 돌턴의 뒤를 이어 맨체스터 문학 철학 모임의 회장이 된다. 그리고 맨체스터 대학교 교수로 부임한 오스본 레이놀즈(Osborne Reynolds)를 이 모임에 끌어들여 그를 격려하며 유체 역학 역사에 길이 남을 업적이 탄생하도록 도왔다.[1]

1834년 성인이 된 아마추어 과학자 줄은 아버지의 양조장을 물려받는다. 이제 그의 과학 탐구는 더 이상 취미가 아닌 생계의 문제로 다가온다. 당시의 유일한 엔진이나 동력은 증기 기관이었다. 1821년 패러데이의 실험으로 모터가 새로운 동력원으로 떠오르자, 줄은 양조장의 비용 절감을 위해 석탄 소모량이 많았던 증기 기관을 전기 모터로 바꾸려고 했다. 하지만 곧 모터를 구동하는 배터리에 드는 비용이 증기 기관을 돌리는 석탄에 드는 비용보다 비싸다는 것을 알게 된다. 그때까지만 해도 전기를 공급하는 장치는 볼타의 화학 전지밖에 없었기 때문이다. 1831년 패러데이의 전자기 유도로 발전기의 원리가 발견되었지만, 실용적인 발전기가 탄생한 것은 한참 뒤였다. 이처럼 전기 모터는 시기상조였지만, 전기 모터를 과감히 도입하려고 했던 줄은 우연히 전기를 금속에 흘리면 열이 발생하는 것을 발견한다. 이를 1840년 왕립 학회에 발표하는데, 이것이 '줄의 법칙(Joule's Law)'이다.

당시까지 열은 온도가 높은 곳에서 온도가 낮은 쪽으로 칼로릭 입자가 이동하는 유체 현상으로 이해되었고, 온도의 높고 낮음은 칼로릭 입자의 많고 적음으로 이해되었다. 따라서 칼로릭 입자가 없던 금속에 전기를 투입한 것만으로 열이 발생한다는, 즉 칼로릭이 생성된다는 것은 칼로릭 이론에 대한 중대한 도전이었다. 비운의 대화학자 라부아지에가 최초로 칼로릭 이론을 만들어 각종 열과 연소 현상을 설명했고, 줄의 멘토 돌턴 역시 칼로릭 이론의 강력한 지지자였다. 1824년의 카르노의 열기관 논문 역시 칼로릭을 기반으로 작성되었으며, 카르노의 논문을 세상에 알린 1834년 클라페롱의 이론 역시 칼로릭을 토대로 한 것이다. 따라서 기껏해야 양조장 주인이었던 줄의 도전은 상당히 무모했다. 칼로릭 이론에 반대했던 학자로는 라부아지에의 미망인과 재혼한 럼퍼드 백작과 그가 발굴한 험프리 데이비 정도밖에 없었고, 학계는 줄의 연구에 별로 주목하지 않았다.

자신의 연구를 확신했던 줄은 1843년 다소 진보적이었던 찰스 배비지의 영국 과학 진흥 협회(BAAS)에 발표한다. 하지만 반응은 여전히 싸늘했다. 그도 그럴 것이 1821년 온도 차이로부터 전기가 발생한다는 연구가 토마스 요한 제베크(Thomas Johann Seebeck)에 의해 발표되고, 반대로 1834년 전기에 의해 온도 차가 발생한다는 것이 장 샤를 아타나스 펠티에(Jean Charles Athanase Peltier)에 의해 발표되어, 당시 전기와 열은 일종의 가역적인 동일한 물리량으로 여겨졌기 때문이다.

이러한 인식은, 1820년 외르스테드와 1821년 패러데이의 실험을 통해 두 가지의 다른 가상 유체의 유동으로 설명되던 전기력과 자기력이 상호 작용하는 전자기력으로 통합되면서 더욱 분명한 것처럼 보였다. 줄은 논란거리가 될 수 있는 전기 실험을 포기하고 1844년 새로운 실험에 도전한다. 그것이 바로 잘 알려진 추와 바퀴(wheel)를 이용하여 '기계적인 운동'에 따른 열의 발생을 증명하는 것이었다. 하지만 왕립 아카데미에 제출된 이 논문은 바로 거절되고 만다. 이 시점부터 줄은 카르노와 클라페롱 이론의 기반이 되었던 칼로릭 이론을 넘지 않으면 안 된다는 것을 깨닫고 본격적으로 칼로릭 이론 타도에 나선다. 줄은 1844년에 거절된 논문을 1845년 6월 케임브리지에서 열린 영국 과학 진흥 협회 미팅에서 발표하지만, 여전히 칼로릭 이론은 높은 벽이었고 학계의 반응은 냉소적이었다. 그러나 이 학회에서는 줄의 발표만큼이나 중요한 역사적 만남이 이루어진다.

∞

1845년 케임브리지에서 열린 영국 과학 진흥 협회 미팅에 참석한 패러데이에게, 졸업을 앞두고 있던 윌리엄 톰슨(William Thomson)이라는 젊은 학생이 인사를 건네 왔다. 1824년 스코틀랜드에서 태어난 톰슨은 10세에 애덤 스미스와 제임스 와트를 배출한 글래스고 대학교에 입학했고, 1841년에 케임브리지 대학교로 옮기며 어린 나이에 이미 논문들을 발표하기 시작해 비록 학생 신분이지만 인정받는 학자 대접을 받고 있었다.

1842년부터 당시 초미의 관심사였던 전자기 유도에 대해 연구하던 톰슨은 푸리에의 열전도 방정식이 패러데이의 역선과 연결될 수 있다고 생각한다. 열전도 방정식 역시 칼로릭 유동을 서술한 것이므로 퍼텐셜 이론으로 설명될 수 있었다. 여기서 칼로릭 유동을 전자기 유도를 매개하는 가상의 유체로 대치하면, 속도 퍼텐셜에 수직으로 배열하는 '유선(streamline)'이 패러데이의 '전자기력선'이 수직으로 배열되는 것과 유사하다고 생각한 것이다. 1845년 영국 과학 진흥 협회 미팅을 마친 후 8월 윌리엄 톰슨은 패러데이에게 이 내용을 편지로 설명했으나 수학에 약한 패러데이는 잘 이해하지 못한다. 대신 자신의 '역선'이 기존 학자들의 유체 이론과 부합한다는 사실에 매우 고무되었다.

같은 해 9월, 윌리엄 톰슨은 패러데이에게 다소 황당한 주장을 한다. 유리에 강한 자기력을 가하면 빛의 변형을 보일 수 있다고 제안한 것이다. 패러데이는 톰슨의 수학은 이해 못 했지만, 그의 천재성을 믿고 11월 실험을 수행한다. 여기서 놀랍게도 강한 자기력이 유리를 통과하는 빛을 변형시키는 것을 발견했다. '광자기 현상'이라 불리는 이 관측은 빛이 자기력과 연결될 수 있는 중요한 기반이 된다. 또한, 자성이라는 특성이 반드시 철과 같은 특정 물질에만 존재하는 것이 아니라, 유리를 포함하여 모든 물질이 자기력의 영향을 받고 있고, 정도만 다를 뿐 각각 다른 자성 특성을 가질 수 있다는 대단한 발견이었다. 자신의 이론적 예측에 고무된 윌리엄 톰슨은 1846년 전자기 현상을 에테르의 보텍스로 설명하려고 시도하는데 200여 년이 지난 데카르트의 보텍스 이론은 이 시점부터 다른 양상으로 전개되어 다시 한번 물리학 논쟁의 중심에 선다.

한편, 1847년 영국 과학 진흥 협회 미팅은 장소를 바꾸어 옥스퍼드에서 열린다. 포기할 줄 모르는 줄은 다시 발표 기회를 잡는다. 줄의 계속된 학회 발표로 조금씩 그의 주장이 알려지자 이번에는 존경받는 대가 패러데이와 떠오르는 학계의 신성 윌리엄 톰슨, 그리고 스토크스가 깊은 관심을 가지고 나란히 참석한다. 당시 톰슨은 케임브리지 대학교 졸업 후 모교인 글래스고 대학교의 교수로 갓 임용된 상태였고, 톰슨의 케임브리지 후배인 스토크스는 1845년 광행차 이론을 설명하는 새로운 유체 방정식으로 유명해진 참이었다.

줄은 200분의 1도까지 측정하는 초정밀 온도 측정 장치까지 개발하는 등 자신의 주장을 입증하려고 필사적으로 노력했다. 이에 스토 크스는 줄의 실험에 조금씩 믿음을 가지게 되었으며, 윌리엄 톰슨은 여전히 회의적이었지만 줄에게 묘한 흥미를 느끼게 된다. 줄이 존경해 마지않던 실험의 대가 패러데이 역시 회의적이었지만, 정규 교육을 받지 않은 자신을 쏙 빼닮은 아마추어 과학자 줄의 정밀한 실험에 상당히 충격을 받았다.

미팅을 마치고 며칠 뒤 윌리엄 톰슨은 프랑스 샤모니(Chamonix)로 여행을 갔다가 폭포에서 웬 남녀가 실험하며 온도를 측정하고 있는 희한한 광경을 목격한다. 가만히 다가가 자세히 보니 갓 결혼한 줄 부부였다. 신혼 여행으로 샤모니에 갔던 줄은 자신의 실험이 학계에서 받아들여지지 않는 데 분을 참지 못해, 아내와 함께 자신이 개발한

제임스 줄과 1889년 사망한 그의 묘비. 부유한 집안의 아들로 태어나 물려받은 양조장 운영만 해도 먹고사는 데 아무런 문제가 없던 그에게 열에 관한 연구는 평생의 도전이었다. 줄의 끊임 없는 노력으로 학계의 정설이었던 칼로릭 유동이 극복되며 비로소 열역학이 유체역학에서 독립했다. 이 때문에 묘비 제일 상단에는 그의 인생 전체를 대표하는 숫자 '772.55'가 새겨졌다. 이 숫자는 그가 실험으로 구한 열의 일당량 772.55 ft·lbf/Btu를 의미한다. 이를 SI 단위로 환산하면 4.158 J/cal로서 현대에 사용되는 4.186 J/cal에 매우 근접한 결과이다. 이러한 줄의 공로를 기리기 위해 일의 단위를 '줄(Joule, J)'이라고 부른다..

정밀 온도 측정기를 짊어지고 폭포 위와 아래의 온도 차를 측정하고 있었던 것이다. 무모하지만 지칠 줄 모르는 줄의 노력에 감동한 윌리엄 톰슨은 줄 부부와 같이 며칠을 보내며 많은 대화를 나누었다. 여기서 톰슨은 줄의 주장을 상당 부분 이해하게 되었다.

같은 해, 독일의 헤르만 폰 헬름홀츠는 줄의 실험이 카르노와 클라페롱의 이론과 배치되지 않고 '에너지 보존'이라는 개념으로 설명될 수 있다고 발표한다. 헬름홀츠는 잘 알려진 갈바니 실험에서 개구리 다리에 전류를 흘리면 근육이 움직이며 열이 발생하는 것을 발견하고, 이를 설명하기 위해 당시 막 알려지기 시작한 양조업자 줄의 실험에 주목한 것이다. 줄의 초기 실험은 전기와 열에 관한 것이었고, 이후에는 기계적 운동과 열에 관한 것이었는데, 헬름홀츠의 실험은 전기, 운동, 열을 모두 결합한 것이었다. 갈바니 실험에서 발견한 열이 오일러, 베르누이, 달랑베르의 연구에서 이슈가 되었던 보존량으로서의 '살아 있는 힘'의 본질임을 알아차린 헬름홀츠는 추가적인 다양한 실험을 수행한다. 여기서 그는 보존되는 물리량이 이제 막 통합되기 시작한 전기와 자기 등의 물리학을 포함하여 거의 모든 보편적인 역학 체계로 확대될 수 있음을 보인다. 이 결과로 발표된 것이 1847년의 '에너지 보존 법칙(law of conservation of energy)'이다. 이로써 달랑베르에 의해 도입되어 라플라스, 푸아송을 거치며 정교화된 퍼텐셜 이론을 바탕으로 탄생한 라그랑주 역학 체계에서, 특정한 형태의 에너지는 퍼텐셜 에너지를 매개로 다양한 형태로 전환될 뿐 전체 에너지는 보존된다는 중요한 관점이 제시된다.

1848년 윌리엄 톰슨은 '샤를의 법칙'으로 알려진 게이뤼삭의 연구를 카르노-클라페롱의 열기관 연구와 결합하여 '절대 온도'를 제안한다. 그는 이 논문에서 줄의 실험을 놀랄 만한 발견으로 언급한다. 이 논문을 읽은 줄은 즉시 톰슨에게 편지를 보내 본인의 추가 실험 계획을 밝힌다. 톰슨 역시 답장을 보내 줄이 하려던 실험의 허점을 지적하며 이론적 분석을 보강한 실험을 역제안한다. 이처럼 줄이 실험을 수행하면 톰슨이 이론적 분석을 하고, 톰슨의 이론으로 줄은 추가 실험을 하는 과정이 여러 차례 반복되었다. 윌리엄 톰슨과 패러데이의 관계에서도 볼 수 있듯이, 이러한 실험과 이론의 상호 보완으로 줄의 실험은 보다 정교해지고, 톰슨의 열기관 이론은 더욱 보강되었다. 마침내 1851년 윌리엄 톰슨의 카르노-클라페롱의 열기관 논문에서 칼로릭 이론이 완전히 제거되며 열역학의 새로운 지평이 열린다. 이후 두 사람의 공동 연구는 계속되어 훗날 냉장고와 에어컨의 원리가 되는 1852년의 줄-톰슨 효과(Joule-Thomson effect)의 발표로 이어진다.

∞

절대 온도로 유명해진 톰슨은 이 무렵 해저 케이블 문제에 도전하고 있었다. 1840년대 대량으로 깔리기 시작한 전신망에 방수 코팅이 요구되자 영국 과학자 찰스 매킨토시(Charles Macintosh)의 1823년 발명품이 주목받는다. 그는 프리스틀리 이후 당시까지 지우개로만 사용되던 고무로 방수 옷을 발명했다. 이것이 전선 피복에 사용되기 시작한 것이다. 프랑스로 시집간 찰스 매킨토시의 조카딸은 삼촌에게 배운 고무 기술로 아이들에게 놀이용으로 고무공을 만들어 주었다. 이를 흥미롭게 보던 남편은 사촌과 함께 1832년 고무 회사를 차린다. 이렇게 탄생한 회사가 자동차 타이어로 유명한 세계적인 고무 회사 미슐랭(Michelin)이다.

하지만 1840년대 사용된 고무는 불안정해서 아직 내구성이 부족했고, 장시간 사용하다가 발생한 전선 피복 불량으로 수많은 고무 회사가 파산했다. 급증하는 전신망의 수요로 새로운 대체재의 개발이 절실하던 차에 1848년 패러데이는 고무와 유사한 '구타페르카(gutta percha)'를 대체재로 제안하여 성공한다. 이에 고무된 영국 정부는 해저 케이블에 착수한다.

1854년 영국 정부의 해저 케이블 프로젝트는 지지부진했다. 초기 문제는 전선의 내구성이었지만 이후에는 전송 속도가 문제였다. 이때 패러데이는 해저 케이블에 사용된 방수 코팅의 절연성이 전송 속도를 심각하게 저해할 수 있다는 사실을 알게 된다. 절연과 전송 속도에 관한 패러데이의 연구에 흥미를 느낀 윌리엄 톰슨은 이론적인 해석을 시도한다. 푸리에 열전도 방정식을 도입한 톰슨은 절연 케이블의 전송 속도는 배가 바다를 건너는 것보다 느리다는 충격적인 결과를 알아내고 절연 문제의 심각성을 경고한다. 이후 켈빈의 연구를 바탕으로 해저 케이블의 내구성을 확보하면서도 절연에 의한 전송 지연 문제를 해결하려는 시도가 계속된다. 오랜 설계 변경 끝에 드디어 1858년 최초의 해저 케이블이 성공한다.

하지만 1859년 이 케이블은 다시 전송이 끊기고, 이에 조사 위원

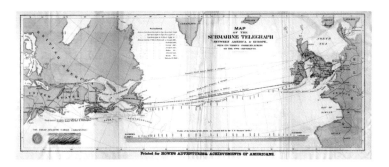

대서양 해저 케이블.

회가 만들어져 학계의 대가로 성장한 윌리엄 톰슨이 위원회를 맡게 된다. 기나긴 실험 끝에 윌리엄 톰슨은 도체의 저항과 절연에 대한 체계화된 표준을 만든다. 이를 바탕으로 1866년 성공적인 대서양 케이블이 완성되고, 이제 영국은 전 세계에 해저 케이블을 깔게 된다. 이 공로로 국가적인 영웅이 된 윌리엄 톰슨은 기사 작위를 받고, 1892년에는 남작 작위까지 받는다. 요트가 취미였던 그는 자신이 근무하던 글래스고 대학교를 지나는 켈빈 강의 이름을 남작 작위의 이름으로 택한다. 이후 윌리엄 톰슨은 '켈빈 경(Lord Kelvin)'으로 불리고, 그를 유명하게 만든 1848년 논문에서 제안된 절대 온도의 단위 역시 '켈빈(Kelvin, K)'으로 불리게 된다.

∞

1867년 패러데이가 사망한다. 말년에 기억 상실과 우울증으로 고생하던 그에게 마지막까지 힘을 주었던 것은 자신의 필생의 업적이었던 전자기력에 대한 연구였다. 전기와 자기가 상호 작용으로 변환

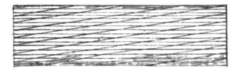

ATLANTIC CABLE, 1858.

ATLANTIC CABLE. 1865.

NEW ATLANTIC CABLE, 1866.

1858년 최초의 대서양 케이블과 이를 개선한 윌리엄 톰슨의 1865년, 1866년 케이블을 비교한 그림. 개선 전후의 케이블에는 세 가지 차이가 있다. 첫째는 가운데 일곱 가닥으로 이루어진 구리 도선의 두께가 상당히 두꺼워졌고, 두 번째는 구리 도선을 싸고 있는 구타페르카의 절연막이 한 겹이 아니라 여러 겹으로 증가했으며, 세 번째는 케이블의 강성을 유지하는 외곽 철선의 구조가 현격하게 튼튼해졌다는 점이다. 이러한 구조 개선으로 해저 케이블의 전송 속도는 훨씬 빨라졌으며, 내구성도 확보되었다.

되어 운동을 발생시키고, 심지어 빛이 전자기 현상과 연결되어 있다는 패러데이의 연구는, 뉴턴의 중력 발견에 필적할 정도로 물리학의 패러다임을 바꾼 발견이었다. 그는 모든 사람의 존경을 받았으나 왕립 아카데미 회장직을 두 번이나 사양하고 기사 작위까지 고사하며 겸손함을 잃지 않았다. 말년의 그에게 빅토리아 여왕이 직접 웨스트민스터 사원의 뉴턴 옆자리를 묘지로 제안했으나, 그는 끝까지 거부하여 결국 런던 하이게이트 공동 묘지에 묻혔다.

패러데이가 죽은 해, 카를 마르크스는 런던에서 『자본론』을 출판했다.[2] 마르크스의 친구이자 동지이며 후원자인 프리드리히 엥겔스는 줄이 양조업자로 활동하던 맨체스터에서 방직업으로 큰돈을 벌고 있었다. 독일에서 꽤 성공한 사업가의 아들로 태어난 엥겔스는 당시 산업화의 최첨단을 걷고 있던 영국 맨체스터로 건너가 아버지의 사업을 확장했다. 급속히 진행된 산업의 기계화는 인류 사회 전반을 완전히 뒤바꾸고 있었으며, 이는 1832년 찰스 배비지의 책 『기계와 생산의 경제학에 대하여』가 등장하게 된 배경이다. 맨체스터에서 직접 기계화된 공장을 운영하던 엥겔스는, 정치 투쟁에만 집중하던 친구 카를 마르크스에게 먹고사는 문제가 중요하다며 경제학으로의 방향 전환을 권유한다.

엥겔스는 마르크스에게 보낸 편지에서 같은 시기 맨체스터에서 활동하던 동년배 사업가 줄의 성과에 대해 언급한다. 이들은 줄의 실험이 열, 운동, 전기, 자기 등 다양한 에너지와 힘이 서로 다른 형태로 바뀌기도 하고 상호 전환되기도 한다는 사실에 주목했다. 이후 엥겔스와 마르크스는 자신들의 경제학에 줄의 성과를 반영하여, 노동이 상품이 되고 상품이 화폐가 되고 화폐가 상품으로서의 노동을 구매하는 과정을, 보존량으로서의 '가치'가 형태를 바꾸어 가며 전환된다는 물리학적 개념으로 분석한다. 이렇게 하여 카를 마르크스의 최초의 경제학 저술인 『정치 경제학 비판을 위하여(*Zur Kritik der Politischen Ökonomie*)』가 1859년에 출판된다. 이 책이 엄청난 반향을 일으키며 순식간에 매진되자 고무된 마르크스는 이 책을 확장하여 새로운 책을 저술한다. 이것이 바로 1867년의 『자본론』이다.

　엥겔스와 마르크스 경제학의 핵심은 애덤 스미스와 데이비드 리카도(David Ricardo)가 주장한 '노동 가치설'을 비판한 '잉여 가치설'이다. 잉여 가치설에서 노동(labor)과 노동력(labor power)은 구분되어, 자본가는 노동력을 구매하고 노동자는 노동을 공급한다. 우리가 몇 마력 혹은 몇 킬로와트(kW)의 출력을 가진 엔진이나 세탁기를 구매하지만, 엔진과 세탁기는 이 동력에 시간을 곱한 킬로와트시(kWh)의 일(Joule, J)을 우리에게 제공하는 것처럼 말이다. 이러한 노동과 노동력의 구분은, 같은 시기 동년배 사업가 줄의 연구를 잘 알던, 맨체스터에서 줄과 마찬가지로 노동자를 고용하고 기계로 돌아가는 공장을 운영하고 있던 자본가 엥겔스의 관점이 그대로 반영된 것이다. 이처럼 잉여 가치설의 핵심은 사용자가 구매한 '동력'과 실제 수행되는 '일'이 동일한 물리량이 아님을 정확히 파악하는 것이었다. 이후 잉여 가치설에 기반한 마르크스주의 이론과 실천은 '노동 시간'을 둘러싸고 전개된다.

『자본론』에서 이런 관점을 가장 잘 보여 주는 대목이 "시니어의 최후의 1시간"이다. 19세기 공장법에서 1일 노동 시간은 11.5시간이었는데, 노동 운동에서는 1일 노동 시간을 10시간으로 줄이기를 요구하고 있었다. 이에 맨체스터 공장주들은 케임브리지 교수였던 나소 시니어(Nassau W. Senior)에게 의뢰하여 노동자들의 요구를 비판하는 논문을 발표한다. 요지는 이렇다. 11.5시간의 하루 노동에서 이윤에 해당하는 부분을 시간으로 환산하면 1시간 노동이므로, 이윤은 '최후의 1시간'에 생성되고, 따라서 노동 시간을 10시간으로 줄이면 이윤은 없어진다는 것이다. 누가 봐도 엉뚱한 논리이지만 단위 시간당 노동이라는 '노동력' 개념이 없다면 어떤 일이 벌어지는지를 잘 보여 주는 예이다.

참고로, 마르크스의 원저작물에서 노동력은 영어로는 'power'로 표시되었지만, 독일어로는 '힘'이라는 뜻인 'kraft'로 표기되어 있다. 이는 힘의 단위 '뉴턴(Newton)', 일의 단위 '줄(Joule)', 일률의 단위 '와트(Watt)'가 체계적으로 잘 정립되어 있지 않았던 당시 과학계의 상황을 반영하는 것이다. 당시 에너지와 힘은 여전히 많은 학자에 의해 혼동되고 있던 시점이었고, 헬름홀츠조차 자신의 '에너지 보존 법칙'에서 에너지를 'kraft'로 표기했다. 이 혼동은 나중에 켈빈 경이 해결해 주었다.

18장
에테르, 다시 문제는
저항과 보텍스

1803년 왕립 연구소의 스타 강사였던 영국 의사 토머스 영이 빛의 간섭 실험을 발표하자 오랜 기간 지속했던 빛의 입자-파동 논쟁은 종지부를 찍고, 학계의 대세는 파동설로 돌아선다. 빛의 입자-파동 논쟁의 시작은 뉴턴과 하위헌스의 논쟁이었다. 파동설을 지지하던 하위헌스가 빛의 간섭 현상을 입증하지 못하자, 빛이 입자라는 뉴턴의 입자설이 훨씬 설득력 있게 받아들여졌다. 이후 뉴턴 역학이 대세가 되어 빛의 파동설이 잊혀지던 와중에 토머스 영의 간섭 실험이 성공한 것이다. 하지만 당시까지 파동 이론은 반드시 매질이 필요했다. 따라서 우주를 채우는 가상의 매질인 에테르가 다시 등장하며, 행성 운행의 원리에 대한 논쟁이 또다시 불붙게 된다.

애초에 데카르트가 행성의 움직임을 설명하며 도입한 것이 바로 이 에테르의 유체 유동인 보텍스였다. 하지만 1687년 뉴턴의 『프린키피아』가 유동 저항이라는 개념으로 보텍스 이론을 무너뜨리자, 행성 운행의 동력으로서의 에테르의 보텍스는 잊혀졌다. 대신 뉴턴 역학은 데카르트가 주장한 직접 충돌을 통한 힘의 전달을 받아들여, 중력을 포함한 모든 자연의 힘을 전달하는 매개체로서 에테르 존재 자체는 인정했다. 이는 뉴턴이 주장한 빛의 입자설과 배치되지 않았다.

달랑베르에서 시작한 퍼텐셜 유동이 라플라스, 라그랑주, 푸아송을 거치며 중력 퍼텐셜에 이어져 중력의 역제곱까지 퍼텐셜 유동으로 설명되면서, 이제 행성 운행과 에테르의 역할은 다 밝혀진 듯 보였다. 하지만 토머스 영의 실험으로 다시 빛이 파동이 되면서, 매질인 에테르와, 에테르 사이를 운행하는 행성의 유동 저항의 설명에 모순이 생긴다. 여기서 19세기 과학계의 핵심 이슈가 떠오른다.

∞

1822년 유체 저항을 최초로 운동 방정식에 도입한 나비에의 점성 유체 방정식이 주목받게 된 것은 의사 푸아죄유의 혈관 유동에 대한 연구 때문이었다. 콩트의 대학 동기 푸아죄유는 1816년 에콜 폴리테크니크가 폐쇄되자 콩트와 마찬가지로 진로를 바꾸어 의대에 진학, 의사의 길을 걷게 된다. 하지만 그는 여전히 수학과 물리학에 계속 관심을 가졌고, 「심장 대동맥의 힘에 대한 연구(Recherches sur la Force du Coeur Aortique)」로 1828년 의학 박사 학위를 받는다. 그는 이 논문에서 혈압과 혈액 유동에 대한 연구를 수행하는데, 여기서 '혈류 유체 역학(hemodynamics)'이라는 학문이 탄생한다. 푸아죄유는 현재도 사용하고 있는 현대식 수은주 혈압계를 최초로 발명했고, 혈압의 단위로 수은주 밀리미터(mmHg)를 사용하는 것도 그의 업적이다.

혈류 유동에 관한 오랜 연구 끝에 1838년 푸아죄유는 일정한 압력 차가 주어질 때 원관의 지름에 따른 유량의 변화를 기술한 '푸아죄유의 법칙(Poiseuille's law)'을 발표한다. 의사 베르누이 역시 혈류 유동 연구로 소멸하지 않는 유체 운동의 보존량으로 베르누이 법칙을 유도했지만, 이는 압력과 속도에 대한 것으로 정작 혈액의 유량에 대한 정보는 제대로 표현할 수가 없었다.

푸아죄유의 법칙은 주어진 압력 차에서 유량은 지름의 네제곱에 비례한다는 것으로, 물리적 의미는 상당하다. 예를 들어, 심장 대동맥의 지름이 6밀리미터라고 할 때 콜레스테롤에 의해 혈관 벽에 0.5밀리미터 두께의 노폐물이 쌓인다고 가정하면, 지름은 5밀리미터로 줄어든다. 이렇게 되면 유량은 $(5/6)^4 = 0.48$, 즉 거의 절반이 줄어든다. 따라서 유량을 회복하려면 혈압이 무려 2배로 증가해야 한다는 것을 의미한다. 이러한 놀라운 결과는 비점성 이론으로서는 절대 예측할 수 없는 것이다.

이처럼 의사 푸아죄유의 관심은 혈압의 변화와 혈관 지름의 변화에 따른 혈액 유동이었다. 그는 미세한 혈관들을 모사하기 위해 작은 유리관들을 만들어 실험했고, 가장 작은 유리관의 지름은 불과 0.015밀리미터(머리카락 굵기의 5분의 1)였다. 비점성 이론과 달리 무려 지름의 4제곱에 비례하여 유량이 줄어드는 것은 유체의 점도 때문이다. 사실 푸아죄유가 처음 이 결과를 발표했을 때 그는 점도를 몰랐고, 점도 μ는 그냥 상수 K로만 표기했다. 이후 조지 가브리엘 스토크스(George Gabriel Stokes)의 연구에서 이것이 1822년 나비에 유체 방정식의 점도라는 것이 밝혀지면서 비로소 점성 유체 방정식이 알려지기 시작했다. 이러한 공로로 푸아죄유의 이름에서 따온 '푸아즈(poise, P)'를 점도의 CGS 단위로 사용한다. 푸아죄유는 자신의 업적으로 파리 과학 아카데미 회원이 될 것을 간절히 바랐으나, 1869년 그가 사망할 때까지 받아들여지지 않았다.

∞

1819년 영국의 성직자 가문에서 태어난 스토크스는 어릴 때부터 종교적인 교육을 받고 1837년 케임브리지에 입학한다. 1841년 최우등으로 졸업 후 연구원(fellow)으로 케임브리지 대학교에서 연구 생활을 시작할 무렵, 그의 첫 번째 관심사는 파동으로서의 빛의 본질과 그 매질일 유체 에테르였다. 당시 에테르 유동이 이슈가 되었던 이유는 빛의 파동설에 있어 가장 큰 난제였던 광행차(光行差, aberration) 때문이었다.

광행차는 1729년 영국의 제임스 브래들리(James Bradley)가 관찰한 것으로 우주 저 멀리 있는 별의 위치가 계절별로 다르게 보이는 현상이다. 발견 당시 이는 빛의 입자설을 뒷받침하는 가장 강력한 근거였다. 달리는 관측자에게는 빗방울은 마치 기울어져 떨어지는 것처럼 보이고, 기울어지는 방향은 관측자의 상대적인 운동 방향에 따라 달라진다. 별빛을 이러한 빗방울의 운동처럼 입자의 운동으로 이해하면 계절별로 바뀌는 광행차가 쉽게 이해될 수 있었다. 하지만 빛이 파동이라면 에테르의 유체 유동과 광행차를 연결하여 설명하기가 쉽지 않다.

당시 학자들은 절대 정지 상태의 에테르로 채워진 공간에 행성이 지나가므로 행성과 에테르 사이에 상대 속도가 있다고 생각했다. 하지만 스토크스는 에테르가 정지 상태가 아니라 행성과 같이 움직여 둘 사이에 상대 속도는 없다고 생각했다. 그는 에테르가 행성에 이끌려 같이 움직인다는 것을 이론적으로 설명하기 위해서 오일러의 비점성 방정식에 뉴턴의 점도를 도입하여 점성 항을 추가한다. 이는 광행차 논쟁에서 가장 획기적인 수학적 시도였다. 1822년 나비에가 이미 오일러 방정식에 점성 항을 추가한 새로운 유체 방정식을 제시했지만, 스토크스는 이를 알지 못한 채 1842년부터 독자적인 유체 방정식을 유도한다. 이는 오직 에테르의 유체 유동을 지배하는 역학 법칙을 규명하기 위해서였다.

그는 곧 이 새로운 방정식이 나비에의 방정식과 같은 형태임을 알게 되었다. 하지만 자신의 접근 방식이 훨씬 수학적으로 정교했기에 발표를 결심하고 1845년 학회에 제출한다. 「운동 중인 유체의 내부 마찰과 탄성 고체의 평형 및 운동의 이론에 대하여(On the Theories of the Internal Friction of Fluids in Motion, and of the Equilibrium and Motion of Elastic Solids)」라는 제목의 이 논문에서 스토크스는 공기와의 마찰로 진자 운동이 유지되지 못하지만, 비점성 유체 방정식으로는 이를 기술하지 못한다고 지적하며 나비에-스토크스 방정식을 완성한다. 이 논문과 거의 동시에 스토크스는 당시 빛의 파동설에서 가장 큰 난제였던 광행차 문제에 대한 이론도 발표한다. 스토크스가 유체 역학에 손을 댄 이유는 나비에와 달리 빛과 행성 운동에 대한 당대의 논쟁 때문이었음을 여기서 알 수 있다. 곧이어 스토크스는 푸아죄유의 법칙이 나비에-스토크스 방정식에서 수학적으로 유도됨을 보였다.

1845년의 이 두 논문은 학계에서 센세이션을 불러일으켰고, 스토크스는 단숨에 대가의 반열에 올라선다. 1849년 스토크스는 케임브리지의 보수적인 분위기에 자리를 박차고 나간 찰스 배비지의 뒤를 이어 케임브리지 루카스 석좌 교수가 되었다. 스토크스는 1903년까지 무려 54년 동안 이 자리를 유지하는데, 역대 루카스 석좌 교수 중 가장 오래 재임한 인물이다.

1851년 스토크스는 자신의 광행차 이론을 보다 구체화하기 위해 에테르는 매우 점도가 높은 '끈적끈적한 유동(creeping flow)'이라고 가정하고, 행성과 같이 생긴 구 형상의 물체가 움직이며 받는 저항을 나비에-스토크스 방정식에서 이론적으로 구한다. 이것이 '스토크스 법칙(Stokes' law)'으로, 이로써 1752년의 달랑베르의 역설이 100년 만에 완전히 극복되어 유체 속에서 움직이는 물체의 저항이 최초로 이론적으로 구해졌다. 스토크스 법칙은 대기 중에서 움직이는 작은 알갱이의 움직임을 잘 예측하므로 오늘날 미세 먼지 연구에서 핵심적인 역할을 한다. 이 시기 스토크스는 에테르를 관통하는 빛의 본질에 대한 연구도 병행하여 이후 회절이나 형광 현상, 편광 등에 대한 연구를 계속 발표한다.

∞

1850년, 19세의 제임스 클러크 맥스웰이 스코틀랜드 에든버러 대학교를 떠나 케임브리지 대학교에 입학한다. 이미 에든버러 대학교

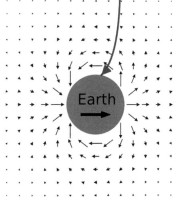

스토크스와 그의 광행차 이론을 도식화한 그림. 파동으로서의 빛의 본질이 연구되면서, 종파 (longitudinal wave)인 음파와 달리 빛은 편광 현상이 관측되는 횡파(transverse wave)임이 밝혀진다. 종파는 유체 매질인 공기에서 잘 설명이 되지만 횡파는 고체와 같은 탄성 매질이 필요하므로 빛의 매질인 에테르의 본질이 과연 유체인지 고체인지 미궁에 빠진다. 이를 해결한 스토크스의 이론은 거시적으로 에테르는 탄성체이지만, 점성에 이끌리는 행성 주위의 에테르만 부분적으로 유체가 된다는 것. 그림은 행성이 움직이며 발생하는 에테르의 점성 끌림이 어떻게 광행차를 만드는지 보여 준다. 1868년, 빛을 전자기파로 생각한 맥스웰은 대선배 스토크스가 말한 에테르의 이중성, 즉 점성 유체(viscous fluid)와 탄성 유체(elastic fluid)의 이중성을 하나의 유체 모형으로 결합한다. 이 것이 맥스웰 유체(Maxwell fluid)이다. 여기서 고분자 역학을 탄생시키는 점탄성(visco-elastic) 유체 역학이 시작되었으며, 뉴턴 유체(Newtonian fluid)와 구분되는 비뉴턴 유체(Non-Newtonian fluid)의 출발점이 되었다.

시절 논문을 발표했던 그는 케임브리지에 입학하자마자 비밀 엘리트 모임인 '사도들(Apostles)'에 가입한다.[1] 이 무렵 맥스웰은 만난 적이 있던 고향 선배 켈빈 경이 전자기력을 수학적으로 표현하려 한다는 것을 알게 된다. 당시 켈빈 경은 1845년 패러데이에게 보낸 편지에 언급한 전자기 유도 법칙과 푸리에의 열전도 이론의 '유사성(analogy)'

윌리엄 톰슨, 즉 켈빈 경.

을 더욱 발전시키고 있었다. 그는 1845년 스토크스의 나비에-스
토크스 방정식 논문이 자신의 이론 전개에 매우 중요한 수학적 요
소들을 담고 있음을 발견한다. 이에 켈빈 경은 1847년에 펴낸 논
문 「전기력, 자기력과 갈바니 힘에 대한 역학적 표현(On a Mechanical
Representation of Electric, Magnetic, and Galvanic Forces)」에서 1845년의
나비에-스토크스 방정식을 언급하며 유체 방정식을 이용해 전자기
력을 기술할 것을 제안한다. 켈빈 경의 이 논문은 맥스웰이 이후 10
여 년에 걸쳐 전자기 유도 현상에 대한 지배 방정식을 유도하는 데 결
정적인 영향을 미친다.

　패러데이의 전자기 유도에 대한 포괄적이고 체계적인 실험으로 전
자기력을 이용한 전신이 보편화되었다. 하지만 수학이 약점이던 패러

데이는 자신이 발견한 전자기력에 대해 이론적인 설명을 전혀 내놓지 못했다. 대신 패러데이는 '역선'이라는 물리적 개념을 제시했다. 중력과 마찬가지로 직접 닿지 않고 작용하는 전자기력을 설명하기 위해 다시 매개체로 에테르가 도입되고, 처음으로 '장'이라는 개념이 물리적으로 등장한다. 그러나 패러데이의 역선은 물리적으로만 이해될 뿐 수학으로 표현할 방법이 없었다. 이때 패러데이와 계속 교류하며 이론화 작업을 추진하던 켈빈 경의 1847년 논문이 맥스웰의 눈에 들어온다.

1855년 맥스웰은 「패러데이의 역선에 대하여(On Faraday's Lines of Force)」에서 전자기력에 대한 최초의 체계적인 수학적 접근을 시도한다. 이 논문의 첫 장 「비압축성 유동의 이론(Theory of the Motion of an Incompressible Fluid)」은 스토크스와 켈빈 경을 언급하며 당시까지 물리 현상에 대한 수학으로는 가장 최첨단이던 유체 방정식에서 개념들을 빌어 전자기력의 수식화를 시작한다고 선언한다. 우선 유체의 물리적 개념들을 전자기 현상에 적용했다. 전류를 발생시키는 전위차는 유동을 발생시키는 압력 차로 이해되어 '전압(electric pressure 또는 tension)'이라는 용어가 탄생하고, 나중에 '볼트(voltage)'라고 부르게 된다. 또한, 전압 차로 발생하는 유동을 방해하는 요소는 유체 유동을 방해하는 '저항(resistance)'으로 해석되었다.

이처럼 전자기 현상을 유체 유동으로 바꾸어 이해하면, 속도 퍼텐셜에 대해 수직으로 배열하는 '유선'으로 패러데이의 '역선'을 이해할 수 있다는 켈빈 경의 추론이 수학적으로 가능해진다. 또한, 전자기력

유체 방정식에서 출발해 전자기력을 통합적으로 설명하는 방정식을 발견해 낸 제임스 클러크 맥스웰.

의 역제곱 법칙 역시 중력 방정식과 마찬가지로 퍼텐셜 유동 방정식으로 설명된다. 그리고 패러데이가 주장한 역선의 빼곡한 정도가 전자기력의 강도를 결정한다는 내용은 유체 유동에서 보편적으로 사용되던 '플럭스(flux)'로 대체되어 이해되었다. 상당한 분량의 이 논문에서 맥스웰은 탄성체인 고체와 점성 유체를 연결하여 전체 방정식을 통합할 원대한 포부를 밝히며 마무리하는데, 실제로 6년 뒤 전자기 이론 전체를 포괄하는 기념비적인 논문이 탄생한다.

1861년 맥스웰은 「물리적인 역선에 대하여(On Physical Lines of Force)」에서 전자기력에 대한 수학적 이론을 전개한다. 열유체 방정식들의 수학적 표현들과 물리적 개념들이 다시 도입되어, 전자기 유도 현상을 설명하기 위해 '유사성'이라는 개념이 제시된다. '유사성'이란 두 물리 현상에 공통점이 있다면 같은 방정식으로 표현할 수 있다는 것이다. 즉 열유체 현상과 전자기 현상의 공통점을 이용하여 열유체 방정식으로 전자기 현상을 표현하는 것을 말한다. 맥스웰은 부분부분 존재하던 전자기 유도에 대한 여러 법칙들을 패러데이가 실험적으로 제시한 '역선'과 결합한다. 맥스웰은 이를 위해 당시까지 전기, 자기 등에 대해 개별적으로 이루어진 수학적 성과들, 즉 존 미셸과 프리스틀리로부터 시작된 쿨롱의 법칙과 앙페르의 법칙, 그리고 가장 최신 이론인 가우스 법칙들을 연결하여 통합적인 방정식을 만들고자 하는데, 1861년의 연구는 그 시작이었다.

맥스웰은 패러데이의 '역선'과 '장'의 개념을 결합하기 위해 또 다른 유체 유동의 개념을 도입한다. 그것은 바로 에테르의 보텍스였다. 데카르트의 보텍스가 거시적인 행성 운동과 관련이 있다면, 맥스웰의 보텍스는 분자 수준의 미시적인 보텍스였다. '분자 보텍스(molecular vortex)'는 1847년 켈빈 경의 논문에서 도입한 개념 중 하나였다. 빛의 파동설로 에테르의 입지가 강화되자 켈빈 경은 물질의 구성 요소로 분자 보텍스에 대한 이론을 전개하고, 이는 열역학에서 칼로릭 유동을 대체하는 연구로 활발히 진행되고 있었다. 1856년 켈빈 경은 자신의 제안으로 패러데이가 발견한 '광자기 현상'을 분자 보텍스로 설명하고, 이때까지 소용돌이로만 이해되던 보텍스의 물리적 개념을 1858년 헬름홀츠가 수학적으로 엄밀화하면서, 맥스웰은 분자 보텍스를 적극 수용하게 된다.

맥스웰은 분자 보텍스들이 연결된 역선이 장을 구성하는 것으로 생각했다. 그는 여기에 퍼텐셜을 도입하여 전기장과 전류, 자기장 등을 설명하던 기존의 여러 수학적 표현들을 연결하여 거대한 이론 체계를 만든다. 이렇게 만들어진 것이 '맥스웰 방정식(Maxwell's equations)'이다. 이 방정식은 훨씬 엄밀한 수학 이론을 채택한 라그랑주 역학 체계로 서술된다. 이로써 1865년 불멸의 저작 『전자기장의 역학적 이론(*A Dynamical Theory of the Electromagnetic Field*)』이 탄생한다. 여기서 맥스웰은 전자기 현상을 에테르로 채워진 공간을 이동하는 파동으로 보았고, 이를 전자기파라 불렀다. 그 속도는 빛의 속도와 같았다. 이제 공간으로서의 '장'의 개념은 물리적 법칙을 매개하는 실체가 되었다. 이후 우주를 가득 채운 유체로 믿었던 에테르의 존재를 실험적으로 증명하려는 시도가 계속된다. 여기서 시간과 공간을 결합한 상대성 이론이 탄생하게 된다.[2]

∞

열유체 방정식을 응용해 수학과 물리학의 난제를 푼 사례로 맥스웰 방정식만 있는 게 아니다. 2000년 클레이 수학 연구소는 이제 막 시작된 21세기에 해결해야 할 7개의 수학 난제를 제시한다. 이를 '밀레니엄 문제(Millennium Prize Problems)'라고 하고, 그중 하나가 바로 1845년 스토크스에 의해 완성된 나비에-스토크스 방정식이다. 2002년 러시아 수학자 그리고리 페렐만(Grigori Perelman)은 「리치 유동에 대한 엔트로피 방정식과 기하학적 응용(The Entropy Formula for the Ricci Flow and Its Geometric Applications)」이라는 제목의 논문에서 밀레니엄 문제 중 하나인 '푸앵카레 추측(Poincaré conjecture)'을 풀었다고 주장한다. 푸앵카레 추측은 위상 수학 문제였지만, 논문의 제목에서 알 수 있듯이, 페렐만은 맥스웰과 마찬가지로 유사성을 도입하여 푸리에의 열전달 방정식과 유체 방정식을 위상 수학에 적용한다. 여기서 그는 다시 열역학 개념인 엔트로피에 연결하여 푸앵카레의 추측을 해결한 것이다. 이러한 열유체 방정식에 익숙하지 않던 주류 수학계는 처음에 잘 이해하지 못했다. 무려 3년이나 걸린 검증 끝에 최초로 풀린 밀레니엄 문제로 공식 인정되었으나, 페렐만은 수상을 거부했다. 현재 밀레니엄 문제 중에서 유일하게 푸앵카레 추측만 해결되었고, 페렐만은 나비에-스토크스 방정식에 도전하고 있다고 전해진다.[3]

19장
작은 배와 큰 배

1806년 프랑스 출신 엔지니어의 아들로 영국에서 태어난 이점바드 킹덤 브루넬(Isambard Kingdom Brunel)은 1820년 아버지의 바람에 따라 프랑스 유학길에 오른다. 브루넬의 아버지는 프랑스 혁명 당시 장교였다. 공포 정치의 소용돌이 속에서 그는 왕당파 편에 섰다가 처벌을 받을 위기에 처하자 탈출을 감행한다. 그에게는 영국 출신의 애인이 있었다. 급박한 탈출 순간에 둘은 떨어져 애인만 홀로 체포되어 수감된다. 일단 미국으로 망명한 그는 우연히 영국 정부가 도르래 수급에 문제를 겪고 있다는 이야기를 듣고 무작정 런던으로 가서 도르래 공장을 차려 큰 성공을 거둔다. 같은 시기, 그의 애인 역시 로베스피에르가 몰락하자 프랑스에서 수감 생활을 마치고 고향 영국으로 돌아간다. 여기서 극적으로 만난 두 사람은 결혼하고, 이렇게 낳은 아들이 19세기 영국 최고의 엔지니어라고 불리는 브루넬이다. 아버지는 아들이 고국 프랑스로 돌아가 에콜 폴리테크니크에 들어가기를 원했으나 외국인은 입학이 허가되지 않았다. 대신 브루넬은 당대 최고의 엔지니어이자 시계 장인 아브라함루이 브레게(Abraham-Louis Breguet)의 문하생이 되었다.

영국으로 돌아온 브루넬은 1825년 아버지가 시작한 템스 강 터널 프로젝트에 투입된다. 템스 강 하저를 뚫는 이 프로젝트는 원래 비운의 엔지니어 리처드 트레비식이 시작했다. 하지만 지반이 워낙 연약해 기술적 어려움으로 중단되었다가 브루넬의 아버지가 이를 다시 추진한 것이다. 브루넬 부자는 굴착 전면에 '쉴드(shield)'라는 강철 구조물로 연약 지반을 버티며 앞으로 진행하는 '쉴드 공법'을 최초로 개발한다. 오늘날 수많은 토목 공사에 응용되고 있는 이 공법으로 터널이 완성되었고, 이 업적으로 브루넬은 영국 사회의 주목을 받는다. 브루넬이 더욱 유명해지게 된 것은 1831년의 클리프턴(Clifton) 교량 덕분이다. 이 다리 역시 기술의 난제로 여러 해 동안 건설이 중단되어 있었다. 여기에 브루넬은 철제 현수교를 대안으로 성공시켜 유망 엔지니어로 자리매김한다.

당시 영국에서는 철도망 건설을 국가적 사업으로 진행하고 있었다. 1833년 불과 27세의 브루넬은 이 사업을 추진하던 그레이트 웨스턴 철도(Great Western Railway)의 수석 엔지니어가 된다. 여기서 브루넬은 막 옥스퍼드를 졸업하고 입사한 신출내기 엔지니어를 만난다. 그가 바로 윌리엄 프루드이다.[1] 브루넬의 추진력과 프루드의 수학적 분석을 결합한 두 사람의 시너지는 스티븐슨 이후 영국이 무려 3,200킬로미터의 철도망을 10년 만에 건설하는 데 결정적인 공헌을

한다.

1836년 브루넬은 또 다른 대형 프로젝트를 추진하는데, 그것은 대서양 횡단 증기선을 건조하는 것이었다. 무려 77미터의 길이로 당시 세계 최대 크기의 증기선인 그레이트 웨스턴(Great Western) 호의 건조에 사람들의 이목이 쏠렸다. 19세기 증기선의 연료 소비량은 항속 거리와 직결되는 중요한 문제였다. 바람과 노를 이용한 전통적인 범선과 달리 석탄을 사용하는 증기선의 경우, 목적지에 도달하기 전에 연료를 소비해 버리면 바다 한가운데서 오도 가도 못하게 된다. 이러한 이유로 초기의 증기선은 만약을 대비해 돛을 유지한 채 만들어졌다. 또한 장거리 항해를 위해 연료 보급 기지가 중요해지자 서구 열강들이 아시아 각국에 대한 개항을 요구했다. 하지만 엄청난 연료를 소비하는 대형 선박의 건조는 결코 만만한 일이 아니었다. 여기서 선박의 유체 저항은 증기선의 연비를 결정하는 핵심적인 이슈로 부각된다. 브루넬은 기존의 연구 결과들을 분석하여 선박의 저항은 크기에 정비례하지 않는다는 것을 알게 된다. 선박의 크기가 2배가 되더라도 연료의 소비는 2배보다 작았다. 따라서 항속 거리를 늘리는 데는 대형 증기선이 유리했기에 그레이트 웨스턴 호를 추진한 것이다.

같은 해, 브루넬은 런던의 유명 음악가 윌리엄 호슬리(William Horsley)의 딸과 결혼한다. 윌리엄 호슬리는 멘델스존이 「한여름 밤의 꿈」을 초연도 하기 전에 이미 집에서 같이 연주할 정도로 멘델스존의 절친이었다. 또한 페러데이를 발굴한 윌리엄 댄스(William Dance)와 함께 1813년 로열 필하모닉 소사이어티를 창립한 인물이다.

1838년 브루넬의 계산대로 그레이트 웨스턴 호가 성공적인 첫 대서양 횡단 항해를 마치자 브루넬은 더욱 큰 증기선에 도전한다. 이것이 1845년 첫 항해에 나선 그레이트 브리튼(Great Britain) 호로 길이가 무려 98미터에 달했다. 이 무렵 프루드는 병세가 심해진 아버지의 간호를 위해 고향 집으로 내려간다. 고향에서 쉬던 그는 선박의 저항을 측정하기 위해 사용되던 모형 실험에 관심을 가진다.

달랑베르와 보슈 이후 여러 학자들이 시도했던 선박 모형 실험은 실제와 잘 맞지 않는다는 것이 널리 알려져 있었다. 증기선의 탄생 이후 선박의 크기가 비약적으로 커지면서 모형 실험과의 차이는 더 크게 벌어졌다. 이에 프루드는 멘토 브루넬과 계속 교신하며, 집에서 홀로 선박의 모형 실험을 하며 이러한 차이를 유발하는 원인을 집중 연구한다.

∞

1848년 전 유럽을 휩쓴 혁명의 여파로 빈 체제가 붕괴하자, 유럽은 나폴레옹 전쟁 이후 수십 년간 지속되던 평화의 시대가 끝나고 전쟁의 기운이 감돈다. 이런 가운데 19세기 들어 오스만 제국이 급격히 약해지자 호시탐탐 부동항을 노리던 러시아가 흑해로부터 남하하기 시작한다. 이에 지중해 해상권을 장악하고 있던 영국이 러시아에 맞서고, 1851년 쿠데타로 황제에 오른 나폴레옹 3세는 지식인들에게 무시당하던 자신의 약한 정치적 입지를 만회하려고 영국과 연합한다. 나폴레옹 3세의 지지 기반은 여전히 나폴레옹 시절을 동경하던 농민과 도시 빈민이었다. 나폴레옹 3세는 국내의 정치적 위기를 타개하려고 나폴레옹 흉내를 내며 해외 원정에 참여한다. 이로써 나폴레옹 전쟁에서 같은 편이었던 영국과 러시아가 적이 되고, 적이었던 영국과 프랑스가 같은 편이 되는 크림 전쟁이 1853년 발발한다.

크림 전쟁은 인류사에서 한 번도 볼 수 없었던 양상으로 전개된다. 철도의 발달로 도보 행군과는 비교도 할 수 없이 짧은 시간에 대량 병력 조달이 이루어진다. 여기에 산업 혁명이 가져온 대량 살상 무기의 발전이 더해지며 순식간에 수십만 명이 사망하는 참극이 발생한다. 당황한 영국 정부는 패러데이에게 도움을 청해 화학 무기의 개발까지 추진하지만, 패러데이는 완곡하게 거절한다. 철도와 증기선이 가져온 대량 병력의 동원에는 전신의 발달도 큰 역할을 한다. 전선의 소식은 당일 본국에 알려지며 수뇌부는 즉시 추가 병력 동원에 나설 수밖에 없게 되었다. 또한, 사진 보도가 최초로 이루어져, 실시간으로 전해지는 전황의 뉴스를 통해 국민의 애국심을 자극했다. 불리한 전황이 거듭되자 전신의 힘을 깨달은 러시아는 독일의 지멘스에 의뢰하여 크림 반도까지 급히 전신선을 깔기 시작한다. 이를 통해 막대한 부를 쌓은 지멘스는 대기업으로 발돋움한다. 하지만 러시아는 패배하고, 러시아의 군수 업자였던 알프레드 노벨(Alfred Nobel)의 아버지는 파산했다. 하는 수 없이 가족들과 스웨덴으로 돌아간 노벨은 이후 새로운 화약 다이너마이트 개발에 몰두한다. 한편, 이러한 대량 인명 피해의 참상 속에서 나이팅게일이 등장하고, 그녀의 호소로 영국 정부는 야전 병원을 추진한다. 이 프로젝트를 브루넬이 맡게 되었다. 이로써 사상 최초로 철저한 소독과 위생 관리가 가능한 야전 병원이 탄생하고, 이 새로운 개념의 병원에서 영국군 사상자가 급속히 줄어들자 이후 서구의 모든 병원이 이 방식을 채택했다.

∞

이 무렵 브루넬은 또 다른 초대형 증기선 프로젝트를 추진한다. 길이가 무려 211미터에 달하는 이 증기선 프로젝트는 브루넬로서도 엄청난 부담이었기에 고향에서 쉬고 있던 프루드를 불러들인다. 현장에 복귀한 프루드는 그동안 개발한 모형 실험으로 당시 대형 선박에 가장 큰 걸림돌이었던 조파 불안정성을 해결하며 브루넬에게 큰 도움을 준다. 이렇게 탄생한 그레이트 이스턴 호가 1859년 첫 항해에 성공하여, 세계 최대의 증기선 기록을 수립하며 영국에서 오스트레일리아까지의 항해를 맡게 된다. 하지만 격무에 시달리던 브루넬은 1859년 그레이트 이스턴 호가 첫 항해를 하기 직전 사망하고 만다. 오늘날 그는 영국의 산업 혁명을 대표하는 엔지니어로 인식되고 있으며, 2002년 영국에서 실시된 존경하는 인물 조사에서 처칠에 이어 2위에 올랐다.[2] 한편, 그레이트 이스턴 호는 20세기가 될 때까지 세계 최대의 선박이었다. 이 선박은 엄청난 배수량과 항속 거리를 바탕으로 1866년 켈빈 경에 의해 완성된 해저 케이블을 설치하는 역할을 맡아, 영국의 전신망이 전 세계에 깔리는 데 큰 역할을 했다.

1863년 증기선의 연비 문제를 해결하기 위해 영국 과학 진흥 협회(BAAS)는 '선박 저항 위원회'를 구성해 선박 저항에 관한 체계적 연구를 시도한다. 여기에 학계의 거두가 된 스토크스와 켈빈 경을 비롯하여 윌리엄 존 매쿠온 랭킨(William John Macquorn Rankine)이 합류하고 엔지니어로는 프루드가 참여한다. 1820년 스코틀랜드에서 태어난 랭킨은 대학 입학 후 빛의 파동에 대한 논문으로 금메달을 딸 정도로 주목받던 학생이었다. 하지만 당시로는 드물게 학위를 마치지 않고 생계를 위해 바로 엔지니어 생활을 시작한다. 그가 택한 분야는 당시 가장 각광 받던 신성장 산업인 철도였다. 엔지니어로 여러 업적을 발표하며 학계의 주목을 받던 그는 1855년 켈빈 경이 근무하던 글래스고 대학교 교수가 되었다. 랭킨은 선배 교수 켈빈 경과 함께 보텍스 이론의 선구자였으며, 퍼텐셜 이론으로 선박 주위의 유동을 비점성으로 해석하여 선박 유체 분야에서는 이미 유명 인사였다.

수조 모형을 이용한 선박 저항 연구는 이미 18세기 프랑스에서 달랑베르와 보슈에 의해 이루어졌으나 모형 실험과 실제 결과가 잘 맞지 않았고 그 원인은 오리무중이었다. 19세기 들어 나비에-스토크스 방정식에 의해 유체의 점성에 대한 수학적 접근이 완성되고, 앙리 다르시와 아데마르 장 클로드 바레 드 생브낭 등에 의해 유체의 마찰 저항에 대한 실험들이 알려지자, 영국 과학 진흥 협회가 다시 한번 시도한 것이다. 그렇지만 기대와 달리 여전히 선박의 모형 실험은 잘 들어맞지 않았고, 위원회는 결국 선박 저항에 대해 회의적인 결론을 낸다. 실망한 프루드는 아들과 함께 독자적인 수조 실험을 추진한다. 이를 유심히 지켜보던 영국 해군성은 조용히 프루드를 지원한다. 크림 전쟁에서 영국 해군은 동맹이지만 잠재적 경쟁자인 프랑스의 증기선 군함이 상당한 수준으로 발전한 것을 보고 놀라고 있었다. 마침 프루드의 모형 수조 실험이 그레이트 이스턴 호에 성공적으로 적용된 것을 본 해군은 경쟁국과의 기술 격차를 위해 모형 실험에 관심을 가졌던 것이다.

1867년 프루드의 체계적인 모형 실험이 학계에 발표되자 비로소 모형 실험에 대한 부정적인 여론이 반전된다. 프루드는 수조 실험이 잘 맞지 않는 이유를 설명하기 위해 '조파 저항(wave resistance)'이라는 새로운 개념을 제시한다.[3] 1868년 프루드는 조파 저항을 결정하는 인자를 유도한다. 여기서 '프루드 수(Froude number)'라고 불리는 무차원수가 탄생했다. 유체 역학뿐 아니라 기타 물리 법칙에까지 널리 사용되는 모형의 '상사 법칙(相似法則, similarity law)[4]의 시작을 알리는 기념비적인 업적이다. 프루드 수는 나중에 오스본 레이놀즈와 루트비히 프란틀(Ludwig Prandtl) 연구의 기반이 되었으며, 유체 역학에서 가장 유명한 '레이놀즈 수(Reynolds number)'보다 먼저 탄생한 최초의 무차원수이다. 하지만 학계와 달리 업계에서는 의구심을 거두지 못하여, 프루드의 모형 실험은 실제 선박에서 전면적으로 활용되지는 못한다. 이때 영국 해군사에서 가장 비극적인 사건이 벌어지며 상황이 반전된다.

∞

1870년 운항한 지 불과 몇 개월 만에 최신 초대형 증기선 군함 캡틴(Captain) 호가 침몰하여 500명 승무원 거의 전원이 사망한다. 이미 세계 최대 선박 기록을 보유하며 수많은 선박을 운항 중인 영국으로서는 매우 충격적인 사건이었다. 책임 소재를 둘러싸고 엄청난 정치적 논쟁 끝에 사고 조사단이 꾸려지고, 여기에 다시 랭킨, 스토크

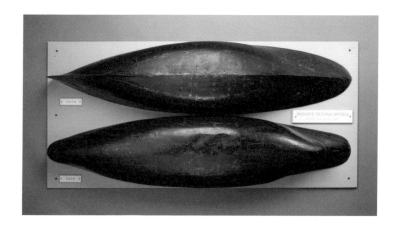

1867년 사용된 프루드의 수조 실험용 모형 선박. 당시까지 선박의 저항을 줄이기 위해서는 되도록 유선형이 되어야 한다는 인식이 지배적이었지만, 프루드는 수십 년간의 실험을 통해 유선형은 형상 저항을 줄이지만 조파 저항을 줄이는 데는 효과적이지 못하다는 것을 알고 있었다. 사진은 이를 체계적으로 보이기 위해 고안한 두 가지 형태의 모형으로, 위쪽이 까마귀(raven)라고 이름 붙인 전통적인 유선형 모형이고, 아래쪽이 전두부에 뭉툭한 형상을 가진 백조(swan) 모형이다. 프루드는 이 두 모형에 대한 실험으로 선박의 속도가 빨라질수록 백조 모형의 저항이 줄어듦을 보였다. 이로써 조파 저항의 중요성이 알려지게 되었으며, 이후 현대적인 선박 설계에 전두부의 뭉툭한 부분이 필수가 된다. 경험적으로 알려진 유선형이 아니라 상식에 어긋나는 뭉툭한 모양이 선박 설계에 도입된 것은, 물 위를 움직이는 백조는 까마귀와 다르다는 프루드의 자연에 대한 세밀한 관찰에서 비롯된 것이다. 프랭클린이 나뭇잎에서 영감을 얻어 추진한 지폐 도안과 마찬가지로 프루드의 선박 모형에 대한 실험 역시 자연 모사 기술 또는 생체 모방 공학의 응용이라고 할 수 있다.

스, 켈빈 경 및 프루드가 합류한다. 나폴레옹 전쟁을 겪으며 영국 정부는 해군력이 패권 유지의 핵심임을 잘 알고 있었다. 해군에 대한 예산 지원은 1830년 공공 부문 지출의 10퍼센트를 넘기 시작하여, 19세기 말에는 무려 20퍼센트가 넘을 정도로 정부 예산에서 해군 예산은 가장 큰 부분을 차지하고 있었다.

이들은 사고의 원인이 회전식 포탑을 설치하기 위하여 무리하게 감행된 구조 변경에 있다고 재빨리 결론 내리고 근본적인 해결을 위해 정부에 과감한 제안을 한다. 바로 프루드의 모형 수조 실험과 실제 선박 테스트를 비교하는 것이었다. 프루드의 건의에 따라 영국 정부는 1871년과 1872년에 걸쳐 이미 운행 중이던 선박 그레이하운드(Greyhound) 호의 축소 모형 실험과 실선 테스트를 비교한다. 놀랍게도 프루드의 상사 법칙이 잘 들어맞는 것이 증명된다. 이로써 선박 설계에서 수조 모형 실험이 대대적으로 도입되며, 19세기 후반 구축함 경쟁에서 영국 해군이 계속 우위를 유지하게 된다.[5]

20장
레볼루션과 에볼루션

　19세기 초, 영국은 절대적인 해군 우위를 유지하기 위해 전 세계로 군함을 파견하여 해도를 작성하는 작업을 광범위하게 펼친다. 지도 하나 없이 미지의 땅으로 떠나는 이 작업은 매우 위험한 것이었기에 선원들의 스트레스는 상당했다. 실제로 1826년 항해를 떠난 비글(Beagle) 호의 선장이 외로움과 우울증으로 1828년 자살하는 일이 발생한다. 마침 인근에 있던 선박의 장교 로버트 피츠로이(Robert FitzRoy)가 급히 대체 선장으로 임명되어 비글 호를 귀항시켰다. 1831년 다시 출항 명령을 받은 피츠로이는 선임자의 비극을 반복하지 않기 위해 어떻게 하면 몇 년간의 고독한 탐험을 견뎌낼 수 있을지를 궁리했다. 상당한 수준의 지식인이었던 그는 또래 학자를 동승시켜 새로운 자연 발견을 같이 해 나가며 기나긴 항해를 이겨 내기로 한다. 비글 호의 두 번째 탐험에 동반할 학자로는 케임브리지를 막 졸업한 찰스 다윈이 선택되었다.

1809년 태어난 찰스 다윈은 할아버지와 아버지의 뒤를 이어 3대째 의사가 되기 위해 1825년 의대에 입학하지만 도무지 적성에 맞지 않아 자퇴한다. 이어 1827년 케임브리지에 입학하지만, 케임브리지의 분위기에도 적응하지 못하고 방황하고 있었다. 이 무렵 그는 존 허셜의 '귀납 과학'을 접하면서 비로소 자신의 갈 길을 찾게 되고, 상당한 도전이었지만 비글 호의 탐험에 과감히 동승한다. 진보적 분위기의 가정에서 자라며 노예제에 반대하던 다윈은 이 항해에서 원주민 노예가 어떻게 취급되는지 직접 목격하고는 경악을 금치 못하고 선장 피츠로이와 크게 충돌하기도 한다. 하지만 두 사람은 곧 화해하면서 새로운 동식물과 지질 환경, 화석 등에 대한 자세한 기록과 수집을 함께하게 된다.

무려 5년에 걸친 탐험 기간 동안, 다윈은 항해 중에 틈틈이 자신이 관찰한 새로운 생물과 지질에 대한 기록들을 논문으로 투고한다. 전혀 알려지지 않았던 신기한 자연에 대한 체계적인 다윈의 연구들은 학계에 상당한 임팩트를 주게 된다. 비글 호가 귀국 항로에 접어들 무렵인 1835년 찰스 다윈은 이미 유명해져 있었다. 1836년, 영국으로 돌아가던 길에 잠시 정박한 남아프리카의 케이프타운에서 찰스 다윈은 존경해 마지않던 존 허셜을 만나게 된다. 밤새 이루어진 토론에서 다윈은 자신이 앞으로 하게 될 기념비적인 업적의 아이디어를 존 허셜로부터 얻게 된다. 당시 학계는 생물이 진화한다는 생각을 어렴풋이 가지고 있었다. 5년간의 탐험을 통해 수많은 자료를 모은 다윈은 자신의 스케치와 박제 등이 이를 뒷받침하는 핵심 자료들임을 허셜을 통해 알게 된 것이다.

유명 인사가 되어 귀국한 다윈은 각종 강연에 초청되어, 1837년 존 허셜의 절친 찰스 배비지가 주도하던 과학자들의 모임에도 참석하게 된다. 에이다 러브레이스도 참석한 이 모임에서 배비지는 생물의 진화는 창조주가 작성한 프로그램이라고 주장하며, 당시 개발 중인 '차분 엔진'에 연관 지어 설명하기도 한다. 이 과학자들의 모임에서 다윈은 또 하나의 중요한 개념을 얻게 된다. 그것은 자연 현상은 소멸하는 것이 아니라 형태를 바꾸어 이어진다는 것이었다. 이는 존 허셜이 깨닫게 해 준 생물 진화의 개념을 보다 정교하게 해 주었다. 한편, 다윈은 비글 호의 항해에 대한 책을 피츠로이와 공동으로 집필할 생각이었지만, 지인과 가족들의 조언에 따라 단독으로 출판하기로 한다. 1838년부터 1843년까지 다윈의 관찰 기록과 수집물들에 대해 다윈이 의뢰한 전문가들이 집필한 『비글 호의 항해』 다섯 권이 순차적으로 출판된다.

∞

이 무렵 영국은 새로운 '빈민법'이 야기한 혼란으로 엄청난 사회적 논쟁에 휩싸인다. 수학에 능했던 토머스 로버트 맬서스(Thomas Robert Malthus)는 "인구의 증가는 기하 급수적이지만, 식량의 증가는 산술 급수적"이라며 제한된 재화를 모든 사람에게 나누어 줄 수는 없다고 주장한다. 빈곤 문제에서 맬서스의 이론은 빈민 구제보다는 '가만히 두어야 한다.'는 자유 방임주의적인 기득권의 입장을 옹호했고, 이것이 반영된 것이 1834년의 빈민법이다. 당시 비글 호를 타고 있었기에 이런 논쟁을 모르고 있던 다윈은 귀국한 이후 1838년에야 맬서스의 책을 읽게 되었다. 이 독서에서 다윈은 또 다른 중요한 개념을 떠올리는데 그것이 바로 '자연 선택(natural selection)'이다. 다윈은 진화의 본질이 소멸이 아니라 변화를 동반한 유전이라는 생각에 도달했지만, 왜 변하는지, 변해야만 하는지에 대해 그 동기는 찾지 못하고 있었다. 다윈은 생식은 기하 급수적이라는 맬서스의 이론은 맞지만, 자연의 동식물들은 무한히 증가하는 것이 아니라 일정한 평형을 유지하고 있다는 것에 주목한다. 즉 자연은 주어진 환경에 스스로 적응하고 변화하며 군집을 유지한다. 다윈은 이를 '자연 선택'이라고 불렀다. 이것은 인간이 가축이나 곡물 품종 개량에 사용해 온 '인위 선택(artificial selection)'에 대비되는 의미였다.

다윈은 진화의 메커니즘을 발견했다는 생각에 너무나 기쁜 나머지 즉시 외사촌 누나 엠마 웨지우드(Emma Wedgwood)에게 이 개념에 대해 설명했다. 웨지우드라는 이름에서 알 수 있듯이 엠마 역시 루나 소사이어티가 탄생시킨 인재였고 병약했던 사촌 동생 다윈을 간호하며 연인이 되었다. 그녀는 다윈의 이야기를 금세 이해했고 그의 이론이 대단한 것이라고 격려했다. 하지만 다윈의 이론이 성경이 언급한 창조의 문제를 건드리고 있었기에 얼마나 위험한지도 잘 알고 있었다. 그녀는 그 때문에 앞으로 얼마나 많은 싸움이 있을지에 대해 걱정해 주었고 무엇보다 제발 건강 좀 챙기라는 당부도 잊지 않았다. 1839년 1월 다윈은 왕립 학회 펠로로 선출되고, 5일 뒤 엠마와 결혼한다. 다윈은 엠마의 조언에 따라 자신의 이론을 성급히 발표하기보

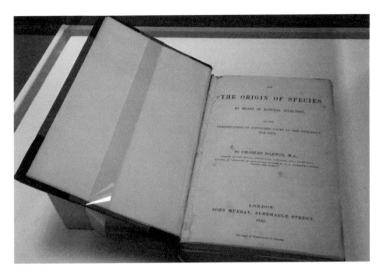

일본 가나자와 공업 대학이 소장하고 있는 다윈의 1859년 『종의 기원』 초판 원본. 논란이 불 보듯 뻔한 상황에서 늘 조심스러웠던 다윈은 자신의 진화론에 대해 '에볼루션(evolution)'이라는 단어를 되도록 쓰지 않으려고 했다. 아마 사전적 의미가 줄 수 있는 혼동 때문으로 보인다. 라틴 어로 '두루마리를 펴다.'라는 의미의 'evolvo'에서 유래한 영어 '에볼루션'은 원래 책을 펼치는 행위를 일컫는 말이다. 이후 콩트가 혁명적 변화를 의미하는 '레볼루션'과 대비하기 위해 '진보(progress)'의 의미로 '에볼루션'을 사용했고, 이는 '발전(development)'의 의미로 이해되어 라마르크의 '진화론'에 쓰인다. 다윈은 '자연 선택'에 기초한 자신의 진화론이 라마르크와 구분되기를 원했고, 콩트의 '진보'와도 거리를 두기 위해 『종의 기원』에는 '세대 간에 걸친 변화' 정도로 표현한다. 다윈은 이처럼 『종의 기원』에서 '에볼루션'이라는 단어 사용에 주저했지만, 딱 한 번 책의 마지막 문장에 다음과 같이 등장한다. "아주 단순한 시작으로부터 가장 아름답고 경이로운 끊임없는 형태들이 진화해 왔고, 지금도 진화하고 있다(From so simple a beginning endless forms most beautiful and most wonderful have been, and are being, evolved.)."

다는 정교화하는 데 더 집중한다.

　1847년 다윈은 옥스퍼드에서 열린 영국 과학 진흥 협회(BAAS) 미팅에 참석한다. 이 미팅은 맨체스터의 양조업자 줄의 발표에 패러데

말년의 찰스 다윈.

이, 켈빈, 스토크스가 참석하며 열역학의 중요한 분기점이 된, 바로 그 미팅이다. 이때 이들과 다른 세션에 참석한 다윈은 자신과 공감대를 형성한 학자들과 조용히 진화론을 구체화했다. 1848년 2월 혁명의 불길이 영국으로 들이닥치자 런던에 폭동이 발생하여 빅토리아 여왕이 피신하는 사건이 벌어진다. 수십 년 전, 할아버지 시절 프리스틀리 폭동으로 루나 소사이어티가 쑥대밭이 되었던 일을 잘 알고 있었던 다윈은 지인들을 동원하여 자신의 연구들과 소중한 비글 호의 수집품들이 보관된 연구소들을 지켰다. 이때까지도 다윈은 엠마의 충고를 받아들여 자신의 연구를 비밀로 하고, 소수의 지인들에게만 조심스레 공개했다. 이 해에 멘토 존 허셜은 다윈이 선원들을 위한 특강을 하도록 주선하며 긴밀한 관계를 유지했지만, 다윈은 허셜에게조차 자신의 비밀 연구에 대해서는 말하지 않았던 것으로 보인다.

∞

1851년 26세의 젊은 군의관 토머스 헨리 헉슬리(Thomas Henry Huxley)가 런던 왕립 학회 펠로에 선출된다. 그는 1846년 21세의 나이로 영국 해군의 원양 항해에 동승한다. 그는 15년 전에 해양 탐험으로 유명 인사가 된 다윈을 본받아 군의관 업무보다는 새로운 동식물의 발견에 치중했다. 4년간에 걸친 항해를 통해 중요한 생물학 논문들을 발표하며 새로운 스타로 떠오른 헉슬리는 1852년 왕립 학회 메달을 받았다. 이는 다윈보다도 한 해 빠른 성과였다. 1854년 해군에서 퇴역하여 교수가 된 헉슬리는 당시 몇몇 학자들이 라마르크의 학설로 주장하던 진화론에 반대하고 있었다. 스타 과학자 헉슬리의 잠재력을 높이 평가한 다윈은 자신의 이론을 헉슬리에게 설득하는 것이 매우 중요하다고 판단한다. 1858년 초고 형태의 원고가 헉슬리에게 전해진다. 헉슬리는 이 원고에서 다윈의 핵심 아이디어인 '자연 선택'을 접하자마자 "도대체 이런 생각을 하지 않는다는 것이 얼마나 멍청한 일인가!"라고 감탄한다.

1859년 다윈의 『종의 기원』이 발표되자 영국의 종교계뿐 아니라 과학계도 들썩인다. 이 해에 다윈은 기사 작위 후보자로 추천되지만, 이 책이 성경의 창조를 직접 겨냥하고 있다고 판단한 종교계의 결사반대로 결국 좌절된다. 이후 다윈은 사망 때까지 아무런 공식 직함도 가지지 못했다. 그나마 과학계의 호응을 기대한 다윈은 조마조마한 마음으로 멘토 존 허셜에게 초판본을 보냈지만, 반응은 너무나 냉담했고, 다윈은 큰 충격을 받는다. 반면, 헉슬리는 20여 년에 걸쳐 다윈이 비밀리에 꼼꼼히 집필한 이 책의 완벽성에 완전히 설득되었다. 헉슬리는 스스로를 '다윈의 불도그'라고 부르며 다윈 이론 전파의 선봉에 서서, 유력 일간지 《더 타임스》에의 기고를 시작으로 수많은 간행물에 지지 리뷰를 발표한다.

한편, 다윈을 발탁하여 비글 호에 동승시킨 선장 피츠로이는 1851년 기상 관측용 압력계를 개발하여 과학자로서 명성을 얻는다. 1859년 대폭풍으로 수백 명이 사망하는 비극이 발생하자 정부는 그를 기상 관측 책임자로 임명한다. 이에 피츠로이는 자신이 개발한 압력계를 전국에 설치하여 그 자료로 기상 예보를 할 수 있는 시스템을 구축한다. 이는 세계 최초의 기상 예보 시스템이었고, 영국 함선이 폭풍

토머스 헉슬리의 사위 존 콜리어(John Collier)의 대표작 「고디바 부인(Lady Godiva)」. 영국 록 그룹 QUEEN의 대표곡 「돈 스톱 미 나우(Don't Stop Me Now)」에도 등장하는 고디바 부인의 이야기는 영국에서 전해 내려오는 전설이다. 영주의 부인이던 그녀는 세금으로 백성들이 고통을 받자 남편에게 세금을 낮춰 줄 것을 간청한다. 남편은 반 농담 삼아 그녀가 나체로 마을을 다니면 생각해 보겠다고 이야기하고, 고디바 부인은 정말로 나체로 말에 올라타 마을로 향한다. 그녀의 용기에 감동한 주민들은 일제히 문을 닫고 그녀가 부끄럽지 않도록 배려하고, 결국 남편의 마음도 움직여 마침내 세금을 낮추게 된다. 이 그림은 빈민법 이후 빈부 격차가 심각한 사회 문제가 되자 사회 개혁에 나선 토머스 핸콕 넌(Thomas Hancock Nunn)이 진보적 화가 콜리어에게 의뢰한 작품이다. 토머스 핸콕 넌은 찰스 매킨토시와 함께 영국 고무 산업을 창조한 토머스 핸콕(Thomas Hancock)의 후손으로, 그의 동생이 핸콕의 고무 사업을 이어받아 회사 경영을 하고 있었다. 동생과 달리 형은 사업보다는 빈민 구제에 관심이 많았고, 각종 사회 활동에 적극적으로 나서 영국 사회 복지 제도의 개척자로 불린다. 1926년 그림처럼 긴 머리를 자랑하던 벨기에의 어느 부인은 미용실에서 전해 들은 고디바 이야기를 남편에게 해 준다. 초콜릿 가게를 운영하던 남편은 가게 이름을 무엇으로 할까 고민하다가 이야기를 듣자마자 즉시 '고디바'라고 정한다. 이것이 고디바 초콜릿의 시작이다. 한편, 토머스 헉슬리의 손자 올더스 레너드 헉슬리(Aldous Leonard Huxley)는 작가가 되어 1932년 소설 『멋진 신세계』를 발표했다.

우에 침몰하는 사례는 획기적으로 감소한다. 피츠로이의 시스템은 신문에도 채택되어 1861년부터 《더 타임스》는 매일 기상 예보를 신게 된다. 이것이 오늘날 일기 예보의 시작이다.

드디어 1860년, 옥스퍼드에서 열린 영국 과학 진흥 협회 미팅에서 다윈의 『종의 기원』을 두고 한바탕 싸움이 벌어진다. 반대파의 대표로 나선 옥스퍼드 주교가 헉슬리에게 "당신의 원숭이 조상은 아버지 쪽이냐 어머니 쪽이냐?"라고 비아냥거리자 헉슬리는 "헛소리를 지껄이는 데 지능을 쓰는 사람을 조상으로 가지느니 차라리 원숭이 조상이 낫겠다."라며 맞받아친다. 이에 찬반으로 나뉜 청중들이 서로 고함을 치며 아수라장이 된 순간, 갑자기 노신사 하나가 갑자기 성경을 손에 들고 벌떡 일어서 "신을 믿어라!"라며 크게 외친다. 이 노인은 폭풍에 대한 논문 발표를 위해 영국 과학 진흥 협회 미팅에 참석한 피츠로이였다. 기상 예측으로 환호를 받던 피츠로이였지만 이 학회장에서는 모욕을 받으며 강제로 끌어 앉혀졌다. 종교적 신념이 강했던 피츠로이는 이후 영국 사회가 다윈의 '진화론'을 둘러싸고 분열에 빠지자 『종의 기원』에 동기를 제공했다는 심한 자책감에 빠져든다. 결국 우울증에 빠진 그는 사업 실패 등이 겹쳐 1865년 자살한다. 비글 호 선장의 두 번째 자살이었다.

1864년 논쟁이 격화되자 헉슬리는 지지층을 결집하여 단체 행동에 나선다. 그 첫 번째 목표는 왕립 학회 최고 영예인 코플리 메달을 다윈이 받도록 하는 것이었다. 다윈 지지자들은 헉슬리의 지도하에 와인 모임을 만들어 'X클럽'이라고 불렀다. 이들의 맹활약으로 다윈은 그 해의 코플리 메달 수상자가 되었다. 다음 목표는 자신들의 입장을 대변하는 우호적인 학술지를 만드는 일. 헉슬리는 《자연사 리뷰(*Natural History Review*)》를 만든다. 하지만 이 저널이 재정난으로 폐간되자 X클럽 멤버들은 돈을 모아 다양한 과학 논쟁을 다루는 새로운 학술지 《리더(*Reader*)》를 창간한다. 하지만 이마저 1867년 문을 닫자, 실업자 신세가 된 《리더》의 편집장은 독자층을 교양 있는 지식인으로 확대하는 것을 목표로 1869년 보다 대중적인 과학 교양 잡지를 시작한다. 이것이 《네이처(*Nature*)》의 시작이다. 출발과 함께 네이처는 X클럽의 절대적인 후원을 받았고, 이후 수십 년간 진화론 논쟁을 일반 대중에게까지 확대하는 지대한 공헌을 한다. 한편, 1848년 미국 학자들은 영국의 영국 과학 진흥 협회(BAAS)를 본받아 미국 과학 진흥 협회(American Association for the Advancement of Science, AAAS)를 만든다. 1900년 미국 과학 진흥 협회는, 토머스 앨바 에디슨(Thomas Alba Edison)이 투자하고 알렉산더 그레이엄 벨(Alexander Graham Bell)이 후원하여 1880년에 창간한 《사이언스(*Science*)》를 인수하여 오늘에 이르고 있다.

∞

1865년 다윈의 반대파들은 X클럽에 대항하기 위해 '빅토리아 연구소(Victoria Institute)'를 만들고, 여기에 당대의 석학 스토크스를 필두로, 켈빈 경과 맥스웰이 합류했다. 특히 켈빈 경은 지구의 나이가 다윈의 진화론이 요구하는 시간보다 훨씬 적다는 것을 자신의 열역학 이론으로 증명했다고 주장한다. 나중에 이 모임의 회장을 맡게 되는 스토크스의 뒷받침으로 켈빈 경의 주장은 훨씬 강력해졌다. 하지만 이 주장은 방사능 현상 발견 이후 완전히 틀린 것으로 밝혀진다. 그러나 켈빈 경은 사망할 때까지 자신의 주장을 절대 굽히지 않았다. 맥스웰은 비록 스승 스토크스의 권유로 참여했지만, 과학적 토의와 논증을 거치며 대부분의 학자들이 점차 다윈 쪽으로 기울자 서서히 빅토리아 연구소에서 발을 뺀다. 맥스웰은 오히려 X클럽의 토론회에 더 자주 참석했고, 켈빈 경의 절친 헬름홀츠조차 1864년 영국 방문에서 X클럽 토론에 참석하자 켈빈 경의 맘은 편치 않았다.

1870년 헉슬리가 영국 과학 진흥 협회 회장으로 선출된 이후 X클럽은 왕립 학회의 장악에도 나서고, 헉슬리는 마침내 1883년 왕립 학회 회장으로 선출된다. 지지세를 규합하며 적극적으로 활동하던 X클럽은 멤버 상당수가 영국 과학 진흥 협회와 왕립 학회의 주요 직책을 모조리 차지하며 다윈의 학설을 전파했다. 이에 헉슬리의 후임으로 1871년 영국 과학 진흥 협회 회장으로 선출된 켈빈 경은 굳은 결심으로 자신의 '홈구장' 에든버러에서 열리는 미팅에 자신을 지지해 줄 것으로 판단한 맥스웰과 헬름홀츠를 초청한다. 하지만 새로 만들어진 캐번디시 교수에 막 임명된 맥스웰은 시간이 없다는 이유로 참석하지 않았고, 헬름홀츠는 다른 일과 겹쳐 스코틀랜드에 늦게 도착하여 미팅에 불참한다. 이 미팅의 회장 연설에서 켈빈 경은 분노에 차 다윈의 진화론을 맹공격했으나 대세는 이미 기운 상태. 한편, 뒤늦게 스코틀랜드에 도착한 헬름홀츠는 학회 대신 골프를 배우고 켈빈 경과 요트 여행을 했다.

1882년 다윈이 사망하고 영국 정부가 머뭇거리자 다시 X클럽이 나서 다윈의 웨스트민스터 안장을 적극 추진한다. 결국 이들의 강력한 요구로 다윈의 묘지는 뉴턴과 존 허셜의 바로 옆으로 결정되고, 헉슬리가 운구를 맡았다. 비록 찰스 다윈은 기사 작위를 받지 못했지만, 나중에 그의 아들 3명에게 기사 작위가 수여되었다. 특히 다윈의 막내아들은 나중에 라이트 형제의 영향을 받아 영국 항공 협회를 이끌었으며, 제1차 세계 대전 중 풍동 실험을 통해 비행기를 개발한 공로로 1918년 형제 중 세 번째로 기사 작위를 받았다. 다윈의 손녀는 20세기 최고 경제학자의 동생인 제프리 랭던 케인스(Geoffrey Langdon Keynes)와 결혼했고, 그녀의 자녀들은 다윈에 대한 전문 저술가들이 되었다. 루나 소사이어티를 이끈 다윈의 가문은 1761년 할아버지 이레즈머스가 왕립 학회 펠로가 된 이후 펠로였던 다윈의 손자가 1962년 사망할 때까지 무려 5대에 걸쳐 201년간 펠로를 배출한 가문이 되었다.

21장
소멸하지 않는 보텍스

1821년 독일에서 태어난 헤르만 루트비히 페르디난트 폰 헬름홀츠(Hermann Ludwig Ferdinand von Helmholtz)의 아버지는 나폴레옹의 프로이센 점령에 분노하여 「독일 국민에게 고함」을 쓴 요한 고틀리프 피히테(Johann Gottlieb Fichte)의 제자였고, 피히테의 아들은 그의 둘도 없는 친구가 되어 나중에 헬름홀츠의 대부가 된다.[1] 헬름홀츠는 비교적 괜찮은 가문의 자손이었지만 집안 살림은 그렇게 넉넉하지 않았다. 아들의 학비를 걱정한 아버지는 아들에게 의대 장학생을 권유한다. 장학금의 조건은 의대 졸업 후 무려 10년간 군의관 생활을 하는 것. 다른 선택의 여지는 없었다. 헬름홀츠는 의대 공부를 하면서도 부모님의 영향으로 칸트 철학을 파고들어 이를 의학적으로 증명할 방법에 대해 고민했다. 1843년 정부와의 약속대로 군의관 생활을 시작한 그의 관심은 환자를 돌보는 것보다는 온통 새로 떠오르는 물리학에 쏠려 있었다. 이를 위해 같은 해 개소한 마그누스 연구소에서 실험 연구를 시작한다. 군의관 헬름홀츠는 여기서 군대 장교 에른스트 베르너 폰 지멘스를 만난다. 지멘스 역시 돈이 없어 대학 진학을 포기하고 군대 장교 생활을 하고 있었다. 금방 친해진 헬름홀츠와 지멘스는 평생의 친구가 된다. 1845년 군인 신분의 두 사람은 마그누스가 탄생시킨 독일 물리학회에 나란히 가입하여 이후 독일 물리학의 눈부신 발전을 이끈다. 이 무렵 마그누스 연구소에서는 패러데이 이후 대세로 떠오른 전자기학 연구들이 진행되고 있었다. 지멘스는 전신 연구를 바탕으로 1847년 자기 회사를 창업하고, 헬름홀츠는 갈바니 실험으로 1847년 에너지 보존 법칙을 발표한다.

이 논문으로 의사 헬름홀츠가 단박에 스타 과학자가 되자, 독일 정부는 학계의 건의로 1848년 헬름홀츠의 군 복무 의무를 면제한다. 이후 연구에 전념할 수 있게 된 헬름홀츠는 의대 시절 고민했던 칸트의 인식론과 인간의 시각 문제에 집중한다. 그는 눈에서 인지된 시각 이미지가 뇌에 전달되는 속도를 측정하기도 했으며, 1851년 안구 내부를 검사할 수 있는 '검안경'을 발명하여 세계적인 명성을 얻는다. 이러한 헬름홀츠의 업적으로 안과가 의학에서 하나의 분야로 독립한다. 그는 1853년 영국 과학 진흥 협회(BAAS)에서 검안경을 발표하기 위해 영국을 방문했다가 스토크스와 켈빈 경을 만난다. 서로의 천재성을 알아본 세 사람은 급속히 가까워진다.

당시 헬름홀츠의 에너지 보존 법칙은 많은 논란거리 중 하나였다. 특히 1847년의 논문에서 헬름홀츠가 에너지를 '힘'이라는 뜻의 독일어 'kraft'로 표기하여 혼란은 더욱 가중되었다. 헬름홀츠의 의도를 정확히 파악한 켈빈 경은 헬름홀츠의 연구를 '에너지'라는 용어로 풀어내며 논란을 정리한다. 이어진 영국 학계의 전폭적인 지지에 헬름홀츠는 감동한다. 이렇게 시작된 켈빈 경과의 교류로 헬름홀츠는 연구 분야를 유체 역학으로 전환하게 된다. 이 시기 헬름홀츠는 인식론에서 감각의 문제를 시각에서 청각으로 확대하여 음향을 연구하고 있었다. 그는 공기의 파동으로서의 음향 연구를 위해 다시 오일러, 베르누이의 유체 역학 연구를 파고들며 기념비적인 연구 결과를 발표한다. 이것이 1858년의 회전하는 유체의 소용돌이 보텍스에 대한 수학적 이론이다.

∞

헬름홀츠의 연구에 직접적인 영향을 미친 켈빈 경은 1847년부터 세상을 구성하는 물질의 기본 요소로 에테르의 '분자 보텍스(vortex molecule)'라는 개념을 도입하고 있었다. 켈빈의 분자 보텍스는 맥스웰의 전자기학에도 도입될 정도로 설득력 있게 받아들여졌다. 하지만 유체의 마찰 저항을 지적해 온 스토크스의 입장에서는 보텍스는 유지될 수 없고 소멸되는 물리량이었기에 절친 켈빈의 주장에 회의적이었다.

헬름홀츠는 유체의 점성 항은 마찰에 의해 열과 같은 다른 물리량으로 전환되는 것을 잘 알고 있었다. 따라서 헬름홀츠는 시간에 따라 변하지 않고 유지되는 유체 유동을 도출하기 위해 과감히 이상 유체를 가정하고, 나비에-스토크스 방정식에서 점성 항을 제외한 오일러 방정식을 사용한다. 오일러 방정식에 '회전 미분 연산자(curl)'를 적용하여 '와도(渦度, vorticity)'라는 새로운 벡터 물리량에 대한 방정식을 유도하고, 이를 해석하여 유체의 소용돌이 보텍스의 물리적 의미를 최초로 수학적으로 기술한다. 여기서 이상 유체의 보텍스들이 모양을 바꿔 가면서도 계속 운동을 유지하며 시간이 지나도 계속 보존된다는 것을 수학적으로 보인다. 뉴턴은 『프린키피아』에서 데카르트의 보텍스는 점성 때문에 유지될 수 없다고 단언했지만, 만약 에테르가 헬름홀츠가 말한 이상 유체라면 이야기는 완전히 달라진다. 뿐만 아니라 헬름홀츠의 관점은 에테르 유동을 매우 점도가 높은 끈적끈적한 유동으로 가정한 스토크스의 이론과도 배치된다.

헬름홀츠의 새로운 보텍스 이론의 의미를 누구보다도 빨리 알아차린 켈빈 경은 1858년의 헬름홀츠 정리에 스토크스 정리를 적용하여 시간이 지나도 소멸하지 않는 회전량을 증명한다. 이제 켈빈 경은 분자 보텍스를 확신한다. 이러한 연구에 영향을 받은 맥스웰 역시 분자 보텍스가 에테르의 본질이라고 생각한다. 맥스웰은 켈빈과 헬름홀츠가 유도해 낸 소멸하지 않는 분자 보텍스를 과감히 도입해 퍼텐셜 유동을 이용한 전자기력 이론과 결합한다. 이렇게 1861년 맥스웰의 전자기장에 대한 통합적인 수학 체계가 완성된다.

1859년 켈빈 경은 헬름홀츠를 다시 영국 과학 진흥 협회에 초청하지만, 헬름홀츠는 급격하게 건강이 나빠진 아내를 두고 갈 수 없었다. 헬름홀츠는 참석하지 못하고 그의 아내는 사망한다. 1860년 켈빈 경은 아내의 사망으로 우울증에 빠진 헬름홀츠를 스코틀랜드로 데려온다. 패러데이는 헬름홀츠에게 런던 왕립 연구소에서 에너지 보존 법칙에 대해 대중 강연을 해 달라고 요청한다. 하지만 헬름홀츠는 자신이 집중하던 분야가 아니라며 정중히 거절한다. 1847년의 에너지 보존 법칙과 1858년의 보텍스 논문은 학계에 상당한 충격을 주었지만, 정작 헬름홀츠에게 있어서 이 연구들은 의사로서 생리학과 칸트의 인식론을 규명하려는 연구의 한 과정일 뿐이었다.

패러데이의 요청까지 거절하며 집중하고 있던 헬름홀츠의 연구는 1863년『음악 이론을 위한 생리학적 기초로서 음의 감각(*Die Lehre von den Tonempfindungen als Physiologische Grundlage für die Theorie der Musik*)』으로 발표되었다. 기념비적인 음향학 연구인 이 책은 음파가 푸리에 급수 전개로 표현될 수 있다는 옴의 견해를 입증했다. 나아가 그는 특정 주파수만 통과하고 나머지는 흡수하는 장치를 개발한다. '헬름홀츠 공명기(Helmholtz resonator)'라고 불리는 이 장치는 이후 주파수 파형 분석기의 원리가 되었을 뿐 아니라, 흡음 장치에 널리 사용된다. 그는 옴의 연구를 더욱 발전시켜 악기의 음색이 다른 이유가 푸리에 급수를 구성하는 파형들이 악기에 따라 다른 형태로 중첩되며 일어나는 현상이라고 설명했다. 이를 확장하면, 악기에 따라 음색이 전혀 다름에도 불구하고 인간이 같은 피치(pitch)의 소리를 동일한 음정으로 인식하는 원리가 수학적으로 설명된다. 또한, 헬름홀츠는 이러한 파형 중첩에 대한 역발상으로 파형들을 어떻게 합성하는지에 따라 악기의 음색을 인위적으로 만들 수 있다는 것을 보인다. 이것은 현대 전자 음악의 원리가 되는 '신시사이저(synthesizer)'가 되었다.

칸트 철학에 대한 헬름홀츠의 지속적인 연구는 나중에 전자기학의 발달과 결합해 현대적인 음향학의 탄생을 이끌었다. 이를 바탕으로 19세기 후반 악기의 개량이 급속히 이루어지고, 불협화음의 원리도 입증되어 현대 음악에서 12음 기법이 탄생하게 되는 기반이 된다. 당시까지 악기에 대한 연구는 주로 현악기에 대한 것이었고, 음정은 현의 길이나 장력으로 설명되고 있었다. 헬름홀츠는 악기의 연구를 관악기로 확장하여 본인이 도입한 공명 현상으로 설명한다. 이로써 19세기 후반의 악기 개량은 특히 관악기 분야에서 두드러졌다. 한편, 헬름홀츠 공명의 예로 음료수 병 끝에 입으로 바람을 불면 병이 울리는 현상이 있다. 이 공명을 일으키는 이유가 '켈빈-헬름홀츠 불안정성(Kelvin-Helmholtz instability)'에 따른 '보텍스 흘림(vortex shedding)' 때문이라는 것이 나중에 밝혀진다.

1864년 영국 왕립 연구소의 거듭된 요청에 헬름홀츠는 자신의 에너지 보존 법칙에 대한 6차례의 대중 강연을 하게 된다. 이때다 싶었던 켈빈은 다시 헬름홀츠를 스코틀랜드로 초청한다. 이 때문에 헬름홀츠는 예정되었던 스토크스와의 만남을 취소해야 할 정도로, 영국 학계는 헬름홀츠의 방문에 들썩였다. 왕립 연구소에서 헬름홀츠를 만난 패러데이는 손수 커피를 대접하기도 했고, 왕립 연구소가 주최한 연회에는 거물급 정치인과 찰스 다윈, 토머스 헉슬리와 같은 학계의 진보적 지식인들도 대거 참석했다. 헬름홀츠는 맨체스터를 방문하여 줄을 만나고, 다시 런던으로 돌아와 스토크스를 만났다.

1864년의 영국 방문에서 헬름홀츠는 대부분의 영국 학자들을 만났다. 특히 맥스웰은 헬름홀츠를 집으로 초대하여 자신의 이론과 여러 전자기 실험을 보여 주어, 이후 헬름홀츠는 전자기학 연구로 방향을 틀게 된다. 재혼한 만삭의 아내를 두고 떠난 6주간의 영국 방문을 마치고 집으로 돌아온 다음 날 헬름홀츠의 딸이 태어났다. 아내의 원망 때문이었는지 이후에도 영국에서의 방문 요청이 쇄도했지만 헬름홀츠의 다음 영국 방문은 7년이나 지난 뒤에야 이루어졌다.

∞

1867년 헬름홀츠의 소멸하지 않는 보텍스 개념에 푹 빠진 켈빈 경은 헬름홀츠 이론을 더욱 적극적으로 도입하여 에테르의 분자 보텍스가 어떻게 물질의 분자를 형성하는지에 대한 이론을 발표한다. 켈빈 경에 따르면 우주를 구성하는 물질은 오직 에테르 하나뿐이고, 다양한 물질의 분자는 에테르가 만드는 '보텍스 링(vortex ring)'들의 다양한 모양과 구조, 즉 보텍스의 매듭 형태에 따라 구분된다고 주장했다. 비록 켈빈 경의 이론은 나중에 현대 물리학에 의해 완전히 오류로 밝혀지지만, 현대 위상 수학의 핵심이 되는 '매듭 이론(knot theory)'이 여기서 탄생한다.

1868년 헬름홀츠는 속도 차이가 나는 유동의 경계면에서 발생하는 불안정성으로 보텍스가 발생함을 보인다. 1858년의 논문이 어떻게 보텍스가 유지되는지에 대한 것이라면, 1868년의 논문은 보텍스가 어떻게 만들어지는가에 대한 연구이다. 1871년 켈빈 경이 후속 연구로 이를 뒷받침하여 '켈빈-헬름홀츠 불안정성'이라고 불린다. 갈릴레오가 목성에서 발견한 대적반의 소용돌이, 그리고 두 강물이 만나는 경계면이나 산 위를 지나는 구름에서 만들어지는 보텍스는 모두

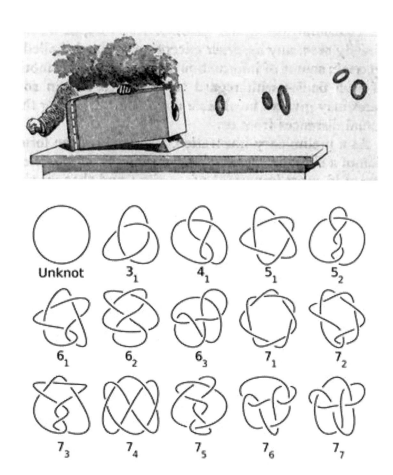

켈빈 경의 보텍스 링을 설명한 그림과 보텍스 링을 이용한 매듭 이론의 도식. 연기를 가득 채운 상자에 펄스를 주면 마치 담배 연기를 내뿜을 때 도넛 모양의 링이 만들어지듯이 보텍스 링이 형성된다. 일단 만들어진 보텍스 링은 꽤 유지되는데, 켈빈 경은 이상 유체인 에테르의 보텍스는 영원히 유지된다고 믿었다. 나아가 아래 그림과 같이 이 보텍스 링의 매듭 형태가 물질의 원자 구조라고 생각했다.

켈빈-헬름홀츠 불안정성에 의한 것이다. 소멸하지 않는 보텍스에 이어 보텍스가 만들어지는 원리까지 규명되자 이에 고무된 학계의 후배들은 유체의 밀도 차에 의해서도 보텍스가 발생함을 보인다. 이를 '레일리-테일러 불안정성(Rayleigh-Taylor instability)'이라고 한다. 물컵에 잉크 방울을 떨어뜨리면 잉크가 물속으로 낙하하면서 아름다운 보텍스 모양을 만드는데, 이것이 레일리-테일러 불안정성에 의해 만들어지는 현상이다.

1871년 켈빈 경은 에든버러에서 열리는 영국 과학 진흥 협회 미팅에서 다윈의 진화론을 공격하고자 단단히 결심한다. 이 미팅에 든든한 지원 사격을 기대하며 헬름홀츠를 초청하지만, 7년 만에 영국을 방문한 헬름홀츠는 사정이 생겨 늦게 도착한다. 이미 콘퍼런스는 끝난 뒤였고, 헬름홀츠는 켈빈 경의 주선으로 에든버러 근처 골프의 탄생지로 유명한 세인트 앤드루스에서 처음으로 라운딩을 하게 된다. 그는 이 경험이 얼마나 신기했던지, 자신의 첫 골프 라운딩을 아내에게 편지로 보내기도 했다. 요트에 푹 빠져 있던 켈빈 경은 자신의 요트에 헬름홀츠를 태우고 다니며 헬름홀츠가 부활시킨 비점성 이론으로 요트가 일으키는 물결의 파동에 대해 연구하고 있다고 자랑한다. 실제로 이 연구는 나중에 '켈빈 각(Kelvin angle)'으로 알려진다.

∞

한편, 스토크스가 주장한 끈적끈적한 에테르 유체에 대해 켈빈 경과 헬름홀츠가 소멸하지 않는 보텍스를 주장하자 빛의 매질인 에테르 유동을 검증하기 위한 다양한 시도들이 이루어진다. 맥스웰

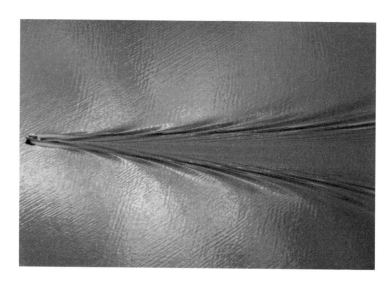

수면을 지나는 물체는 후류를 만드는데, 그 후류의 각도는 그 물체가 오리이든 고속 보트이든 똑같다. 이 각도를 '켈빈 각'이라고 하며 그 크기는 19.47도이다. 크기와 모양, 속도에 무관하게 지구상에서는 늘 이 각도가 만들어진다. 자신의 작위 이름으로 강 이름을 고를 만큼 켈빈 경은 요트를 타면서도 늘 강물의 흐름을 생각했다. 프루드의 선박 유동 연구에서 영감을 얻은 켈빈 경은 후류를 구성하는 물결파의 패턴을 비점성 유체 역학으로 분석하여 이 각도를 유도했다. 1871년, 켈빈 경은 자신의 초청으로 스코틀랜드를 방문한 절친 헬름홀츠를 요트에 태워 주며 '켈빈 각'에 대해 이야기해 주었다고 헬름홀츠는 기록한다. 당시 켈빈 경은 프루드와 함께 1870년 캡틴 호 침몰 사고 조사 위원회 활동을 하고 있었다

은 빛을 에테르를 매질로 하는 전자기파로 설명했고, 맥스웰을 만난 이후 전자기학에 몰두한 헬름홀츠의 후계자들은 에테르 매질에 대한 실험들을 발표한다. 1879년 헬름홀츠의 제자 하인리히 헤르츠 (Heinrich Hertz)는 맥스웰의 전자기파 이론을 입증하는 실험을 박사 학위 논문으로 제출하고, 1888년 실험으로 입증해 빛도 전자기파라는 맥스웰의 예측이 증명된다. 이러한 그의 공로를 기리기 위해 주파

수의 단위를 '헤르츠(Hertz, Hz)'라고 표기한다.

1887년 헬름홀츠의 또 다른 제자인 앨버트 에이브러햄 마이컬슨 (Albert Abraham Michelson)은 에테르 유동을 입증하기 위해 간섭 실험을 고안한다. 수없이 반복된 실험에서 지구에서의 관측자와 에테르의 상대 운동이 관측되지 않았다. 이미 스토크스가 에테르의 '점성 끌림'에 의해 상대 운동이 관측되지 않는다고 했기에, 처음에는 스토크스의 이론이 입증된 것으로 학계는 생각했다. 에테르의 상대 운동이 없다는 마이컬슨의 관측 결과를 수학적으로 설명하기 위해, 1892년 덴마크 학자 헨드릭 로렌츠(Hendrik Lorentz)는 운동하는 물체는 상대 속도에 따라 길이가 수축한다는, 당시로는 황당하기 짝이 없는 '로렌츠 변환'을 발표한다. 이 과정을 유심히 보고 있던 스위스의 특허청 직원 아인슈타인은 로렌츠 변환을 전면적으로 도입하여 새로운 역학 체계를 세우는데 이것이 바로 1905년의 '특수 상대성 이론'이다. 이로써 에테르와 관측자의 상대 운동은 더 이상 필요 없는 것이 되어 버렸다. 결국 에테르를 입증하려던 마이컬슨의 실험은 오히려 에테르를 없어도 되는 존재로 만들었다. 이러한 의도하지 않았던 실험 결과로 마이컬슨은 1907년 미국인 최초로 노벨상을 수상한다. 때문에 마이컬슨의 실험을 "역사상 가장 위대한 실패"라고 부르기도 한다. 이로써 데카르트로부터 뉴턴을 거쳐 켈빈과 헬름홀츠에 이르기까지 오랜 기간 논쟁의 중심이었던 가상의 유체 에테르는 사라졌다.[2]

22장
되돌이킬 수 없는 것, 엔트로피

    18세기 화학 혁명의 결과로 아리스토텔레스의 4원소설과 달리 자연계에는 훨씬 다양한 원소가 있다는 것이 증명된다. 여기서 4원소설에 기반한 연금술이 극복되는데, 그 중심에는 라부아지에가 있었다. 연소 반응에 대한 라부아지에의 탁월한 통찰력은 조지프 블랙과 프리스틀리의 연구와 결합해 와트의 증기 기관으로 이어진다. 라자르 카르노는 나폴레옹 몰락의 원인으로 바로 이 증기 기관을 꼽았다. 이는 1824년 아들 사디 카르노의 역사적인 열역학 연구로 이어지며 19세기 전반의 철도와 통신 혁명을 이끌었다. 19세기 후반에 들어 화학의 발전은 새로운 양상으로 전개된다. 그것은 화학 반응이 일어나는 메커니즘이 열역학 이론으로 규명되기 시작한 것이다. 이러한 흐름은 같은 시기 발달한 통계 역학과 주기율표의 완성과 결합해 현대 물리학으로 나아가는 기반이 된다.

    사디 카르노의 1824년의 불후의 업적이 1834년 클라페롱에 의해 세상에 알려지며 열역학에 대한 연구가 촉발되었다. 하지만 1847년 줄이 발표한 열과 일의 등가성을 같은 해 발표된 헬름홀츠의 에너지 보존 법칙과 결합하면, 이는 라부아지에의 칼로릭 이론에 기반한 카르노와 클라페롱의 연구와 모순에 빠진다. 칼로릭 이론에 따르면 열기관의 동력은 고온에서 저온으로 칼로릭 입자가 이동하며 발생한다. 칼로릭을 가정한 상태에서 열과 일이 같은 물리량이라는 줄의 주장을 적용하면 헬름홀츠의 에너지 보존 법칙에 위배되기 때문이다. 쉽게 말해서 물(칼로릭)이 낙하하며 수차를 돌리고, 이때 발생하는 수차의 동력도 물이라면 시스템 전체의 물의 양은 증가한다. 이것이 1847년 줄의 발표를 직접 들었던 켈빈이 회의적이었던 이유이다.

이 모순을 해결하는 획기적인 연구가 1850년 루돌프 클라우지우스에 의해 발표된다. 1822년 독일 교육자 집안의 아들로 태어난 클라우지우스는 1840년 베를린 대학교에 입학한다. 이때만 해도 클라우지우스는 진로에 대해 방황하고 있었다. 당시 베를린 대학교 최고의 스타 학자였던 레오폴트 폰 랑케(Leopold von Ranke)[1]의 역사 강의에 빠져들던 즈음, 마침 베를린에 설립된 마그누스 연구소에 합류하며 긴 방황을 마친다. 여기서 헬름홀츠 등 독일의 젊은 피들과 함께하며 인생의 목표를 수학과 물리학으로 정하고 1848년 독일 전역을 휩쓴 혁명의 와중에 박사 학위를 받았다. 클라우지우스는 일단 칼로릭 입자를 배제한 채 높은 온도의 물질의 에너지가 열을 배출하며 일을 한다는 수학적 표현을 완성한다. 그는 여기서 한 발 더 나아가 한번 열을 배출한 물질의 상태가 원래의 상태로 돌아가기는 쉽지 않다는 비

통계 열역학을 본격적으로 발전시킨
루돌프 클라우지우스.

대칭성에 주목한다. 특히 상변화에서 이러한 비대칭성은 더욱 두드
러졌다. 예를 들어, 얼음이 녹는 것보다 물을 얼리는 것이 훨씬 어려
우며, 수증기가 응결하는 것보다 물을 끓이는 것이 훨씬 많은 에너
지가 소모된다. 이러한 상변화에 대한 클라우지우스의 수학적 표현
은 '클라우지우스–클라페롱 관계식(Clausius – Clapeyron relation)'으로
불린다. 이 연구의 중요성을 즉각 알아본 켈빈 경은 클라우지우스의
1850년 논문에 주목하며, 열은 단순히 소비되는 것이 아니라 회복되
지 않는 '비가역적인 양'이 존재하고, 이를 버려진다는 의미로 '소산
(消散, dissipation)'이라고 이름 지었다.

　1850년에 현대 열역학에 가장 지대한 영향을 끼친 연구를 발
표한 클라우지우스는 곧바로 스타덤에 오르고 그 업적으로 같은

해 베를린 공병 및 공업 학교 교수가 된다. 승승장구하던 클라우지우스는 1855년 스위스 취리히 공과 대학 교수에 부임한다. 오늘날 ETH(Eidgenössische Technische Hochschule Zürich, 취리히 연방 공과 대학)라고 불리는 이 대학은 프랑스의 에콜 폴리테크니크를 모방해 1830년에 설립된 학교로 당시에는 '연방 폴리테크닉 학교(Eidgenössische Polytechnische Schule)'로 불리고 있었다. 이곳은 나중에 빌헬름 콘라트 뢴트겐(Wilhelm Conrad Röntgen), 아인슈타인 등을 배출하는 세계 최고의 대학이 되어 이 학교의 노벨상 배출자만 30여 명에 이른다. 한편, ETH를 지나는 거리 이름이 '클라우지우스 거리'이고 ETH 기계과 건물 이름이 '클라우지우스'이다.

1857년 클라우지우스는 「열이라고 불리는 운동에 관하여(Über die Art der Bewegung, welche wir Wärme nennen)」라는 논문을 통해 열의 근원이 칼로릭 유체 유동이 아니라 분자 운동임을 밝힌다. 여기서 통계 열역학이 본격적으로 시작된다. 모든 열유체 현상을 통계 역학적 관점으로 접근한 최초의 시도는 압력의 근원을 분자 운동으로 규정한 다니엘 베르누이의 『수력학』이다.

클라우지우스의 분자 동역학적 관점은 같은 해 발표된 26세의 젊은 맥스웰의 연구와도 일맥상통했다. 1855년 기념비적인 논문 「패러데이의 역선에 대하여」로 전자기학 연구를 시작했던 맥스웰은 잠시 방향을 돌린다. 1856년 스코틀랜드 대학교의 최연소 교수가 된 맥스웰은 케임브리지가 상금을 내건 '토성 고리의 안정성' 문제에 도전하고 있었다. 2년간의 연구 끝에 1857년 토성의 고리가 안정적인 모양을 유지하기 위해서는 작은 입자들로 구성되어야 함을 수학적으로 보인다. 맥스웰이 이론적으로 설명한 토성 고리의 성분이 입자라는 가설은 1980년대 보이저 호 탐사를 통하여 실제로 증명되었다. 여기서 맥스웰은 그동안 물리학을 지배해 온 연속체 가정과 달리 비연속 가정을 기반으로 한 확률적인 통계 역학을 발전시킨다.

∞

이때만 해도 열기관의 효율이 관심이던 열역학은 이후 전혀 다른 분야로 전환된다. 그 시작은 미국의 조사이어 윌러드 깁스(Josiah Willard Gibbs)이다. 1839년생인 깁스는 1858년 예일 대학교에서 박사 학위를 시작한다. 당시 미국은 전쟁의 소용돌이로 치달았고 그 발단은 노예 문제였다. 프랑스 혁명 이후 19세기 자유주의의 성장으로 인권이 보편적인 것으로 인식되고 이에 따라 참정권 확대가 중요한 정치 이슈로 대두하면서 노예 문제 역시 사회 갈등의 원인이 되었다. 프랑스의 경우 1789년의 혁명으로 노예제 폐지가 선포되었지만 부르봉 왕조가 돌아오며 없던 일이 된다. 프랑스에서 노예제가 최종적으로 폐지된 것은 1848년 2월 혁명으로 공화정이 부활하면서이다.[2]

서구 사회에서 노예제 폐지가 본격적으로 시작된 것은 프랑스 혁명이지만 그것이 보편화된 것은 산업 혁명의 영향에 의해서이다. 증기 기관으로 촉발된 산업 혁명의 선두 주자 영국이 1807년 노예 무역을 금지하자 미국도 1808년 노예 무역을 금지한다. 이후 영국은 오랜 논쟁 끝에 1833년 마침내 노예제를 폐지하지만, 산업화에 성공한 영국과 달리 농업 비중이 높던 미국에서 노예제 폐지는 해결하기 힘든 문제였다. 결국 1861년 미국 남북 전쟁이 발발한다. 역사상 미국이 가장 많은 인명 피해를 기록한 전쟁은 독립 전쟁이나 제2차 세계 대전이 아닌 바로 이 남북 전쟁이다. 이는 다른 나라와의 전쟁보다 내전이 훨씬 더 비참한 결과를 초래한다는 것을 보여 준다. 남북 전쟁이 일어나자 화약 군납 회사 듀폰은 은행가 존 피어폰트 모건(John Pierpont Morgan)과 손잡고 북군 장교를 이용해, 문제가 있는 불량 소총을 하나에 3.5달러에 사서 다시 북군에 22달러에 되팔아 엄청난 이익을 남겼다. 또한 금 시세를 조작하여 떼돈을 번다. 바로 이 듀폰과 모건의 협업에서 현대 자본주의 세계 체제를 지배하는 군산 복합체가 탄생한다. 당시 박사 과정 중이던 깁스는 징집 대상이었지만 건강 문제로 면제되었고, 1863년 박사 학위를 취득한다. 이는 미국 최초의 공학 박사였고, 깁스의 박사 학위 논문은 기어 톱니에 관한 것이었다.

남북 전쟁이 끝나자 1866년 깁스는 신학문을 배우기 위해 유럽 여행을 떠난다. 여기서 키르히호프, 헬름홀츠 등 마그누스 연구소 출신 들을 만나 당시 유럽 학계를 휩쓸고 있던 새로운 열역학에 눈을 뜨게 된다. 이 해에 맥스웰은 「기체의 동역학 이론에 대하여(On the Dynamical Theory of Gases)」를 발표하여, '맥스웰 분포'라고 불리는 분자 운동의 통계적 기술을 완성하며 고전 역학 체계의 대변화를 예고한다.

∽

1850년 논문 이후 15년간의 연구 끝에 1865년, 클라우지우스가

'비가역적인 에너지'에 대해 보다 명확한 수학적 정의를 내린 논문을 발표한다. 열역학의 역사에서 아주 중요한 이 논문에서 '엔트로피'라는 용어가 처음으로 등장한다. '엔트로피'는 클라우지우스가 그리스어 'τροπή(트로페, transform이라는 뜻이다.)'를 따 만든 단어이다. 엔트로피는 일–에너지 전환에서 가장 핵심적인 물리량이다. 클라우지우스의 가장 큰 업적은 불완전 미분인 열량의 δQ에 적분 인자 $1/T$를 곱해 엔트로피를 완전 미분의 형태로 표현했다는 점이다. ($dS = \delta Q/T$.) 사디 카르노의 열역학이 위대한 점은 열기관인 엔진의 효율이 작동 유체나 경로와 무관하게 단지 온도에만 의존하는 상태(state)로 정의된다는 것이었다. 클라우지우스의 엔트로피 역시 물질의 변화가 경로와 무관한 상태로 규정된다. 클라우지우스는 엔트로피를 나타내는 기호를 사디 카르노의 이름 첫 글자에서 따온 S라고 표기하여, 자신의 연구에 가장 큰 영감을 준 사디 카르노에 대한 존경심을 표현했다.

∞

크림 전쟁에서 최대 수혜국으로 급성장한 프로이센에서는 1862년 강력한 군국주의로 독일 통일 정책을 추진하던 비스마르크가 집권한다. 프로이센이 크림 전쟁에서의 가장 큰 수혜자인 이유는 전쟁 당사자는 아니면서도 전쟁의 핵심인 철도와 전신망을 확보했다는 점이다. 나폴레옹 전쟁까지 병력 동원은 보병의 행군이 핵심이었지만, 크림 전쟁에서는 전신으로 전황을 실시간으로 파악한 수뇌부가 즉각 철도와 증기선으로 병력을 대량 투입했다. 따라서 이제 전쟁의 승부는 군주가 거느린 장군과 병사의 용맹성이 아니라 전신과 철도, 선박 등의 국가 기간망을 이용한 기술력으로 결정되었다. 오스트리아는 이러한 시대 변화에 둔감했다. 1848년 혁명으로 빈 체제가 붕괴하며 합스부르크 왕가가 지배하던 지역에서 반란이 이어지자, 오스트리아 황제 페르디난트 1세는 18세의 어린 조카에게 양위하여 프란츠 요제프 1세가 새로운 황제로 즉위한다. 초기에 유화 정책을 쓰던 어린 새 황제는 요제프 라데츠키(Joseph Radetzky) 장군의 군대가 반란을 진압하자 강력한 보수주의로 돌아선다. 이때 오스트리아는 근대화 시점을 놓치며 철도와 전신망의 확보에 뒤처진다. 이 약점을 프로이센이 정확히 노리게 된다.

이제 유럽은 독일 통일을 위해 프로이센이 벌이는 전쟁의 소용돌이에 휩싸인다. 야심만만한 프로이센의 철혈 재상은 독일 통일의 첫 번째 걸림돌이던 오스트리아의 선전 포고를 유도한다. 코페르니쿠스가 지동설을 주장하던 시절 폴란드의 조그만 지방 영주국으로 출발한 프로이센은, 한때 신성 로마 제국을 이끌던 합스부르크 왕가로서는 변방의 소국이었다. 하지만 나폴레옹 전쟁 이후 각성한 프로이센은 과학 기술을 중심으로 엄청난 발전을 거듭하고 있었다. 아직도 신성 로마 제국의 환상에 사로잡혀 있던 프란츠 요제프 1세는 여전히 프로이센을 얕잡아보다 덜컥 전쟁을 선포하고 만다. 하지만 전쟁에 돌입한 오스트리아는 불과 7주 만에 항복하고 오스트리아 국민들은 충격에 빠진다.

1848년 혁명에서 급진파였던 요한 슈트라우스 2세는 1866년 전쟁에 패한 조국 오스트리아를 위해 「아름답고 푸른 도나우 강」을 작곡하며 민족주의자로 돌아선다. 마찬가지로 1848년 좌파 폭동을 주도하다 망명한 바그너 역시 민족주의자가 되어 「니벨룽의 반지」를 작곡하고, 1848년 카를 교에서 총을 들고 투쟁하던 스메타나는 「나의 조국」을 작곡한다. 이처럼 프랑스 혁명에서 시작된 자유주의는 19세기 중반 낭만주의를 거쳐 유럽 전역에서 광범위하게 민족주의로 바뀌어 갔다. 한편, 오스트리아가 프로이센과 전쟁을 벌이던 1866년 빈 대학 학생이던 루트비히 볼츠만(Ludwig Boltzmann)은 당시 새롭게 떠오르던 기체의 통계 역학에 대한 연구로 박사 학위를 받는다.

∞

대학 시절 랑케의 영향으로 열렬한 독일 민족주의자였던 클라우지우스는 취리히 공과 대학에서 불멸의 업적들을 쌓았지만, 늘 고국 독일로 돌아갈 생각으로 가득했다. 클라우지우스는 1869년에 귀국하고, 이듬해 독일 역사를 뒤흔드는 사건이 일어난다. 비스마르크는 독일 통일 전쟁의 마지막 단계로 프랑스와의 일전이 필요하다고 확신한다. 1870년, 그는 의도적으로 전보를 조작해 프랑스와 프로이센 내부의 민족 감정을 부추겨 여론에 떠밀린 나폴레옹 3세가 선전 포고하도록 유도한다. 이렇게 프랑스와 프로이센이 맞붙는 보불 전쟁이 발발한다. 본 대학교 교수였던 클라우지우스는 학생들을 동원해 군대를 조직하고 참전한다. 전장을 누비던 48세의 클라우지우스는 결국 큰 부상을 입고 평생 장애로 고생한다. 나중에 그는 이 공로로 독일 제국의 철십자 훈장을 받았다.

삼촌(또는 외할아버지) 흉내를 내려던 나폴레옹 3세는 기세등등하게 진격했으나, 프랑스 대군은 불과 두 달 만에 항복한다. 원래 별 볼일 없는 룸펜이던 나폴레옹 3세는 나폴레옹 향수를 자극하여 농민과 도시 빈민층의 몰표를 받으며 화려하게 집권하지만 결국 나폴레옹의 흉내를 내다가 몰락했다. 당시 에콜 폴리테크니크 학생이었던 피에르 앙리 위고니오(Pierre Henri Hugoniot)는 불타는 애국심으로 참전을 결심하지만, 두 달도 버티지 못하고 짓밟힌 프랑스의 어이없는 패전을 지켜볼 수밖에 없었다.

프랑스를 정복하며 독일 통일을 완성한 프로이센은 1871년 베르사유 궁전의 거울의 방에서 '독일 제국 선포식'을 가진다. 치욕을 당한 파리 시민이 봉기하며 내전이 벌어져 프랑스 역사상 가장 비극적인 '파리 코뮌(La Commune de Paris)' 사건이 벌어진다. 나폴레옹 3세에 반대하다 망명 생활을 하던 빅토르 위고는 이러한 비참한 상황을 지켜보며 나폴레옹 3세에 대해 이렇게 평가했다. "나폴레옹의 가장 큰 치욕은 워털루 전투 패배도 아니고 세인트헬레나에 유배된 것도 아니다. 어릿광대가 그의 이름을 빌려 권좌에 오른 일이다."

∞

클라우지우스에 의해 엔트로피가 비가역적인 물리량으로 규정되자, 물질의 변화에서 비가역성은 방향성으로 이해되기 시작한다. 1871년 맥스웰은 '열의 원리'를 발표하면서 카르노 사이클을 효과적으로 설명하기 위해 클라페롱이 고안한 그래프들을 기하학적으로 분석한다. 이 과정에서 여러 열역학적 물리량들에 대해 '맥스웰 관계식(Maxwell relations)'이라고 불리는 매우 유용한 변환 공식들이 유도되었다. 맥스웰의 기하학적 그래프들을 열심히 따라가던 깁스는 1873년 논문 「열역학적 양들의 기하학적 표현(A Method of Geometrical Representation of the Thermodynamic Properties of Substances by Means of Surfaces)」에서 전통적인 물리량인 온도와 압력 그리고 부피 외에 엔트로피를 중심으로 완전히 새로운 그래픽 표현법을 개발한다. 이 논문은 예일 대학교가 위치한 코네티컷 지역 학회지에 실려 거의 알려지지 않았지만, 깁스는 자신의 연구를 알아줄 것으로 기대한 소수의 학자들에게 별쇄본을 보낸다. 이 소수의 학자 중에는 맥스웰이 있었고 맥스웰은 즉시 이 논문의 중요성을 알아차린다.

깁스는 이 논문에서 맥스웰의 1871년 연구가 엔트로피에 대해 오해하고 있다고 지적한다. 굳이 깁스가 맥스웰에게 논문을 보낸 이유는 맥스웰이 자신의 연구를 알아줄 것이라 확신했기 때문이다. 맥스웰은 깔끔하게 자신의 오류를 인정하고 1871년 논문의 추가 인쇄본에는 이를 정정하며 사과문을 게재했다. 깁스는 이 논문에서 삼중점의 평형 상태를 수학적으로 정의하며 물질의 상태를 정의하는 새로운 열역학적 물리량을 에너지 형태로 유도하고, 이를 '가용 에너지(available energy)'라고 이름 붙였다. 이를 기점으로 깁스의 열역학에 대한 연구는 가히 폭발적으로 전개되었다. 그는 1875년부터 3년간에 걸쳐 일련의 논문들을 발표했고, 그중에는 신기한 유체 현상으로만 인식되던 '마랑고니 효과(Marangoni effect)'에 대한 최초의 이론적 분석도 포함되었다.

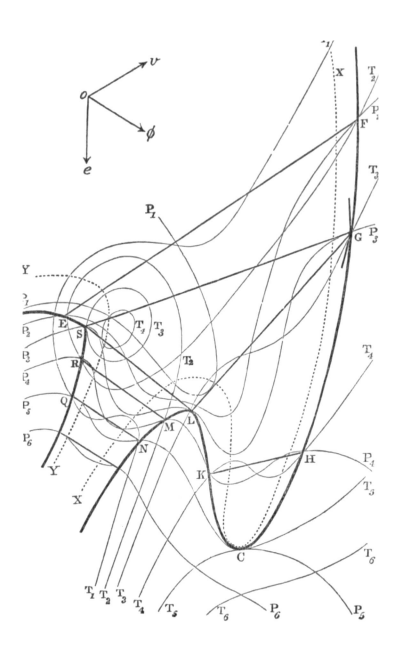

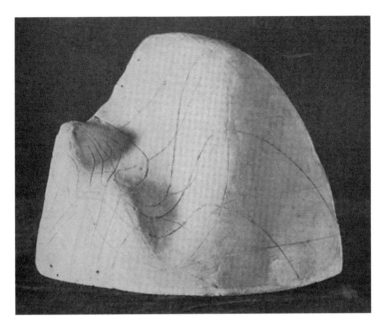

1873년 깁스가 보낸 논문의 별쇄본을 받은 맥스웰이 깁스의 기하학적 표현을 보다 쉽게 알아볼 수 있도록 3차원으로 직접 만든 석고 모형. 맥스웰은 3개의 석고 모형을 만들어 그중 하나를 깁스에게 선물로 보내며 자신이 깁스의 논문을 잘 이해하고 있다는 것을 몸소 보여 주었다. 깁스에게 보내진 선물 모형은 현재 예일 대학교 슬론(Sloane) 연구소에 전시되어 있다. 이 무렵 맥스웰은 1871년 초대 캐번디시 석좌 교수로 부임하여, 캐번디시가 남긴 전자기학에 대한 미발표 논문들을 정리하며 자신의 전자기학 이론들을 보강하고 있었다. 이후 맥스웰은 1874년 캐번디시 연구소의 초대 소장이 되었고, 맥스웰이 가지고 있던 나머지 2개의 석고 모형들은 캐번디시 연구소에 전시되어 있다. 한편, 1946년 6월 미국 경제지 《포춘》은 특집 기사로 20세기의 대표 과학 기술을 다루며 표지 사진으로 이 맥스웰의 석고 모형을 선택했다.

1855년 켈빈 경의 형 제임스 톰슨(James Thomson)은 '와인의 눈물(tears of wine)'이라 불리던 현상을 처음으로 분석해 학계에 보고한다. 이 현상은 와인을 마시고 나면 술잔을 타고 흘러내리는 물방울이 마치 눈물을 흘리듯 만들어지는 모양들이다. 톰슨은 이 현상이 와인의 구성 성분인 알코올과 물의 표면 장력의 차이로 발생한다고 밝혔다. 이후 1865년 이탈리아 물리학자 카를로 마랑고니(Carlo Marangoni)는 이러한 표면 장력의 차이에 의한 불안정성을 분석하여, 이를 마랑고니 효과라고 부르게 되었다. 깁스는 이 마랑고니 효과에 대한 최초의 이론적 연구를 수행했다. 이 때문에 일부에서는 '깁스-마랑고니 효과(Gibbs-Marangoni effect)'라고 부르기도 한다.

카르노와 줄의 연구를 기반으로 한 클라우지우스의 연구는 그 대상이 열기관이었다. 이 영향으로 깁스 역시 초기 연구에서 물질 상태에 대해 '가용 에너지'라고 불렀지만, 1875년부터 발표된 일련의 연구에서는 '화학 퍼텐셜'에 대한 이론으로 바뀌게 된다. 당시까지만 해도 화학 반응은 '화학적 친화도(chemical affinity)'에 따른 것으로 이해되었다. 따라서 다양한 원소 사이의 친화도를 표로 만드는 것이 화학의 주된 업무 중의 하나였다. 하지만 낮은 온도에서 일어나지 않던 화학 반응이 온도를 올리면 진행되는 것이 밝혀지자 더 이상 이런 작업이 무의미하게 되었다. 퍼텐셜은 달랑베르와 베르누이의 유체 방정식에서 출발하여 켈빈과 맥스웰을 거쳐 전자기학에 도입되었다. 이제 퍼텐셜은 열역학을 거쳐 화학 반응을 설명하는 이론으로 확장된 것이다. 이 과정에서 엔트로피의 개념은 화학 반응의 비가역성, 즉 화학 반응의 방향성을 결정하는 핵심적인 요소로 자리 잡게 된다.

깁스의 연구를 유심히 지켜보던 헬름홀츠는 1882년 화학 반응에 관련한 열역학적 성과들을 수학적으로 결합하여 발표한다. 헬름홀츠는 입자의 퍼텐셜을 포괄하는 운동 역학인 라그랑주 역학 방정식을 르장드르 변환을 이용해 시스템 수준의 해밀토니안 역학 방정식으로 확장하여, 화학 반응에 연관된 자유 에너지(free energy)를 유도한다. 깁스 자유 에너지가 '엔탈피(H)'에서 유도된다면, 헬름홀츠 자유 에너지는 '내부 에너지(U)'에서 유도된다. 깁스 자유 에너지와 헬름홀츠 자유 에너지는 화학 반응의 방향을 가늠할 수 있게 해 준다.

헬름홀츠는 열역학적 물리량을 엔트로피와 결합해 화학 반응이 진행되는 조건들을 유도하며 깁스의 '가용 에너지'를 '자유 에너지'라고 이름 붙였다. 이로써 19세기 내내 화학자들을 괴롭히던 화학적 친화도를 기반으로 한 화학 반응의 메커니즘이 열역학으로 규명된 것이다. 이러한 열역학과 화학의 결합은, 맥스웰의 통계 역학을 계승한 볼츠만을 매개로 하여 현대 물리학의 기초가 된다.

23장
내전의 시대

1832년 프랑스 와인의 고장 부르고뉴의 중심지 디종에서 군인의 아들로 태어난 알렉상드르 귀스타브 에펠(Alexandre Gustave Eiffel)은 지역 명문 왕립 고등학교(Lycée Royal)를 졸업한다. 에펠 가문은 18세기 독일 아이펠(Eifel) 지방에서 온 이주민으로, 'Eiffel'을 프랑스 어로는 '에펠'로 읽지만, 영어로는 독일어 발음을 살려 '아이펠'로 발음한다.[1]

이 무렵 디종에서는 이전까지 한 번도 시도되지 않았던, 도시 전체 모든 가정에 수돗물을 공급하는 초대형 프로젝트가 시작된다. 책임자는 앙리 다르시였다.[2] 1803년 디종의 세금 징수관의 아들로 태어난 다르시 역시 지역 명문 왕립 고등학교 출신으로, 에콜 폴리테크니크를 졸업하고 이어 국립 교량 도로 학교를 졸업한다. 이것은 당시 프랑스 엘리트 엔지니어의 전형적인 코스로, 나비에, 코리올리, 코시 등이 이러한 길을 거쳐 갔다. 이 전통은 오늘날에도 이어져 2014

년 노벨 경제학상을 수상한 장 티롤(Jean Tirole) 역시 에콜 폴리테크 니크를 졸업하고 국립 교량 도로 학교를 졸업한 석학이다. 1834년에 시작되어 1847년에 완성된 다르시의 프로젝트는 12.7킬로미터 떨어 진 상수원에서 물을 끌어와 총연장 28킬로미터에 달하는 파이프라 인으로 모든 건물과 각 층의 모든 가구에 물을 공급하는 것이었다. 다르시는 수도관 라인을 설계하기 위해 파이프 속의 유체 저항식을 유도한다. 이것이 1845년의 '다르시-바이스바흐 식(Darcy-Weisbach equation)'이다.

이 관계식은 이전부터 사용되던 프로니의 연구를 확장한 것이다. 다르시는 파이프 내 마찰 저항에 대한 1838년의 푸아죄유의 연구를 알고 있었지만, 수도관 설계에 사용할 수 없었다. 푸아죄유의 법칙은 혈류와 같이 속도가 느리고 지름이 작은 경우에서만 유효했고, 수도 관에는 맞지 않았다. 하지만 당시에는 푸아죄유의 법칙이 왜 수도관 에 맞지 않는지 알지 못했다. 이것이 규명된 것은 한참 뒤인 1883년 레이놀즈의 실험으로 층류(laminar flow)와 난류(turbulent flow)가 구분 되면서부터이다. 층류에서 유도된 푸아죄유의 법칙은 수도관과 같 은 난류에는 적용될 수 없었던 것이다. 1944년 미국 프린스턴 대학교 교수 루이스 페리 무디(Lewis Ferry Moody)는 다르시의 관계식을 그래 프로 표시하여 파이프 관로 설계에 유용하게 쓸 수 있도록 한다. 이 것이 '무디 선도(Moody's chart)'이다.

다르시는 또한 정수 필터 기능을 하도록 모래를 통과하는 구조를 만들어 가정마다 깨끗한 물을 공급한다. 1856년 이 모래 필터를 해석하기 위해 유도한 방정식이 다공성 매질을 통과하는 유체를 표현하는 '다르시 법칙(Darcy's law)'이다. 이로써 서양은 고대 로마 이후 역사상 처음으로 각 가정에 깨끗한 물을 공급하는 상수도 시스템을 갖게 되었으며 그 시작이 바로 디종이었다. 이후 파리, 런던 등에서 이를 모방한 수도 체계가 만들어졌다. 다르시는 1857년 만장일치로 코시의 뒤를 이어 프랑스 과학 아카데미 의장으로 선출되지만, 건강 악화로 1858년 1월 사망한다. 그는 죽을 때까지 유체 연구를 놓지 않았다. 마지막 연구는 앙리 피토의 연구를 이론적으로 보강한 것이었다. 이 연구로 피토관이 대표적인 유속 측정 장치로 자리 잡는다.

∞

1852년 에펠은 에콜 폴리테크니크에 낙방하고 중앙 공과 대학(École Centrale des Arts et Manufactures)에 입학한다. 처음에는 실망했지만, 이 학교는 에콜 폴리테크니크에 절대 뒤지지 않았고, 오히려 엔지니어 측면에서는 더 나은 교육을 받을 수 있었다. 졸업 후 그는 철도 기술자로 일하면서, 당시 떠오르기 시작한 철강이라는 신소재의 매력에 빠져들었다. 젊은 엔지니어로 기회를 엿보던 에펠은 1858년 압축 공기를 이용한 신공법으로, 불가능하게 여겨지던 철도 교량 건설에 성공하며 단숨에 유명 인사 반열에 올라 승승장구한다. 같은 해, 파리에서 오페라를 보러 가던 나폴레옹 3세에 대한 암살 시도 사건이 발생한다. 이 사건으로 프랑스에 기념비적인 새로운 건축물이 탄생하게 된다.

당시 이탈리아에서 활발히 진행되던 통일 운동에 가장 큰 걸림

파리 코뮌으로 파리 전체가 내전에 휩싸이며 주요 시설물들이 불타 없어진다. 그림은 파리의 상
징 루브르 궁이 불타는 장면이다. 이 화재로 루브르 궁의 서쪽 면이었던 튈르리 궁(Tuileries Palace)
이 전소되었다. 르네상스 군주 프랑수아 1세가 짓기 시작해 앙리 4세를 거치며 프랑스 최고 권력
의 중심이던 이곳이 불타 버리자 프랑스 제3공화국 정부는 루브르 궁의 재건을 검토한다. 하지만
치욕의 역사도 역사의 한 부분이라는 의견에 따라 루브르 궁을 훼손된 채로 그대로 두게 되었다.
현재 루브르 궁은 서쪽 편이 뻥 뚫린 채로 남아 있다. 루브르 궁 맞은 편에 있던 오르세 궁(Palais d'
Orsay) 역시 불타 없어진다. 이 건물에는 프랑스 정부 주요 부서인 재무부(Cour des Comptes)와 최고
재판소(Conseil d'Etat)가 있었다. 폐허로 남아 있던 그 자리에 기차역이 세워졌다가, 훗날 미테랑 대
통령에 의해 리노베이션이 시작되어 1986년 오르세 미술관으로 개관했다. 한편, 당시 건축 중이
었던 오페라 가르니에는 코뮌 군의 시설로 쓰이던 관계로 참화를 피할 수 있었다. 우여곡절 끝에
1875년 완공된 이 화려한 오페라 극장에서 코뮌 군의 시체가 발견되자 이 건물에 유령이 있다는
소문이 퍼지기 시작한다. 이 소문은 추리 소설 작가 가스통 르루(Gaston Leroux)의 호기심을 자극하
여, 그는 코뮌 직후의 오페라 가르니에를 배경으로 한 소설을 발표한다. 이것이 1911년 소설 「오페
라의 유령」이다. 그는 소설의 서문에서 "축음기를 파묻기 위해 인부들이 오페라 하우스의 바닥을
팠을 때 시신 한 구가 발견되었다. 나는 곧바로 이것이 오페라의 유령의 시신임을 증명할 수 있었
다. 이 시신이 파리 코뮌의 희생자 중 한 사람의 것이라고 신문이 아무리 떠들어도 나는 전혀 개의
치 않는다."라며 이야기를 시작한다. 이 가스통 르루의 소설을 뮤지컬로 만든 것이 1986년 런던 여
왕 폐하 극장(Her Majesty Theater)에서 초연된 앤드루 로이드 웨버(Andrew Lloyd Webber)의 「오페라의
유령」이다.

돌이 프랑스였기에 이탈리아 민족주의자 펠리체 오르시니(Felice Orsini)는 나폴레옹 3세를 암살하려 했다. 하필 이때 주세페 베르디(Giuseppe Verdi)는 스웨덴 계몽 군주 구스타프 3세(Gustav III)가 1792년 오페라 극장에 갔다가 암살된 사건을 배경으로 오페라를 작곡하고 있었다. 오페라의 내용이 오페라를 보러 간 군주의 암살이고, 베르디 역시 1842년 오페라 「나부코」 이후 이탈리아 통일 운동을 대표하는 요주의 정치적 인물이기에, 프랑스 당국의 외교적 압박은 상당했다. 결국, 베르디는 몇 차례의 수정을 거쳐 작품의 배경을 18세기 미국 보스턴으로 바꿀 수밖에 없었다. 이 오페라가 바로 1859년에 발표된 「가면 무도회」로, 당시 군주제와 민족주의, 자유주의의 갈등을 매우 잘 나타내는 작품이다.

비록 나폴레옹 3세는 암살 시도로부터 목숨을 건졌지만, 황제의 안전한 오페라 관람을 위해 프랑스 정부는 새로운 극장 건립을 추진한다. 이로써 1861년 프랑스 역사상 가장 화려한 극장이 추진되고 여기에 수많은 건축가들이 설계안을 응모한다. 심사 결과 전혀 의외의 인물인 신출내기 샤를 가르니에(Charles Garnier)가 최종 당선된다. 이렇게 새로운 오페라 하우스 '오페라 가르니에(Opéra Garnier)'의 건축이 시작된다.

1865년 프랑스에서는 미국 독립을 축하하는 뜻으로 미국민에게 선물할 건축물이 민간 프로젝트의 형태로 추진된다. 이것이 '자유의 여신상'이다. 이때 미국은 노예제를 둘러싼 남북 전쟁이 끝나 가고 있었다. 같은 해 전쟁 종결과 함께 4월 15일 링컨이 암살당하는 충격적인 사건이 발생하자, 4월 21일 파리에서는 공식적으로 자유의 여신상 추진 위원회가 출범한다. 이는 당시 나폴레옹 3세의 통치 체제에 반대하던 프랑스 공화파 자유주의자들이 남북 전쟁에서 북군을 지지하는 의미도 있었다.

한편, 1870년에 벌어진 보불 전쟁으로 상황은 급변한다. 불과 두 달 만에 프랑스가 독일에 항복하고 프랑스의 자존심 베르사유 궁전에서 1871년 1월 독일 제국이 선포되자, 프랑스 인들은 극도의 민족 감정에 사로잡힌다. 이 시점을 그린 작품이 알퐁스 도데(Alphonse Daudet)의 「마지막 수업」이다. 원로 과학자 루이 파스퇴르(Louis Pasteur)는 독일을 극복하기 위해 맥주를 개발하면서 "과학에는 국경이 없지만, 과학자에게는 조국이 있다."라는 말을 남기기도 한다. 또한, 프랑스에서 '금 모으기' 운동이 일어나 불과 1~2년 만에 막대한 배상금을 갚자, 비스마르크가 깜짝 놀라기도 했다. 이처럼 프랑스 지식인 사회가 민족주의에 빠져든 상황에서 미국인들의 상당수가 새로운 독일 제국의 탄생에 우호적인 모습을 보이자 프랑스의 여론은 싸늘해졌고, 자유의 여신상 모금 활동은 파탄에 이른다.

보불 전쟁에서 프랑스가 패배하자 나폴레옹 3세가 폐위되고 프랑스는 다시 공화국이 선포되어 프랑스 제3공화국이 출범한다. 프랑스가 무너지자 오랜 기간 내전 속에 통일을 추진하던 이탈리아에서는 마침내 베르디가 그토록 꿈꾸던 통일 왕국이 세워졌다. 독일 통일의 마지막 걸림돌이 프랑스였듯이, 이탈리아 통일의 마지막 걸림돌은 로마 교황령이었고 교황에 대한 강력한 지지 세력이 프랑스였다. 보불 전쟁의 패배로 프랑스가 이탈리아 반도에서 영향력을 상실하자 신흥 이탈리아 왕국의 군대가 로마에 입성하고, 이후 교황은 이탈리아 왕국의 포로나 다름없는 신세로 전락한다. 교황의 지위가 회복된 것은 베니토 무솔리니(Benito Mussolini)가 자신의 독재 기반 확보를 위해 바티칸의 교황 지배권을 보장해 주면서부터이다.

1871년 2월 보불 전쟁의 항복 조약을 비준할 프랑스 국민 의회가 독일의 배후 조종으로 소집되자 파리는 술렁이기 시작한다. 3월 1일 항복 조약이 비준되고, 독일군이 파리에 입성하지만, 파리의 심상찮은 움직임에 3일 뒤 조용히 철수한다. 당황한 프랑스 제3공화국 정부가 3월 18일 국민 방위군의 무기를 압수하려고 하자, 양측이 충돌하고 파리는 스스로 선거를 통해 3월 28일 자치 정부를 구성한다. 이것이 파리 코뮌으로 역사상 최초의 사회주의 정부이다. 1871년 5월 21일 프랑스 정부군이 파리에 진입하기 시작하여, 프랑스 군대끼리 전투가 벌어지는 내전이 발생한다. 진압군은 거리에 보이는 비무장 시민들조차 보이는 대로 무차별 사살, 매장하여, 사망자가 수만 명에 이르고 10만여 명이 체포된다. 이를 '피의 일주일'이라고 한다.

나폴레옹 3세에게 추방당해 벨기에서 오랫동안 망명 생활을 하던 빅토르 위고는 파리 코뮌이 탄생하자 귀국해 총을 들고 방어선에 나섰다. 여기에 이탈리아에서 무장 독립 투쟁을 하던 주세페 가리발디(Giuseppe Garibaldi)도 합류했다. 이처럼 파리 코뮌에는 당시 유럽 전역의 좌파들이 총집결한다. 하지만 파리 코뮌은 무자비한 진압으로 종결되었고, 겨우 살아남은 빅토르 위고는 오랜 망명지였던 벨기에로 돌아간다. 하지만 벨기에 사람들은 파리 코뮌을 지지했다는 이유로 대문호 위고에게 돌팔매를 던졌다. 이처럼 파리 코뮌은 19세기 후반 유럽 사회의 이념적 분열을 잘 보여 주는 비극적인 사건이었다.[3]

∞

파리 코뮌이 진압되고 전쟁 배상금이 해결되자, 1875년 자유의 여신상 추진 위원회는 1876년 미국 독립 100주년을 목표로 다시 한번 모금 운동을 시작한다. 하지만 이미 설계를 마친 거대한 건축물을 모금으로 완성하는 것은 거의 불가능해 보였다. 이에 잘나가던 철골 건축 전문가 에펠이 투입된다. 1881년 에펠은 거대한 조각물의 내부 구조를 철골로 하여 하중을 획기적으로 줄이고 공사 기간을 단축하는 등 혁신적으로 설계를 변경하여 프로젝트는 급속히 진행된다. 또한, 거대한 조각상을 분해하여 미국 현지에서 조립하는 공정을 채택하여 기간을 훨씬 더 단축했다. 마침내 1886년 미국 뉴욕 항구의 랜드마크 자유의 여신상이 탄생한다.

이 무렵, 프랑스 제3공화국 정부는 보불 전쟁의 패전으로 침체된 사회 분위기를 추스르기 위해 1889년 프랑스 혁명 100주년을 맞이하여 파리 만국 박람회를 추진한다. 이 국가적인 행사를 기념하는 대형 건축물의 설립이 추진되고 여기에 에펠이 제안한 계획안이 반영되는데, 이것이 바로 에펠탑이다.

1887년 본격적인 에펠탑 건축이 시작되고 수백 미터 높이의 대형 구조물이 파리 시내 한복판에 올라간다. 파리 예술계는 흉측하다며 에펠탑을 강하게 반대한다. 선두에는 새로운 오페라 하우스로 프랑

에펠탑에 새겨진 과학 기술자들. 마치 기술과 예술의 대결인 듯한 논란이 벌어지자, 에펠은 에펠탑 4면에 자신에게 가장 영향을 주었다고 생각하는 72명의 프랑스 과학 기술자들의 이름을 보란 듯이 금으로 새겼다. 72명 중 상당수가 열유체 관련 인물들이며, 이 책에 등장하는 사람들로는 보르다, 쿨롱, 라그랑주, 라부아지에, 몽주, 라플라스, 르장드르, 프로니, 푸리에, 앙페르, 게이뤼삭, 푸아송, 나비에, 코시, 코리올리, 카르노, 클라페롱, 스트럼, 푸코 등이 있다. 여기서 카르노는 카르노 사이클의 사디 카르노가 아니라 그의 아버지 라자르 카르노이다. 여기서 보듯 당시 사디 카르노는 그다지 유명하지 않았고, 마찬가지 이유로 에펠의 고향 선배 다르시 역시 여기에 등장하지 않는다.

스 건축계의 대가가 된 가르니에가 있었고, 음악가 샤를프랑수아 구노(Charles- François Gounod), 소설가 기 드 모파상(Guy de Maupassant) 등이 뒤따르며 각종 칼럼과 논평으로 에펠을 맹공격한다. 반감을 최소화하기 위한 에펠의 전략은 속전속결이었다. 무려 250만 개의 리벳과 1만 8000개의 철골 구조물 모두를 머리카락 굵기 이내의 공차로 관리해 조립 시간에 낭비가 없게 했다. 이로써 단 2년 만에 324미

23장 내전의 시대

터 높이의 구조물이 세워진다. 오페라 가르니에의 공사 기간이 무려 14년이었다는 것을 고려하면 건축 기술의 엄청난 발전을 나타내는 상징물이 탄생한 것이다.

∞

'마천루의 저주'인가, 이 무렵 프랑스 제3공화국은 위기에 빠진다. 그 시작은 공화국 정부 내부였다. 당시 프랑스 전쟁 장관 조르주 불랑제(Georges Boulanger)는 광범위한 대중의 지지에 힘입어 공공연히 공화국 정부에 반기를 들고 있었다. 쿠데타를 우려한 내각은 1887년 그를 해임했으나, 대통령의 친인척 비리가 드러나며 여론의 압박으로 이번에는 대통령이 사임하는 대혼란이 발생한다. 이 사태를 수습하고자 새로이 대통령으로 선출된 인물이 바로 사디 카르노이다. 그의 아버지는 이폴리트 카르노이고, 그의 할아버지는 프랑스 혁명 전쟁에서 승리의 조직자로 불린 라자르 카르노이며, 그의 큰아버지는 열역학의 창시자로 평가되는 사디 카르노이다. 1837년에 이폴리트 카르노의 아들로 태어나 큰아버지의 이름을 물려받은 사디 카르노는, 1857년 에콜 폴리테크니크에 입학, 1863년에 국립 교량 도로 학교를 졸업하며 프랑스 정통 엘리트 엔지니어 코스를 가고 있었다. 하지만 1871년 보불 전쟁에서 조국이 패전하자 엔지니어를 그만두고 정치 일선에 나서게 된다. 1888년 국회 의원으로 재기한 불랑제는 카르노 대통령의 정적으로 급부상한다. 그는 결국 1889년 쿠데타를 실제로 모의하기에 이른다. 이를 눈치챈 카르노 대통령은 체포 명령을 내리고, 해외로 도망간 불랑제가 자살하며 사태는 일단락되었다. 이러한 위기 상황 가운데 에펠탑이 완성되었고, 1889년의 파리 박람회가 대성공을 거두며 비로소 프랑스 제3공화국은 안정에 들어서게 된다.

1789년 프랑스 혁명으로 공화정이 시작되었지만, 프랑스 제1공화국은 12년, 제2공화국은 불과 4년을 버텨, 프랑스 제3공화국이 탄생한 1870년까지 81년 동안 공화정이 실시된 기간은 단 16년뿐이었다. 제1공화국과 제2공화국이 모두 군사 쿠데타로 몰락했으니, 제3공화국의 불랑제 장군에 대한 두려움과 견제는 당연했다. 이러한 위기를 잘 극복한 프랑스 제3공화국은 안정을 찾고 1940년 나치 점령까지 70년을 지속한다. 이는 프랑스 역사상 가장 오래 유지된 공화국으로, 현재의 프랑스 제5공화국은 1958년에 시작되어 아직 60여 년밖에 되지 않았다. 제3공화국 시대는 프랑스 문화 예술 및 과학 기술이 가장 번성했던 시기로 기억되어 '벨 에포크(Belle Époque, 아름다운 시대)'로 불린다. 프랑스의 샴페인 명가 페리에주에(Perrier-Jouët)가 내놓은 샴페인 '벨 에포크'는 이 시기에 대한 오마주이다.

∞

에펠탑으로 세계적인 스타가 된 에펠은 1889년 또 하나의 초대형 프로젝트에 참여한다. 바로 파나마 운하이다. 19세기 중반 오스만 제국의 영향을 벗어나기 시작한 이집트는 서구화를 추진하며 프랑스의 도움으로 1869년 수에즈 운하를 완성한다. 이를 기념하여 1871년 베르디가 오페라 「아이다」를 작곡할 정도로, 이 운하는 세계 물류 역사에서 가장 획기적인 성과였고, 영국은 이를 탐낸다. 이에 1875년 영국 수상 디즈레일리는 같은 유태인인 로스차일드를 이용해 수에즈 운하 주식을 대량으로 매입하여 프랑스의 운하 운영권을 빼앗는다. 당시 독일 배상금 문제로 자금 여력이 없던 프랑스는 멍하니 바라볼 수밖에 없었고, 이를 만회하고자 1880년 파나마 운하에 다시 도전한다. 하지만 파나마 운하 공사는 황열병으로 인부 수만 명이 사망하는 대참사로 지체되고 있었다. 이를 해결하기 위해 프랑스 최고 엔지니어 에펠이 투입된 것이다. 그는 수문과 몇몇 구조물의 설계를 맡으며 강력한 추진력을 발휘했으나, 1892년 프랑스를 뒤흔드는 초대형 스캔들이 터진다. 자금이 부족하던 프랑스는 영국을 모방하여 유태인 자본을 끌어들인다. 하지만 이 유태인들이 프랑스 정재계 고위 인사들을 매수한 것이 드러나며 이 사건은 정권 차원의 문제로 비화한다. 카르노 정부는 이를 수습하기 위해 관련자 전원을 기소했고, 1893년 스타 엔지니어 에펠도 1심에서 징역형과 벌금의 유죄를 받았다. 하지만 프랑스 정국의 혼란은 만만치 않았고 1894년 사디 카르노 대통령은 이탈리아 출신 아나키스트에게 암살당하고 만다.

보불 전쟁을 거치며 민족주의에 휩쓸린 프랑스 인들은 수에즈 운하와 파나마 운하 사건을 겪으며 유태인들에 대해 극도의 혐오감을 품게 된다. 이런 가운데 프랑스의 유태인 장교 알프레드 드레퓌스(Alfred Dreyfus)가 독일에 기밀을 유출했다는 혐의로 체포되며 1894년 드레퓌스 사건이 일어난다. 이 사건으로 프랑스는 다시 좌우로 분열되어, 자유주의는 민족주의가 결합한 군국주의와 격돌한다. 결국 드레퓌스는 종신형을 받고, 격분한 문인 에밀 졸라(Émile Zola)가 1898년 「나는 고발한다」라는 공개 성명을 발표한다. 드레퓌스는 재심에 들어갔으나 다시 종신형을 받고, 나중에 정부의 사면으로 겨우 풀려났다. 이처럼 19세기 말의 좌우 대립은 어느새 감정적인 민족주의로 변질되어, 이성에 대한 호소는 점점 무기력해지고 있었다.

에펠은 비록 2심에서는 무죄를 받았으나, 이미 명성에 치명상을 입은 그는 은퇴하여 에펠탑의 유지에 노력한다. 무엇보다 에펠탑은 처음에 20년 기한으로 만들어진 임시 건축물이었기에 계약 연장을 위해서는 아직 쓸모가 있다는 것을 보여 주는 것이 중요했다. 이를 위해 그는 에펠탑을 다양한 연구에 활용했다. 1898년에는 에펠탑 꼭대기에 기상 연구소를 설치하고, 1901년에는 무선 송신탑을 설치한다. 이는 1895년 굴리엘모 마르코니(Gulielmo Marconi)의 무선 통신 실험을 입증하는 역할을 한다. 무엇보다 그가 가장 관심을 가지고 추진한 연구는 항공 공학과 유체 역학으로, 특히 유체가 구조물에 주는 힘인 항력에 대한 연구에 중점을 두었다. 이를 위해 에펠은 1905년 에펠탑 내부에 유체 연구소를 만들고, 1909년에는 프랑스 최초의 풍동(wind tunnel)을 설치하여 운영한다. 여기서 나온 유명한 연구가 달랑베르부터 스토크스에 이르기까지 초미의 관심사였던 '구의 항력'에 관한 것으로, 프란틀과 유명한 논쟁을 하게 된다. 그는 1923년 사망했다.

4부
정말이지
그때는 아름다웠다

헤르만 헤세(Herman Hesse)는 『크눌프』에서
기쁨과 슬픔이 혼재된 지난날의 회상을 이
문장에 담았다. 헤세의 부인 마리아 베르누이는
뉴턴과 격돌하던 요한 베르누이의 직계 후손이다.
젊은 시절 방황하던 헤세는 그녀와 결혼하며
스위스에 정착했다. 파리 코뮌은 비극으로
끝났지만 이어진 시대는 '벨 에포크'로 불릴 만큼
아름다운 시절이었다. 과학자들은 이미 모든
것을 밝혀냈다고 생각했고, 모든 것의 근원이
되는 에테르만 찾으면 된다고 믿었다. 하지만
세기말의 화려한 빛 속에 감춰진 어두움이
인류에게 다가오고 있었다. 아마도 '벨 에포크'는
20세기 전쟁의 끔찍한 기억들이 만들어 낸,
마치 에테르와도 같은 환상일지도 모른다.

조르주 자렌(Georges Garen)이 그린 1889년 파리 만국 박람회의 에펠탑.
조명과 연기에 둘러싸여 환상처럼 빛나고 있다.

24장
혼돈과 불규칙

1814년 60만 평의 대토지 소유 가문에서 태어난 오스본 레이놀즈 (Osborne Reynolds)는 1837년 케임브리지 대학교를 매우 우수한 성적으로 졸업하여 펠로에 선출된다. 하지만 그의 가문은 대대로 성직자였기에 가문의 전통을 따라 성직자의 길을 걷는다. 뛰어난 수학자이자 물리학자인 그는 지역 학교장을 맡기도 하고, 농장 운영을 위해 다수의 농기계 특허를 내는 등, 자신의 지식을 실용화하는 데 관심이 많았다. 1839년 이웃 교회 성직자의 미망인과 결혼한 그는 1842년 아들을 낳고 그 이름을 자신과 똑같이 오스본 레이놀즈라고 지었다. 이 아들이 유체 역학의 역사를 바꾸게 되는 바로 그 레이놀즈이다.

아버지에게 직접 지도를 받은 아들 레이놀즈는 아버지의 영향으로 물리 현상에 대한 수학적 이론 및 철학적 사유와 더불어 실제적인 문제를 해결하는 안목도 키운다. 이러한 양 날개 전략으로, 1861년 아들 레이놀즈는 대학 진학을 하지 않고 엔지니어링 회사에 견습생으로 들어가 우선 실용적인 문제를 익힌다. 그 후에는 이론 능력 강화를 위해 1863년 아버지의 뒤를 이어 케임브리지 대학교에 진학한다. 하지만 그는 케임브리지 대학교의 강의에 불만이었다. 어릴 때부터 실용적인 문제 해결을 목적으로 아버지에게 수학과 물리를 배웠던 그에게 케임브리지 대학교의 강의들은 너무 추상적이고 형이상학적이었다. 그는 나중에 "우리 시대에 외국어로서 가장 실용적인 것은 프랑스 어지만 학교에서는 라틴 어만 가르치듯, 마치 케임브리지의 수학 강의도 이와 같았다."라고 회상했다. 참고로 당시 그가 수강하던 케임브리지 대학교의 수학 교수는 스토크스였다. 그러나 이런 불만에도 그는 매우 우수한 성적으로 케임브리지를 졸업한 후 아버지의 뒤를 이어 펠로로 선출되었고, 졸업과 함께 다시 엔지니어링 회사에 취직한다.

당시 케임브리지에는 레이놀즈와 동갑내기로 1861년 케임브리지에 먼저 입학한 존 윌리엄 스트럿(John William Strutt)이 있었다. 과학적인 배경이 전혀 없던 전형적인 인문학 취향의 귀족 아들로 태어난 스트럿은 레이놀즈와 달리 케임브리지 대학교에 입학하자마자 스토크스의 강의에 엄청난 감명을 받으며 케임브리지 대학교를 최우등으로 졸업한다. 당시 귀족들은 아버지의 작위를 승계하는 것이 훨씬 더 중요한 일이었기에 대개 수학과 물리학을 단지 취미로 배웠다. 하지만 스트럿은 가족들의 만류에도 불구하고 전문 과학자의 길을 걷게 된다. 나중에 아버지가 사망하자 스트럿은 결국 아버지의 작위를 이어받아 레일리 남작(Baron Rayleigh)이 되었고, 이후 줄여서 레일리라고 불리게 된다.

∞

1868년, 다양한 공학 문제의 해결을 위해 맨체스터의 공장주들은 돈을 모아 맨체스터 대학교에 교수 자리 하나를 마련한다. 당시 기계 공학의 수요는 오늘날 IT 엔지니어의 수요와 같이 폭발적이었지만, 이를 체계적으로 가르치는 곳은 드물었기에 공업 도시인 맨체스터가 나선 것이다. 1863년 깁스에게 수여된 박사 학위 논문이 미국 최초의 공학 박사 논문인 것도 이러한 연유로, 당시까지는 공학에 대한 체계적인 교육이 없었다. 워낙 고액 연봉의 자리였기에 여러 유망주가 지원한다. 당시 켈빈의 후계자로 글래스고 대학교에서 이미 저명한 교수였던 48세의 랭킨도 이 자리를 탐낸다. 재미있는 것은 교수 채용 심사 위원 중에는 아버지 레이놀즈도 있었다. 심사 위원회는 그의 아들이 지원한 것을 알았지만, 그 아버지에게 심사를 의뢰할 만큼 아버지 레이놀즈가 당시 꽤 알려진 학자였음을 말해 준다. 아버지 레이놀즈는 아들에 대해 상당히 객관적인 평가를 내린다. 요지는 "나이는 어리지만 어릴 때부터 실제 문제의 해결에 경험이 많다."는 것. 결국 아들 레이놀즈가 25세의 나이에 교수로 임용된다.

안정된 고액 연봉 교수가 된 그는 결혼하고 1869년 아들을 얻었다. 이 아들의 이름도 오스본 레이놀즈라고 지어 3대가 내리 똑같은 이름을 갖게 되었다. 하지만 아내가 출산 후유증으로 곧 사망하고 그는 젊은 나이에 아들 하나를 키우는 홀아비가 되었다. 그나마 다행인 것은 고액 연봉자였기에 아들과 살림을 돌볼 하녀와 보모를 둘 정도는 되었다는 것이다. 그는 1869년 '맨체스터 문학 철학 모임'에 가입하여 당시 이 모임의 회장인 줄을 만나 많은 격려를 얻고 논문을 쏟아내기 시작한다. 양조업자의 아들이었던 줄은 어릴 때 맨체스터 문학 철학 모임을 이끌던 돌턴의 체계적인 교육으로 과학적 소양을 갖추고 불멸의 업적을 이루었다. 그는 이후에도 계속 양조장 사업을 하며 이제는 회장이 되어 후배들을 키워내고 있었다.

∞

1870년, 14세의 조지프 존 톰슨(Joseph John Thomson)이 맨체스터 대학교에 입학해 레이놀즈의 수업을 들었다.[1] 당시 레이놀즈의 강의는 유성의 꼬리나 태양의 코로나, 번개와 구름의 관계 등 다양한 자연 현상을 설명하는 물리적인 해석, 그리고 이를 설명할 수 있는 수학적인 이론을 아무도 시도한 적이 없는 매우 독특한 방식으로 유도하곤 했다. 나중에 J.J. 톰슨은 이러한 레이놀즈의 접근 방식에 매우 큰 영향을 받았다고 회상했다. 하지만 공학 문제 해결을 위해 레이놀즈를 임용한 맨체스터의 엔지니어들은 레이놀즈가 물리 현상 규명이라는 순수 연구에 치중하자 다소 실망한다. 사실 레이놀즈의 이런 초기 연구는 실제적인 문제 해결을 위해 서서히 몸을 푸는 과정이었다. 1873년부터 그는 열교환기나 프로펠러의 추진과 같은 열유체 문제에 대한 연구들을 쏟아내며 실력 발휘를 시작한다. 이러한 업적으로 레이놀즈는 1877년 왕립 아카데미의 펠로가 되었다. 한편 이러한 학문적 업적에도 가정사의 불행은 계속된다. 1879년 병약한 그의 아들이 결국 사망한 것이다. 홀아비로 10년간 애지중지 키운 하나뿐인 아들마저 잃고 나서 그는 1881년에 재혼하는데, 상대는 17세 어린 동네 목회자의 딸이었다. 두 번째 결혼에서 아들 셋과 딸 하나를 얻은 레이놀즈는 처음으로 안정된 가정을 가지게 되었고 연구에 매진할 수 있었다.

이러한 안정된 생활에서 등장한 논문이 바로 유체 역학 역사상 가장 유명한 논문인 1883년의 실험 논문이다. 이 논문에서 그는 역사상 최초로 층류와 난류를 체계적으로 구분하며, 이를 결정짓는 무차원수 하나를 유도해 낸다. 이것이 바로 레이놀즈 수이다. 레이놀즈의 1883년 논문에서 등장하는 무차원화된 수는 1895년의 논문에서도 그냥 K로만 언급되다가 1908년 아르놀트 좀머펠트(Arnold Sommerfeld)가 처음으로 '레이놀즈 수(Reynolds number)'라고 이름 지었고, 이후 1910년 프란틀이 사용하며 보편화되었다.

이 논문은 런던 왕립 학회(Royal Society of London)에 제출되어 레일리와 스토크스가 심사한다. 레이놀즈와 동갑내기이자 케임브리지 선배인 레일리는 당시 맥스웰의 뒤를 이어 1879년부터 케임브리지 캐번디시 교수로 재직하고 있었다. 그들은 논문을 읽자마자 그 중요성을 알아보고는, 즉시 게재를 결정한다. 이 논문의 성공 이후 랭킨과 켈빈 경이 재직 중이던 글래스고 대학교는 1884년 레이놀즈에게 명예 박사 학위를 수여한다. 1885년 왕립 학회장이 된 스토크스는 1888년 레이놀즈에게 학회의 로열 메달(Royal Medal)을 수여하며, 수상 업적으로 바로 이 1883년 논문을 꼽았다.

당시만 해도 층류나 난류 같은 용어가 없었기에 이 논문은 두 가지 유동 현상을 "똑바른(direct)" 또는 "구불구불한(sinuous)" 같은 단어로 표현했다. 이 논문의 성공으로 1884년 레이놀즈는 왕립 연구소에서 초청 강연을 한다. 여기서 그는 두 가지 유동 분류에 대해, 질서 있게 오와 열을 맞추어 행군하는 군대와 무질서하게 좌충우돌하는 군대에 비유하여 설명했다. 이 강연을 들은 켈빈 경은 군중들이나 동물 군집이 제멋대로 움직이는 것에 사용되던 라틴 어 *turbulentia*를 어원으로 1887년 과학 역사상 처음으로 난류(turbulence)라는 용어를 만들었다. 한편, 층류는 켈빈의 형 제임스 톰슨이 1878년 개수로 유동(open channel flow)을 연구한 논문에서 이미 사용한 적이 있다. 이 역시 라틴 어 *lamina*에서 따왔고 그 뜻은 '박편(slice)'이나 '층(layer)'이다.

∞

1884년, 성공 가도를 달리던 레이놀즈는 케임브리지 캐번디시 연구소에 빈자리가 나자 지원한다. 자리를 옮기려던 이유는 맨체스터 대학교에서는 이룩한 업적에 비해 충분한 지원을 받지 못했기 때문이었다. 그러나 캐번디시 연구소 자리를 차지한 것은 그가 맨체스터에서 가르쳤던 당시 27세의 제자 J. J. 톰슨이었다. 그는 씁쓸해하면서도 제자 톰슨에게 축하 편지를 보낸다. 하지만 이후 대학의 지원이 좋아지며 그는 다시 연구에 몰두하게 된다. 당시 케임브리지 캐번디시 교수 자리가 난 것은, 부담되는 학교 업무와 부족한 실험 예산에 불만을 품고 레일리가 사표를 던졌기 때문이다. 꽤 잘사는 귀족이었던 레일리는 이후 스스로 마련한 자금으로 정밀 실험을 수행하여 1895

년 대기 중에 포함된 극소량의 불활성 기체를 발견한다. 그는 이 공로로 1904년 노벨상을 받는다. 그는 이 기체 이름을 '아르곤(argon)'이라고 명명하는데, 이는 그리스 어로 비활성을 뜻하는 'αργός(아르고스)'에서 유래했다.

레이놀즈는 어렸을 때부터 늘 자연 현상을 수학에 기반한 이론으로 밝히려고 했다. 1883년 난류 논문 이후 그의 머릿속은 온통 어떤 메커니즘으로 층류에서 난류로 전이가 일어나고, 난류와 층류가 구분되는가에 관한 생각으로 가득했다. 이후 10년간 그는 당시로는 도무지 해석 불가였던 나비에-스토크스 방정식으로부터 이 메커니즘을 규명하고자 골몰한다. 그 결과 1895년 또 하나의 엄청난 업적이 발표된다. 1894년 런던 왕립 학회에 제출한 이 논문에서, 그는 유동을 평균 유동과 섭동 유동으로 나눈 뒤, 나비에-스토크스 방정식에 대입하여 새로운 방정식을 얻었다.

나비에-스토크스 방정식을 평균 유동과 섭동량(攝動量)으로 나누려는 시도는 사실 1877년 조제프 발랑탱 부시네스크(Joseph Valentin Boussinesq)에 의해 최초로 이루어졌다. 부시네스크 역시 질서 있는 유동과 요동치는 유동의 차이를 인지했으나 레이놀즈는 보다 엄밀한 수학으로 접근한다. 나중에 '레이놀즈 분해(Reynolds decomposition)'라고 불리는 이 방식으로 '레이놀즈 응력(Reynolds stress)'이라는 새로운 항이 얻어진다. 여기서 난류 에너지를 유발하는 메커니즘에 대한 수학적인 근거가 완성된다.

이 논문을 받은 왕립 학회의 편집장 레일리는 스토크스에게 심사를 맡긴다. 하지만 즉각적인 게재를 결정했던 1883년의 논문과 달리 이번 논문에 대한 스토크스의 리뷰는 지지부진했다. 더욱이 리뷰가 우호적이지 않자, 레일리는 호러스 램(Horace Lamb)에게 리뷰를 맡긴다. 램은 스토크스의 제자로 당시 맨체스터 대학교에서 레이놀즈의 후배 교수였으니, 레일리의 의도는 명확했다. 램은 게재 의견을 내긴 했으나, 장문의 리뷰로 논문의 모호함과 수학적 모순들을 지적하여 선배 교수 레이놀즈를 화나게 했던 모양이다. 당연히 리뷰는 익명이었지만 램임을 직감한 레이놀즈는 얼마 뒤 램의 유체 역학 책을 리뷰하며 그를 아주 신랄하게 쏘아붙였다. 이런 곡절을 거쳐 이 논문은 1895년에야 출판되었다.

하지만 이 1895년 논문에서, 원래 의도와 달리 레이놀즈는 난류 발생 메커니즘을 규명하지는 못했다. 이러한 시도는 좀머펠트에 이어져, 좀머펠트는 나비에-스토크스 방정식을 선형화한 '오어-좀머펠트 방정식(Orr-Sommerfeld equation)'을 만들어 불안정성을 보이려 했다. 하지만 그의 제자였던 천재 수학자 베르너 하이젠베르크(Werner Heisenberg)는 좀머펠트 방정식을 풀다가 기겁하여 지도 교수까지 바꾸며 양자 역학으로 도망가 버린다. 1895년 논문에서 레이놀즈에게 호되게 당한 탓인지 램 역시 이후 유체 역학에 대해서는 조금씩 피하기 시작했다. 그는 말년에 "이제 나이가 들어 하늘나라에 가서라도 규명해야 할 물리학의 난제를 생각해 본다면 양자 역학과 난류가 있는데, 그나마 양자 역학은 답이 좀 있을 것 같은데 난류는 영 비관적이야."라고 실토하며 하이젠베르크와 견해를 같이했다.

이처럼 수학적으로는 난해하고(나비에-스토크스 방정식) 물리적으로는 혼돈스럽기만 한 난류가 유체 역학의 영역으로 들어오자, 학자들에게 유체 역학은 더욱더 기피 대상이 되었다. 한편, 레일리에게 노벨상을 안겨 준 아르곤의 발견이 바로 이 1895년이었으니, 당시 왕립 학회 편집장이었던 레일리의 부지런함을 엿볼 수 있다.

∞

레이놀즈는 1895년 논문 이후에도 여전히 의욕적으로 연구에 매진하지만, 조금씩 찾아든 그의 병은 체력뿐 아니라 지적 능력까지 빼앗아 갔다. 이 병은 알츠하이머로 추정되고 있다. 강의도 불가능해지자 마침내 그는 1905년 은퇴하여 병상에서 지내다가 1912년 사망한다. 레이놀즈의 후임으로는 레이놀즈의 제자였던 J.J. 톰슨의 제자 어니스트 러더퍼드(Ernest Rutherford)가 임용되었다. 그는 1908년 노벨상을 수상한다.

동시대의 유체 역학 연구자였던 스토크스와 램, 그리고 토머스 에드워드 스탠턴(Thomas Edward Stanton, 레이놀즈의 제자이기도 하다.)은 모두 기사 작위를 받았지만, 레이놀즈는 받지 못했다. 이는 아마도 그의 난류 연구가 몇몇 대가들 외에는 그다지 주목하지 않았기 때문일 것이다. 《네이처》에 실린 레이놀즈의 부고 기사에 레이놀즈의 주요 업적으로 1883년과 1895년의 두 걸출한 논문에 대한 언급이 없다는 점이 이를 잘 보여 준다. 하지만 제1차, 제2차 세계 대전을 겪으며 항공기와 군함의 개발이 국가의 존망을 결정하자, 난류는 아무리 난해해도 피할 수 없는 주제가 되었다. 이에 레이놀즈의 난류에 대한 두 논문은 재조명되어 수많은 후속 연구로 이어지고, 유체 역학의 역사에서 가장 기념비적인 연구로 자리 잡았다.

레이놀즈의 초상화. 1904년 은퇴를 결심한 레이놀즈는 「고디바 부인」으로 유명한 헉슬리의 사위 존 콜리어에게 자신의 초상화를 의뢰한다. 자세히 보면 레이놀즈가 들고 있는 바구니에 쇠구슬이 가득 들어 있다. 이는 레이놀즈가 말년에 연구에 몰두하던 '입자 유동(granular flow)'을 상징한다. 평생을 거쳐 유체 역학에 기념비적인 업적을 남긴 레이놀즈는 자신의 일생을 대표하는 학문적 성과로 이 입자 유동을 초상화에 남겼다. 입자 유동은 흙이나 모래처럼 작은 알갱이들이 어떻게 유동의 형태로 움직이는지를 연구하는 분야로, 레이놀즈가 최초로 개척한 분야이다. 1857년 맥스웰에 의해 토성의 고리가 입자로 이루어졌다는 것이 예측되고, 이를 이용한 통계 역학이 비약적으로 발전하고 있었지만, 입자가 만들어 내는 유동을 다루는 연구는 전무한 실정이었다. 레이놀즈의 입자 유동에 관한 연구는 이후 석유 시추에서 매우 중요한 토대를 마련했으며, 산사태를 막는 사방 공사나 현대 토목 공사의 각종 굴삭기의 원리 등에 이용되고 있다.

24장 혼돈과 불규칙

25장
연속과 불연속

달랑베르에서 시작된 소리의 파동 방정식은 프랑스 혁명을 거치며 푸아송에 의해 풀리기 시작한다. 1848년 스토크스는 '이동파(traveling wave)' 형태로 전개되는 이 해를 고찰하는 과정에서 이상한 점을 발견한다. 그것은 바로 음파의 방정식을 만족하는 해에 불연속이 존재한다는 것이었다. 이렇게 19세기 중반 유체 역학에서 가장 골치 아픈 문제인 '충격파(shock wave)'가 학계의 이슈로 등장한다.

1848년 스토크스의 논문 제목은 「음향 이론의 어려움에 대하여(On the Difficulty in the Theory of Sound)」였다. 당시 스토크스는 라이프니츠의 유명한 문장인 "Natura non facit saltus.", 즉 "자연은 비약을 만들지 않는다."의 신봉자였기에, 이러한 불연속은 받아들이기 힘들었다. 레볼루션의 단절보다 에볼루션의 연속을 믿었던 찰스 다윈이 『종의 기원』에서 이 문장을 무려 일곱 번이나 언급했듯이, 라이프니츠의 이 문구는 19세기 대부분 학자가 받아들이던 신념이었다.

그러나 고대 그리스 초기 데모크리토스(Democritus)와 에피쿠로스(Epicurus) 등의 자연 철학자들은 나뉠 수 없다는 뜻을 가진 '아톰(atom, 원자)'이라는 미립자가 세계를 구성한다고 믿었다. 그들에게 있어 자연의 본질은 불연속이었다. 이를 원자론으로 부활시킨 것은 19세기 초 줄의 멘토였던 맨체스터의 돌턴이었고, 이를 계승한 카를 마르크스는 1841년 박사 학위 논문 「데모크리토스와 에피쿠로스 자연 철학의 차이(Differenz der Demokritischen und Epikureischen Naturphilosophie)」를 통해 헤겔 철학을 극복하는 도구로 삼았다.

∞

1838년 오스트리아에서 태어난 에른스트 마흐는 어릴 적 아버지의 영향으로 칸트의 인식론에 심취한다. 특히 감각으로 경험되는 존재를 실험으로 증명할 수 있다고 생각한 그는 당시 새롭게 떠오르기 시작한 실험 기법들을 중요한 도구로 받아들인다. 칸트의 영향을 많이 받은 물리학자로는 피히테의 제자를 아버지로 둔 헬름홀츠가 있었고, 헬름홀츠의 다양한 물리학적 업적 역시 칸트의 인식론과 밀접하게 연결된다. 1864년 의대 교수 자리를 두고 진로를 고민하던 마흐는 그라츠 대학교 교수의 길을 택한다. 이 무렵 화포를 발사할 때 두 번의 폭발음이 들리는 '이중 폭발음' 문제가 이슈로 등장한다. 이는 크림 전쟁 이후 화약 기술의 발달로 탄환이나 포환의 속도가 빨라지면서 관측된 것이다. 첫 번째 폭발음은 발사되는 탄약의 폭발음이지만 그 뒤에 들리는 폭발음의 정체는 도무지 알 수가 없었다. 마흐는 바로 이 이중 폭발음에 대해 조금씩 관심을 가지기 시작한다.

1844년 오스트리아에서 태어난 루트비히 볼츠만은 빈 대학교에 진학하여 요제프 슈테판(Josef Stefan)의 지도로 맥스웰의 기체 동역학을 연구한다. 오스트리아가 프로이센의 독일 통일 전쟁에 휘말려 패하던 1866년, 볼츠만은 당시로는 생소하던 기체 동역학으로 박사 학위를 받았다.

1867년 마흐는 그라츠 대학교를 떠나 프라하 대학교의 실험 물리학 교수로 옮겼다. 프라하에서 마흐는 아들의 친구였던 유태인 볼프 파슐레스(Wolf Pascheles)를 아들처럼 아꼈다. 프라하에서 마흐의 강의를 듣던 그는 1898년 빈 대학교의 의대 강사가 된다. 나중에 파슐레스는 유태교에서 가톨릭으로 개종하며 마흐에게 아들의 대부를 부탁한다. 이 아들이 볼프강 에른스트 파울리(Wolfgang Ernst Pauli)이다. 마흐의 이름 에른스트를 자신의 이름에 새긴 파울리는 어린 시절 마흐의 연구실에 수시로 방문하며 그의 실증주의 사상에 커다란 영향을 받는다. 파울리는 나중에 양자 역학에서 전자 배치를 규정하는 '배타 원리'를 발견하여 노벨상을 받는다.

한편, 마흐가 떠난 그라츠 대학교의 후임으로 슈테판의 추천으로 볼츠만이 부임한다. 볼츠만은 맥스웰의 연구를 계속 이어 가며 통계역학의 측면에서 기체 분자 운동 역학을 더욱 정교화한다. 이 성과로 '맥스웰-볼츠만 분포(Maxwell–Boltzmann distribution)'가 탄생한다.

∞

마흐가 그라츠 대학교로 옮기던 1867년, 프로이센과의 전쟁에서 패하며 해체 위협에 직면한 오스트리아는 제국 내의 우호 왕국 헝가리와의 거래를 통해 오스트리아-헝가리 제국을 탄생시킨다. 신성 로마 제국의 해체로 독일에서 영향력을 상실한 합스부르크 왕가에게 1866년의 패배가 남긴 영토는 이제 체코, 폴란드, 루마니아, 세르비아 등의 슬라브 국가들밖에 없었다. 1848년 혁명의 위기에서 황제를 양위받았던 프란츠 요제프 1세는 다시금 제국의 위기를 맞아 헝가리에 손을 벌린 것이다. 헝가리 역시 슬라브 민족으로 둘러싸인 소수 민족 마자르 족의 나라였기에 이러한 연합이 가능했다.

하지만 소수 민족 두 나라가 다수의 슬라브 족으로 구성된 제국을 다스리는 것은 점점 어려워졌다. 19세기 전반의 자유주의가 후반으로 가면서 극단적 민족주의로 변질되자 다민족 국가인 오스트리아-헝가리 제국은 심각한 분열상을 띠게 된다. 마침내 인종 문제와 종교 갈등으로 발칸 반도의 사라예보에서 1914년 오스트리아 황태자가 암살되자, 인류는 일찍이 한 번도 경험하지 못한 지옥을 맞닥뜨리게 된다. 오랫동안 유럽을 호령하던 합스부르크 제국은 이처럼 산업화에 뒤처지며 19세기 말에 급격히 위축되고 있었고, 마흐와 볼츠만은 이러한 세기말의 오스트리아 중심에 있었다.

∞

1870년 랭킨은 스토크스가 제기한 음파의 불연속 문제를 해결하기 위해 당시 막 정립되기 시작한 열역학적 성과들을 도입했다. 음파의 본질이 밀도가 변하는 압축성 유체라는 점에 주목한 그는 압축성 유체를 표현하는 비점성 오일러 방정식에 에너지 보존을 결합하여 불연속 문제의 해결을 시도한다. 이 논문을 읽자마자 켈빈 경은 바로 스토크스에게 편지를 보내 즉각 게재할 것을 추천한다.

같은 해, 프로이센은 독일 통일의 마무리 단계로 프랑스와의 전쟁을 도발하여 보불 전쟁이 일어난다. 이 전쟁에는 크림 전쟁 이후 더욱더 개선된 신무기들이 대거 등장하며 프랑스군이 발사한 탄흔에 폭발흔이 관측된다. 이는 당시 탄환에 화약 사용을 금지한 무기 협정 위반의 소지가 있어 심각한 전쟁 범죄 논란이 일었다. 크림 전쟁으로 대량 살상의 참상을 경험한 유럽은 전쟁 무기에 대해 제한을 가하기 시작하지만, 1867년 노벨의 다이너마이트 개발과 같이 대량 살상용 화약 무기는 오히려 급속히 발전하고 있었다. 이에 1868년 유럽 각국은 탄환에는 폭발물을 넣지 않도록 하는 상트페테르부르크 협정을 체결했던 것이다.

이로써 학계는 화포의 발달로 인한 이중 폭발음에 폭발흔까지 더해지며 두 가지 미해결 문제를 안게 된다. 한편, 1870년 에콜 폴리테크니크에 입학한 뒤 보불 전쟁을 맞아 불타는 애국심에 참전하려던 위고니오는 허망하게 조국 프랑스의 몰락을 지켜보았다. 그는 1872년 졸업 후 해군 포병으로 복무하며 총포에 관련된 이 두 가지 물리학 문제에 관심을 갖게 된다.

∞

1872년 그라츠 대학교의 28세 젊은 총각 교수 볼츠만은 당찬 18세 아가씨 헨리에테 폰 아이겐틀러(Henriette von Aigentler)를 만나게 된다. 당시 보수적인 오스트리아 대학에서는 전통에 따라 여성은 강의를 듣는 것이 허용되지 않았다. 볼츠만은 강의실조차 들어갈 수 없어

실의에 빠진 그녀를 격려한다. 볼츠만의 도움으로 용기를 얻은 그녀는 투쟁 끝에 마침내 그라츠 대학교에서 수학과 물리학 강의를 들을 수 있게 되었다. 1873년 빈 대학교 교수로 부임한 볼츠만과 그라츠에 남은 헨리에테는 편지를 주고받으며 연애 감정을 키워 나간다. 1876년 그녀가 대학을 졸업하자, 볼츠만은 멘토 슈테판 교수의 만류에도 빈 대학교를 그만두고 다시 그라츠 대학교 교수로 돌아가고, 같은 해 그녀와 결혼한다.

1877년 레일리의 책『음향 이론(*The Theory of Sound*)』이 출판된다. 여기서 레일리는 음파의 불연속을 해결하기 위해 에너지 평형과 엔트로피를 도입한 랭킨의 방식을 적극적으로 소개한다. 그는 이때까지도 여전히 불연속을 받아들이지 못하던 스토크스를 설득하기 위해 끈질긴 편지 교신을 한다. 처음에 레일리의 설명을 잘 이해하지 못하던 스토크스는 1880년 켈빈 경과의 교신에서 레일리를 언급하며 비로소 불연속적인 충격파에 대해 인정하기 시작한다. 마침내 1883년 스토크스의 저작집에서 1848년의 논문이 수정되며, 이를 기점으로 학계 전반에 랭킨의 해법이 받아들여진다.

1884년 에콜 폴리테크니크 교수로 임용된 위고니오는 랭킨과 동일하게 유동 방정식에 에너지 방정식을 결합하여 불연속을 유발하는 충격파를 체계적으로 기술하는 방법을 찾아낸다. 위고니오는 1885년 자신의 연구를 논문으로 제출하지만, 심사 위원들의 지적을 잘 반영하지 않았다는 이유로 편집장이 게재를 지연시킨다. 이렇게 그의 논문은 1887년과 1889년 두 편의 논문으로 나뉘어 출판된

이중 폭발음 연구로 압축성 유동 연구를
발전시킨 에른스트 마흐.

다. 하지만 위고니오는 이미 1887년에 사망한 뒤였다. 이러한 위고
니오의 업적을 기려 유체의 비점성 오일러 방정식에 열역학 법칙들
이 결합되는 압축성 유동 방정식을 '랭킨-위고니오 방정식(Rankine-
Hugoniot equation)'이라고 부른다.

∞

압축성 유동에 대한 최초의 이론이 정립되던 무렵 마흐에 의해 깜
짝 놀랄 만한 실험 사진이 발표된다. 당시 마흐는 여러 광학 장치를
개발하여 사진 기술을 발전시키고 있었다. 마흐는 이중 폭발음과 탄
환 폭발흔의 원인이 탄환의 앞단에 생기는 충격파임을 직감하고 이
를 촬영하는 실험 장치를 고안한다. 하지만 실제로 탄환을 발사하는
실험은 일반 대학에서는 힘든 일이었기에, 해군 사관 학교 교수이던
페터 잘허(Peter Salcher)에게 자신이 고안한 실험을 제안한다.

1886년 마흐가 제시한 장치로 잘허가 찍은 사진에 사상 최초로 충격파가 잡혔다. 1887년 마흐는 이를 학회에 보고하며 이론적 설명을 덧붙였다. 이로써 19세기 후반 학자들을 괴롭혔던 이중 폭발음과 탄환 폭발흔의 이슈는 랭킨과 위고니오의 이론과 마흐의 실험으로 완전히 해결되었다. 마흐의 사진은 그가 철저히 믿고 추구했던 '실증주의'에 바탕을 둔 결과였다.

∞

1890년 뮌헨 대학교로 옮긴 볼츠만은 1893년 슈테판이 사망하자 그 후임으로 1894년 다시 빈 대학교 교수로 부임한다. 평생의 멘토였던 슈테판은 볼츠만과 공동 연구를 수행하기도 했다. 대표적인 것이 열복사에 대한 연구이다. 1879년 슈테판은 당시 제철업계가 용광로의 온도 측정에 어려움을 겪자 복사열 실험을 수행하고, 볼츠만이 이 실험에 이론적인 법칙을 유도하여, 1884년의 '슈테판-볼츠만 법칙(Stefan–Boltzmann law)'이 탄생한다. 이 연구는 19세기 말 전구의 발달로 조명 산업이 고민하던 문제를 해결한 막스 플랑크(Max Planck)의 흑체 복사 이론의 바탕이 되었다. 여기서 상대성 이론과 함께 현대 물리학의 한 축이 되는 양자 역학이 출발한다.

이 무렵, 볼츠만은 가역과 비가역을 둘러싼 논쟁의 한복판에 서게 된다. 볼츠만은 클라우지우스와 맥스웰의 이론을 발전시켜, 통계 역학으로 엔트로피의 비가역성을 설명하려고 했다. 하지만 1890년 쥘 앙리 푸앵카레(Jules-Henri Poincaré)[1]는 유명한 재귀 정리(recurrence theorem)를 통해 특정한 계(system)는 언젠가 초기 상태로 돌아갈 수 있다고 발표하여, 막 시작된 엔트로피의 비가역성 개념에 결정적인 제동을 걸게 된다. 볼츠만은 이러한 모순을 해결하는 유일한 방법은 확률론적 통계 역학밖에 없다고 확신한다. 그의 요지는 엎질러진 물이 스스로 컵에 담길 가능성이 없는 것은 아니지만 그 확률은 매우 희박하다는 것. 따라서 볼츠만은 통계 역학의 기반을 다지기 위해 원자 가설에 더욱 박차를 가하지만, 마흐가 볼츠만의 원자론을 집중 공격하며 갈등이 촉발된다.

∽

1895년 프라하 대학교에 있던 마흐가 빈 대학교로 옮겨 와 볼츠만과 같은 대학에 재직하게 되면서 이전부터 쌓여 오던 두 사람의 갈등이 본격화되었다. 볼츠만의 통계 역학은 자연의 불연속을 가정한 원자론에 기반했지만, 당시의 기술로는 미립자의 세계를 입증하기는 쉽지 않았다. 마흐가 촬영한 충격파 역시 불연속처럼 보였지만, 랭킨과 위고니오의 연구에서 보듯이 연속체 역학인 오일러 방정식에서 유도되었기에 원자론과는 거리가 있었다. 따라서 실험으로 검증되지 않는 것을 인정하지 않는 실증주의의 선봉 마흐는 원자론을 집중 공격한다. 선천적으로 심지가 약했던 볼츠만은 마흐의 공격을 피해 1900년 라이프치히 대학교로 옮기고, 1902년 마흐가 은퇴한 후에야 다시 빈 대학교 교수로 돌아왔다.

1904년 미국 세인트루이스에서 열린 만국 박람회에서는 전 세계 과학자들이 모인 학술 대회가 같이 열렸다. 학계에서는 마흐의 추종자들이 대세였기에, 볼츠만은 물리학 분야에 초대받지 못하고 응용

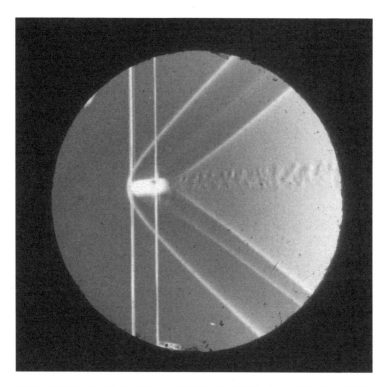

1887년 마흐와 잘허가 공동으로 발표한, 발사된 탄환에서 발생하는 충격파 사진. 마흐는 이 연구에서 충격파의 각도를 이론적으로 유도해 냈는데, 이를 '마흐 각(Mach angle)'이라고 부른다. 당시 잘허는 마흐와 볼츠만이 교수로 있던 그라츠 대학교에서 박사 학위를 받은 후 오스트리아 제국 해군 사관 학교에 근무하고 있었다. 나중에 잘허의 해군 사관 학교 제자가 되는 게오르크 폰 트랍 (Georg von Trapp)은 제1차 세계 대전에서 연합국에 맞서 잠수함 사령관으로 맹활약을 펼쳤고, 제2차 세계 대전에서는 나치에의 협력을 거부하며 온 가족과 미국으로 망명한다. 이 가족의 이야기를 그린 것이 뮤지컬 「사운드 오브 뮤직(Sound of Music)」이다.

수학 분야에 겨우 발표 자리를 얻었다. 당시에는 엔트로피나 열역학 제2법칙이 완벽하게 이해되지 못한 상황이었고 아직 학계의 주류도 아니었다. 따라서 엔트로피를 가장 효과적으로 설명하는 볼츠만의 통계 역학에 대한 전면적인 부정은 엔트로피 법칙 자체에 대한 의구심으로 확대되었다. 더욱이 볼츠만은 엔트로피의 비가역성을 시간의 방향성과 결합하여 다윈의 '에볼루션'을 강력히 지지했기에, 진화론까지 공격의 대상이 되었다. 여기서 결정적으로 충격을 받은 볼츠만의 정신 상태는 기존 학계에 대한 분노로 더욱더 위태로워졌다. 정신적 안정을 찾기 위해 1906년 가족들과 함께 떠난 휴양지에서, 볼츠만은 사랑하는 아내와 아이들이 수영장에서 놀고 있는 동안, 호텔 방에서 스스로 목을 매어 자살했다.

이런 비극에도 불구하고 푸앵카레의 재귀 정리 등 당시 이뤄지던 여러 과학적 발견들은 마흐의 입장에 훨씬 더 유리했기에 아인슈타인과 막스 플랑크조차 마흐를 지지했다. 특히 마흐는 뉴턴의 절대 시공간에 대한 개념을 비판하여 아인슈타인에게 결정적인 영향을 미친다. 나중에 아인슈타인은 마흐가 은퇴하지 않고 조금만 더 오래 연구할 수 있었다면 1905년의 상대성 이론은 마흐가 먼저 발표했을 것이라고 실토할 정도였다. 이러한 시대 상황에서 사회주의 이론가들조차 대부분 마흐의 추종자가 되어 이념적으로 마흐에게 맞선 유일한 사상가는 러시아의 블라디미르 레닌(Vladimir Lenin) 정도밖에 없었다. 이런 맥락에서 1909년 레닌의 『유물론과 경험 비판론(Materializm i Empiriokrititsizm)』이 출판된다. 하지만 마흐의 강력한 지지자였던 아인슈타인이 1905년 발표한 브라운 운동과 광양자에 대한 두 논문은 마흐가 집중 공격한 원자론의 가장 강력한 기반이 되었다. 같은 시기, 막스 플랑크 역시 자신의 복사 이론의 모순을 해결하기 위해 볼츠만의 통계 역학을 받아들일 수밖에 없었다. 이처럼 볼츠만의 사망을 전후해서, 역설적이게도 볼츠만의 이론을 지지하는 발견들이 봇물처럼 쏟아지게 된다.

19세기 맨체스터에서 탄생한 돌턴의 원자 모형은 모순투성이였다. 그러나 맨체스터 공대에서 레이놀즈의 제자였던 J. J. 톰슨이 1897년 전자를 발견하고 J. J. 톰슨의 제자인 러더퍼드가 1911년 원자핵을 발견하면서, 현대적인 원자 모형이 완성되었다. 이로써 자연에는 불연속이 없다는 믿음이 깨지고, 연속체(continuum)가 아닌 불연속을 의미하는 양자(quantum)가 지배하는 미시적 세계에 대한 연구가 시작되었다. 마흐는 말년에 자신의 추종자들이 볼츠만에 대해 각을 세우며 극단적으로 대립하는 것을 매우 걱정했다. 그는 1916년 사망한다.

∞

한편, 1904년 볼츠만에게 충격을 준 세인트루이스 만국 박람회에서는 충격파를 이용한 조리 기구가 출품되어 수십만의 구름 관객을 모았다. 앞서 1894년 미국 의사 존 하비 켈로그(John Harvey Kellogg)는 자신의 요양 병원 환자들의 아침 식사를 위해 차가운 시리얼인 콘플레이크를 발명하는데, 환자 중에 찰스 윌리엄 포스트(Charles William Post)라는 사람이 있었다. 포스트는 퇴원하자마자 1897년 콘플레이크 회사를 창업하여 큰 성공을 거둔다. 포스트에 선수를 뺏긴 켈로그는 1906년 창업되었고, 두 기업은 오늘날까지 100년이 넘도록 라이벌이다. 콘플레이크로부터 시작된 시리얼 산업에 1901년 또

볼츠만의 묘비. 볼츠만의 흉상 위에 새겨진 공식은 엔트로피에 대한 통계 역학적인 정의이다. 이전까지 수학적으로 엔트로피는 상태의 차이, 즉 변화량만으로 정의되었지만, 볼츠만의 이 정의를 통해 엔트로피에 대한 최초의 정량적 표현이 정립되었다. 1877년 발표된 이 공식은 볼츠만이 그라츠에서 만난 헨리에테와 행복한 신혼을 보내며 달성한 최고의 업적이다. 한편, 볼츠만의 묘지가 있는 빈 중앙 묘지에는 베토벤, 브람스 및 요한 슈트라우스 1세와 2세 등 빈을 중심으로 활동한 음악가들, 합스부르크 왕가의 세계 금융 지배를 이끈 로트실트 가문의 인물 등 수많은 유명인의 묘소가 있다.

다른 형태의 시리얼이 나타났다. 미네소타 출신의 농학자 알렉산더 피어스 앤더슨(Alexander Pierce Anderson)은 우연히 전분이 담긴 시험관을 가열하다 깨뜨렸다. 순간 굉음과 함께 전분이 순간적으로 팽창되며 눈꽃같이 날렸다. 이것이 충격파를 이용한 최초의 현대적인 뻥튀기가 탄생하는 순간이다. 기존의 콘플레이크와는 다른 새로운 방식의 시리얼을 널리 알리기 위해 앤더슨은 1904년 세인트루이스 만국 박람회에 이 뻥튀기 기계를 출품했고, 이것이 수십만의 관객을 끌어모으는 히트 상품이 되었다.

이를 목격한 당시 시리얼 업계의 신예 강자 퀘이커 오트밀(Quaker Oats)이 이 기술을 사들여, '라이스 크리스피(rice crispy)'라는 새로운 시리얼로 콘플레이크의 대항마가 되었다. 이에 1927년, 켈로그 역시 앤더슨의 기술로 만든 뻥튀기로 라이스 크리스피 제품을 출시하여 현재까지도 켈로그의 효자 상품이다. 우리나라의 경우 쌀강정 등에 들어가는 튀밥은 전통적으로 끓는 기름에 튀겨 만들어, 이를 '유과(油果)'라고 부르고 있었다. 앤더슨이 충격파를 이용해 개발한 뻥튀기 기계는 1904년 세인트루이스 만국 박람회 이후 일본으로 전래되어 '뻥과자(ポン菓子)'로 불렸다. 이는 다시 1920년대와 1930년대 식민지 조선에 전해져, 튀밥 제조에 사용되던 전통적인 기름 공정을 급속히 대체했다.

26장
판타 레이와 새로운 산업의 탄생

1844년 미국인 찰스 굿이어(Charles Goodyear)는 고무 경화법을 개발하여 당시까지 불안정한 물질이던 고무를 다루는 획기적인 방법을 제시한다. 1823년 영국 화학자 찰스 매킨토시는 지우개로나 사용되던 고무로 방수 소재를 개발하여 그 공로로 왕립 학회 회원이 되었고, 고무 산업의 문을 열었다. 1840년대에는 전신의 발달로 고무가 전신망의 방수 절연 재료로 대대적으로 사용되었다. 하지만 고무의 불안정한 성질로 계속 불량이 발생해 수많은 고무 회사가 파산하고 있었다. 이때 현실적인 대안으로 떠오른 것이 구타페르카(Gutta-Percha) 나무에서 추출한 진액이다.

1848년 패러데이가 제안한 쿠타페르카 진액은 순식간에 고무를 대체한다. 이에 독일의 지멘스 역시 구타페르카로 전신을 깔았으며, 이 구타페르카 회사로 1871년 독일에서 출발한 콘티넨탈(Continental)은 나중에 벤츠에 타이어를 공급하기 시작한다. 독일 자동차의 성장과 함께 타이어 업계의 절대 강자가 된 콘티넨탈은 오늘날 자동차 타이어 업계 순위 4위이다. 참고로 2017년 기준 세계 타이어 업계 1위는 브리지스톤(Bridgestone), 2위는 미슐랭, 3위는 굿이어이고, 던롭(Dunlop)을 인수한 일본의 스미토모(住友)는 5위로, 이 기업들은 모두 100년 이상의 역사를 자랑한다. 한편, 당시까지 골프공은 수백 년간 깃털을 뭉쳐 만들어 왔는데, 1848년 탄성이 뛰어난 구타페르카 소재의 골프공이 만들어지며 골프 스포츠에도 일대 혁명이 일어난다.

1852년 굿이어는 영국을 방문했다가 찰스 매킨토시의 동업자 토머스 핸콕(Thomas Hancock)이 영국에 자신과 같은 방식의 고무 경화법을 이미 특허로 등록했다는 사실을 알게 된다. 이후 특허 소송에서 핸콕은 "미국에서 얻은 경화 고무 샘플"에서 영감을 받았다고 진술했으나, 영국 법원은 왕립 학회 회원의 동업자인 핸콕의 손을 들어준다. 굿이어는 빚더미 속에서 1860년 사망한다. 이런 가운데 이 고무 경화법에 힘입어 고무가 안정적인 소재로 거듭나게 되고, 다시 구타페르카를 대체하며 거의 모든 산업에 고무가 응용되기 시작한다. 이로써 19세기 후반 고무 산업이 폭발적으로 발전하게 된다.

∞

1869년 의사 생활에 싫증을 느낀 미국인 벤저민 프랭클린 굿리치(Benjamin Franklin Goodrich)는 부동산으로 번 돈의 투자처를 찾고 있었다. 그는 굿이어 이후 미국에서 신성장 동력으로 떠오른 고무 산업에 주목하고, 망해 가던 조그만 고무 회사를 헐값에 인수한다. 1870

년 오하이오의 시골 마을 아크론(Akron)은 지역 경제 활성화 및 일자리 창출을 위해서는 첨단 고무 산업의 유치가 중요하다는 것을 깨닫고, 동네 유지들이 돈을 모아 굿리치의 회사에 투자하여 아크론으로 옮기게 했다. 하지만 당시 미국에서 난립하던 고무 회사들의 저가 경쟁으로 굿리치는 어려움을 겪었고, 그때마다 아크론 유지들이 나서서 차세대 먹거리를 지켜내고 동네 주민들의 고용 유지를 위해 금융 지원을 거듭하며 굿리치의 회사를 연명시켰다.

이 무렵, 천연 고분자 셀룰로스에 질산이 첨가되면 강력한 폭발 물질이 되는 것이 우연히 발견된다. 이것이 나이트로셀룰로스로서, 같은 시기 발견된 나이트로글리세린과 함께 기존의 재래식 화약을 급속히 대체한다. 한편 1869년, 코끼리 상아 하나에서 당구공을 8개밖에 생산할 수 없어 당구공 수요를 도저히 맞출 수 없던 미국의 당구 업계는 당구공 공급 부족을 해결할 대체 물질 개발에 거액의 상금을 건다. 이에 미국 발명가 존 웨슬리 하얏트(John Wesley Hyatt)는 나이트로셀룰로스에 몇 가지 첨가물을 더해 셀룰로이드를 개발하여 상아를 대체한다. 이렇게 인류 최초의 플라스틱이 탄생한다. 하얏트는 셀룰로이드 당구공을 대량 생산하기 위해 사출 성형기를 최초로 개발하고 회사를 차렸다. 이처럼 고분자 혁명의 시발점이 된 셀룰로스는 지구상에서 가장 많이 존재하는 천연 고분자이다. 인류는 이를 이용한 옷감으로 빙하기를 이겨 냈으며, 종이를 만들어 문명을 이룩했다. 한편, 화약 회사 듀폰은 나이트로셀룰로스의 대량 생산에 독보적인 기술을 확보하며 19세기 후반에도 노벨에 필적할 성장을 거듭한다.

1882년 미국인 조지 이스트만(George Eastman)은 사진을 현상하던 유리판을 대체하기 위해 나이트로셀룰로스로 필름을 개발한다. 이 발명으로 그는 휴대가 가능한 사진기를 개발하고, 회사를 세운다. 이 회사가 코닥(Kodak)이다. 코닥 필름으로 뢴트겐이 엑스선(X-ray) 촬영을 했으며, 연속 사진이 가능해져 영화가 탄생한다. 하지만 근본적으로 나이트로셀룰로스는 화약을 대체하는 물질이라 폭발성이 강하여 숱한 사고가 발생했다. 영화 「시네마천국」에서 상영기사 알프레도가 실명한 것도 이 때문이다. 1940년대 이후에는 안전한 아세테이트로 대체되었다. 한편, 21세기에 들어서 이러한 고분자 필름은 디지털로 대체된다. 이에 적응하지 못하고 신사업을 찾지 못한 코닥은 2012년 파산했다.

∽

1887년 영국 의사 존 보이드 던롭(John Boyd Dunlop)은 아들이 세발자전거를 타며 엉덩이가 아파하는 것을 보고 공기압 타이어를 개발한다. 전통적인 통고무 타이어를 대체한 획기적인 아이디어였다. 이후 자전거의 승차감이 획기적으로 개선되며 자전거 수요가 폭발적으로 증가한다. 1909년 던롭은 일본 시장 진출을 위해 에도 막부 시절부터 전통 재벌이던 스미토모와 손을 잡고 던롭 재팬을 만든다. 1963년 던롭 재팬은 스미토모 고무 공업(Sumitomo Rubber Industry, SRI)이 되고, 1986년 SRI는 경영난을 겪고 있던 모회사 던롭을 인수한다. SRI의 골프 스포츠 자회사가 바로 스릭슨(SRIxon)이다. 참고

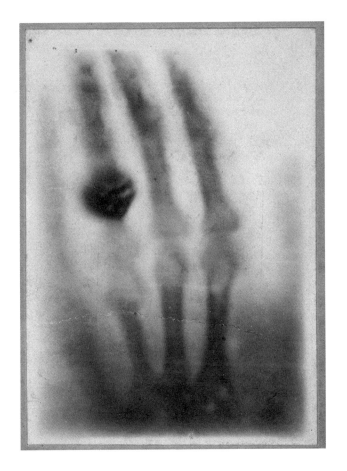

1895년 뢴트겐이 촬영한 최초의 엑스선 사진. 코닥 필름에 찍힌 이 사진은 뢴트겐 부인의 손으로 반지의 흔적이 보인다. 실증주의로부터 마흐의 충격파 사진이 탄생했듯이, 뢴트겐의 이 사진 역시 당시 유행하던 실증주의의 영향으로 볼 수 있다. 의료 시장에서 엑스선이 가진 잠재력을 간파한 지멘스는 즉시 상업화를 추진한다. 지멘스가 1896년 인간 두개골 사진을 찍어 뢴트겐에 보내자, 뢴트겐은 불과 몇 개월 만에 엑스선 실용화에 성공한 지멘스의 기술력에 감탄한다. 이후 지멘스는 의료 영상에서 CT, MRI, PET 등의 기술 혁신을 주도하여 의료 영상 장비 분야에서 단 한 번도 선두를 놓치지 않고 부동의 1위를 달리고 있다. 한편, 기술을 인류 공동의 자산으로 생각한 뢴트겐은 엑스선 기술을 특허로 등록하지 않았고, 1901년 시작된 노벨상의 첫 번째 물리학상 수상자가 되었다.

로, 글로벌 회사의 지사로 출발했다가 본사를 인수한 가까운 예로는 '필라코리아'가 있다.

던롭 타이어의 성공으로 미국에 고무 산업 붐이 다시 일어나며 근근이 동네 어른들의 도움으로 명맥을 이어 가던 아크론의 굿리치는 전성기를 맞이한다. 고무 산업이 폭발적으로 커지자 아크론에 굿리치를 유치했던 지역 유지들은 투자에 만족하지 않고 1898년 아예 자신들의 타이어 회사를 설립한다. 회사 이름은 미국 고무 선구자의 이름을 기려 굿이어 타이어라고 붙였다. 같은 해, 코번 하스켈(Coburn Haskell)은 골프 치러 아크론에 갔다가 굿리치를 방문한다. 여기서 우연히 고무로 만든 골프공의 반발력이 상당하는 걸 알게 된다. 하스켈 공(Haskell ball)이라 불리게 되는 이 공으로 1848년 구타페르카 이후 다시 한번 골프공의 일대 혁신이 이루어지고, 이후 굿리치 등의 타이어 회사들이 골프공 사업에 뛰어든다.

MIT를 졸업하고 아쿠쉬네트(Acushnet)라는 고무 회사를 창업한 필립 영(Philip E. Young)은 골프광이었다. 1932년 치과 의사 친구와 골프를 치다 번번이 퍼터가 홀컵을 비켜나가자 무척 흥분한다. 골프공에 문제가 있다고 확신한 그는 같이 라운딩하던 치과 의사를 졸라 골프공을 엑스선 사진으로 찍어 본다. 여기서 골프공 코어들이 제대로 중심이 잡혀 있지 않다는 것을 알게 된 그는 3년간 이를 개선하는 공정을 개발한다. 이렇게 탄생한 공이 전 세계 골프공 시장을 장악하고 있는 타이틀리스트(Titleist)이다.[1]

∞

1889년 프랑스에서 한 남자가 펑크 난 던롭 타이어를 때우기 위해 미슐랭을 찾았다. 최초로 고무를 방수 재료로 사용한 찰스 매킨토시의 조카딸로부터 시작된 미슐랭은 정작 고무로는 별 재미를 못 보고 농기계 수리나 하며 회사를 연명하고 있었다. 던롭의 타이어를 유심히 살펴보던 미슐랭 형제는 펑크가 났을 때 접착제로 때우는 시간이 오래 걸린다는 점에 주목한다. 그들은 기존의 공기 주입식 타이어를 현재와 같은 착탈식으로 바꾸어 쉽게 교체하도록 만들었다. 1891년 자전거 경주 대회에서 이들의 타이어를 채용한 선수가 경주 중에 타이어가 펑크가 났지만 즉시 교체하며 우승한다. 이후 미슐랭은 자전거 타이어 시장을 평정해 버린다.

1895년 발생한 드레퓌스 사건으로 프랑스 사회가 둘로 분열한다. 당시 최대 스포츠 신문《르 벨로(Le Vélo)》는 무죄를 지지하고, 라이벌 신문《로토(L'Auto)》는 유죄를 주장하며 첨예하게 대립한다. 미슐랭이 주요 주주였던《로토》는 자신들의 정치적 주장을 강력하게 펼치기 위한 이벤트를 만든다. 이것이 1903년 시작된 자전거 경주 대회 '투르 드 프랑스(Tour de France)'이다. 로토의 바람과 달리 1906년 드레퓌스는 재심에서 무죄 판결을 받는다. 하지만 투르 드 프랑스는 오늘날까지 세계 최대의 자전거 경주 대회로 이어지고 있다. 한편, 1900년 미슐랭은 자동차 타이어 시장에 진출한다. 하지만 생각보다 자동차 타이어가 많이 팔리지 않자, 타이어를 많이 팔도록 하는 아이디어를 하나 생각한다. 자동차 여행용 안내 책자를 만들어 미슐랭 타이어 교체 방법과 서비스를 받을 수 있는 지점들을 슬쩍 집어넣는 것이다. 여기에는 "믿을 만한 호텔과 식당"을 표시함으로써 여행자들의 주목을 받도록 했다. 이 책이 『미슐랭 가이드』이다.

∞

1895년 타이어 회사의 영업 사원이었던 하비 파이어스톤(Harvey S. Firestone)은 실적 달성을 위해 이리저리 고객을 찾다가 우연히 자동차를 개발 중인 헨리 포드(Herry Ford)를 만난다. 당시 에디슨 전기 회사에 다니며 자신의 창고에서 개인적으로 가솔린차를 개발하고 있던 헨리 포드는 개발한 자동차에 적당한 타이어를 찾고 있었다. 이들은 서로의 비범함을 금방 알아보았다. 헨리 포드는 이후 번번이 자동차 개발에 실패했지만, 자신이 개발하는 자동차에는 반드시 파이어스톤이 공급하는 타이어를 장착했다.

1900년, 파이어스톤은 영업 사원을 그만두고 고무 타이어의 중심지 오하이오 아크론에 자신의 타이어 회사를 세운다. 당시 헨리 포드는 잘 다니던 에디슨 전기 회사를 그만두고 자동차 회사를 세웠다가 크게 실패하여 빚더미에 올랐다. 이에 새로운 투자자를 찾기 위해 1901년 자동차 경주에 참가한다. 당시 자동차 시장의 대세는 전기차였고, 파이어스톤 역시 가솔린차는 별로 실용적이지 않다고 봤지만, 헨리 포드의 비범함을 믿고 타이어를 계속 공급한다. 이 무렵, 자동차 경주에는 전기차, 증기차, 가솔린차가 모두 참가해, 주행 거리와 속도에서 가솔린차의 우수성이 입증되고 있었다. 마침내 이 대회에서 헨리 포드가 파이어스톤 타이어를 장착하고 우승하며 업계 강자로 떠올라, 투자금이 몰리기 시작하고 1903년 포드 자동차 회사가

유변학회의 로고. 유변학(Rheology)이라는 단어는 빙엄이 제 안했다. 그리스 철학자 헤라클레이토스의 유명한 언명인 '만물은 유전한다.'라는 뜻의 '판타 레이('πάντα ρεῖ')'에서 힌트를 얻어 그리스 말로 흐름이라는 뜻을 가진 ρέω(rheo)에서 rheology라는 용어를 만들었다. 이를 명확히 하기 위해 로고 위아래에 'πάντα ρεῖ'를 새겨 rheology의 단어가 어디서 유래했는지 밝혔다. 그리고 모래 시계가 상징하는 것은 '입자 유동'으로, 모래의 흐름도 유체 유동의 한 형태라는 오스본 레이놀즈의 관점을 반영하고 있다.

만들어진다.

1908년 헨리 포드는 모델 T를 출시하며 대량 생산 개념을 처음으로 도입한다. 그런데 문제가 있었다. 기계 부품 양산은 컨베이어 벨트 시스템으로 가능했지만, 타이어의 대량 생산은 만만치 않았다. 그 이유는 고분자 유동의 경우 탄성 고체도 아니고 점성 유체도 아닌 가소성(plastic)이거나, 두 성격을 모두 가지는 점탄성(viscoelasticity)의 성질을 보이기 때문이다. 당시까지는 고분자 유체에 대해 체계적인 연구가 없어 산업계는 애를 먹고 있었다. 이에 1929년 미국 학자 유진 빙엄(Eugene C. Bingham)이 주도하여, 고무 산업의 성지 오하이오에 고분자 유체 역학자들을 모아 새로운 학회를 결성한다. 이것이 '유변학회(The Society of Rheology)'의 탄생이다. 이 창립 모임에 프란틀이 참석할 정도로, 당시 유체 역학계에서 유변학은 초미의 관심 분야였다. 철저히 헨리 포드를 신뢰한 파이어스톤은 수많은 시행착오 끝에 마침내 업계 최초로 타이어 양산에 성공하며 모델 T 자동차 성공의 밑거름이 되었다. 이후 헨리 포드와 파이어스톤의 자손까지 결혼으로 엮이며 100년의 동업을 이어 갔다.

　헨리 포드의 성공을 이끈 파이어스톤은 나중에 일본의 한 후발 업체에 역전을 당하게 된다. 1906년 일본에서 버선 장사를 시작한 이시바시(石橋)는 미국의 고무 산업의 폭발적 성장에 관심을 두고 1921년에 버선 바닥에 고무 밑창을 달기 시작해 크게 성공한다. 이에 고무된 그는 1930년 자동차용 고무 타이어를 만들기 시작하고, 회사 이름을 '브리지스톤'으로 지었다. 그의 이름 한자를 생각하면 '스톤 브리지'가 맞겠지만, 당시 대세인 '파이어스톤'을 모방한 셈이다. 전후 일본 자동차 시장의 초고속 성장으로 동반 성장한 브리지스톤은 1988년 파이어스톤을 인수한다. 이후 서먹해진 파이어스톤과 포드 사의 결혼 동맹은, 포드 자동차에 장착된 파이어스톤 타이어가 터진 것을 계기로 서로 상대방의 잘못이라며 진흙탕 싸움을 벌이다 완전히 결별한다. 참고로, 고무 타이어의 성지 오하이오 아크론에서 매년 열리는 세계적인 골프 대회인 브리지스톤 인비테이셔널은, 1929년 이 동네에 세워진 파이어스톤 골프장에서 열린다. 브리지스톤을 세운 이시바시는 나중에 '일본 합성 고무(Japanese Synthetic Rubber, JSR)'의 사장이 되었다. JSR는 일본에 불어닥친 IT 붐을 타고 아지노모토와 마찬가지로 사업 다각화에 성공해, 현재 반도체용 포토마스크와 디스플레이 재료 시장을 장악하고 있다.[2]

∞

1912년 반기업 정서에 힘입은 셔먼 반독점법의 실행으로 듀폰 그룹은 라부아지에로부터 시작한 화약 제조에서 손을 떼고, 강제로 떠밀리듯 새로운 사업을 찾게 된다. 그중 하나가 당시 떠오르던 산업인 자동차로, 화약 회사 듀폰은 GM에 투자하여 대주주가 되었다. 플라스틱을 최초로 개발한 하얏트는 1895년 사업 일선에서 물러나며 동업자의 아들인 MIT 출신 앨프리드 슬론(Alfred P. Sloan)을 후계자로 영입한다. 듀폰 그룹은 눈여겨보고 있던 하얏트의 회사를 GM에 합병시키고, 슬론을 GM의 CEO로 올린다.

슬론은 듀폰을 등에 업고 당시로는 획기적인 ROI(Return On Investment, 투자 수익률)를 기업 회계에 도입하여, 포드를 누르고 GM을 세계 1위의 자동차 회사로 성장시킨다. 최초의 플라스틱을 탄생시킨 하얏트가 지목한 후계자 슬론은 화약 회사에서 소재 회사로 탈바꿈한 듀폰의 발탁으로 자동차 회사 GM에서 탁월한 경영 능력을 발휘한 것이다. 이에 그의 모교 MIT에 그의 이름을 따서 경영 대학원이 세워진다. 이것이 '슬론 스쿨(Sloan School)'로 산업 경영 및 MBA 부문에서 세계 최고의 수준을 자랑한다.

주력 사업 변화에 재미를 본 듀폰은 신사업으로 추진하던 각종 신규 소재 개발에 박차를 가한다. 그 시작은 자신 있던 셀룰로스 기반의 연구들로, 이렇게 개발된 신소재가 각종 포장재로 쓰이는 셀로판이다. 이후 고액 연봉의 인재들을 잇달아 영입하며 듀폰의 운명을 가르는 연구 결과가 탄생한다. 이것이 나일론과 테플론이다. 이 무렵 아크론이 탄생시킨 고무 타이어 회사 굿리치 역시 타이어에서 벗어나 사업 확장에 나서고 있었다. 그중 하나가 당시까지 '패스너(fastner)'라고 불리던 단추 대용물이었다. 1923년 굿리치는 새로 출시한 고무 장화에 이를 적용하여 '지퍼(Zipper)'라고 이름 지었다. 이것이 크게 성공하면서 가죽 점퍼 등의 의류로도 확장되었고, 굿리치의 상품명 '지퍼'는 이러한 종류의 제품을 일컫는 대명사가 되었다. 이후 굿리치는 항공 산업의 발달로 항공기 타이어에서 한동안 성과를 내다가 고무 타이어보다는 첨단 기계 부품의 총합인 '랜딩 기어'가 블루오션임을 깨닫고 급히 항공 제조사로 탈바꿈한다. 마침내 1988년에는 자신의 정체성이었던 타이어 사업을 미슐랭에 매각했다.

∞

나일론 이전에 인류가 만든 가장 얇은 섬유는 실크였다. 때문에 실크로 만든 스타킹은 워낙 비싸 상류층만 소비할 수 있었다. 따라서 1935년 듀폰이 나일론 스타킹을 내놓자 폭발적인 소비로 미국에서만 하루 판매량 400만 켤레를 기록하기도 했다. 하지만 제2차 세계 대전으로 일본에서 실크 수입이 끊기자 미군은 당황한다. 왜냐하면 당시 낙하산이나 군용 로프의 재료가 실크였기 때문이다. 원래 태생이 군납 회사였던 듀폰은 이 기회를 놓치지 않고, 모든 스타킹 라인을 군용으로 전환하여 불과 몇 달 만에 나일론으로 낙하산과 로프뿐 아니라, 텐트 및 판초 등을 대량 생산한다. 하지만 이 때문에 제2차 세계 대전 내내 나일론 스타킹 구하기는 하늘의 별따기가 되었고, 여성들의 불만이 쌓인다.

1945년, 드디어 제2차 세계 대전이 끝나자 여성들은 나일론 스타

킹의 재생산을 기다렸다. 하지만 듀폰의 양산 전환은 예상보다 느렸다. 이에 대해 각종 음모론이 판을 치며 미국 전역에서 여성들이 나일론 스타킹 물량을 내놓으라며 폭동을 일으킨다. 1946년, 듀폰의 나일론 스타킹 생산량이 월 3000만 켤레를 돌파하며 폭동은 수그러들었지만, 대중들의 의심은 수그러들지 않았다. 결국 악화된 여론에 1951년 듀폰은 나일론 생산을 위탁 생산으로 바꾸며 독점 생산을 포기한다.

1938년 듀폰이 개발한 테플론은 핵무기 제조 등 군사용으로만 쓰여 사용이 제한적이었다. 1954년 프랑스의 한 주부는 남편이 낚싯대에 사용하는 테플론에 음식물이 잘 묻지 않는 것을 보고, 남편에게 프라이팬에 테플론을 코팅해 달라고 조른다. 하는 수 없이 남편이 알루미늄에 테플론을 코팅하여 프라이팬으로 사용했더니 음식물이 묻지 않아 편리했다. 뿐만 아니라, 이전의 주철이나 스테인리스 소재 프라이팬보다 훨씬 가벼워져 주부의 손목에 무리가 가지 않아 조리가 편해졌다. 무엇보다 열전달이 뛰어나 예열이 필요 없게 되었다. 이렇게 만들어진 회사가 테팔(TEFAL)이다. 테팔은 테플론(teflon)과 알루미늄(aluminum)의 합성어로, 여기서부터 조리 기구의 혁명이 이루어졌다.[3]

27장
유동성 에너지 석유와
자동차 혁명

 1859년 석유에서 케로신(kerosene)이 추출되면서 그때까지 등불에 사용되던 고래 기름을 대체한다. 이를 기점으로 석유 산업이 폭발적으로 발전한다. 케로신은 등불에 사용되었다고 하여 한자 문화권에서는 '등유(燈油)'라고 불린다. 철도 운송 사업을 독점하며 미국 최초의 재벌이 된 코닐리어스 밴더빌트(Cornelius Vanderbilt)는 수많은 경쟁자의 등장으로 철도 운임이 폭락하자, 등유 생산에서 시작된 조명 산업 붐으로 그나마 석유 수송이 실속 있다는 것을 알게 된다. 이에 1865년 오하이오의 만만한 석유 공급자를 찾아 협상을 벌인다. 그가 바로 26세의 존 데이비슨 록펠러(John Davidson Rockefeller)이다. 당시 부채 더미의 정유 회사를 운영하고 있던 록펠러는 당대 최고의 부호 밴더빌트가 오하이오까지 찾아오는 것을 보고, 칼자루는 자신이 쥐고 있음을 알아채고 호기롭게 독점 공급권을 따낸다.

 석유 산업의 핵심은 원유 채굴이 아니라 정유와 유통이라고 생각한 록펠러는 여기에 모든 역량을 쏟아부었다. 특히 다른 정유업자들이 잘 팔리는 등유만을 뽑아내고 나머지를 버릴 때, 록펠러는 그 부산물에서 파라핀이나 아스팔트를 추출해 팔았다. 당시 신성장 동력 고무 산업의 요람이었던 오하이오에서는 각종 고분자 산업들이 탄생하고 있었기 때문에 오하이오의 정유업자 록펠러는 석유 부산물을 비교적 쉽게 팔 수 있었다. 대표적인 예로, 양초가 있었다. 오하이오에서 양초를 만들던 윌리엄 프록터(William Procter)와 비누를 만들던 제임스 갬블(James Gamble)은 동서지간이었다. 두 사람은 장인의 권유로 합병하여 1837년 프록터 앤드 갬블(Procter & Gamble, P&G)을 탄생시킨다. 록펠러는 여기에 양초의 원료인 파라핀을 대량으로 공급해 다른 정유업자들과 엄청난 순익차를 보인다.

록펠러는 석유 유통을 장악하기 위해 1870년 스탠더드 오일(Standard Oil)을 설립하여, 불과 수년 만에 경쟁 회사들을 다 무너뜨리거나 흡수한다. 호랑이를 키웠음을 깨달은 밴더빌트는 석유의 철도 운송에 태클을 걸지만 록펠러는 이에 맞서 송유관을 개발하여 철도 운송을 대체해 버린다. 10년 후인 1881년에는 미국 전체 석유 시장의 95퍼센트를 장악하며 록펠러는 인류 역사상 최대의 거부가 되었다. 게다가 록펠러의 송유관이 등장하자, 수많은 철도 회사가 파산한다. 이는 석유가 유동성이 뛰어난 에너지였기에 가능한 일이었다. 이렇게 파산한 철도 회사 중에는 앤드루 카네기(Andrew Carnegie)가 부사장으로 있던 회사도 있었다. 이후 카네기는 철강으로 방향을 틀게 된다. 마침 에펠로부터 시작된 철골 건물 유행이 겹쳐 크게 성공하며 록펠러에 대적할 만한 재벌이 된다.

∞

이처럼 승승장구하던 록펠러에게 전혀 뜻밖의 대항마가 등장한다. 1879년에 등장한 에디슨 전구가 그것이다. 이후 등유에 의해 주도되던 조명 시장이 급속히 개편된다. 전구는 에디슨이 처음 발명한 것은 아니었지만, 에디슨은 당시로서는 가장 실용적인 필라멘트를 개발해 일상 속으로 급속히 파고들었다. 심지어 조선 왕실조차 1884년 에디슨과 계약을 맺고 궁궐에 전등을 설치한다. 이는 일본 왕실보다도 빠른 것이었다. 이후 전등이 급속히 보급되며 여러 다른 회사들에서도 전구가 개발되었다. 그중 하나는 카를 마르크스의 이종 사촌이 1891년 네덜란드에 차린 전구 회사로, 이 회사가 바로 필립스(Philips)이다. 이러한 전구의 발달은 제철 산업에서 출발한 볼츠만의 복사 이론을 막스 플랑크의 흑체 복사 이론으로 발전시켜 마침내 양자 역학을 탄생시킨다. 한편, 전구의 등장으로 크나큰 타격을 받은 P&G는 결국 양초 사업을 포기한다.

전구 조명이 도시마다 깔리면서 발전 설비에 대한 요구도 비약적으로 증가한다. 아직 초보적인 은행 재벌로 록펠러와 카네기에 한참 못 미치던 J. P. 모건은 에디슨을 후원하며 발전 설비에 자본을 투입하기 시작한다. 1882년 전구 사업으로 엄청난 속도로 발전하던 에디슨 회사의 프랑스 파리 지사에 세르비아 출신의 기술자가 입사한다. 그의 이름은 니콜라 테슬라(Nikola Tesla)로, 입사하자마자 대단한 성과를 내지만 직류를 고집하던 에디슨에 맞서 교류가 효율적이라 주장하다 결국 퇴사한다. 때마침 새로운 사업을 준비하던 한 사업가는 1886년 테슬라를 스카우트하여 교류 기반의 전기 회사를 만든다. 그의 이름이 조지 웨스팅하우스(George Westinghouse)로, 이렇게 하여 세계적인 발전 회사 웨스팅하우스가 시작되었다.

유럽에서 체계적인 학문을 배우며 성장한 테슬라는 정규 교육을 제대로 받지 못한 에디슨과 달랐다. 그는 에디슨의 시행착오(trial & error) 방식의 연구를 지양하고 이론에 기반한 실험 계획법(design of experiment, DOE)으로 개발 시간을 단축시켰다. 또한 에디슨과 달리 특허 독점을 고집하지 않고, 직류와 교류의 싸움에서 위기에 처한 웨스팅하우스에 특허를 넘겨 주어 에디슨 전기 회사와 맞설 수 있게 해 주었다.[1] 직류와 교류의 대결에서 처음에는 J. P. 모건의 자본을 등에 업은 에디슨이 유리했지만 점차 교류의 우수성이 드러나기 시작한다. 1890년 에디슨은 사형 집행기로 전기 의자 시범까지 보이며 교류의 위험성을 보이려 했지만 대세는 점차 교류 쪽으로 기운다. 1893년 시카고 박람회의 전체 조명을 웨스팅하우스가 수주하며 에디슨은 결정적인 타격을 입는다. 이에 분개한 J. P. 모건은 에디슨 전기 회사에서 에디슨의 지분을 매입하여 그를 축출하고 회사의 이름에서도 에디슨을 빼 버린다. 이렇게 에디슨의 전기 회사는 제너럴 일렉트릭 (General Electric, GE)이 되었다. 대주주 J. P. 모건은 이후 단순한 돈 장사에서 탈피하여 전기 사업에 직접 나서 막대한 이익을 얻는다. 이는 금융 자본이 산업 자본을 지배하는 출발점이 된다.

애초에 카네기는 철도 산업을 망가뜨린 록펠러에 대한 앙심을 품고 철강으로 쌓은 막대한 부로 록펠러에 맞서려 했다. 하지만 록펠러는 여전히 건재했고 록펠러가 철강 산업에까지 손을 뻗어 오히려 카네기의 사업이 위협을 받게 되었다. 1901년 이를 간파한 J. P. 모건은 카네기에게 접근하여 당시 미국 연방 정부 예산보다 많은 4억 8000만 달러라는 엄청난 금액으로 카네기 철강 회사를 사들인다. 다시 이를 다른 철강 회사들과 합병하여 초거대 기업인 US 스틸을 탄생시켰다. 금융이 산업을 지배하는 가장 대표적인 사례인 이 합병으로, J. P. 모건은 현재 가치로 3100억 달러의 누적 이익을 뽑으며 이후 아무도 건드리지 못하는 초거대 자본이 되었다.

∞

19세기 말 산업화에 따라 경제 규모가 폭발적으로 커지자 은행에서 발행하는 지폐의 양도 감당할 수 없이 늘어나고 있었다. 지폐는 그 자체로는 가치가 없어, 은행은 발행하는 지폐의 양만큼 금이나 은을 확보해야 했다. 당시 영국을 시작으로 유럽 대부분은 금본위제를 채택하고 있었다. 이와 달리 금과 은 두 가지를 기준으로 갖고 있던 미국은 비대해진 통화량을 감당하기 힘들어지자 이를 단일 기준으로 바꾸려고 시도한다. 이에 미국에서 금본위제와 은본위제를 둘러싼 논쟁으로 대혼란이 일어난다. 1893년 미국 연방 정부가 은 매입을 중단하자 은행의 부실을 우려한 고객들이 한꺼번에 현금 인출에 나서는 뱅크 런(bank run) 현상이 일어났지만, 당시 중앙 은행이 없던 미국 정부는 속수무책이었다. 이때 J. P. 모건이 구원 투수로 해결한다. J. P. 모건은 이후 미국 금융 정책에 막대한 영향력을 갖게 된다.

이러한 혼란 속에 치러진 1896년의 미국 대통령 선거는 금·은 대립의 선거였다. 공화당은 산업 자본을 대변하는 '금'을 지지하여 윌리엄 매킨리(William McKinley)를 후보로 내세웠다. 중산층과 소상공인을 대변하는 '은'을 지지하던 민주당에서는 당시 36세에 불과한 윌리엄 제닝스 브라이언(William Jennings Bryan)이 선동적인 연설로 후보가 되어 매킨리와 격돌했다. 이 해 선거의 승리자는 J. P. 모건의 막대한 자금 지원을 등에 업은 공화당의 '금'이었다. 하지만 금·은 대립은 계속되어 1900년 대통령 선거에서 윌리엄 매킨리와 윌리엄 제닝스 브라이언이 또다시 맞붙는다. 이번에도 윌리엄 매킨리가 승리하면서 금·은 본위제 논쟁은 종식된다. 당시 캘리포니아의 은광 재벌 윌리엄 랜돌프 허스트(William Randolph Hearst)는 처음에 민주당의 윌리엄 제닝스 브라이언을 지지했지만, 이내 사태가 심상치 않음을 깨닫고는 은광 사업을 접고 급히 언론인으로 변신했다.

1900년에 출판된 소설 『오즈의 마법사(*The Wonderful Wizard of Oz*)』는 이때 벌어진 미국의 금·은 논쟁의 혼란상을 배경으로 한다. 'Oz'는 금의 중량 단위 온스의 약자이고, 마법사는 미국 대통령 윌리엄 매킨리를, 비겁한 사자는 윌리엄 제닝스 브라이언을, "노란 벽돌길(Yellow Brick Road)"은 금본위제를 상징한다. 이처럼 금·은 논쟁의 후유증은 심각했고, 그 여파로 1901년 대통령 윌리엄 매킨리는 급진주의자에게 암살당한다. 이에 부통령 시어도어 루스벨트(Theodore Roosevelt)가 대통령직을 승계한다.

루스벨트는 비록 공화당이었지만, 미국 정치에 깊숙이 관여하고 있던 재벌들의 폐단을 잘 알고 있기에, 시장의 예상을 뒤엎고 대기업들을 손보기 시작한다. 1890년부터 미국에서는 이미 대기업을 견제하기 위해 셔먼 반독점법이 존재하고 있었다. 하지만 집권 공화당은 거대 자본의 강력한 후원으로 탄생한 정권이었기에 감히 법 집행을 못 하고 있었다. 하지만 40대 최연소 대통령 루스벨트는 집권 초기인 1902년 셔먼법을 과감히 시행한다. 록펠러와 J. P. 모건을 날리는 것을 시작으로, 이후 7년 동안 43개의 재벌들을 해체해 버리며 엄청난 대중적 인기를 누린다. 이 무렵 루스벨트의 인기를 알 수 있는 일화가 있다. 1902년 곰 사냥에 나간 루스벨트를 그린 만평이 인기를 끌자 한 인형 업자가 곰 인형의 이름으로 루스벨트의 애칭 '테디'를 붙였다. 이 인형은 곧 대통령의 인기에 힘입어 시장에서 크게 성공한다. 이것이 '테디 베어'이다.

시장 경제의 핵심 가치 '자유 방임'의 불간섭 원칙을 과감히 무너뜨린 시어도어 루스벨트는 이때까지 미국 전통 외교 정책인 불개입 원칙(먼로주의)도 전면 수정하여 적극 개입 정책을 펼쳤다. 이를 통해 중남미에서 확실한 우위를 굳혀 에펠의 몰락을 가져온 파나마 운하를 차지한다. 이는 향후 미국의 군사 대국화와 결합하여 세계 지배의 기반이 되었다. 하지만 그는 우등 민족이 열등 민족을 지배하는 것이 당연하다는 제국주의를 적극 지지한다. 비록 이러한 생각은 당시 서구 열강들의 대체적인 견해였지만, 그 영향은 머나먼 대한제국에까지 미쳤다. 루스벨트는 일본의 한국 침략을 지지했다. 러시아의 남하를 막기 위해 거문도를 점령했던 영국은 1902년 일본을 동맹국으로 삼는다. (영일 동맹) 그리고 1904년 러일 전쟁이 발생한다. 미국은 러시아에 밀리던 일본에 엄청난 자본을 비밀리에 지원한다. 1905년 혁명의 소용돌이에 빠진 러시아가 수세에 몰리자 루스벨트는 즉시 전쟁을 마무리하는 포츠머스 조약을 주선했다. 그 결과로 한국은 사실상 일본의 지배에 들어가고, 이 공로로 루스벨트는 1905년 노벨 평화상을 수상했다.[2]

1907년 다시 미국에 공황이 발생해 금융 시스템이 붕괴한다. 재벌들은 이번 사태가 루스벨트의 반기업 정서에 따른 필연적 결과라며 반시장 정책을 철회하라고 공격한다. 마지못해 재무 당국이 J. P. 모건에 다시 도움을 청하자, 여전히 맨해튼 금융가에 큰 영향력을 행사하던 모건은 자신의 도서관에 주요 은행장들을 집합시킨다. 모건의 주재하에 금융 기관들이 감당해야 할 부실 채권이 강제로 할당되고, 모건은 모두가 동의할 때까지 감금 상태로 두고 채권 채무를 차례로 정리시켰다. 재벌 개혁에 앞장섰던 루스벨트는 이렇게 만들어진 J. P. 모건의 구제 금융안에 사인할 수밖에 없었다. 이러한 반시장적인 방법으로 미국은 가까스로 공황에서 탈출한다. 이로써 간신히 파국은 면했으나, 계속 주식이 폭락하고 수백만의 실업자가 양산되는 여파가 이어지자, 미국에도 중앙 은행이 필요하다는 여론이 들끓는다. 이에 미국 정부는 어쩔 수 없이 J. P. 모건과 재벌들을 중심으로 1913년 연방 준비 제도(Federal Reserve System)를 탄생시킨다. 이는 이후 초거대 자본이 세계 경제를 주무르는 합법적 기반이 되었다.

∞

뉴욕 맨해튼의 모건 도서관(Morgan Library). 원래 1902년 J. P. 모건의 개인 집무실로 만들어졌다가 워낙 개인 소장품들에 책이 많아서 부속 건물로 지어진 개인 도서관이다. J. P. 모건은 이 도서관을 관리하기 위해 1905년 벨 다 코스타 그린(Belle da Costa Greene)이라는 22세의 여성을 사서로 고용한다. 그녀는 이후 30여 년간 이 도서관의 컬렉션을 체계적이고 화려하게 만든 장본인이다. 워낙 매력적이고 교양이 넘치는 그녀였기에, J. P. 모건은 그녀가 추천하는 수집품들이라면 수백만 달러를 쓰는 것도 주저하지 않았다. 이곳의 서고는 개인 서고라고 하기에는 대형 도서관들도 가지지 못한 각종 희귀본과 필사본으로 가득하다. 특히 모차르트, 베토벤, 브람스 등의 친필 악보가 전 세계에서 가장 많기로 유명하다. 또한 가장 희귀하다는 구텐베르크 성경도 한 부는 양피지 인쇄본으로, 다른 두 부는 종이 인쇄본으로, 전 세계 도서관 중에 유일하게 3부를 소장하고 있는 곳이다. 한편, 이곳은 1907년 금융 위기에 J. P. 모건이 은행장들을 감금하고 강제로 서명을 받아 공황을 해결한 역사적인 장소이기도 하다.

전구로 인한 조명 혁명으로 그때까지만 해도 등유 비즈니스에 주로 의존하고 있던 록펠러의 석유 산업은 한풀 꺾이는 듯 보였다. 하지만 1886년 독일 엔지니어 카를 프리드리히 벤츠(Karl Friedrich Benz)가 가솔린으로 구동되는 내연 기관을 사상 최초로 개발하여 가솔린 자동차가 등장하자 상황이 바뀌기 시작한다. 이후 1892년 디젤 엔진이 개발되고, 중유가 선박에 널리 이용되면서, 석유는 20세기에 들어 수송 혁명의 근간이 되어 황금기를 누린다.

석유는 인류가 발견한 가장 강력한 유동성 에너지이다. 유체로서 유동성을 가진다는 것은 필요한 곳에 순환이 잘 된다는 의미이기도, 다양한 형태로 전환이 쉽다는 의미이기도 하다. 유동성이 뛰어난 석유에 담긴 에너지는 마치 혈액에 혈관을 통해 산소를 공급하듯 송유관을 통해, 주유소를 통해 산업 곳곳에 전달되었다. 또한, 석유는 연소되어 빛이 되기도, 엔진을 구동하기도 하고, 발전기를 돌려 또 다른 유동성 에너지인 전기를 생산하기도 했다. 만약, 인류가 석탄에만 의존했다면, 유동성 에너지인 석유가 없었다면, 자동차나 항공기 같은 새로운 수송 수단은 탄생하지 않았을 것이다.

하지만 석유 못지않게 유동성이 뛰어난 전기를 이용한 자동차의 개발 역시 만만치 않았다. 오스트리아 황실에 자동차를 공급하던 회사에 취직한 엔지니어 페르디난트 포르셰(Ferdinand Porsche)는 1898년 전기 자동차를 개발하여 가솔린과 경쟁한다. 그는 전기 자동차의 가장 큰 문제가 무거운 배터리임을 주목하고, 1901년 세계 최초로 벤츠의 가솔린 기관을 발전기로 채택하여 하이브리드 자동차를 개발한다. 1902년 포르셰가 군대에 입대하면서 그의 전기 자동차와 하이브리드차 개발은 중단된다. 포르셰는 군대에서 황태자의 운전병으로 일했고, 나중에 이 황태자가 암살되며 제1차 세계 대전이 발발한다. 한편, 포르셰가 군대에 있는 동안 세계 자동차 시장의 대변화가 미국에서 일어난다.

1903년 에디슨의 전기 회사에서 일하던 헨리 포드가 독립하여 자동차 회사를 설립한다. 아마도 전 직원 테슬라와의 싸움에서 교훈을 얻은 탓인지, 에디슨은 헨리 포드와는 친하게 지냈다. 재미있는 것은, 1903년 대한제국 황실은 포드 자동차를 구입한다. 이는 포드 자동차 회사가 설립된 직후로, 이로 보아 고종과 순종은 상당한 '얼리 어답터(early adopter)'였음을 알 수 있다. 포드 이후 가솔린 자동차의 수요가 비약적으로 증가하며 한때 주류였던 전기 자동차를 추월한다. 포르셰가 군대 복무를 마치고 1906년 현장에 복귀했을 즈음 대세는 이미 가솔린 자동차로 기울고 있었다. 이때 벤츠가 포르셰를 불러 전기 자동차를 포기하도록 설득하고 가솔린 자동차 개발에 투입한다. 이후 포르셰는 가솔린 자동차의 역사에 불멸의 업적들을 남긴다.

헨리 포드는 컨베이어 벨트로 상징되는 획기적인 대량 생산으로 1908년 모델 T 자동차를 개발한다. 그 결과, 고가의 가솔린 자동차 가격이 3분의 1로 떨어지며 일부 상류층들만 타던 자동차를 드디어 일반인들도 살 수 있게 된다. 이것이 생산 혁명이라고 불리는 '포드 시스템'이다. 포드가 자동차 산업에 미친 영향은 실로 엄청난데, 운전석의 위치도 이때 결정된다. 20세기 초까지 거의 모든 자동차의 운

왼쪽부터 헨리 포드, 에디슨, 파이어스톤. 에디슨은 자기 회사 직원이었던 헨리 포드를 아꼈다. 포드가 가솔린 엔진으로 자동차 회사를 만든다며 사표를 제출하자 대세는 전기차라고 적극 만류했지만, 기어코 포드는 창업한다. 얼마 뒤 포드가 어려워지자 에디슨은 거액을 투자하여 포드 자동차의 성공을 도왔다. 포드 역시 나중에 에디슨의 회사가 어려움에 처하자 그를 도왔다. 여기에 포드의 절친인 타이어 영업 사원 출신의 파이어스톤이 가세하여, 시대를 대표하는 세 기업가들의 우정이 시작되었다. 이들은 수시로 자동차 여행을 함께 떠나 피크닉을 즐겼고, 20세기 초 미국 자동차 문화를 선도했다.

전석은 오른쪽에 있었다. 이는 마부가 채찍을 휘두르기 위해 오른편에 앉았던 데서 기인한다. 포드 역시 초기엔 운전석이 오른쪽이었다가, 모델 T부터 왼쪽으로 바꾸었다. 그는 모델 T를 개발하며 철저히 오너드라이브의 개념을 도입한다. 그는 마주 오는 차량을 시야에서 확보하려면 운전석이 왼쪽이 있는 것이 안전하고 논리적이라고 모델 T의 매뉴얼에 명시했다. 이후 모델 T가 1500만 대나 팔리자 왼쪽 운전석이 업계 표준이 되었고, 왼쪽 차선인 나라에서는 동일한 안전상의 이유로 오른쪽 운전석이 표준이 되었다.

1926년 포드는 노동 생산성 향상을 위해서는 노동 시간의 단축이 핵심이라고 생각하고 주 5일 근무제를 시행한다. 이후 포드의 생산 시스템이 보편화되며 주 5일 근무제는 1930년대 미국과 프랑스 등에서 법제화되었다. 이처럼 서구에서 산업계의 주도로 주 5일 근무제가 일반화되자 일본 역시 1987년 주 5일 근무제를 도입했고, 현재 이 나라들의 주당 평균 노동 시간은 주 40시간을 넘지 않는다. 한편, 우리나라는 산업계의 반대로 주 5일 근무는 2004년에야 실시되었다. 게다가 이미 주 5일 근무가 법제화되었지만, 아직 주 40시간이 아니라 초과 12시간을 당연시한 주 52시간에 대한 논쟁이 진행 중이다. 노동 생산성은 단위 시간당 산출되는 재화의 양이므로, 분모에 해당하는 노동 시간을 줄이지 않으면서 노동 생산성을 올리고자 하는 시도는 수학적으로 상당히 어려운 문제이다.

1928년의 미국 대통령 선거 캠페인에서 "모든 냄비에 닭고기를, 모든 차고에 자가용을"이라는 슬로건이 등장한다. 헨리 포드는 늘 자동차는 누구나 소유할 수 있어야 한다고 생각했고, 이러한 헨리 포드의 생각을 실천에 옮긴 정치인이 바로 허버트 후버(Herbert Hoover) 대통령이다. 새로 생긴 스탠퍼드 대학교의 첫 입학생이던 후버는 처음에 기계 공학을 전공한다. 하지만 당시 캘리포니아의 산업은 광산업이 주력이었고, 당연히 지질학이 인기였다. 때문에 지질학으로 전공을 바꾼 그는 같은 지질학과 후배와 결혼까지 하게 된다. 1893년 금융 위기의 여파로 취업에 어려움을 겪었지만, 광산업에서 상당한 성공을 거둔 그는 제1차 세계 대전 중에는 정부 고위 관리로 활약하며 능력자로 떠오른다. 성공한 기업가로 행정에 탁월한 능력을 보이자 후버는 단숨에 공화당 유력 대선 주자로 주목받아, 1928년 미국 대통령 선거 역사상 최다 표 차이로 당선한다. 그가 사용한 이 슬로건은 300년도 훨씬 전에 앙리 4세가 종교 전쟁의 갈등 속에 프랑스 왕으로 즉위하며 내세웠던 "프랑스의 모든 집에 닭고기"라는 선언을 포드 자동차에 패러디한 것이다.

이처럼 포드는 단순한 자동차 생산자가 아니라 사회 전반에 걸쳐 엄청난 영향을 끼친, 시대 정신을 대표하는 인물이었다. 그는 포드 시스템으로 생산 가격을 획기적으로 낮추었고, 주 5일제의 시행으로 노동자에게 저녁과 주말이 있는 삶을 가져다주었으며, 노동자의 임금을 대폭 인상하는 '소득 주도 성장'으로 인류를 대량 소비의 사회로 이끌었다. 또한 종업원 지주제를 도입하여 노동자의 경영 참여를 보장해 스탈린의 (구)소련 공업화 정책의 표본이 되었다. 이 때문에 이탈리아 공산주의자 안토니오 그람시(Antonio Gramsci)조차 새로운 이념으로 떠오른 '포드주의(Fordism)'를 사회주의 모델로 간주했다. 하지만 1929년의 대공황으로 노동자의 천국 디트로이트에서 노동 분쟁이 시작되고 다수의 사상자가 발생하자, 헨리 포드에 대한 세간의 인식은 대폭 수정되었다.

헨리 포드를 바라보는 두 가지 다른 관점은 이 시기 디트로이트에 있었던 예술가들의 상반된 태도에서도 드러난다. 디트로이트 폭동 이후 헨리 포드의 아들은 멕시코의 공산주의 화가 디에고 리베

멕시코 혁명 화가 디에고 리베라가 1933년 완성한 디트로이트 산업 벽화. 노동자의 역동성을 강조한 이 그림이 큰 인기를 끌자, 록펠러의 아들 역시 리베라에게 벽화를 의뢰했다. 리베라는 뉴욕 한복판에 그려진 록펠러의 벽화에 더욱 대담하게 카를 마르크스와 레닌, 트로츠키 등을 등장시킨다. 이에 미국 예술계가 발칵 뒤집히고, 격렬한 논쟁 끝에 그림은 철거되었다. 이후 멕시코로 돌아간 디에고 리베라와 프리다 칼로 부부에게 소비에트 권력 투쟁에서 스탈린에게 밀린 트로츠키가 1940년 망명해 왔다. 부부의 도움으로 은신하던 트로츠키는 결국 같은 해 암살된다. 트로츠키의 유언 "인생은 아름다워."는 나중에 이탈리아 좌파 영화 감독 로베르토 베니니(Roberto Benigni)의 1997년 영화의 모티프가 되었다. 한편, 프리다 칼로의 마지막 작품 「인생 만세(Viva La Vida)」는 프랑스 7월 혁명을 배경으로 한 영국 록 그룹 콜드 플레이의 최신 히트곡의 모티프가 되었다.

라(Diego Rivera)에게 계급 화해의 의미로 벽화를 의뢰하고 리베라는 이를 기꺼이 수용한다. 이때, 리베라의 아내(19세 연하) 프리다 칼로(Frida Kahlo)는 남편을 따라 디트로이트 생활을 하면서 포드 시스템에 대해 다른 시각을 가지게 된다. 리베라 못지않게 유명 화가였던 그녀는 디트로이트 포드 병원에서 유산을 겪으며 1932년 작품 「헨리 포드 병원」을 그린다. 이 작품에는 다른 사회주의자들과 달리 헨리 포드를 비판적으로 바라보는 그녀의 시각이 잘 드러나 있다. 같은 시기 헨리 포드의 배려로 디트로이트 관현악단에 자리를 잡은 한 이탈리아 출신 플루티스트는 포드가 운영하던 라디오 음악 프로그램을 맡아 유명해진다. 1939년 아들이 헨리 포드 병원에서 태어나자 포드에 대한 존경의 의미로 아들의 이름에 '포드'를 넣었다. 이 아이가 바로 나중에 영화 「대부」를 만들게 되는 프란시스 포드 코폴라(Francis Ford Coppola) 감독이다.

28장
인류의 비상

석유의 유동성을 이용한 가솔린 기관이 주도한 엔진 혁명으로 인류는 자동차에 이어 완전히 새로운 운송 체계를 가지게 된다. 이것이 항공기의 탄생이다. 19세기 말 글라이더가 급속히 발전하자, 독일의 오토 릴리엔탈(Otto Lilienthal)은 상당한 실험 결과들을 축적한다. 그는 15미터의 인공 언덕을 만들어 체계적인 연구를 수행했다. 늘 이렇게 뛰어내리는 매우 위험한 실험을 반복하던 그는 결국 1896년 추락 사망한다.[1] 릴리엔탈의 체계적인 비행 실험은 후속 연구에 많은 영향을 끼쳐, 미국 스미스소니언 관장이던 새뮤얼 랭글리(Samuel Pierpont Langley)는 1896년 증기 기관으로 날아가는 무인 동력 비행기에 성공한다. 이에 힘을 얻은 랭글리는 상당한 규모의 정부 지원금을 따내며 유인 동력기의 개발에 박차를 가한다.

원래 천문학자이던 랭글리의 든든한 후원자는 당대 최고의 스타 과학자인 그레이엄 벨이었다. 알려진 바와 달리 전화기를 최초로 발

Prix Henry Deutsch
Expériences de M. SANTOS DUMONT

1901년 알베르토 산토스뒤몽(Alberto Santos-Dumont)이 에펠탑 등 파리 상공을 비행하는 데 사용한 비행선. 1873년 브라질의 부유한 집안에서 금수저로 태어난 산토스뒤몽은 18세부터 프랑스에서 살며 비행선에 심취하여 조종사가 되었다. 1902년 에드워드 7세의 즉위식 왕관 제작을 맡으며 영국 왕실의 공식 업체가 된 프랑스 보석상 루이 카르티에(Louis Cartier)는 산토스뒤몽의 절친이었다. 뒤몽은 카르티에에게 비행 중에도 편하게 볼 수 있는 시계를 부탁한다. 이렇게 하여 1904년 세계 최초의 손목 시계가 탄생한다. 카르티에는 이 시계를 '산토스'라는 브랜드로 팔아 큰 성공을 거두었고, 아직도 카르티에는 이 브랜드의 손목 시계를 판매하고 있다. 1903년 라이트 형제의 비행 이후 산토스뒤몽은 비행기 개발에 집중해 1906년 자신이 직접 개발한 비행기의 시연을 성공적으로 마친다. 그는 특허에 목맨 라이트 형제와 달리 모든 기술을 공개해 프랑스 항공 산업의 교두보를 마련한다. 에펠 또한 에펠탑에서 라이트 형제처럼 풍동으로 공기 역학 실험을 주도한다. 이 결과 프랑스는 1909년 세계 최초로 항공기를 무기화하는 데 성공하는 등 미국 못지않게 항공 산업을 발전시킨다. 그러나 뒤몽은 제1차 세계 대전에 항공기들이 무기로 사용되자 우울증이 악화되어 스위스 등에서 요양 생활을 하게 된다. 1931년 고국 브라질로 돌아간 산토스뒤몽은 1932년 발생한 브라질 혁명에서 자신의 비행기가 대량 학살 도구로 사용되는 것을 보고 엄청난 충격을 받고 자살한다. 그의 업적을 기려 브라질 리우 공항은 산토스뒤몽 공항으로 불린다.

명한 사람은 미국으로 망명한 이탈리아 기술자인 안토니오 메우치 (Antonio Meucci)이다. 그는 쿠바 아바나에서 번 막대한 돈으로 미국 최초의 파라핀 양초 공장을 운영하다가 크게 실패한다. 이탈리아 통일과 독립을 위한 운동을 하던 그의 공장에는 오랜 친구 가리발디도 같이 망명해서 일하고 있었다. 이 와중에 메우치가 개발한 것이 전화기로, 이 사실은 당시 과학자들에게는 꽤 알려져 있었다. 하지만 그는 특허를 등록할 돈이 없어 1871년 임시 특허를 낼 수밖에 없었다. 그가 특허 연장을 못 하던 사이, 그레이엄 벨이 이를 가로채 1876년 정식 특허를 받았다. 분노한 메우치가 소송을 걸지만, 소송이 길어지며 1889년 메우치가 사망하며 소송은 종결되고, 벨이 대신 돈방석에 앉았다. 그런 가운데 벨은 대중 과학 잡지《사이언스》에 막대한 돈을 투자하기도 한다. 2002년 뒤늦게나마 미국 의회는 메우치를 전화기의 최초 발명자로 인정했지만, 이미 메우치가 사망한 지 100년도 더 지난 뒤였다.

∞

한편, 고무 산업의 발달로 자전거 산업이 주력이 된 오하이오에서 자전거 가게를 운영하던 라이트 형제는 릴리엔탈의 실험에 고무되어 자료를 얻기 위해 스미스소니언을 찾아간다. 하지만 랭글리에게 자료를 받는 일은 쉽지 않았다. 라이트 형제는 실망하지 않고 차분히 릴리엔탈의 자료를 검토하다가 언덕에서 직접 뛰어내리던 릴리엔탈의 무모함에 놀란다. 대신 라이트 형제는 풍동을 만들어 안정적인 양력과 추력을 개발하는 실험을 차근차근 수행한다. 형제는 이론적 배경이 전혀 없었지만 풍동 실험을 통해 원하는 양력을 발생시키는 최적의 날개 모양을 도출하고 이를 제어할 수 있는 장치들을 개발했다. 또한, 랭글리가 무거운 증기 기관을 사용하던 것과 달리 당시 자동차에 막 쓰이기 시작한 가벼운 가솔린 엔진으로 중량을 획기적으로 감소시켰다.

1903년 10월 7일, 정부 과제의 마감 시한에 쫓기던 랭글리는 충분한 실험 없이 비행기 제작부터 시작한다. 이 비행기는 모든 관계자가 지켜보는 가운데 시험 비행 도중 추락한다. 당황한 랭글리는 기자 회견을 열어 다시 시도하겠다고 선언한다. 12월 8일 언론들이 지켜보는 가운데 또다시 실패로 끝나자, 국민의 혈세로 지출된 국가 예산을 낭비했다며 여론의 난도질을 당한다. 랭글리의 이러한 상황을 라이트 형제는 이미 잘 알고 있었다. 그들은 랭글리가 실패한 직후인 12월 17일, 보란 듯이 최초의 유인 동력기 비행에 성공한다.

오하이오 시골 무명의 자전거 기술자들의 성공은 스타 과학자 벨의 후원과 정부의 전폭적인 지원이 결합한 스미스소니언 관장 랭글리의 실패와 대비되어 순식간에 전 세계를 강타한다. 하지만 랭글리는 라이트 형제의 업적을 인정하지 않았다. 심지어 스미스소니언은 인류 최초의 비행기로 랭글리의 비행기를 전시하는 역사 왜곡의 만행을 저지른다. 더욱이 라이트 형제는 특허 소송까지 겹치며 여기에 몰두하느라 자신들의 비행기를 더 발전시킬 기회도 잃고, 사업화의 여력도 상실한다. 스미스소니언이 라이트 형제의 업적을 인정한 것은 1942년이었으며, 그들의 비행기가 전시된 것은 형제들이 모두 사

라이트 형제의 첫 번째 유인 동력 비행기인 라이트 플라이어 호.

망한 후인 1948년이었다.

∞

    1910년 시애틀에서 벌목업을 하고 있던 29세의 예일 대학교 자퇴생 윌리엄 보잉(William Boeing)은 당시 신기한 발명품이었던 비행기에 흥미를 느낀다. 그는 무려 2,000킬로미터나 떨어진 로스앤젤레스의 에어쇼에 참석해 비행기에 태워 달라고 하지만, 그를 비행기에 태워 주는 사람은 없었다. 로스앤젤레스 에어쇼에서 비행기에 탈 기회를 가졌던 인물들은 윌리엄 랜돌프 허스트와 같은 당시의 갑부들뿐이었고, 보잘것없어 보이던 벌목 사업가 보잉은 당연히 무시를 당한 것이다.

    이 에어쇼에는 라이트 형제도 참석했지만, 그들의 목적은 비행기 시연이 아니라 자신들의 특허가 도용되고 있는지 감시하는 것이었다. 라이트 형제는 이처럼 특허에 대한 집착으로 항공기 개발 여력을 상실한다. 그사이 다른 사람들의 비행기가 계속 등장했으며, 1910년 여러 항공 업체들이 참여해 만들어진 에어쇼는 그 일환이었다. 하지만 당시는 아직 양력 이론이나 항공기 역학이 제대로 정립되지 않아 에어쇼에서는 수시로 비행기가 추락했고, 추락 장면을 보려고 에어쇼에 사람들이 몰리기도 했다. 한편, 1904년 영국 사업가 헨리 로이스(Henry Royce)는 자동차에 푹 빠진 케임브리지 출신 귀족 청년 찰스 롤스(Charles Rolls)를 만나 자동차 회사를 만든다. 이것이 롤스로이스(Rolls-Royce)의 시작이다. 이후 롤스는 라이트 형제의 비행기에 매료되어 그들에게 항공기를 구입한 후 직접 조종을 하고 다니다 1910년 추락 사고로 사망한다.

한편 1910년의 에어쇼에 낙심한 보잉은 1915년 다시 로스앤젤레스로 가서 글렌 마틴(Glenn L. Martin)에게서 비행기를 배운 후 그의 비행기를 한 대 사서 시애틀로 돌아온다. 글렌 마틴의 비행기를 분석한 보잉은 시중에 돌아다니는 비행기보다 훨씬 나은 비행기를 만들 수 있겠다는 자신감에 1916년 조그만 비행기 회사를 설립한다. 이것이 보잉 사의 시작이다. 같은 해 글렌 마틴은 자신의 항공기 회사를 라이트 형제의 회사와 합병하고, 다시 이 회사는 1955년 록히드(Lockheed)와 합병이 되어 록히드마틴 사가 되었다.

∞

1914년 시작된 제1차 세계 대전은 항공기의 발전을 획기적으로 앞당긴다. 1909년 뒤몽과 에펠의 업적으로 육군 항공대를 창설한 프랑스에서는 제1차 세계 대전을 거치며 항공 산업이 급격히 발전하고, 이에 뒤질세라 1918년 영국은 세계 최초의 공군을 창설한다. 독일 역시 항공기 부대를 꾸리며 이들에 대항했다. 항공기 수요가 급증하자 보잉은 미군에 비행기를 납품하는 계약을 맺어 후발 기업으로서 항공 산업에 교두보를 마련한다.

인류 최초의 세계 대전을 거치며 각국의 필사적인 투자로 비행기의 안정성은 획기적으로 성장한다. 하지만 1919년 전쟁이 끝나자 비행기의 수요는 급감했다. 이때 보잉은 남다른 사업 수완을 발휘한다. 그것은 새롭게 등장한 항공 우편 시장이다. 당시 미국 정부는 늘어가는 항공 우편 수요를 감당하기 위해 정부 자체의 항공기를 운영했다. 그러나 사고가 빈번하여 초기 비행사 40명 중 31명이나 사망하게 된다. 이에 정부는 민간 항공사에 도움을 청하게 되고, 보잉은 이 기회를 놓치지 않고 항공 우편 시장을 완전히 장악한다. 이후 보잉은 라이트 형제를 누르고 최대 항공사로 순식간에 발돋움한다.

라이트 형제가 비행기를 처음 만들기는 했지만, 사실 그들은 사업에는 영 신통치 않았다. 오하이오 출신으로 프린스턴을 졸업한 프레더릭 렌트슐러(Frederick Rentschler)는 제1차 세계 대전에서 비행기를 접하고 고향 선배인 라이트 형제의 회사에 입사한다. 하지만 그들의 비즈니스가 비전이 없음을 깨닫고 따로 회사를 차리기로 한다. 1925년 그는 공작 기계 공구를 만들던 프랫 앤드 휘트니(Pratt & Whitney)라는 회사를 찾아간다. 그는 공장 부지 한구석을 빌려 사용하며 이

28장 인류의 비상

회사의 이름으로 대출을 받는 배짱 두둑한 사업 수완을 발휘한다. 여기서 렌트슐러는 공랭식 항공기 엔진을 개발하여 업계의 주목을 받는다. 이렇게 공구 회사 프랫 앤드 휘트니가 항공 회사로 변신한다. 이를 유심히 본 보잉은 렌트슐러를 스카우트하고, 프랫 앤드 휘트니는 1929년 보잉의 거대 회사 '유나이티드 에어크래프트 앤드 트랜스포트 코퍼레이션(United Aircraft and Transport Corporation)'으로 합병된다. 이처럼 보잉은 여러 항공 회사를 합병하여 항공기 엔진부터 비행체 제작, 운항까지 수직 계열화를 이루어 경쟁사 대비 차별화된 수익성을 구축한다.

∞

이 무렵 항공 시장의 발달을 잘 보여 주는 사례가 바로 앙투안 드 생텍쥐페리(Antoine de Saint-Exupéry)이다. 프랑스 리옹의 귀족 가문 출신 생텍쥐페리는 제1차 세계 대전을 겪으며 프랑스 육군 항공대 소속으로 비행기 조종사가 되었다. 전쟁 후에는 1920년대의 항공 우편 붐으로 우편 항공기 조종사로 근무한다. 이후 항공 우편 수요가 더욱 폭발적으로 증가하자 야간 비행까지 하게 된다. GPS도 없던 그 시절 단지 나침반 하나로 아무런 불빛이 없는 밤하늘을 가르는 야간 비행은 무척이나 위험한 일이었다.

그는 이 경험을 바탕으로 1931년 소설 『야간 비행』을 발표하여 세계적인 작가가 된다. 1935년에는 리비아 사막에 추락하여 그 경험으로 『인간의 대지』를 출판해 다시 한번 유명해진다. 그는 제2차 세계 대전에서 프랑스가 항복하자 미국으로 망명하지만 여러 정치적인 논쟁에 휘말려 친나치파로 의심받는다. 1943년의 『어린 왕자』는 이러한 마음 고생의 와중에 발표된 것이다. 그는 결백을 입증하기 위해 이미 43세의 중년임에도 프랑스군에 다시 입대하여 나치에 맞서 싸우다, 1944년 비행 중 실종된다.

그의 사망은 오랫동안 의문에 싸여 있었다. 마침내 1998년 그가 실종된 해변에서 그의 팔찌가 발견되고, 인근에서 비행기 잔해가 발견되며 추락사로 최종 판명되었다. 참고로, 인류 역사상 가장 많이 팔린 인쇄물은 1위가 『성경』, 2위가 『자본론』, 3위가 『어린 왕자』이다. 이러한 그의 업적을 기려 프랑스 리옹의 공항 이름은 생텍쥐페리 공항이다.

∞

1929년의 대공황으로 모든 산업이 타격을 받지만, 보잉의 항공 우편 사업은 정부와 결탁하여 엄청난 성장을 기록한다. 또한, 보잉은 우편 항공기의 빈자리에 사람을 태워, 일반인도 비행기를 탈 수 있게 했다. 이렇게 항공 승객 사업까지 장악한 보잉은 1910년 에어쇼의 굴욕을 깔끔하게 만회한다. 하지만 아직 항공기는 사고의 위험이 컸고 항공 승객이 늘면서 공포를 호소하는 사람들이 늘어난다. 이에 보잉사는 1930년 승객들의 안전을 위해 25세의 여간호사 엘렌 처치(Ellen Church)를 객실 승무원으로 깜짝 고용한다. 그녀가 최초의 스튜어디스로, 고객들의 폭발적인 반응으로 큰 인기를 얻자 이후 항공 여객 사업의 표본이 되었다.

역사상 최대 표차로 당선된 후버 대통령은 1929년의 대공황으로 정치적 궁지에 몰린다. 1907년 공황의 경험으로 1913년 만들어진 연방 준비 제도 이사회(FRB)는 미국의 중앙 은행의 역할을 수행하며 위기 상황 초기에 신속히 대응했다. 1930년 말에도 이번 공황이 이전보다 더 심해질 것으로 판단하는 사람은 많지 않았고, 여전히 후버의 재선 가능성은 높았다. 하지만 이번 위기는 전혀 다른 양상으로 전개되며 경제는 전혀 회복되지 못한 채 위기는 오히려 다른 나라에까지 전파되고 있었다. 1932년 경제가 더욱 곤두박질치자 민주당은 프랭클린 루스벨트(Franklin Roosevelt)를 대통령 후보로 내세우고 후버를 경제 위기의 주범으로 지목하며 맹공격에 나선다. 1932년 미국 대통령 선거는 공화당과 미국 재계에 대한 완벽한 심판의 장이었다. 한때 역사상 최다 득표자이기도 했던 후버는 치욕적으로 패배하고, 프랭클린 루스벨트는 남북 전쟁 이후 최초로 과반수 득표로 당선된 민주당 대통령이 되었다.

1934년 새로이 등장한 민주당 정권은 항공 우편 스캔들에 휘말린다. 1930년 후버 대통령이 민간에게 이양한 항공 우편 사업에 정부 고위 관료들이 조직적으로 각종 이권에 개입한 정황이 드러난 것이다. 이는 대공황에 빠져 허우적대던 미국 정치판에서 대표적인 '적폐 청산' 사건으로 부상한다. 이에 루스벨트 대통령은 민간 항공사의 항공 우편을 즉각 중지시키고 이를 육군 항공대가 수행하게 한다. 하지만 충분히 준비되지 않은 상태에서의 무리한 운행으로 첫 달에만 무려 12명의 조종사가 추락으로 사망하는 대참사가 발생한다. 이는 항공 우편 스캔들로 전 정권을 손보려던 민주당 정권에게 부메랑으로 돌아와 결국 민간 항공사의 항공 우편이 재개된다. 대신 민주당 정권은 항공 산업의 독점을 분리하는 조건을 달았다. 이 결과로 보잉의 초거대 항공 복합 그룹 유나이티드 에어크래프트 앤드 트랜스포트 코퍼레이션은 항공 운송 전문인 유나이티드 에어라인스(United Airlines), 엔진 회사 프랫 앤드 휘트니, 항공기 제조 회사 보잉 등으로 쪼개진다. 이때 렌트슐러는 자신의 회사였던 프랫 앤드 휘트니를 중심으로 유나이티드 테크놀로지스(United Technologies)를 설립하고, 타이어에서 출발하여 항공 제조사로 탈바꿈한 굿리치는 2012년 이 회사에 합병되었다. 현재 보잉과 록히드마틴은 민간 및 군수용 항공기 시장을 선도하고 있고, 항공기 엔진 시장에서는 프랫 앤드 휘트니, 롤스로이스, GE가 삼두마차를 이끌고 있다.

∞

미국인에게 실패한 대통령으로 기억되는 후버는 젊은 날 광산업으로 성공한 인기 사업가였다. 그는 스탠퍼드 지질학과를 졸업하고 같은 과에 있는 유일한 여학생이었던 부인과 결혼하며 전보로 청혼을 하고 전보로 답장을 받았다고 전해진다. 이들 지질학과 동창 부부는 나중에 지질학의 대표 교과서였던 16세기의 명저 『광물학(*De re Metallica*)』을 영어로 번역하여 공저로 출판한다. 라틴 어에 능통했던 부인의 역할이 컸던 이 영문 번역판에는 16세기 이후 수백 년간의 지질학적 성과들을 집대성한 후버 부부의 방대한 주석이 달렸다. 후버 부부의 영어판은 출판 즉시 엄청난 호응을 받아 각 나라의 언어로 번역되어 교과서로 사용되었다. 후버 부부가 살고 있던 팰로앨토의 집은 현재 스탠퍼드 대학교 총장의 집으로 사용되고 있으며, 후버가 모교에 기부한 도서관은 '후버 연구소(Hoover Institution)'가 되었다. 이 도서관은 독일 공산주의자 로자 룩셈부르크(Rosa Luxemburg)나 나치 선동가 요제프 괴벨스(Joseph Goebbels)의 일기 등 매우 진귀한 자료들을 소장하고 있다.

후버 부부의 두 아들 역시 부모의 길을 따랐다. 큰아들 허버트 후버 주니어(Herbert Hoover Jr.)는 부모님의 모교인 스탠퍼드 대학교에서 1925년 공학으로 학사를 마치고 이어 하버드 경영 대학원을 졸업했다. 여기서 그는 특이하게 '항공 경제학(aviation economics)'이라는 분야를 새로이 개척했다. 졸업 후 그는 당시 불어닥친 '라디오 붐'을 자신이 전공한 항공 산업에 연결한다. 그는 미국 전역에 항공기와 무선 통신할 수 있는 시스템을 구축해 항공 산업에 일대 혁신을 일으킨다. 이 공로로 그는 1930년 《타임》 표지 인물이 되었다. 하지만 대통령 아버지와 항공 산업의 결탁이 정치적 논란이 되자 곧 이 일을 그만두고 캘리포니아 공과 대학, 즉 칼텍에서 학생들을 가르친다. 이후 그는 라디오를 부모님의 전공인 지질학에 접목하여 고주파를 자원 탐사에 이용한다. 여기서 완성된 후버의 석유 탐사 기술이 전 세계의 표준이 되었고, 이후 미국이 산유국에 대한 지배권을 확보하는 중요한 발판이 되었다. 후버는 제2차 세계 대전 종결 후 중동에서 석유 채굴과 소유를 둘러싼 분쟁이 벌어지자 급파되어 협상력을 발휘했고, 이 공로로 1954년 미국 국무장관이 되었다. 그의 동생 앨런 헨리 후버(Allan Henry Hoover)도 스탠퍼드 대학교를 졸업하고, 하버드에서 경

영학을 전공했다. 처음에는 은행 일을 하다가 결국 부모님들과 형의
뒤를 이어 광산업으로 크게 성공한 사업가가 되었다.

5부
명백한 것들은 모두 다 사라져 버리고 말았다

과연 문명이란 무엇인지 근본적인 물음을 던진
클로드 레비스트로스(Claude Lévi-Strauss)의
『슬픈 열대』의 한 문장이다. 레비스트로스는
배 위에서 일몰을 바라보고 있었다. 그는
빛과 어둠이 교차하는 순간, 보이던 것들이
경계가 불분명해지며 생성과 소멸을 반복하고,
실재한다고 믿던 것들이 사라지는 모습을 여러
페이지에 걸쳐 생생히 묘사한다. 세계를 움직이는
힘이라 믿었던 유체도 이렇게 사라졌다. 그러나
분명하던 것들이 사라져야 새로운 것들이
보이기 시작한다. 플로지스톤이 사라지며
화학이 탄생했고, 칼로릭이 사라지며 열역학이
탄생했듯이, 마지막 유체 에테르가 사라지며
새로운 과학이 출발한다.

허블 우주 망원경이 찍은 최근 목성 사진. 대적반과 이 거대 행성의
대기를 휘감고 있는 보텍스들을 볼 수 있다. 보이저 호는 수백 년간 의문이었던
목성의 대적점이 보텍스라는 것을 밝혔다. 에테르는 사라졌지만,
새로운 과학의 등장으로 우주에 대한 이해는 오히려 명확해지고 있다.

29장
전쟁의 소용돌이

1904년 8월 12일, 하이델베르크에서 열린 제3회 세계 수학자 대회(International Congress of Mathematicians)에서 당시 29세의 하노버 기술 대학 교수였던 루트비히 프란틀이 유체 역학 논문을 발표한다. 10분 짜리 발표였지만 이 짧은 논문은 뉴턴이 제기한 이후 당시까지도 도무지 풀리지 않던 문제인 유동의 마찰 저항을 구하는 획기적인 수학 해법을 제시하고 있었다.

1752년 달랑베르의 역설로 한껏 어려워진 이 문제는 19세기 중반에 나비에와 스토크스가 유체 방정식에 마찰 점성 항을 첨가하면서 어느 정도 실마리가 보이는 듯했다. 하지만 수학적으로 나비에-스토크스 방정식은 풀기 힘들었다. 천체 물리학의 광행차 현상을 설명하기 위해 구 주위의 유동 저항을 구하려던 당대 최고의 학자 스토크스 역시 레이놀즈 수가 매우 작은 경우에만 겨우 마찰 저항을 구할 수 있었다. 이 때문에, 19세기 후반의 대부분의 이론 유체 역학은 여전히 비점성 유체 방정식에 의존했다. 프란틀의 이 논문은, 수학 이론적 배경 없이 인류 최초의 비행기가 탄생한 지 1년 뒤의 일이었고, 발표 직후 물리학자 아르놀트 좀머펠트[1]가 "평생 본 가장 아름다운 논문"이라고 극찬할 정도였다. 나중에 '경계층 이론(boundary layer theory)'의 출발점이라고 불리는 이 한 편의 논문으로부터 현대 유체역학이 시작된다.

1875년 농업 대학 교수의 아들로 태어난 프란틀은 1894년 뮌헨 기술 대학에 입학한다. 9월 학기를 시작하기 전 아버지의 권유로 3개월간 회사에서 실습을 하게 되는데 그 회사가 바로 MAN이었다. MAN은 '아우크스부르크와 뉘른베르크의 기계 공작소(Maschinenfabrik Augsburg Nürnberg)'의 줄임말로 1758년에 시작되어 오늘날까지 건재한 독일 최고의 회사이다. 프란틀이 견습생으로 들어간 무렵, MAN은 사운을 걸고 디젤 엔진 개발에 몰두하고 있었다. 프란틀보다 앞서 뮌헨 기술 대학을 졸업한 선배 루돌프 디젤(Rudolf Diesel)은 벤츠가 가솔린 엔진으로 자동차 개발에 성공한 직후 1893년 가솔린 기관을 능가하는 새로운 내연 기관을 제안했다. 당시 회사의 주력 사업인 채광이나 철강 생산에서 벗어나 새로운 성장 동력 찾기에 혈안이던 MAN은 시제품 제작을 위해 디젤을 지원한다. 4년간의 개발 끝에 1897년 세계 최초의 디젤 엔진이 MAN에서 탄생했다. 이렇게 개발된 디젤 엔진으로 업종 전환에 성공한 MAN은 현재까지 100여 년간 버스나 트럭, 선박 산업에서 부동의 선두를 유지하고 있다. 한편, 세계적으로 유명해진 디젤은 어찌 된 영문인지 1913년 사업차 런던으로 가던 배 위에서 의문의 자살(혹은 실족사)을 하게 된다.

1898년 학교를 졸업한 프란틀은 박사 학위를 받고 싶었지만, 당시 뮌헨 기술 대학은 박사 학위를 수여할 수 없었다. 지도 교수 아우구스트 푀플(August Föppl)은 뮌헨 대학교 레오 그래츠(Leo Graetz) 교수에게 심사를 요청해 프란틀의 학위 논문이 1900년 인정되었다. 뮌헨 기술 대학이 박사 학위를 수여할 수 있게 된 것은 그 뒤의 일로, 1907년 프란틀의 대학 후배 빌헬름 누셀트(Wilhelm Nusselt)는 여기서 박사 학위를 받는다. 이처럼 독일의 많은 인재들이 기술 대학을 통해 양성되었다. 참고로 현재까지 뮌헨 기술 대학은 17명의 노벨상 수상자를 배출했다. 당시 그래츠 교수는 양자 역학의 탄생을 이끈 슈테판–볼츠만 법칙을 검증하고, 이어 유체의 열전달 문제를 다룬 '그래츠 문제(Graetz problem)'로 이름을 떨치고 있었다. 프란틀의 박사 학위 논문은 고체 역학에 대한 것이었다. 박사 학위를 받은 프란틀은 1900년 MAN에 취직하여 다양한 공학적 문제를 해결하며 역량을 보여 준다.

탁월한 제자의 진로에 관심이 많던 지도 교수 푀플은 계속해서 교수직을 권유한다. 프란틀은 늘 지도 교수 푀플의 조언을 받아들였고, 나중에 푀플의 딸과 결혼하기도 했다. 1901년 하노버 기술 대학의 수학 교수 카를 룽게(Carl Runge)의 초빙으로 프란틀은 26세에 당시 독일 최연소 교수가 된다. 프란틀이 뮌헨 기술 대학에 입학하던 1894년 마르틴 쿠타(Martin Kutta)는 이 대학의 조교로 있으면서 박사 학위 논문을 준비하고 있었다. 쿠타는 프란틀이 박사 학위를 받던 1900년 프란틀과 같은 이유로 뮌헨 대학교에서 박사 학위를 받았다. 이 박사 학위 논문에서 새로운 미분 방정식의 수치 기법이 제안되어 1901년 출판되는데, 그것이 바로 '룽게-쿠타 방법(Runge-Kutta method)'이다. 프란틀의 비범함을 알아본 룽게 교수는 수시로 가족 식사에 초대해 친밀한 관계가 된다. 뛰어난 피아노 연주자이자 베이스 가수였던 프란틀은 대학 시절 동아리로 합창단 활동을 했다. 이 때문에 음악 애호가였던 룽게 교수의 가족과 코드가 잘 맞아 어떨 때는 서로 성부를 나누어「마태 수난곡」전곡을 부르기도 한다.[2]

1904년 비록 기술 대학 교수였지만 그의 명성이 차차 높아지자, 당시 응용 수학과 응용 물리학의 연구를 개척하려던 괴팅겐 대학교에서 그를 초빙하려고 한다. 명문 대학에서의 제안이었지만, 프란틀은 멘토였던 학과장 룽게 교수의 만류도 있고 해서 처음에는 다소 주저했다. 결국 괴팅겐으로 옮기기로 결심하자, 괴팅겐에서는 룽게 교수도 함께 데려간다. 괴팅겐으로 옮기는 도중인 그해 8월 하이델베르크에서 프란틀의 논문이 발표된 것이다. 이후 그의 유체 역학에 대한 직관은 괴팅겐 대학교의 젊은 영재들과 만나 제2차 세계 대전까지 불후의 연구 성과들을 꽃피우게 된다.

∞

괴팅겐에서 프란틀의 첫 제자는 파울 리하르트 하인리히 블라시우스(Paul Richard Heinrich Blasius)였다. 그는 프란틀 경계층 방정식의 해를 구하는 데 성공하여 유체 역학 교과서에 영원히 이름을 남겼다. 원래 수학 전공이었던 그는 수학의 추상성에 염증을 느끼고 뭔가 좀 실제적인 문제를 풀기 위해 물리학으로 바꾸었다가 당시 막 부임한 프란틀의 지도를 받게 된 것이다. 이후 몇 년간 역사에 남을 만한 논문들을 발표했지만, 철학과 인문학에 빠져 유체 역학과 물리학을 멀리하게 된다. 프란틀은 그에게 "자네는 내가 원하는 것을 하나도 이해하지 못하고 있네."라고 했다. 얼마 후 블라시우스는 프란틀 곁을 떠나 조그만 대학에서 숨어 살듯이 지내며 1970년 사망할 때까지 강의만 한다. 그의 이름은 모든 유체 역학 교과서에 등장하지만, 프란틀의 딸이 아버지가 남긴 메모들을 바탕으로 쓴 프란틀의 전기에는 단 한 줄도 등장하지 않는다.

1907년 프란틀의 주도로 괴팅겐에 대형 풍동이 만들어지고, 곧 파리의 에펠이 만든 풍동과 비교 실험을 하게 된다. 둘의 공통 관심사는 달랑베르 이후 스토크스에 이르기까지 유체 역학의 꾸준한 관심의 대상이었던, 유체 속에서 움직이는 물체의 항력이었다. 두 사람은 우선 단순한 형상인 구의 저항부터 측정했다. 그런데 놀랍게도 그 차이가 무려 2배에 달했다. 도무지 받아들일 수 없던 프란틀은 이 문제에 파고들어 자신의 경계층 이론으로 마침내 그 원인을 찾아낸다.

폐쇄형이었던 괴팅겐 풍동에서는 '수축부(contraction)'와 '와이어 메시(wire mesh)'로 입구 난류가 조절되지만, 개방형이었던 에펠 풍동에서는 제어되지 않는 입구 난류로 경계층 천이가 더 일찍 발생한다. 이렇게 유발된 난류는 후류 영역을 대폭 줄여 항력을 거의 절반으로 감소시킨다. 경계층 난류로 인한 항력 감소는 야구공이 갑자기 타석 앞에서 휘어지는 커브를 만들고, 골프공의 딤플이 비거리를 증가시키는 중요한 메커니즘이다. 에펠과 프란틀의 논쟁으로부터 시작된

1904년의 루트비히 프란틀. 그를 유명하게 만든 유체 실험 장치와 함께 찍은 사진이다.

항력의 문제가, 경계층 이론에 난류가 결합하며 비로소 물리적으로 이해되기 시작한 것이다. 이후 프란틀의 풍동은 전 세계 모든 풍동 실험의 표준이 되어 괴팅겐식 풍동이라고 불리게 된다.

∞

아무런 이론적 배경 없이 풍동 실험만으로 이루어진 1903년의 라이트 형제의 비행에 충격을 받은 학계는 비행의 메커니즘을 찾는 일에 집중한다. 릴리엔탈의 실험으로 비행기 날개에 대한 '익형 이론 (wing theory)'이 조금씩 제시되기는 했지만, 당시의 비점성 이론으로는, 달랑베르에 의해 밝혀졌듯이, 항력도 없을 뿐 아니라 양력도 존재하지 않았다. 그나마 가장 그럴듯한 설명은 헬름홀츠와 키르히호프가 제안한 '불연속 이론(discotinuity theory)'이다. 유동 박리에 의해 날개 위쪽에 일종의 진공에 가까운 '공동 현상'이 생긴다는 것. 하지만 이 경우 발생하는 양력은 관측보다 훨씬 작았고, 오히려 항력이 터무니없이 컸다. 하지만 별다른 이론이 존재하지 않아 그나마 불연속 이론이 학계 전반에 광범위하게 받아들여지고 영국의 레일리도 할 수 없이 이를 받아들이고 있었다.

1902년 쿠타는 비점성 이론으로 '마그누스 효과'의 메커니즘을 유도해 낸다. 그는 퍼텐셜 이론에서 균일 유동에 원주 방향의 회전량(circulation)을 중첩시키면 특정 방향으로 힘을 만들어 내는 것을 알게 된다. 여기에 복소 함수의 '등각 사상(conformal mapping)'을 결합하면 익형에서 양력이 발생하는 것을 보일 수 있다. 1906년 러시아의 니콜라이 주콥스키(Nikolay Joukowsky) 역시 동일한 방식으로 변형된 날개 모양으로 유동에서 발생하는 양력을 유도한다. 이를 '쿠타-주콥스키 이론(Kutta-Joukowsky theory)'이라고 부른다. 비점성 이론으로 비행기의 양력을 설명하는 가장 성공적인 이론이다. 이미 달랑베르가 베르누이 정리로는 양력을 설명할 수 없음을 증명했지만, 아직도 대부분의 교양 과학서나 언론, 심지어 과학 박물관에서조차 비행기가 뜨는 원리를 베르누이 정리로 설명하고 있다. 이에 대해 항공 역학의 역사를 쓴 존 앤더슨(John D. Anderson) 교수는 2003년 이렇게 한탄했다. "라이트 형제가 비행기를 날린 지 100년이 지난 오늘날에도 여전히 많은 사람들이 비행기가 어떤 원리로 뜨는지 논쟁 중인 것은 정말 놀라운 일이다."[3]

29장 전쟁의 소용돌이

하지만 쿠타-주콥스키 이론 역시 불완전했다. 양력만 유도되고 비점성 이론이라 항력은 존재하지 않았다. 프란틀은 쿠타-주콥스키의 2차원 이론에 헬름홀츠의 보텍스를 결합해 3차원으로 확장한다. 여기에 자신의 경계층 이론으로 유도한 항력을 더하여 익형 이론을 완성한다. 제1차 세계 대전에서 항공기의 역할이 중요해지자 독일 정부의 전폭적인 지원으로 더욱 발전된 프란틀의 익형 이론이 만들어졌지만, 결국 독일은 패전한다. 그러나 역설적으로 독일이 패전하며 프란틀의 익형 이론이 국가 기밀에서 풀려 비로소 서구 사회에 알려진다. 프란틀은 이 공로로 1927년 영국 왕립 항공 학회의 메달을 받게 된다. 당시 영국 주류 학계는 대학자 레일리를 따라 불연속 이론을 지지했지만, 케임브리지의 제프리 잉그램 테일러(Geoffrey Ingram Taylor)는 프란틀의 날개 이론을 접하고 깊은 감명을 받는다. 서로를 금방 알아본 두 사람은 곧바로 절친이 되었다. 참고로 레이놀즈와 레일리의 제자가 J. J. 톰슨이고, 톰슨의 제자가 G. I. 테일러이다.

프란틀이 1927년에 이 메달을 수상하고 영국에서 괴팅겐으로 돌아오던 밤을 그의 딸은 이렇게 기록하고 있다. "괴팅겐의 학생들은 환영 모임을 조직해 횃불을 들고 괴팅겐 시내를 행진하며 아버지의 메달 수상을 축하했다. …… 광장에 마련된 연단에서 아버지가 연설을 마치자 다시 학생들은 환호하며 독일 국가를 불렀다.[4] 학생들의 행진은 밤늦게까지 계속되었다. 난 그날 밤 일찍 자야 했지만, 우리 집 앞에 횃불을 들고 모여든 학생들로 엄청난 장관을 이룬 모습을 기억한다. 집으로 돌아온 아버지는 거실 창문을 열고 상체를 내밀어 학생

비행기의 양력을 설명하는 가장 성공적인 이론인 쿠타-주콥스키 이론의 기초를 닦은 사람 중 하나인 니콜라이 주콥스키와 그의 연구진. 가운데 흰수염의 남자가 주콥스키이다.

들의 환호에 답했다."

당시 제1차 세계 대전의 패전으로 독일의 자존심은 상할 대로 상했을 뿐 아니라, 항공 역학에 대한 연구나 항공기 제조도 제한되어 있었다. 이 시기를 잘 나타내는 사례가 BMW(Bayerische Motoren Werke, 바이에른 모터 공작소)이다. BMW는 원래 항공기 엔진 제조 회사였지만 제1차 세계 대전의 결과로 항공기 제조가 금지되자 할 수 없이 자동차 회사로 탈바꿈한 것이다.[5] 이런 이유로 패전국 독일의 프란틀이 최첨단 항공 역학에서 이룬 학문적 성취를 승전국 영국이 인정한 것은 괴팅겐 학생들에게 다시 한번 할 수 있다는 자신감을 불어 넣었다.

　프란틀의 눈부신 성과에 고무된 뮌헨 대학 교수 좀머펠트는 나비에-스토크스 방정식을 선형화해 풀려고 했고(오어-좀머펠트 방정식(Orr-Sommerfeld equation)), 이를 제자 베르너 하이젠베르크에게 박사 논문 주제로 맡겼다. 수학 천재였던 하이젠베르크는 이 논문에서 레이놀즈 수가 크면 이 방정식이 불안정해진다는 것까지는 밝혔지만, 정확한 '임계 레이놀즈 수(critical Reynolds number)'는 예측할 수 없었다. 1923년 논문은 겨우 통과되었으나 문제는 일종의 논문 자격 시험인 구술 시험이었다. 막스 플랑크의 양자 가설을 이끈 열복사 연구로 1911년 노벨 물리학상을 받은 빌헬름 빈(Wilhelm Wien) 교수가 이 구술 시험을 맡았다. 빈 교수는 간단한 실험 기법에 대해 질문했지만, 이론에만 치중하던 하이젠베르크는 제대로 답을 하지 못했다. 이때 지도 교수 좀머펠트가 나서서 적극적인 방어를 펼친 끝에 겨우 학위를 받을 수 있었다.

　그날 저녁 좀머펠트는 하이젠베르크를 격려하기 위해 파티를 준비했다. 하지만 하이젠베르크는 미안하다는 말과 함께 배낭 하나만 달랑 메고 자정 무렵 열차를 타고 괴팅겐의 막스 보른(Max Born)에게로 가 버렸다. 이전에 좀머펠트가 안식년을 가면서 하이젠베르크는 양자 역학의 대가 보른 교수에게 잠시 맡겨진 적이 있었다. 상당한 수준의 피아노 연주자인 두 사람은 피아노 연탄곡으로 친해졌다. 사실 이때부터 이미 하이젠베르크는 난해한 유체 역학의 세계에서 탈출하여 양자 역학으로 방향을 틀려고 맘먹고 있었다. 이후 양자 역

학에서의 업적으로 하이젠베르크는 1932년 노벨상을 받게 된다.[6]

∞

1930년대 이후의 나치 집권은 프란틀에게 많은 시련을 안겨 주었다. 제자로 받아 달라며 헝가리에서 찾아온 수제자 테어도어 폰 카르만(Theodore von Kármán)은 1930년 미국으로 건너갔다. 유태인이었던 그는 나치 권력이 급격히 확장하자 결국 미국에 정착한다. 또한 괴팅겐의 저명한 수학자로 룽게의 사위였던 리하르트 쿠란트(Richard Courant) 역시 미국으로 망명한다. 1928년 쿠란트는 편미분 방정식의 수치해를 구하는 안정적인 조건을 제시했다. 이를 같이 연구한 공동 연구자인 쿠르트 프리드릭스(Kurt Friedrichs), 한스 레비(Hans Lewy)의 이름을 따 '쿠란트-프리드리히-레비 조건(Courant-Friedrichs-Lewy condition)'이라고 부르고, 줄여서 'CFL 조건'이라고 한다. 프리드릭스, 레비 두 사람도 역시 아돌프 히틀러(Adolf Hitler) 집권 후 모두 미국으로 망명한다. 한편, 미국으로 망명한 쿠란트는 뉴욕에서 '쿠란트 수학 연구소(Courant Institute of Mathematical Sciences, CIMS)'를 만든다. 이 연구소는 응용 수학의 메카가 되어 나중에 금융 수학을 이끌며 맨해튼이 세계 금융의 중심지가 되는 데 지대한 역할을 한다.

프란틀에게 가장 큰 충격은 제자들이 친나치와 반나치로 나뉘고, 심지어 어떤 제자들은 나치와의 거래를 통해 그를 협박하기도 했다는 점이다. 이런 복잡한 상황들을 잘 보여 주는 인물이 요한 니쿠라제(Johann Nikuradse)이다.[7] 프란틀은 그루지야(현재 조지아) 출신으로 (구)소련의 스파이로 의심받던 니쿠라제를 해고하라는 정부의 명령에 완강히 거부한다. 하지만 그가 수년 전부터 나치 비밀 요원들과 내통하고 있었다는 사실이 밝혀지자 연구소 내부는 더욱 혼란에 빠진다. 프란틀은 결국 그를 해고할 수밖에 없었다. 하지만 그를 아꼈던 마음에 다른 대학의 교수 자리를 주선해 주었다.

1938년 프란틀은 미국에서 열린 학회에 참석해 절친이던 케임브리지 대학교의 G. I. 테일러와 미국에 정착해 있던 제자 폰 카르만을 만난다. 세계의 석학들이 만나 서로의 안부를 묻기에는 당시의 세계 정세는 급박했다. 이 학회의 연회장은 나치의 침략 정책을 성토하는 소리로 채워졌다. 비록 프란틀은 나치당에 가입하지 않고 적절한 거리를 유지했지만, 독일을 사랑했기에 조국을 변호할 수밖에 없었고, 제자들과 친구들 사이에서 대립해야 하는 이 상황을 안타까워했다.

이 무렵, 하이젠베르크 역시 나치에 의해 신분이 위태롭게 되었다. 어느 날 프란틀은 만찬에서 만난 히틀러에게 그를 변호하여 보호해 주었다. 노벨상을 수상하며 대가의 반열에 오른 하이젠베르크가 나치 집권 이후 어려움에 처한 것이 그가 아인슈타인의 상대성 이론을 지지했기 때문이었다. 나치는 이처럼 유태인 과학자들을 지지하는 독일인 과학자들조차 공격한 것이다. 결국, 1939년 독일이 폴란드를 침공하며 제2차 세계 대전이 시작되고, 프란틀은 이러한 상황에 더욱 괴로워하게 된다.

코페르니쿠스 시절 폴란드 북부에서 탄생한 프로이센은 제1차 세계 대전의 결과로 이 지역의 상당 부분을 상실했고, 그 중심에는 단치히가 있었다. 프로이센 영토의 복원을 꿈꾸던 나치는 단치히의 반

1945년 전쟁이 끝나고 미군이 점령한 괴팅겐에서 연합국 측의 심문을 받아야 했던 프란틀(왼쪽의 중절모 쓴 사람)과 폰 카르만(오른쪽). 가운데 군복 차림의 동양인은 중국 출신으로 폰 카르만의 제자 첸쉐썬(钱学森, Qian Xuesen)이다. 1930년 미국으로 망명한 폰 카르만은 캘리포니아 공과 대학(California Institute of Technology, Caltech)에서 제트 추진 연구소(Jet Propulsion Laboratory, JPL)를 만들어 전쟁 후 NASA를 이끌게 된다. 여기서 핵심 인물이 바로 이 첸쉐썬으로 그는 미군 자격으로 괴팅겐의 프란틀을 취조하는 역할을 맡았다. 프란틀의 제자가 폰 카르만이고, 폰 카르만의 제자가 첸쉐썬이니, 이 한 장의 사진에서 말년의 프란틀이 1945년 괴팅겐에서 겪었던 마음 고생을 알 수 있다. 독일 제국의 군국주의 교육을 받고 성장한 프란틀에게는 집권자가 빌헬름 황제이든 히틀러이든 상관없이 조국에 충성하는 것이 당연했다. 독일에서 유태인들이 추방을 당할 때도, 나치 정권이 전쟁을 일으킬 때도, 그는 G. I. 테일러나 폰 카르만의 조언에도 불구하고 늘 독일 정부의 입장을 지지했다.

환을 구실로 폴란드를 침공한 것이다.[8]

∽

　1945년 4월 8일, 괴팅겐이 연합군에 의해 점령당하고 프란틀의 연구실은 군인들에 의해 출입이 금지되고 일부 연구 장비들은 점령군이 뜯어 간다. 그나마 다행인 것은 독일의 주요 도시들이 연합국의 폭격으로 파괴되었지만, 괴팅겐에는 폭격이 없었다. 베를린의 막스 플랑크의 경우 폭격으로 집이 완전히 불타 버려 이 무렵 괴팅겐에 도피해 있었다. 독일 물리학계의 두 거물인 플랑크와 프란틀은 친분이 깊었다. 뿐만 아니라, 플랑크의 아내는 프란틀의 아내와 어린 시절부터 친구여서 그녀는 프란틀의 딸의 대모였다.

5월 14일 미국에서 거물이 된 제자 폰 카르만이 괴팅겐에 와서 연구소를 재가동하게 해 주었다. 전쟁 중 진행된 연구 성과들을 연합국에 넘기는 조건이었다. 이후 연구소의 성과를 탐내는 수많은 연합국 연구자들의 방문으로 프란틀은 스스로를 박물관 가이드라고 여길 정도였다. 전승국들의 유체 역학 수준이 의외로 매우 낮다는 것을 알게 되자 놀라워하고 또 분개했다. 하루하루 배급으로 땔감도 구하기 힘들었던 이때, 쫓겨난 제자 니쿠라제가 엄청난 양의 목재들을 운반해서 프란틀의 집 앞에 쌓아 두고 갔다. 프란틀의 학생들은 이를 톱으로 잘라 땔감을 만들어 당분간 풍족하게 썼다. 1947년 미국으로 망명해 역시 거물이 된 쿠란트가 괴팅겐을 방문했다. 그는 제2차 세계 대전 당시 연합국 공습 계획에서 괴팅겐이 제외되었던 것은 오로지 폰 카르만의 노력 덕분이었다고 알려 주었다.

프란틀은 1955년 사망했다. 그의 1904년 논문은 물리학에서 아인슈타인의 상대성 이론과 같은 임팩트를 가지고 있고, 그의 독일에서의 학문적 위치는 막스 플랑크와 비교될 정도였지만 노벨상을 받지는 못했다.

30장
제국의 몰락

1883년 오스트리아-헝가리 제국의 부유한 유태인 가문에서 태어난 리하르트 폰 미제스(Richard von Mises)는 당시 최고의 '핫 아이템'이던 항공기에 빠져든다. 1909년 유체 역학 교수가 된 그는 항공기 조종사 면허를 획득한다. 1913년에는 세계 최초로 동력 비행기 강의를 시작하지만 그의 강의는 1914년 발생한 제1차 세계 대전으로 중단된다. 그는 자라면서 오스트리아 물리학 전통을 계승하여, 에른스트 마흐의 실증주의를 기반으로 자신의 철학적 기반을 다졌다. 반면 그의 형 루트비히 폰 미제스(Ludwig von Mises)는 이런 동생의 실증주의와 전혀 반대의 주관주의 사상을 취하며 시대를 대표하는 경제학자로 성장한다.

당시 경제학은 '한계 혁명(marginal revolution)'이라고 불리는 새로운 흐름으로 크게 변하고 있었다. 한계 이론은 경제학 분석에서 평균을 거부하고, 경제 활동에서 인간의 의사 결정은 추가적인 생산이나 추가적인 소비에 따라 발생하는 비용이나 효용에 지배된다고 보았다. 이처럼 한계 이론에서 '한계(margin)'는 '제한(limit)'이라는 개념이라 기보다는 '추가'의 의미를 가지는 '증분(increment)'이라는 개념이다. 추가 생산에 따른 추가 비용이나 추가 소비에 따른 추가 효용은 그 이전의 생산이나 소비와는 다르다는 의미이다. 따라서 증분을 극한 을 이용하여 연속량으로 표현하면 미분 가능한 값이 되므로 경제 현 상을 미적분으로 분석할 수 있게 된다. 이렇게 한계 이론에 와서야 비 로소 경제학에 미적분학이 도입되기 시작한다. 이러한 한계 이론의 등장으로 경제학이 독립된 하나의 학문 분야로 자리 잡았고, 여기서 부터 현대 경제학이 시작되었기에 이를 '한계 혁명'이라고 부른다.

루트비히는 경제학에서 한계 이론의 창시자로 불리는 빈의 카를 맹거(Carl Menger)를 계승한다. 이들은 애덤 스미스나 리카도의 '노동 가치설'을 거부하고 다니엘 베르누이가 인간의 주관적 욕망을 반영 하기 위해 도입한 '효용(utility)'이라는 개념으로 경제 현상을 설명했 다. 이러한 입장은 다시 프리드리히 하이에크(Friedrich Hayek)에 이 어지며 이들을 오스트리아 빈 학파로 부른다. 빈 학파는 사회주의 계획 경제를 철저히 비판하고, 케인스 경제학과도 대립하며, 나중에 1980년대의 대처리즘과 레이거노믹스로 대표되는 신자유주의 경제 정책의 사상적 기반이 되었다.

∽

인류가 일찍이 경험하지 못한 끔찍한 참상으로 전개된 제1차 세계 대전은 제국들의 격돌에서 비롯되었다. 1453년 오스만 제국의 콘스탄티노플 함락 이래 오스만 제국 치하의 그리스에서는 끊임없는 독립 운동이 계속되었다. 마침내 영국 시인 바이런의 도움으로 1832년 그리스 왕국이 탄생한다. 하지만 그리스 남부 크레타는 여전히 오스만이 지배하고 있었고, 크레타의 독립 운동을 이끌어 그리스에 병합시킨 엘레프테리오스 베니젤로스(Eleftherios Venizelos)가 단숨에 그리스 정계의 거물로 등장한다. 그는 뛰어난 외교술로 발칸 반도의 기독교 국가들과 연대하여 오스만 제국과 대결하는 '발칸 전쟁'을 주도한다. 여기서 그리스가 1913년 승리하며 그리스의 영토가 2배로 늘어난다. 이 전쟁으로 발칸 반도에서 오스만 세력이 급속히 후퇴하자, 오스트리아-헝가리 제국은 독일의 후원을 받아 이 지역에 대한 지배력 회복을 호시탐탐 노린다. 두 제국의 연합에 발칸 반도의 슬라브 국가들이 러시아 제국을 끌어들여 맞서면서 비극의 씨앗이 잉태되었다.

1914년 사라예보에서 합스부르크의 황태자가 암살되자 슬라브 국가들을 압박하기 위해 오스트리아-헝가리 제국이 선전 포고를 한다. 이에 슬라브 국가들의 보호국을 자처하던 러시아가 개입하자, 게르만주의를 앞세운 독일이 오스트리아-헝가리 제국을 돕기 위해 러시아에 선전 포고를 한다. 이어 독일은 러시아와 동맹이던 프랑스를 제압하기 위해 먼저 벨기에를 침공하고, 벨기에의 중립을 보증하던 영국이 자동 참전하며 상황은 걷잡을 수 없이 커져 버린다. 복잡한 동맹 관계의 세 싸움에서 밀린 독일은 외연 확장을 위해 발칸 전쟁의 후유증을 앓고 있던 오스만 제국에 접근한다. 오스만 제국이 독일의

베르누이의 효용 개념을 가져와 경제 현상을 새롭게 설명한 루트비히 폰 미제스.

사탕발림에 넘어가 다시 발칸 지역의 패권을 찾을 수 있다는 근거 없는 희망으로 독일과 동맹을 추진하자, 이를 빌미로 러시아가 오스만 제국에 먼저 선전 포고하며, 이제 유럽 전역이 전쟁의 소용돌이에 휩싸인다. 제1차 세계 대전이 발발하자 리하르트 폰 미제스는 강의를 그만두고 조국 오스트리아–헝가리 제국을 위해 스스로 비행기를 제작하고, 비행기 조종사로 참전한다.

사실 이 국가들은 모두 빅토리아 여왕의 후손들이 지배하고 있었기에 초기에 조금만 외교적으로 노력했다면 확전은 피할 수 있었다. 당시 독일 제국 황제였던 빌헬름 2세는 빅토리아 여왕의 장녀가 프로이센의 통일 군주 빌헬름 1세의 아들(프리드리히 3세)과 결혼하여 낳은 아들로 여왕의 외손자가 된다. 또한 러시아 황제는 빅토리아 여왕의 외손녀와 결혼했으며, 영국의 국왕은 빅토리아 여왕의 손자였으니 제1차 세계 대전은 빅토리아 여왕 손자들의 싸움이었다. 하지만 19세기 말 유럽 전역에 퍼진 감성적인 민족주의로, 더 이상 이성적인 호소는 먹히지 않게 되었다. 이를 간파한 지배 계급은 대중에 영합하여 권력을 유지하기 위해 오히려 감성팔이로 민족주의를 강조했다. 그 대표적인 사례가 비스마르크의 실각이다. 비록 전쟁으로 독일을 통일하여 제국을 만들었지만 비스마르크에게 늘 전쟁은 최후의 수단이었다. 그는 외교적 균형을 통한 평화의 유지를 가장 중요하게 생각했다. 하지만 빅토리아 여왕의 외손자로 태어난 독일의 빌헬름 2세는 자신의 권력을 위해 할아버지 빌헬름 1세를 황제로 만들어 준 비스마르크를 사임시켜, 비스마르크가 공들여 이룩한 외교적 균형을 무너뜨린다. 결국 독일은 프랑스, 영국, 러시아 모두를 상대해야 했다.

제1차 세계 대전으로 유럽 전역이 포화에 휩싸이자 그리스는 어느 편에 서야 할지 국론이 분열된다. 독일 황제와 혈연으로 엮인 그리스 국왕 콘스탄티누스는 동맹국들을 고려한 중립을 원했다. 하지만 공화파의 거두인 베니젤로스는 연합국 편에 서야 한다고 주장한다. 1915년 영국의 해군 장관 윈스턴 처칠(Winston Churchill)은 다르다넬스 해협에서 오스만 제국을 공략하기 위해 그리스를 이용하려 하지만, 콘스탄티누스 국왕은 거부하고 베니젤로스는 사임한다. 그리스가 빠진 이 전투에서 영국은 오스만 제국에게 사상 최악의 패배를 당한다. 당시 오스만 제국의 현장 지휘관이 무스타파 케말(Mustafa Kemal)이다. 무려 30만의 연합군이 사망하며 윈스턴 처칠은 장관에서 사임하고, 죄책감으로 스스로 최전방에서 예비역 중령이 되어 참호전을 맡았다. 반면, 케말은 이 공로로 장군으로 진급하고, 장군의 의미를 가지는 '파샤(Pasha)'라는 호칭이 붙어 케말 파샤로 불리게 된다. 한편, 그리스에서는 총선 승리로 베니젤로스가 복귀하자 국왕이 의회를 해산하고 내분은 심각해진다. 결국 베니젤로스는 콘스탄티누스 국왕을 폐위하고 마침내 1917년 그리스는 베니젤로스의 의도대로 연합국으로 전쟁에 참가한다. 그리스의 참전으로 발칸 지역에서의 전세가 순식간에 역전된다.

전황이 불리하게 돌아가자 독일의 빌헬름 2세는 이미 전역한 67세의 노장 파울 폰 힌덴부르크(Paul von Hindenburg)를 불러들인다. 그는 러시아를 상대로 엄청난 전과를 올려 국가적 영웅으로 육군 원수가 된다. 독일로부터 궤멸적 타격을 입은 러시아는 1917년 볼셰비키 혁명으로 황실이 몰락한다. 니콜라이 2세뿐 아니라 빅토리아 여왕의 외손녀인 황후와 자녀들 모두 죽임을 당한다. 이때까지 여전히 독일 이름을 계속 쓰고 있던 하노버 출신 영국 왕실은 팽배해진 반독일 여론에 큰 부담을 느끼고, 1917년 왕실 이름을 '윈저 왕가(House of Windsor)'로 바꾼다. 이에 대해 독일 빌헬름 2세는 이름으로 상황을 모면하려는 외사촌 영국 왕을 비웃었다.

상승가도의 독일을 꺾게 되는 결정적 계기는 베르됭 전투이다. 베르됭 요새에서 독일의 전면 공격을 맞이하게 된 프랑스군은 앙리 필리프 페탱(Henri Philippe Pétain) 장군의 영웅적인 저항으로 극적으로 이겨 낸다. 페탱은 프랑스 군 원수로 승진해 제1차 세계 대전의 영웅이 된다. 곳곳에서 전세가 역전되자 다급해진 빌헬름 2세는 힌덴부르크를 참모 총장으로 임명하지만 불리해진 전세를 돌이킬 수 없었다. 패배가 확실해진 독일에서 1918년 혁명이 일어나 빌헬름 2세는 네덜란드로 망명하고, 독일에는 1919년 바이마르 공화국이 탄생한다. 제1차 세계 대전의 직접적인 원인을 제공했던 오스트리아-헝가리 제국 역시 패전으로 1918년에 해체된다. 제국의 지배를 받던 대부분 국가가 오늘날 동구권이라 불리는 체코나 헝가리, 폴란드 등의 신생국으로 독립한다. 이 결과로 오스트리아는 제국의 이름을 상실하여 작은 나라로 몰락하고 수백 년간 유럽을 지배했던 합스부르크 가문은 쫓겨나 망명한다.

∞

조국이 패전하자 리하르트 폰 미제스는 다시 교수로 돌아와 유체 역학 강의에 전념한다. 그는 1921년 《응용 수학 및 물리학 저널 (Zeitschrift für Angewandte Mathematik und Mechanik, ZAMM)》을 창간한다. 여기서 당시 물리학자들과 수학자들이 기피하던 난류에 대해 전면적인 문제를 제기하고, 통계적인 방법을 이용한 난류 해석과 관련하여 획기적인 돌파구를 찾아낸다. 1922년 폰 미제스는 이미 유체 역학과 항공 역학에서 대가의 반열에 오른 프란틀과 함께 독일 응용 수학 및 물리학회를 만들어 물리학과 수학을 유체 역학과 괴리되지 않도록 했다.

이러한 유체 역학에 대한 폰 미제스의 입장에 동조했던 사람이 바로 20세기 최고의 수학자로 불리는 러시아의 안드레이 콜모고로프(Andrey Kolmogorov)이다. 이후 20세기 난류 해석에서 푸리에 변환과 통계적 방법론이 광범위하게 도입된다. 러시아 귀족의 딸이었던 콜모고로프의 어머니는 어릴 때부터 자유주의 사상에 심취하여 여동생과 함께 반정부 활동으로 체포되기도 했다. 그녀는 좌파 활동으로 추방된 한 혁명가 청년과 사랑에 빠져 아이를 갖게 되었는데, 출산을 위해 기차로 집으로 돌아가는 중에 아이를 낳다가 사망했다. 이렇게 태어난 콜모고로프는 외할아버지의 성을 이어받아 이모의 보살핌으로 자랐다. 이모 역시 좌파 유인물을 인쇄하는 활동가였으며, 이렇게 만든 불온 출판물들을 아기 콜모고로프의 요람에 숨겨두기도 했다. 그녀는 언니가 맡긴 조카의 교육에 무척이나 헌신적이었고, 콜모고로프가 당대 최고의 수학자로 성장하는 배경이 되었다. 좌파 혁명가였던 콜모고로프의 아버지는 1917년 볼셰비키 혁명의 성공으로 복권되어 농업부 국장이 되었다. 그러나 곧 이어진 러시아 내전의 소용돌이에 빠져 1919년 반혁명파와의 전투에서 사망했다.

∞

한편, 베니젤로스의 탁월한 선택의 결과로 오스만 제국은 패전국이 되었다. 승전국이 된 그리스 대표로 베니젤로스가 1919년 파리 강화 회의에 참석한다. 베니젤로스가 파리 강화 회의로 그리스를 비운 사이 왕당파들의 모의로 콘스탄티누스 국왕이 복위되고, 베니젤로스는 망명한다. 왕당파는 집권 후 자신감에 넘쳐 1921년 패전국으로 몰락하던 오스만 제국으로 진군한다. 당시 오스만 제국의 지도부는 이미 통제력을 상실하고 오스만 왕가는 해외로 망명하여, 오스만 군대의 궤멸이 눈앞에 닥쳐왔다. 모든 오스만 장교들이 자포자기한 상황에서 제1차 세계 대전에서 윈스턴 처칠을 몰락시킨 케말 장군이 다시 나선다. 그는 결정적인 전투에서 그리스 군을 전멸시켜 전세를 역전한다.

　1922년 오히려 위기에 빠진 그리스의 패전이 확실해지자 그리스에서는 왕당파 지도자 6명이 처형당하고 그리스 왕가는 망명한다. 이때 영국 빅토리아 여왕의 증손녀 앨리스와 결혼한 국왕의 동생 안드레아스 왕자가 혁명 재판소에서 사형당할 위기에 처하자, 영국은 군함을 보내 이들을 극적으로 구출한다. 당시 이들 부부에게는 1921년에 태어난 사내아이가 하나 있었다. 영국 정부는 이 아이를 군함의 과일 상자에 숨겨 필사적으로 피신시킨다. 이 아이는 망명 후 외가인 영국 왕실에서 자라게 되고 1947년 엘리자베스 공주와 결혼한다. 이 아이가 2021년 4월 세상을 떠난 엘리자베스 2세의 남편인 필립 공이다. 터키에서는 케말 장군이 혁명을 일으켜 터키 공화국을 세우며 오스만 제국을 멸망시키고, 1923년 총리로 복귀한 베니젤로스는 케말 대통령과 스위스 로잔에서 평화 조약을 맺는다. 이 조약의 결과로 신생국 터키가 국제적으로 인정되고, 오스만 제국 영토의 상당 부분을 회복한다. 그리고 터키에 살던 그리스 인 100만 명이 난민으로 쫓겨나고 그리스에 살던 50만 명의 무슬림이 터키로 이주하는 대규모 인구 교환이 실시된다.

이렇듯 제1차 세계 대전의 여파로 유럽 제국 대부분이 몰락하고 왕실이 무너지자 독일과 오스트리아를 비롯해 여러 공화국이 세워졌다. 하지만 1929년 불어닥친 대공황은 허약한 민주적 질서를 위태롭게 했다. 특히 대공황은 전후 막대한 배상금에 허덕이던 독일과 오스트리아의 경제를 완전히 붕괴시켰다. 뮤지컬 「사운드 오브 뮤직」의 실제 주인공 폰 트랩 대령은 이 무렵 오스트리아 경제의 몰락을 잘 보여 준다. 폰 트랩의 첫 번째 아내는 영국 명문 귀족의 딸이었다. 그녀의 할아버지는 어뢰를 개발했으나 영국 정부의 인정을 받지 못했다. 대신 현대화된 무기 개발이 절실하던 오스트리아의 초청으로 오스트리아 제국 해군에 합류한다. 제1차 세계 대전에서는 그가 개발한 어뢰를 장착한 잠수정이 맹활약한다. 그의 손녀사위 폰 트랩은 영국을 포함한 수많은 연합국 군함들을 격침하며 전쟁 영웅이 되었지만 그의 조국은 결국 패전국이 되었다. 전쟁 후 아내가 사망하자 폰 트랩은 영국 귀족 아내가 물려받은 막대한 유산을 런던에서 인출하여 오스트리아 은행으로 옮긴다. 하지만 경제 대공황으로 오스트리아 은행이 파산하며 전 재산을 날린다. 이는 폰 트랩 가족이 망명하는 중요한 원인 중 하나였다.

독일에 들어선 바이마르 공화국 역시 1929년의 경제 공황의 직격탄을 맞았다. 전쟁 직후 독일 바이마르 공화국은 매우 허약했지만, 제1차 대전의 영웅 힌덴부르크가 1925년 2대 대통령이 되어 나름 상황을 안정시키려 했다. 하지만 이어진 1929년의 대공황으로 국내 정치는 다시 혼란에 빠지고 히틀러의 나치당이 급속히 성장한다. 1933년 힌덴부르크 대통령은 정국의 안정을 위해 어쩔 수 없이 히틀러를 수상으로 임명한다. 히틀러의 유일한 맞상대였던 힌덴부르크가 1934년 사망하자, 마침내 히틀러는 권력을 장악한다. 한편, 1930년대에 비행선이 장거리 여객 수송에 성공적으로 이용되며, 독일에서는 1936년 초대형 비행선 힌덴부르크 호가 탄생한다. 그러나 나치의 선전 도구로 대서양을 오가던 이 비행선이 1937년 미국에서 폭발하는 사상 최악의 참사가 발생한다. 이 사건 이후 비행선은 역사 속으로 사라지고 비행기의 시대가 열린다.

∞

독일에서 나치의 영향력이 커지자 폰 미제스는 1933년 같은 오스트리아–헝가리 제국의 유태인 출신으로 이미 나치를 피해 미국으로 망명한 폰 카르만에게 편지를 보내 독일에서의 유태인의 처지를 한탄한다. 폰 미제스는 유태인이기는 했지만 제1차 세계 대전에서 교수 자리를 박차고 나가 직접 참전하여 연합국과 맞서 싸웠기 때문에 예외 조항을 적용받고 있었다. 하지만 나치의 유태인 혐오는 점점 극단적으로 치닫고 있었고, 심지어 유태인 과학자들을 지지했다는 이유로 노벨상 수상자인 하이젠베르크조차 위협을 받았다. 당시 일자리

헤디 라마르(Hedy Lamarr)와 빈 중앙 묘지에 있는 그녀의 묘. 그녀는 오스트리아에서 나치의 집권을 피해 미국으로 망명한 유명인 중 하나였다. 그녀는 명문가에서 태어났지만 타고난 끼로 1930년대 당시로서는 파격적인 전신 노출 영화 「엑스터시」에 출연하여 센세이션을 일으켰고, 재벌과의 결혼과 망명으로 언론의 조명을 받던 인물이다. 어릴 때부터 과학 기술에 심취했던 그녀는 미국 망명 후 저녁마다 화려한 할리우드의 파티보다는 지식인들과의 토론을 즐겼고, 거기에서 나온 아이디어로 발명하는 것에 시간을 보냈다. 그녀는 제2차 세계 대전에서 나치가 승승장구하는 것을 보고 분노하여 어뢰의 무선 조종을 획기적으로 할 수 있는 아이디어로 특허를 등록한다. 당시 기술로 그녀의 특허는 상용화가 힘들었지만, 1990년대 이후 무선 통신이 발달하며 휴대 전화의 기본이 되었고, 와이파이, 블루투스 등에도 응용되면서, 그녀의 업적이 다시 부각되고 다시 한번 전 세계의 찬사를 받았다. 2000년 미국에서 사망한 그녀는 빈 중앙 묘지 볼츠만의 묘 근처에 묻혔다. 그녀의 묘비에는 "영화는 순간이지만, 과학 기술은 영원하다."라는, 평소 그녀가 늘 하던 말이 새겨져 있다. 한편, 그녀는 영화 「사운드 오브 뮤직」에서 폰 트랍 대령의 집으로 등장하는 잘츠부르크 저택을 소유했던 것으로 알려져 있다. 그녀는 이 영화가 오스트리아와 나치와의 역사를 왜곡하고 있다고 우려했다. 예를 들어, 「사운드 오브 뮤직」에 등장하는 「에델바이스」는 오스트리아 전통곡이 아니라 영화 속 창작곡이다.

를 알아보고 있던 프란틀의 제자 발터 톨미엔(Walter Tollmien)은 자신이 유태인과 아무 관련이 없다는 것을 입증하기 위해 애를 먹고 있었다. 폰 미제스는 폰 카르만에게 이 이야기를 하며 자신의 신세를 한탄했다.

고민하던 폰 미제스는 결국 망명을 선택한다. 그런데 그는 당시 서구인들에게 거의 알려지지 않았던 신생국 터키를 의외의 망명지로 선택했다. 제1차 세계 대전 후 새로이 탄생한 터키 공화국은 이 무렵 케말 파샤에 의해 광범위한 서구식 근대화를 추진하던 중이었다. 이 도박 같은 망명길에 폰 미제스의 조교였던 유태인 이혼녀 힐다 게링어(Hilda Geiringer)도 과감히 동참했다. 한편, 톨미엔은 같은 프란틀의 제자 후배였던 헤르만 슐리팅(Hermann Schlichting)과 함께, 하이젠베르크가 풀지 못하고 양자 역학으로 탈출한 좀머펠트 방정식의 불안정성을 유발하는 파동을 유도한다. 이를 '톨미엔-슐리팅 파(Tollmien-Schlichting wave)'라고 한다.

폰 미제스가 터키를 선택한 데는 당시 터키의 초대 대통령 케말이 강력히 추진하던 서구화 정책이 배경으로 작용했다. 그는 오랜 세월 오스만 제국의 수도였던 이스탄불 대신 조그만 도시 앙카라를 수도로 삼고, 고립된 이슬람 국가에서 탈피하여 과감한 개혁 개방 정책을 추진했다. 정치와 종교를 엄격히 구분하고, 남녀 평등권을 도입하여 여성에게 참정권과 교육 기회를 부여한다. 오스만 제국의 쇠락 원인이 높은 문맹률에 있다고 본 그는 터키 어를 표현하기 위해 로마자 표기를 도입하여 전국을 돌아다니며 이를 계몽한다. 또한 이름에 성씨를 도입하여, 자신의 이름에 의회가 만들어 준 '아타튀르크(Atatürk, 터키의 아버지)'라는 성을 붙여 케말 아타튀르크로 불렸다. 하지만 나치를 피해 터키에 정착한 폰 미제스가 다시 신변의 안전 문제를 고민하는 일이 일어난다. 1938년 케말이 사망하자 나치의 전쟁 위협이 터키까지 밀려왔기 때문이다. 다시 고민 끝에 폰 미제스는 결국 미국으로 망명한다. 이 망명길에도 의리의 조교 힐다 게링어가 동참하고, 그들은 1943년 미국에서 결혼했다.

한편, 1936년 사망한 베니젤로스와 1938년 사망한 케말 아타튀르크 두 사람은 끝까지 서로를 존중했다. 그리스 아테네 공항의 이름은 베니젤로스 공항이고, 터키 이스탄불 공항의 이름은 아타튀르크 공항이다. 이는 20세기 초 두 나라의 운명을 결정지은 두 정치가의 이름을 딴 것이다.

∞

1939년 폴란드 침공으로 제2차 세계 대전을 일으킨 히틀러의 독일이 마지노선을 돌파하며 프랑스로 돌진한다. 제1차 세계 대전에서 독일의 파리 함락 직전에 극적으로 프랑스를 풍전등화에서 구해 낸 페탱 원수는 이번에는 도무지 중과부적임을 깨닫고 즉각 휴전을 주도한다. 파리는 함락되고, 그는 나치 괴뢰 정부의 수반이 되었다. 1918년 패전 후 네덜란드로 망명할 때 아들 빌헬름 황태자를 독일에 남겨 두었던 빌헬름 2세는 복위를 꿈꾸며 아들을 나치당에 입당시켰다. 마침내 1940년 네덜란드가 함락되어 빌헬름 2세가 히틀러의 보호를 받게 되자 황제 복귀가 한층 더 현실화되었다. 하지만 제2차 세계 대전은 연합국의 승리로 끝났고, 빌헬름 2세의 아들 빌헬름 황태자(빅토리아 여왕의 외증손자)는 왕정 복고를 이루지 못하고 1951년 사망한다. 그의 후손들은 계속 이어져 현재까지 독일 황제 계승권을 주장하고 있다고 한다. 한편 제1차 세계 대전에서 독일에 맞서 싸우며 한때 국부로 추앙받던 페탱은 나치의 괴뢰 정부를 이끌었다는 죄목으로 89세이던 1945년 종신형을 받는다. 대서양의 한 섬에 수감된 그는 1951년 96세로 옥중 사망한다. 그는 사망할 때까지 자신이 프랑스를 구원했다고 믿었다.

제2차 세계 대전의 종결로 냉전이 시작된다. 합스부르크 왕가의 공백이 생긴 동구권에 소비에트가 진군하여 공산화가 진행되고, 1949년 중국마저 공산화되자, 이제 미국의 새로운 적은 공산주의라는 것이 분명해진다. 미국 상원 의원 조지프 매카시(Joseph McCarthy)는 자신의 부정부패 의혹이 드러나자 1950년 미국 주요 인사들이 공산주의자로 반국가 행위를 하고 있다고 발표하여 단숨에 상황을 반전시킨다. 이에 조사단이 꾸려지고 미국 전역에 수년 동안 마녀 사냥식 '공산당 때려잡기' 광풍이 부는데, 이를 '매카시즘'이라고 부른다.

같은 해, 동독 과학 아카데미는 미국에 정착하여 하버드 대학교 교수로 있던 폰 미제스를 명예 회원으로 추대한다. 하지만 나치의 트라우마를 가진 폰 미제스는 미국에 불어닥친 매카시즘의 광풍이 나치와 유사하다고 우려했다. 그는 괜한 논쟁에 휘말리지 않기 위해 사회주의 정권이 들어선 동독의 제안을 정중히 거절한다. 한편, 폰 미제스는 '응력 텐서(stress tensor)'를 수학적으로 정립했으며 일생의 대부분을 유체 역학 연구에 매진했다. 하지만 오늘날 유체 역학에 대한 그의 업적은 잘 언급되지 않고 오히려 고체 역학의 항복 응력에서 중요하게 언급되고 있다. 참고로, 에른스트 마흐의 사상에 심취했던 그는 철학 사상 연구에도 몰두했으며, 문학에도 상당한 식견을 보유하여 오스트리아 출신 작가 라이너 마리아 릴케(Rainer Maria Rilke)에 대한 세계적인 권위자였다.

31장
유동성과 경제 대공황

1911년 10월 어느 날, 영국 케임브리지의 석학 버트런드 러셀 (Bertrand Russell) 교수의 연구실에 22세 공대생이 무턱대고 들이닥쳐 독일 악센트의 영어로 "내가 계속 유체 역학을 해야 하는지, 아니면 바보인지" 말해 달라고 한다. 러셀은 이 청년의 당돌한 질문에 처음에는 당황했지만, 그의 눈동자 속에서 절박함을 보았다. 가을 학기 내내 러셀의 강의를 쫓아다니며 거듭되는 그의 철학적 질문에서 천재성을 간파한 러셀은 "유체 역학을 그만두고 나에게 배우라."라며 이 청년을 제자로 받아들인다. 이 젊은이가 바로 루트비히 비트겐슈타인으로 이 두 사람의 만남에서 20세기 최고의 지적 생산물들이 만들어진다.

비트겐슈타인은 오스트리아-헝가리 제국의 부유한 유태인 가문의 막내아들로 태어났다. 그의 아버지는 당시 유럽 최대 철강 재벌로 카네기의 친구였다. 비트겐슈타인의 고조부는 나폴레옹 전쟁으로 해방된 유태인이었고, 비트겐슈타인은 모시던 영주의 이름에서 따온 것이다. 어린 비트겐슈타인은 존경하던 볼츠만이 쓴 유체 역학과 항공기에 대한 논문들을 읽고 볼츠만의 제자가 되기로 결심한다. 하지만 1906년 볼츠만이 자살하자 할 수 없이 일단 베를린 공과 대학 (Technische Universität Berlin)에 진학한다. 당시 이 대학에는 '코안다 효과(Coandă effect)'로 유명해지는 루마니아 출신 항공 엔지니어 헨리 코안다(Henri Coandă)가 있었고,[1] 또 다른 대학 동문으로는 나치 시절 V2 로켓을 만들고 나중에 미국에서 아폴로 계획을 이끌게 되는 베르너 폰 브라운(Wernher von Braun)이 있었다.[2]

베를린 공대 시절, 비트겐슈타인은 맨체스터 대학교에서 오스본 레이놀즈의 후배 교수였던 호러스 램이 쓴 유체 역학 책으로 공부했다. 최근 비트겐슈타인이 보던 이 독일어 번역서들이 발견되었다. 비트겐슈타인이 책의 여백에 빼곡히 적은 주석들은 당시 비트겐슈타인이 얼마나 유체 역학에 빠져 있었는지를 보여 주고 있다. 결국, 비트겐슈타인은 맨체스터 대학교에서 제대로 유체 역학을 배우기 위해 영국행을 결심한다.

비트겐슈타인이 유체 역학을 택하게 된 것은 아들의 자살 충동을 어떻게든 막아 보려는 철강 재벌 아버지의 권유도 있었지만, 1903년 라이트 형제가 비행기를 날린 후 젊은 영재들에게 새로이 떠오른 항공 역학은 상당히 매력적인 분야였다. 같은 이유로 비트겐슈타인의 동년배였던 오스트리아-헝가리 제국의 부유한 유태인 리하르트 폰 미제스 역시 항공기에 빠져들었던 것이다.

레이놀즈에 의해 시작된 맨체스터 대학교의 유체 연구는 호러스 램에 이어지며 당대 최고 수준이었다. 1908년 비트겐슈타인은 맨체스터 대학교에서 램의 제자가 된다. 영국 생활 초기에 비트겐슈타인은 유체 역학에 몰두하며 자살 충동을 이길 수 있었다. 그는 비행기 프로펠러에 대한 특허도 내며 나름 착실히 엔지니어의 길을 걷는다. 하지만 이 시기는 프란틀이 본격적으로 등장하기 전이었고, 마찰 저항 개념이나 익형 이론조차 정립되지 않은 상태로, 아직 유체 역학은 많은 부분 수학적으로 모순덩어리였다. 비트겐슈타인은 자신이 읽었던 램의 책에 관해 질문 공세를 퍼부었지만, 램은 이미 유체 역학에 대해 많은 부분 회의적이었다. 이러한 램의 태도에 비트겐슈타인은 충격에 빠지고 방황하게 된다.

∞

　당시 유체 역학의 여러 모순 중 대표적인 예가 스토크스 법칙에서 시작된 '화이트헤드 역설(Whitehead paradox)'이다. 1851년 스토크스가 광행차를 설명하기 위해 스토크스의 법칙을 제안하여 3차원 구 주위 유동을 해석했지만, 정작 스토크스의 해법은 2차원 실린더 유동에서는 해를 가지지 못했다. 1889년 케임브리지에서 스토크스의 제자였던 수학 천재 앨프리드 노스 화이트헤드는 호기롭게 이 문제에 도전하여 스승 스토크스가 생략한 대류 항을 첨가해 해결을 시도한다. 하지만 이러한 시도는 실패로 끝나고, 이를 스토크스 법칙의 한계를 보여 주는 '화이트헤드 역설'이라고 부른다. 유체 역학의 난해함에 크게 당한 화이트헤드는 이후 순수 수학으로 급히 방향을 전환

빈 분리파 미술관(Wiener Secessionsgebäude). 1897년 유럽 최고의 부호였던 비트겐슈타인의 아버지가 지어 준 건물이다. 비트겐슈타인의 어린 시절 그의 집에는 아버지가 후원하는 예술인들의 발길이 끊이지 않았다. 비트겐슈타인에게 요하네스 브람스(Johannes Brahms)나 구스타프 말러(Gustav Mahler)는 그냥 주말에 가족들을 위해 음악을 연주하는 사람들이었고, 구스타프 클림트(Gustav Klimt)는 가족들의 초상화를 그려 주는 일개 화가일 뿐이었다. 엄격한 철강 재벌 아버지와 달리 아들들은 모두 감수성이 예민했다. 세기말 빈의 분위기에 편승해 2명의 형이 자살하며 비트겐슈타인 역시 자살 충동에 시달린다. 원래 비트겐슈타인의 아버지는 당시 귀족들이 하던 것처럼 최고의 교수들을 고용해 집에서 아이들을 교육시키고 있었다. 하지만 아들들의 연이은 자살에 남은 아들들을 급히 일반 학교로 보내게 된다. 처음에는 고등 교육 기관인 김나지움에 보낼 생각이었지만, 입시 교육을 한 번도 받아 보지 못한 비트겐슈타인은 입학 시험에 떨어진다. 대신 1903년 오스트리아 린츠의 실업 학교에 입학한다. 이 학교에는 동급생으로 아돌프 히틀러가 있었으나, 워낙 내성적인 비트겐슈타인의 성격 탓에 두 사람이 알고 지낸 것 같지는 않다. 한편, 기존의 보수적인 화풍에 '단절'을 선언한 클림트를 선두로 등장한 '빈 분리파(Wiener Secession)'는 빈의 세기말적 분위기가 더해지며 에곤 쉴레(Egon Schiele)에 계승되었다. 클림트와 에곤 쉴레는 1918년 전 세계를 경악에 빠뜨린 '스페인 독감'으로 사망한다. 이 독감은 코로나19 이전 인류 역사상 최악의 바이러스로 제1차 세계 대전 사망자의 3배가 넘는 사망자를 기록한다. 이 때문에 종전이 앞당겨졌다는 평가도 있다.

하며 미련 없이 유체 역학을 떠났다. 화이트헤드 역설의 첫 실마리는 1910년 스웨덴 웁살라 대학교의 칼 빌헬름 오신(Carl Wilhelm Oseen)에 의해 해결되어 이를 '오신 근사(Oseen's approximation)'라고 한다. 1921년 스톡홀름 한림원의 노벨상 추천 위원이 된 오신은 당시 논란의 여지가 있던 상대성 이론 대신 광양자 실험으로 아인슈타인이 노벨상을 수상할 수 있도록 했다.

한편, 1890년 케임브리지 신입생으로 들어온 버트런드 러셀의 재능을 한눈에 알아본 화이트헤드는 맥스웰 등을 배출한 비밀 동아리 '사도들'에 러셀을 끌어들인다. 이 모임에서 러셀은 유체 역학을 기피하기 시작한 수학 천재 화이트헤드와 급속히 가까워진다. 러셀 역시 세기말적 자살 충동을 느끼고 있었으나 수학에서 삶의 의미를 찾게 된다.

∞

이처럼 당시 불완전한 유체 역학의 모순들로 비트겐슈타인의 자살 충동이 다시 시작된다. 이때 그에게 한 줌 빛과 같은 저작물이 등장한다. 그것이 바로 1910년에 나온 화이트헤드와 러셀의 『수학의 원리(*Principia Mathematica*)』이다. 1644년 데카르트의 『철학의 원리(*Principia Philosophiæ*)』를 공격하기 위해 1687년 뉴턴의 『자연 철학의 수학적 원리(*Philosophiæ Naturalis Principia Mathematica*)』가 탄생했다면, 화이트헤드와 러셀은 뉴턴의 계승자임을 명확히 밝히기 위해 뉴턴의 제목을 그대로 따 왔다. 이 책에서 두 사람은 수천 년간 아무도 증명하지 못했던 '1+1=2'를 증명하며 화제의 중심에 선다. 아직 '수학적 엄밀성'이 부족하던 유체 역학에 괴로워하던 비트겐슈타인은 이 책에서 '수학적 엄밀성'을 발견하고 비로소 자신이 가야 할 길을 깨닫는다. 이에 1911년 다짜고짜 러셀의 연구실에 들이닥친 것이고, 유체 역학의 불완전성을 이미 잘 알고 있던 화이트헤드와 자살 충동의 선배 러셀은 비트겐슈타인을 받아들인 것이다.

1912년 본격적으로 케임브리지 생활을 시작한 비트겐슈타인은 화이트헤드와 러셀의 소개로 케임브리지 사도 모임에 참여한다. 여기서 평생의 친구 존 메이너드 케인스(John Maynard Keynes)를 만나게 된다. 비트겐슈타인과 달리 매우 사교적이었던 케인스는 당시 케임브리지 경제학 교수였던 앨프리드 마셜의 권유와 배려로 케임브리지에서 경제학을 가르치고 있었다. 이 무렵 '사도들' 모임의 멤버들 상당수는 런던 블룸즈버리 지역의 매력적인 두 자매가 주최하는 사교 모임에 참석하고 있었다. 이 자매들이 바로 화가 버네사 벨(Vanessa Bell)과 작가 버지니아 울프(Virginia Woolf)이다. 이 모임은 '블룸즈버리 그룹(Bloomsbury Group)'이라고 불리며 보수적인 영국의 주류 문화에 반발하여 자유주의적인 성향으로 20세기의 새로운 사조 모더니즘을 선도한다.

1913년 유럽 최고의 재벌이었던 비트겐슈타인의 아버지가 사망하자 그 유산으로 유럽 최고의 부호가 된 비트겐슈타인은 유산 정리를 위해 오랜만에 빈을 방문한다. 돈에 별로 관심이 없던 비트겐슈타인은 유산의 상당 부분을 기부해 버리고 노르웨이의 시골 마을에 숨어 책 한 권을 집필하기 시작한다. 그는 주로 익명으로 예술가들을 후원했다. 그중에는 라이너 마리아 릴케도 있었다. 이 예술가들 후원 문제를 논의하기 위해 1914년 다시 빈을 찾은 비트겐슈타인은, 제1차 세계 대전을 맞이하자 징집 대상이 아니었음에도 형 둘과 함께 자원입대한다.

이렇게 참전한 전쟁에서 벌어지는 끔찍한 참호전에서 그는 완전히 말살된 인간성을 눈앞에서 목격한다. 더욱 삶의 의미를 상실한 채 자살 충동에 휩싸여 제일 앞에 나서 끝없이 돌격했다. 하지만 그는 매번 살아남아 훈장을 받고 승진까지 하게 된다. 형 둘과 같이 참전한 전쟁에서 둘째 형은 결국 자살하고, 전쟁 전 촉망받던 피아니스트였던 넷째 형 파울은 부상으로 팔 한쪽을 절단했다. 전쟁 후 파울을 위해 벤저민 브리튼(Benjamin Britten), 파울 힌데미트(Paul Hindemith), 세르게이 프로코피에프(Sergei Prokofiev), 리하르트 슈트라우스(Richard Strauss) 등 20세기 최고의 음악가들이 한쪽 팔로만 연주하는 피아노 곡을 작곡해 헌정했고, 프랑스 음악가 모리스 라벨(Maurice Ravel)은 파울을 위해 한쪽 팔로 연주할 수 있는 피아노 협주곡을 작곡했다. 비트겐슈타인 가문의 부와 영향력을 짐작할 수 있다.

한편 비참한 전쟁에서 비트겐슈타인을 버티게 했던 것은 노르웨이에서 쓰기 시작한 한 권의 책이었다. 그는 전투 순간에도 늘 원고를 옆에 끼고 집필을 멈추지 않았다. 1918년 8월 휴가를 받고 잠시 고향을 들르는 길의 기차역에서 그는 역시 참전 중이었던 사촌 동생 프리드리히 하이에크를 우연히 만난다. 나중에 세계적인 경제학자가 되는 하이에크에게 거의 완성한 책 원고를 보여 주었으나, 당시 19세의 하이에크는 전혀 이해하지 못한다. 같은 해 전쟁이 끝났지만, 패전국 국민으로서 도저히 승전국 영국으로 돌아갈 수 없었던 비트겐슈타인은 남은 재산을 형 파울과 누나들에게 다 나눠 주고 시골 초등학교 선생님으로 숨어 버린다.

1922년 『논리 철학 논고(*Tractatus Logico-Philosophicus*)』가 드디어 출판되었다. 이 책에서 비트겐슈타인은 증명할 수 있는 것과 없는 것을 구분하여 그를 괴롭혀 왔던 '엄밀성'에 '언어'의 문제를 결합해 분석한다. "말할 수 없는 것에 관해서는 침묵해야 한다."라는 유명한 명제로 마무리되는 이 책으로부터 20세기의 새로운 사상인 '논리 실증주의'가 시작된다. 하지만 그는 이 무렵 자신의 말귀를 알아듣지 못하는 시골 초등학생들과 씨름하고 있었다. 심지어 어린이를 위한 사전을 출판하기도 한다. 1926년 마침내 성격이 폭발한 비트겐슈타인은 아이 하나를 심하게 폭행하게 되고, 이 사건에 대한 학부모들의 고발로 사직한다. 피신한 수도원에서 정원사로 취직한 그는 집도 없이 텐트에서 사는 생활을 선택한다. 이 소식을 접한 케임브리지 학자들의 간청으로, 비트겐슈타인은 다시 영국행을 택한다.

1929년 케임브리지 기차역에 도착한 비트겐슈타인을 만나기 위해 영국의 지식인들이 모여들었다. 환영 인파 중에는 절친 케인스도 있었다. 케인스는 비트겐슈타인이 도착하자 "신이 도착했다."라고 했다. 당시 학위가 없던 비트겐슈타인은 케임브리지에서 강의를 하기 위해 『논리 철학 논고』를 학위 논문으로 제출한다. 심사 위원회가 열리자, 비트겐슈타인은 심사 위원이던 러셀 등의 어깨를 두드리며 "너무 걱정 마세요, 당신들이 잘 이해하지 못한다는 걸 이미 알고 있으니."라고 했고, 논문은 통과되었다.

비트겐슈타인의 강의가 시작되자 인재들이 몰려들었다. 그중에는 1931년 입학한 앨런 튜링도 있었다. 비트겐슈타인의 영향을 받은 튜링은 세상 모든 현상을 반복된 기계 연산만으로 구성할 수 있음을 증명한다. 이는 현대적인 '컴퓨터'와 '인공 지능'의 기반이 되었다. 나중에 그는 독이 든 사과를 먹고 자살하는데, 그의 이야기는 영화화되기도 했고, 애플 컴퓨터를 창업한 스티브 잡스(Steve Jobs)는 자신에게 가장 큰 영향을 미친 사람으로 앨런 튜링을 꼽았다.

∞

한편 1929년 대공황이 발생하자 경제학자들 사이에 논쟁이 불붙는다. 이 시기 경제학의 혼란을 가장 잘 보여 주는 이가 어빙 피셔(Irving Fisher)이다. 그가 예일에서 경제학으로 박사 학위를 받을 때 지도 교수는 열역학의 대가였던 깁스였다. 어빙 피셔는 경제학에 물리 방정식을 도입하여 계량 경제학(econometrics) 이론을 탄생시키고, 거시 경제학에서 유명한 M × V = P × T라는 교환 방정식을 유도한다. 여기서 M은 통화량, V는 화폐의 유통 속도, P는 상품의 가격, T는 총 거래 횟수이다. 마치 유동 방정식을 보는 듯한 이 식에서 국내 총생산과 관련된 여러 거시 지표들이 산출되므로, 이 방정식은 경제학에서 아인슈타인의 $E=mc^2$에 비견할 정도의 영향력을 가진다.

하지만 그는 경제 대공황을 전혀 예측하지 못했을 뿐 아니라 사태가 계속 악화되는 순간에도 언젠가는 회복될 것으로 믿었다. 이는 당

1920년대의 비트겐슈타인.

시 시장의 '보이지 않는 손'을 믿는 대부분 경제학자의 입장이었다. 이 무렵 영국 정부의 주요 경제 상황을 분석하며 조언을 하던 케인스는 전혀 다른 입장을 취한다. 공황은 일시적이고 지나가는 폭풍과도 같은 것이며 시간이 지나면 '궁극적으로' 시장이 제 기능을 회복할 것이라는 주류 학자들의 기대에 대해, 케인스는 "궁극적으로 우리는 모두 죽는다."라며 직격탄을 날린다. 여기서 정부의 적극적인 시장 개입을 주문하는 '케인스 경제학(Keynesian economics)'이 탄생한다.

케인스는 당시 '시장 경제' 논리가 전혀 먹혀들지 않는 공황을 설명하기 위해 '유동성(liquidity)'이라는 유체 역학 용어를 경제학 전면에 도입한다. 애덤 스미스 이래 고전적인 경제학에 따르면 시장의 가격이 내리면 소비가 증가하지만, 경제 위기가 닥치면 사람들은 아무리 가격을 내려도 지갑을 닫게 된다. 그 이유는 가계의 입장에서 위기 상황에서는 '화폐 유동성(cash flow)'을 확보하는 것이 매우 중요해지기 때문이다. 따라서 디플레이션이 계속될수록 소비는 더욱 수렁에 빠진다. 케인스는 이를 '유동성 함정(liquidity trap)'이라고 이름 지었다. 이미 22세 때 뉴턴『프린키피아』초판본을 구매할 정도로 당대 최고의 뉴턴 전문가였던 케인스는 자신의 경제 이론에 이처럼 물리학적 관점을 드러내고 있다.

케인스가 바라보는 유동성은 단순한 유체가 아니라 끈끈한 점도를 가져 방향성에 따라 '저항(resistance)'을 나타내는 것이었다. 그는 이를 통해 '임금의 하방 경직성'을 설명한다. '임금의 하방 경직성'은 아무리 생활이 궁핍해도 노동자는 쉽사리 싼 임금의 일자리를 택하지 않는다는 것이다. 따라서 아무리 불황으로 일자리가 줄어서 실업자가 늘더라도 노동자는 본인의 수입이 낮아지는 것을 꺼리기 때문에 고용 증가로 이어지지 않아 실업 해결은 쉽지 않다. 이처럼 위기 상황에서는 시장의 기능이 마비되어 가격 시스템이 작동하지 않으므로 정부가 나서서 '소비'와 '노동'을 일부러라도 만들어야 '유동성'이 회복된다고 주장한다.

이러한 입장은 사회주의 계획 경제로 인식되어 초기에는 많은 반발에 직면한다. 하지만 케인스가 미국에서 이 내용을 발표하자 정부의 공공 개발 프로젝트인 '후버 댐'으로 경제난을 돌파하려던 미국 정부는 즉각 지지를 보낸다. 이는 당시 막 출범한 프랭클린 루스벨트

정부의 '뉴딜' 정책의 이론적 기반이 되었다. 또한 영국 정부는 케인스의 건의를 받아들여 유동성 확보에 걸림돌이던 '금본위제'를 폐지한다.

1934년 소비에트의 계획 경제를 시찰하고 온 케인스가 러시아 공산주의에 대해 설명하자 비트겐슈타인은 호감을 느낀다. 이듬해 비트겐슈타인은 소련에 정착할 생각으로 레닌그라드로 이름이 바뀐 상트페테르부르크에 도착한다. 스탈린 정부의 요청으로 집단 농장에서 철학 강의를 하던 비트겐슈타인은 사회주의의 실체를 보고 크게 실망한다. 영국으로 돌아간 그는 이후 케인스와 함께 마르크스주의와는 거리를 두게 된다.

경제 상황이 더욱 악화되던 1936년, 케인스 불후의 명저『고용, 이자와 화폐에 대한 일반 이론(*The General Theory of Employment, Interest and Money*)』이 출판된다. 케인스의 사상이 집대성된 '일반 이론'이라는 명칭은 당시 과학계 최대의 화두였던 아인슈타인의 일반 상대성 이론(General Theory of Relativity)에서 따 왔다. 뉴턴 역학이 상대성 이론의 특수한 형태이듯이 '시장 경제학'이 케인스의 일반 이론의 특수한 형태임을 설명하기 위해서였다. 아인슈타인이 뉴턴 역학을 부정하지 않았듯이 케인스 역시 자본주의 시장 경제를 부정한 것이 아니었으며, '일반론'에서 정부의 시장 개입은 예외적인 상황에서 예외적인 조치로 한정했다. 케인스는 공황으로 걷잡을 수 없이 퍼져 나가는 사회주의 이념에 절대 동의하지 않았고, 결국 자본주의를 구원했다.

이 무렵 케인스는 비트겐슈타인과 함께 '카페테리아 그룹(Cafeteria

Group)'이라고 불리던 경제학 모임을 이끌고 있었다. 여기에 이탈리아 출신 경제학자 피에로 스라파(Piero Sraffa)가 합류한다. 스라파는 '헤게모니(hegemony)'라는 용어를 만들어 낸 이탈리아 공산당 지도자 그람시의 절친이었으며, '독점적 경쟁 시장'이라는 개념으로 가치 이론의 정립에 기여한 인물이다. 이 무렵 루트비히 폰 미제스가 키운 후계자이자 비트겐슈타인의 사촌 동생인 하이에크는 영국으로 건너와 런던 정경 대학(London School of Economics) 교수로 있으면서 카페테리아 그룹과 대립한다. 비록 사상이나 이념은 달랐지만, 이들은 서로 많은 영향을 주고받으며 경제 문제에서 이론적인 논쟁으로 각자의 사상을 더욱 정교하게 다듬었다. 유체 역학을 전공했던 비트겐슈타인은 케인스의 '유동성' 개념에 영향을 주었고, 경제학자 스라파는 비트겐슈타인의 『논리 철학 논고』의 여러 모순점을 지적하며 후기 비트겐슈타인의 철학적 관점을 바꾸게 된다.

1938년 나치가 오스트리아를 병합하자 비트겐슈타인은 케인스의 도움으로 영국 시민권을 신청한다. 피아니스트였던 형 파울은 잠시 영국으로 도피했다가 다시 미국으로 망명한다. 유럽 최대의 부자였던 빈의 로트실트 가문이 나치에 체포되자, 두 번째 부자였던 비트겐슈타인은 빈에 남아 있던 누나들의 안전을 위해 나치와 협상을 시작한다. 히틀러에게 안전을 보장받기 위해 비트겐슈타인은 1.7톤의 금괴를 비롯해 6조 원에 이르는 엄청난 자산을 나치에 기부한다. 하지만 나치가 더 많은 재산을 원하자, 비트겐슈타인은 뉴욕에 가서 형 파울을 만나 협조를 요청하지만, 형은 거부한다. 이후 형제는 서

버트런드 러셀, 존 메이너드 케인스, 작가이자 출판인인 자일스 리턴 스트레이치(Giles Lytton Strachey).

로 연락을 끊고 죽을 때까지 다시는 만나지 않았다. 이러한 비트겐슈타인의 필사적인 노력으로 빈에 남아 있던 누나들은 가까스로 목숨을 건질 수 있었다. 마침내 나치에 의해 다시 유럽이 전쟁의 소용돌이에 빠지자 제1차 세계 대전의 트라우마에 시달리던 비트겐슈타인은 케임브리지를 그만두고 병원에서 자원 봉사를 시작한다. 그는 대학자였지만 병원장 등 극소수 외에는 자신의 신분을 절대로 알리지 않도록 신신당부했다. 그는 의학 연구나 의료 기기 개발에도 손을 대며 전쟁의 참상을 잊으려 했고, 전쟁이 끝날 무렵에야 케임브리지로 복귀했다.

∞

1945년 독일이 항복하자 7월 포츠담에서 전후 처리를 위한 회의가 열린다. 회담 초기 영국 대표로 참석한 수상 윈스턴 처칠은 회담 중에 벌어진 영국 총선에서 보수당의 충격적인 패배 소식을 접한다. 즉시 수상 자리에서 물러난 처칠은 영국으로 돌아가고, 새로운 수상이 된 노동당 당수 클레멘트 애틀리(Clement Attlee)가 협상을 마무리한다. 영국을 전쟁 승리로 이끈 처칠과 보수당의 선거 패배는 전 세계를 놀라게 했다. 전쟁 중 보수당은 비록 이념은 달랐지만, 케인스의 경제 정책을 받아들여 유동성 확보를 통한 전비 조달로 승리를 견인했다. 하지만 전쟁이 마무리되자 케인스가 주장한 복지 정책에 대해 거리를 둔다. 이 틈을 타 노동당이 처칠을 맹공격하며 선거에서 대승을 거둔 것이다. 이 사건은 20세기 전반 인간의 무한 탐욕이 가져온 대공황과 전쟁을 겪은 서구 사회가, 이제 성장과 팽창보다는 분배와 복지를 핵심 가치로 여기는 세계로 이동하고 있음을 보여 준다.

한편, 1946년 사망한 케인스는 전후 경제 질서에 상당한 영향력을 발휘했다. 케인스의 아이디어가 다 받아들여지지는 않았지만, 미국 통화를 기축 통화로 하는 '브레튼 우즈(Bretton Woods)' 체제와 '국제 통화 기금(International Monetary Fund, IMF)', 국제 부흥 개발 은행(International Bank for Reconstruction and Development, IBRD)' 등이 출범하여 더 이상의 경제 공황을 방지하도록 했다.

전쟁이 끝나자 케임브리지로 복귀한 비트겐슈타인은 누나들을 만나기 위해 빈으로 가는 야간 열차에서 우연히 같은 칸에 탑승한 사촌 동생 하이에크를 만난다. 열혈 노동당 지지자였던 비트겐슈타인과 보수주의자였던 하이에크는 서로의 이념적 지향이 너무도 달랐기에 같은 영국에 살면서도 거의 연락 없이 지내고 있었다. 이날도 "너 하이에크 교수지?"라는 첫 마디 외에는 같은 침대칸에서 아무 말도 없이 서먹했다. 하지만 비트겐슈타인이 말년에 심취하고 있던 탐정 소설로 말문이 트이자 대화는 봇물 터지듯 철학에 대한 토론으로 이어졌다. 당시 경제학자 스라파의 영향으로 새로운 철학에 매료되어 있던 비트겐슈타인은 1918년 그때와 마찬가지로 대경제학자가 된 사촌 동생 하이에크에게 자신이 생각하는 철학에 대해 열정적으로 이야기했다. 하지만 곧 비트겐슈타인은 사라졌고, 이후 그들은 다시 만나는 일 없이 1951년 비트겐슈타인은 사망한다. 하이에크가 침대칸에서 들었던 비트겐슈타인의 후기 철학은 1953년 『철학 탐구 (*Philosophische Untersuchungen*)』라는 유고집으로 출판되었다.

∞

한편, 1930년대 후반부터 케인스의 이론이 대공황의 위기에서 제대로 작동하기 시작하자 폴 새뮤얼슨(Paul Samuelson)에 의해 케인스 경제학에 대한 수리 모형이 도입되며 고전 경제학의 대항마로 급부상한다. 이에 하이에크는 어빙 피셔의 후계자인 밀턴 프리드먼(Milton Friedman)과 함께 케인스 경제학에 반대하는 '몽 페를랭 소사이어티 (Mont Pelerin Society)'라는 이념 서클을 조직한다. 종전 이후 대세가 된 케인스 경제학의 열풍 속에서 1960년대 밀턴 프리드먼은 강력한 케인스 비판가로 성장했다. 1970년대 초 프리드먼의 예측대로 스태그플레이션이 발생하고, 이후 오일 쇼크로 케인스 경제학이 치명타를 입게 되자 신자유주의 경제학이 빠르게 전파된다. 이러한 프리드먼의 신자유주의 경제학으로 대처리즘, 레이거노믹스가 탄생하여 1980년대와 1990년대 경제학의 대세가 되었다.

1980년대 신자유주의 경제학의 선봉에 선 보수당 대처 수상은 영국 산업에 대한 대대적인 구조 조정을 밀어붙여 엄청난 반발을 불러일으킨다. 하지만 마거릿 대처(Margaret Thatcher)는 아르헨티나와의 포클랜드 전쟁을 승리로 이끌며 정국의 주도권을 잡아 보수당 장기 집권 시대를 열었다. 미국에서는 로널드 레이건(Ronald Reagan)이 (구)소련과의 체제 경쟁을 강력히 추진해, 마침내 1989년 베를린 장벽이 붕괴한다. 이때 베를린 현장을 텔레비전 중계로 보던 말년의 하이에크는 아들에게 "봐, 내가 말했잖아!"라며 환호했다고 전해진다. 이후 (구)소련을 시작으로 사회주의 국가들이 몰락하며 신자유주의는 거부할 수 없는 대세가 되었다.

그러나 시장 경제의 무한 탐욕은 다시 빈부 격차를 심화시킨다. 이는 결국 보수주의의 위기로 다가와 1998년 영국에서 토니 블레어(Tony Blair)의 노동당이 보수당을 무너뜨리고 집권한다.[3] 이렇게 무너지기 시작한 신자유주의는 2008년 글로벌 금융 위기에서 결정타를 맞는다. 위기가 닥치자, 늘 규제 철폐를 외치며 정부의 개입을 절대 악으로 바라보던 시장주의자들은 전면적이고 즉각적인 정부의 개입을 주장한다. 이렇게 전 세계가 대공황 이래 최악의 '유동성' 문제에 빠지게 되자 사멸된 것 같았던 케인스 경제학이 재조명되고, 폴 새뮤얼슨의 후계자인 폴 크루그먼(Paul Krugman), 조지프 스티글리츠

(Joseph Stiglitz) 등이 신자유주의 경제학의 대항마로 나섰다.

코페르니쿠스가 화폐의 유동성 문제를 제기한 이후 뉴턴과 프랭클린, 매슈 볼턴이 뒤를 이었고, 의사 케네의 경제 순환에 대한 물리학적 관점에서 애덤 스미스의 경제학이 탄생했다. 시대에 따라 가장 민감한 이슈를 다루던 경제학은 대공황과 세계 대전과 맞물리며 국가의 운명을 좌우하는 분야가 되었다. 이처럼 경제학이 과학 못지않게 중요해지자, 1969년부터 노벨 경제학상이 만들어졌다. 코페르니쿠스의 레볼루션과 뉴턴 이후, 과학이 시대적 상황과 정치적 배경에 무관하지 않았듯이, 경제학 역시 현실 정치와 결합한 지배 권력의 관점이 철저히 투영되었다. 시대별로 변화하는 시각에 따라 초기에는 폴 새뮤얼슨(1970년)과 같은 케인스의 후계자들이 노벨상을 수상했지만, 곧 하이에크(1974년), 프리드먼(1976년) 같은 신자유주의 경제학자들이 수상하고, 나중에는 다시 스티글리츠(2001년), 폴 크루그먼(2008년) 등 케인스주의 성향의 경제학자들이 노벨 경제학상을 수상한 것이 그 예이다.

32장
로켓의 정치

    1926년 미국의 물리학 교수 로버트 고다드(Robert H. Goddard)가 최초의 액체 추진 로켓 실험에 성공한다. 그는 19세기 러시아 과학자 콘스탄틴 치올콥스키(Konstantin Tsiolkovsky)가 우주 여행을 위해 제안한 로켓 이론을 실현하기 위해 1914년부터 연구를 시작했다. 고다드는 초음속의 분사 추진력을 얻기 위해 당시로는 획기적인 라발 노즐(Laval nozzle)을 처음으로 추진체에 사용한다. 이는 이후 모든 로켓 추진체의 표준이 되었다. 라발 노즐은 1888년 스웨덴 엔지니어 구스타프 데 라발(Gustaf de Laval)이 증기 터빈에 적용하기 위해 발명한 것으로, 아음속 유동으로 시작된 입구 유동을 수축관-확장관을 거치며 초음속 유동으로 가속하는 장치이다.

    라발 노즐에 대한 최초의 이론적인 연구는 1908년 프란틀의 제자 테오도르 마이어(Theodor Meyer)의 박사 학위 논문에서 비로소 체계적으로 이루어졌다. 여기서 프란틀-마이어 유동(Prandtl-Meyer flow)

이 나왔다. 이 연구로 라발 노즐 설계가 보다 정확하게 이루어져 프란틀은 초음속 풍동을 만들어 실험할 수 있게 되었다. 이후 라발 노즐을 이용한 초음속 유동의 활용이 폭발적으로 증가했고, 고다드가 로켓 실험에 사용하기에 이른 것이다.

1927년 비행기로 대서양을 횡단하며 영웅이 된 찰스 린드버그(Charles Lindbergh)는 고다드의 로켓 연구의 중대성을 단번에 알아보고, 그를 유태인 부호 구겐하임에게 소개한다. 탄광업으로 큰돈을 번 유태인 가문 구겐하임의 후계자는 파일럿이 될 정도로 비행기에 푹 빠져 있었다. 그는 비행계의 우상 린드버그에 감명받아 항공 연구 지원을 위한 구겐하임 재단을 세우려던 참이었다. 이에 린드버그가 고다드를 소개하자 재단의 지원 범위를 로켓 연구로 확장한다. 이때 캘리포니아 공과 대학, 즉 칼텍의 초대 총장 로버트 앤드루스 밀리컨(Robert Andrews Millikan)[1]은 구겐하임 연구소의 칼텍 유치를 추진한다. 이를 위해 밀리컨은 독일에서 장래를 걱정하며 방황하던 프란틀의 유태인 제자 폰 카르만을 적극적으로 설득한다. 이렇게 1930년 만들어진 연구소가 칼텍 구겐하임 항공 연구소(Guggenheim Aeronautical Laboratory at California Institute of Technology, GALCIT)이고, 폰 카르만은 초대 소장이 되었다.

∞

1936년 폰 카르만에게 중국인 학생 하나가 박사 과정으로 들어온다. 그가 바로 첸쉐썬이다. 1911년 상하이 근처 항저우에서 태어난 첸쉐썬은 1934년 상하이 자오퉁 대학교(上海交通大學) 기계 공학과를

액체 추진 로켓 개발에 성공해 인류의 비약에 새로운 지평을 연 로버트 고다드.

졸업하고, 미국 유학을 떠나 MIT에서 석사 학위를 받은 뒤, 항공 역학을 배우기 위해 1936년 칼텍에서 박사 학위 과정을 시작한 것이다. 1937년 첸쉐썬은 칼텍에서 폰 카르만의 학생들이 주도하던 로켓 동아리에 가입한다. 당시 로켓에 대한 인식은 공상 과학 소설에나 나오는 이야기 정도였고, 수시로 폭발하는 무모한 실험이 계속되어 그들스스로 이 모임을 "자살 특공대"라 불렀다. 하지만 이 모임은 1943년 나치가 V2 로켓 개발을 완료하자 미국 정부 공식 조직이 되어, 첸쉐썬과 동료들은 이 조직을 제트 추진 연구소(Jet Propulsion Laboratory, JPL)라고 이름 지었다.

고다드는 연합국이 수거한 V2 로켓 불발탄들을 분석하다가 독일

로켓 부품 대부분이 자신이 개발한 기술을 이용한 것임을 알게 되었다. 나중에 미군의 포로가 된 폰 브라운 역시 이 사실을 숨기지 않았다. 하지만 폰 브라운은 고다드가 로켓 기술의 선구자였지만 실용화에는 상당히 뒤처져 있었다고 평가했다. 사실 이는 당시 로켓 기술에 대한 미국 정부의 미온적인 입장 때문이었고, 이에 반해 폰 브라운은 나치의 전폭적인 지원을 통해 실용화에 성공할 수 있었다.

이 무렵 폰 카르만이 미국 대중들에게 유명해지는 사건이 발생한다. 바로 1940년 미국 워싱턴 주의 타코마 다리 붕괴 사건이다. 폰 카르만은 소식을 접하자마자 다리의 붕괴 원인이 자신이 연구한 보텍스 흘림 때문이라고 확신한다. 그는 모형 교량에 대한 풍동 실험으로 흘림 주파수(shedding frequency)가 구조물의 고유 진동수와 공진을 일으킬 수 있음을 보인다. 폰 카르만의 연구를 바탕으로 1950년 다시 만들어진 교량은 문제가 없었다. 이후 폰 카르만의 보텍스 흘림은 구조물 설계 시 고려해야 하는 표준적인 요소가 되었고, 이렇게 구조물 뒤에 형성되는 와류 열을 '카르만 와류 열(Kármán vortex street)'이라고 부른다. 나중에 칼텍 남쪽에 위치한 캘리포니아의 도시 어바인은 폰 카르만을 기념하기 위해 도시 중심가 이름을 '폰 카르만 거리'라고 이름 지었다.

∞

1945년 독일이 항복하자마자, 한 달 만에 폰 카르만은 첸쉐썬을 독일로 데려간다. 그리고 첸쉐썬에게 독일 항공 역학의 거두이자 자신의 스승인 프란틀과 V2 책임자 폰 브라운의 연구 자료를 접수하는 임무를 맡긴다. 이 자료들을 조사한 첸쉐썬은 독일이 최소한 수십 년 미국에 앞서 있었다는 것을 알게 된다. 한편 1947년 첸쉐썬은 상하이를 방문하여 오페라 가수 장잉(蔣英)과 결혼한다. 장제스 휘하 중화민국 육군 대학의 교장이었던 그녀의 아버지는 첸쉐썬의 아버지와 죽마고우라 서로 잘 알고 지냈다. 그녀는 1936년부터 독일 및 스위스에서 유학했고 귀국 연주회를 위해 1947년 상하이를 방문한 것이었다. 같은 해, MIT 교수가 된 첸쉐썬은 새 신부와 함께 다시 미국으로 갔다.

1949년 첸쉐썬은 폰 카르만의 추천으로 칼텍 로켓 연구의 책임자가 되었다. 같은 해, 첸쉐썬은 미국 시민권을 신청했으나 거절된다. 사실 첸쉐썬과 JPL 멤버들은 동아리 시절 마르크스 서적을 탐독하는 모임을 가졌다. FBI는 이를 알고 있었지만 제2차 세계 대전에서 미국은 소련과 같은 편이었기에 크게 문제 삼지 않았다. 하지만 1949년 중국이 공산화되자 미국 전역에 걸쳐 매카시즘 바람이 불어, 미국 정보 당국은 JPL 멤버들에 대한 대대적인 수사에 착수한다. 1950년, 첸쉐썬은 JPL 접근이 금지되고 모든 지위를 박탈당한다. 이후 FBI의 심문을 받게 되자, 그는 차라리 공산화된 중국으로 가겠다고 선언한다. 이에 미국 정부는 그의 귀국 짐 꾸러미에 극비 문서가 있다고 덮어씌워 체포하고, 그의 아내와 미국에서 태어난 아들과 딸 모두를 가택 연금한다. 이 사연을 잘 알고 있던 마오쩌둥은 무려 5년간이나 연금 상태에 있던 첸쉐썬 가족을 한국 전쟁 때 사로잡은 미군 조종사 11명과 1955년에 교환한다.

사실 그때까지만 해도 미국 정부는 로켓 기술을 그렇게 중요하게 생각하지 않았기에, 불온 서클을 이끌던 JPL 핵심 멤버들을 공산주의 혐의로 구속하거나 쫓아냈다. 독일에서 투항한 폰 브라운 역시 나치 동조자로 경계하며 아무 일도 시키지 않고 내버려 두고 있었다. 첸쉐썬의 동료이자 JPL의 리더 잭 파슨스(Jack Parsons)는 매카시즘의 광풍으로 직장과 모든 것을 잃고 할리우드 영화사를 위한 특수 효과용 폭발물 제조로 근근이 생계를 유지하고 있었다. 그는 1952년 이스라엘로 떠나기 전날 영화사에서 급히 의뢰를 받은 폭발물을 집에서 급히 제조하다가 폭발로 사망했다. 병원으로 후송 중 그는 필사적으로 무엇인가 말하려고 했으나 결국 아무 말도 남기지 못했고, 아들의 사망 소식을 접한 그의 어머니는 자살했다.

당국이 공식 발표한 사고 원인은 파슨스의 실수였지만 그의 동료들은 그가 암살되었다고 믿었다. 왜냐하면, 이 무렵 첸쉐썬이 중국으로 가려고 할 때도 미국 정보 당국은 그를 보내느니 차라리 죽이는 게 낫다고 했기 때문이다. 또한, JPL의 또 다른 리더였던 폰 카르만의 제자 프랭크 말리나(Frank Malina)는 제2차 세계 대전 후 파리에 만들어진 유네스코(UNESCO)의 과학 분과 위원장으로 일하고 있었다. 1952년 미국 정부는 한때 공산당원이었던 그를 기소하여, 다시는 미국으로 돌아가지 못하고 1981년 프랑스에서 사망했다.

∽

1957년 (구)소련이 인류 최초의 인공 위성 스푸트니크를 쏘아 올린다. 당황한 미국 정부는 로켓 기술이 별것 아니라며 두 달 뒤 미국도

첸쉐썬과 장잉. 장잉은 젊은 시절 오페라 가수였다. 첸쉐썬보다 여덟 살 어렸던 그녀는 1934년 첸쉐썬이 상하이를 떠날 때 불과 15세였다. 나중에 그녀의 아버지 장바이리(蔣白里)가 미국을 방문해서 첸쉐썬을 만나 여인으로 성장한 장잉의 사진을 보여 주었고, 그는 결혼을 결심한다. 그들이 상하이를 떠나 유학을 간 직후인 1937년부터 상하이는 일본이 점령했기에 다시 돌아갈 수 없었다. 전쟁이 끝나자 장잉은 1947년 상하이로 돌아와 5월에 귀국 독창회를 열었고, 같은 시기 첸쉐썬도 돌아와 8월에 청혼한 뒤 9월에 결혼해 같이 미국으로 갔다. 1955년 미국에서 추방된 남편과 중국으로 돌아온 장잉은 베이징 콘서바토리 교수로서 수많은 중국 성악가를 키워냈으며 2012년 92세를 일기로 사망했다. 무협지 『사조영웅전』, 『소오강호』 등으로 유명한 진용(金庸)은 장잉의 친척 동생이며 1924년생인 그는 2018년 사망했다.

인공 위성을 쏘겠다고 발표한다. 근거 없는 자신감으로 발사 장면을 생중계하고, 이때 발사된 뱅가드 로켓은 2초 만에 폭발한다. 이 광경을 지켜본 미국인들은 충격에 빠진다. 결국 미국 정부는 이념 논쟁을 포기하고 폰 브라운을 불러들여 미국 항공 우주국(NASA)을 만들고, 쫓겨난 JPL 멤버들이 합세하여 JPL을 NASA에 통합한다. 폰 브라운과 JPL은 보란 듯이 1958년 미국 최초의 인공 위성 익스플로러 발사에 성공한다.

마오쩌둥은 미국과의 대결에서 한발 앞서가는 소련에 대한 경쟁심으로 1958년 대대적인 개발 프로젝트를 시행한다. 이것이 대약진 운동이다. 대약진 운동은 모든 농촌 마을에 용광로를 만들어 철강을 생산한다는 등 거의 광기에 가까운 일들의 연속이었고, 이로 인해 중국 대륙 전체가 혼란의 소용돌이에 빠진다. 마오쩌둥이 대약진 운동이라는 희대의 사건을 벌이는 동안 첸쉐썬 역시 마오쩌둥에 동조했음을 부인하기 힘들다. 첸쉐썬은 쌀 수확량을 늘릴 수 있다며 모내기 간격을 좁게 할 것을 제안했고, 첸쉐썬의 말이라면 무엇이든 믿었던 마오는 실제로 이를 시행한다. 그 결과 중국은 역사상 최악의 식량난을 겪으며 불과 4년의 대약진 운동 기간 동안 무려 4000만 명이 사망한다. 그 책임으로 실각한 마오는 결국 문화 대혁명이라는 악수를 두고 만다. 다시 첸쉐썬은 이를 적극 지지했다.

이 와중에도 마오쩌둥은 첸쉐썬이 원하는 것은 뭐든지 지원했고 1964년 첸쉐썬은 핵무기 개발에 성공한다. 첸쉐썬의 지도 아래 중국은 1967년에는 수소 폭탄까지 완성하고, 마침내 1970년 인공 위성 발사에 성공한다. 핵무기를 개발한 중국이 인공 위성까지 날린다는 것은 미국 본토가 중국 핵무기 사정권에 있다는 것이다. 1949년 이래 중국을 후진 농업국으로 무시하고 적대시하던 미국의 대중국 정책은 완전히 바뀐다. 한국 전쟁 때 유엔군과 총부리를 겨누던 중국의 유엔 가입이 1971년 승인된다. 불과 며칠 뒤 상임 이사국이었던 대만이 UN에서 쫓겨나고 그 자리를 중국이 대신한다. 미국이 이 정도 성의를 보였지만 중국은 미국과 수교하지 않는다. 결국 1978년 미국이

혈맹 대만과 단교까지 하게 되자, 비로소 1979년 미국과 중국의 수교가 이루어졌다.

∞

말년에 첸쉐썬은 1989년의 천안문 유혈 진압까지 적극 지지하며, 진압 책임자인 상하이 자오퉁 대학교 후배 장쩌민이 당 총서기에 오르도록 도왔다. 이렇듯 그가 중국에서 이룬 엄청난 과학적 업적의 이면에는 적극적으로 집권 세력과 협력하며 매우 정치적이던 그의 또 다른 모습이 존재한다. 폰 브라운 역시 나치에 적극적으로 협력하여 그의 V2 로켓으로 수많은 사람이 죽었지만, 미국 정부는 그에게 NASA를 맡겨 우주 시대를 열었다. 참고로 폰 브라운이 만든 V2 로켓 공격으로 사망한 런던 시민의 숫자는 8,000명이지만, V2 로켓을 생산하는 과정에서는 1만 2000명이 강제 노동으로 사망했다.

2009년 첸쉐썬은 97세를 일기로 사망한다. 그해 12월 11일 첸쉐썬의 생일을 맞아 구글은 검색창 커버를 그의 이미지로 장식했다. 그는 미국에서 추방된 후 죽을 때까지 양복을 입지 않았으며 서방 언론과 접촉을 거부하고 칼텍과 옛 동료들의 초청에도 응하지 않았다. 1979년 칼텍 동문상을 수상했지만 계속 수상을 거부하자, 2001년 그의 친구가 직접 상을 가지고 중국을 방문해 전달해야 할 정도로 미국을 혐오하며 끝까지 미국의 공식 사과를 요구했다.

나치가 폰 카르만과 수많은 유태인 인재들을 추방한 것이나, 미국이 이념 논쟁에 따른 매카시즘 광풍으로 수많은 인재를 쫓아낸 것, 그리고 중국이 사상 논쟁으로 대약진 운동과 문화 대혁명의 소용

481

2009년 첸쉐썬이 사망하자 그의 생일에 구글이 검색창 커버에 올린 구글 두들(Google doodle) 이미지. 첸쉐썬이 칼텍 동료들과 동아리로 시작한 JPL은 미국 우주개발의 메카로서 달착륙선과 화성 착륙선을 개발했고, 보이저 호나 파이오니어 호의 개발과 운영을 맡았다. 또한, JPL에서 첸쉐썬이 개발한 성과들은 나중에 미국이 우주 왕복선의 여러 기술적 난제들을 해결하는 데 사용되었다. 이에 『스페이스 오디세이 2001』의 작가 아서 클라크는 첸쉐썬에 대한 존경의 의미로 후속작 『스페이스 오디세이 2010』에 등장하는 중국 우주선에 첸쉐썬의 이름을 붙였다. 하지만 미국은 첸쉐썬을 추방했고, 그가 중국에서 개발한 로켓들은 나중에 이라크에 수입되어 걸프전에서 미군을 공격하는 데 쓰였다. 한편, 첸쉐썬의 상하이 자오퉁 대학교 기계 공학과 1년 후배였던 사촌 동생 첸쉐추(钱学榘)는 MIT 유학 역시 1년 후배였다. 제2차 세계 대전 때 첸쉐추는 국민당 정부를 위해 일했다. 1949년 둘이 함께 미국 시민권을 신청했을 때 첸쉐썬은 거부되고 첸쉐추는 받아들여졌다. 이후 미국에 남은 첸쉐추는 보잉에서 항공기 개발의 핵심 업무를 맡았고, 그의 아들(그러니까 첸쉐썬의 5촌 조카) 첸용첸(钱永健)은 2008년 노벨 화학상을 수상했다. 참고로, 첸쉐썬의 전기 『누에의 실(Thread of Silkworm)』은 1995년 아이리스 장(Iris Chang, 장춘루(張純如))이 썼다. (누에를 뜻하는 실크웜(Silkworm)은 첸쉐썬이 개발한 미사일의 이름이기도 하다. 참고로 이 책의 한국어판 제목은 『중국 로켓의 아버지 첸쉐썬』이다.) 이 책은 그녀의 첫 작품이었다. 1997년 그녀는 난징 대학살을 다룬 『난징의 강간(The Rape of Nanking)』을 써 이 책이 베스트셀러가 되며 일약 세계적인 스타 작가가 된다. 하지만 이후 지속적인 일본 우익들의 살해 위협에 시달리며 우울증으로 고생하다 2004년 권총으로 자살했다. 그녀의 나이 36세였다.

돌이에 빠진 것도, 어쩌면 루쉰(魯迅)이 『아Q정전』에서 이미 경고한 '정신 승리'의 열등감에서 기인한 것인지 모른다. 이러한 소모적인 이념 논쟁은 한 국가의 발전을 수십 년 뒤처지게 했다.

에필로그

아래 사진은 1950년 6월 26일 동아일보 1면이다. 여기에 실린 "괴
뢰군 돌연 남침을 기도"라는 머리기사로 사람들은 한국 전쟁이 발발
한 것을 알게 되었다. 이어지는 기사에는 국군이 잘 막아 내고 있다
는 내용, 서울 시내는 지극히 평온하다는 내용과 함께 전황에 대한
유언비어를 조심하고 정부 말만 믿으라는 내용이 있다. 이런 기사들

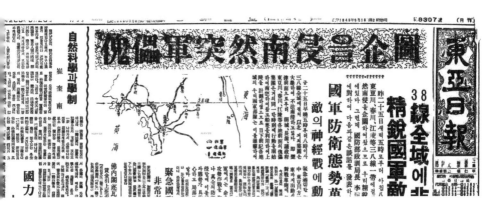

왼쪽에는 "자연 과학과 학제"라는 다소 생뚱맞은 제목의 칼럼이 실려 있다.

이 칼럼의 필자는 1932년 미국 미시간 대학교에서 한국인 최초로 물리학 박사 학위를 받은 서울 대학교 교수 최규남으로, 그의 부인은 피아노와 성악을 전공하여 줄리어드에서 배우고 이화여대 음악 대학 교수가 된 채선엽이고, 그녀의 오빠는 가곡 작곡가로 널리 알려진 채동선이다. 나중에 최규남은 서울대 총장을 거쳐 문교부 장관이 되었으며, KIST를 설립하고 하와이 교민들의 기부로 만들어진 인하공대 이사장을 맡아 신생 독립국이었던 대한민국의 초기 이공계 교육에 헌신한 인물이다.

최규남은 전쟁이 막 발발한 급박한 시점에 인텔리 계층의 인문계 과목 편식을 우려하며 이공계 학문과의 통합적인 사고를 강조하는 내용으로 이 칼럼을 기고했다. 그의 요지는 '왜정 시대'에 시작된 문과와 이과의 구분으로 인해 이러한 불균형 교육이 시작되었음을 밝히며, "자연 과학에 혐오감을 가지고 공부하기를 기피하던 학생이 고등학교에 와서 자연 과학의 과목이 거의 없는 문과를 마치고 또다시 대학 문과에 입학하여 순수한 문과계의 학문만을 학습하여 가지고 교문을 나온 그네들은 자연 과학에 아무런 교양이 없는 것은 물론이고 과학에 대한 이해조차 없는 반신불수의 대학 졸업생들이다. ……이와 같은 인문 계통 졸업생이 사회에 나와서는 정치 경제 법률 기타 모든 중요 방면에 지도자격으로 군림하여 이공학부 출신의 기술자를 부리는 지도적 지위를 점하게 된다."라고 통렬히 비판했다. 이 칼럼의 마지막은 "계속"이라며 마무리되지만, 심각한 전황으로 곧 서울이 함락되며 다시는 계속되지 못했다.

안타깝게도 70여 년 전 대학자의 이러한 우려는 현재에도 여전히 유효하다. 2011년 스티브 잡스가 아이패드를 발표하며 애플이 '테크놀로지(technology)'와 '리버럴 아츠(liberal arts)'의 교차점에 있다며 보여 준 슬라이드 한 장으로 우리나라에 느닷없이 '인문학 열풍'이 불기 시작했다. 리버럴 아츠는 그리스 로마에서 노예가 아닌 자유인에 대한 기본적인 소양 교육에서 출발했다. 이후 중세를 거쳐 근대적인 의미의 대학이 탄생하자, 대학 교육에서 기초 과목으로 정착한 리버럴 아츠는 문법, 논리학, 수사학 등의 인문학 분야에 한정된 것이 아니라 수학, 기하학, 음악, 천문학 등을 포함했다. 대학이 등장하던 시기에 존재하던 교육 기관들은 주로 의학, 법학, 경영 등의 일종의 직업 학교였기에, 새로이 탄생한 대학은 이 전문 학교들과 차별화하기 위해 리버럴 아츠를 커리큘럼으로 구성했다. 때문에 이러한 전통을 이어받은 미국 대학의 경우 현대에 와서도 의학, 법학, 경영은 전문 대학원 과정으로만 존재한다. 따라서 리버럴 아츠의 근원을 생각하면 '인문학 열풍'은 우리나라의 독특한 문과 이과의 구분이 촉발한 해프닝에 불과하다.

이 책에서 살펴보았듯이 수학과 과학의 논쟁들은 당대의 시대적 배경 및 정치적 상황과 결코 무관하지 않은 역사적 산물들이다. 데카르트의 철학이 굴절 광학과 기하학에서 출발했다는 것을 생각한다면, 그리고 칸트의 논문 「일반 자연사와 천체 이론」과 헤겔의 박사 논문 「행성들의 궤도에 관하여」를 상기한다면, 그들의 철학은 결코 추상적인 정신 세계에 대한 형이상학적 사고의 결과물이 아니다. 심지어 공자의 교육 철학이 강조된 '육예(六藝)'의 6가지 과목 예(禮), 악(樂), 사(射), 어(御), 서(書), 수(數)에서 볼 수 있듯이, 동양의 전통 사상에서조차 수학은 매우 중요했다는 것을 알 수 있다. 이 때문에 공자는 지식인의 기본 소양인 리버럴 아츠의 여러 분야에 두루 능한 '집대성'으로 불렸던 것이다. 또한 프랑스 혁명의 사상적 기반이 되었던 볼테르의 『철학 서간』은 뉴턴 역학을 소개하는 책이고, 이어지는 혁명의 소용돌이에서 과학자들의 선택은 무심히 흐르는 역사의 수레바퀴 아래서 그 흐름을 결코 피할 수 없는 운명들이었다. 과학자들은 결코 과학으로만 소통하지 않았고, 동시대의 음악, 미술, 문화적 소양을 끊임없이 흡입하여 이 예술가들에게 영향을 미쳤고, 또한 그들로부터 영감을 받아 자신의 학문을 완성하기도 했다.

이처럼 수백 년에 걸친 과학의 역사를 살펴보건대, 단 한 번도 과학 기술은 순수한 과학 그 자체로 독립적으로 존재한 적이 없고 끊임없이 다른 영역과 섞이며 스스로를 재창조하거나 소멸시켰다. 역대의 그 어떠한 대학자도, 노벨상을 받은 이 시대의 석학들도 결코 한 우물을 판 적이 없지만 무슨 이유에서인지 우리 사회는 과학자들에게 경주마와 같은 눈가리개를 씌우고 특정 분야 속에만 가두려 하고 있다. 이런 반쪽 시각 때문인지 이를 틈타 일부 과학 평론가들은 현대의 과학적 성과들을 전혀 상관없는 내용과 연결시켜 과학을 신비화하기도 한다. 이러한 과도한 인문학적 상상력이 동원된 소위 대중 교양 과학은 과학을 데카르트 이전의 일원론의 시대로 되돌려 놓고 있다. 이 책은 우리 시대의 과학이 맞이하고 있는 이러한 현실에 대해 다시 한번 환기하고자 했다. 과학은 고립된 개별 분야에 대한 것이 아니라 인간의 삶이 탄생시킨 우리 사회에 대한 전체적이고 통합적인 사고의 산물이다.

나는 아무것도 아니다. 하지만 난 모든 것이어야 한다.

— 카를 마르크스, 『헤겔 법철학 비판』에서

후주

1장 레볼루션과 보텍스

1. 네덜란드 독립 영웅 빌럼 판 오라녜는 '오렌지 공'이라고 불린다. 오렌지 공이라는 호칭은 가문의 시초가 되는 프랑스 남부 오랑주(Orange) 지역을 일컫는 말로 과일 오렌지와는 무관하다. 네덜란드는 입헌 군주제로 빌럼의 후손이 현재까지 계속 국왕으로 이어져 오렌지 공의 칭호는 계속되고 있다. Orange는 결국 과일 오렌지와 혼동이 되어 네덜란드를 대표하는 색깔이 되었고, 축구 대표팀을 비롯한 네덜란드 국가 대표팀들은 모두 '오렌지 군단'이라는 이름으로 불리며 항상 오렌지 색깔의 유니폼을 입는다.

2. 2006년 국제 천문 연맹(IAU)는 행성을 새로이 정의하면서 "유체 정역학적 평형 (hydrostatically equilibrium)"이라는 조건을 넣어 유체 정역학이 천체 물리학에서도 매우 중요한 개념임을 밝혔다.

2장 소용돌이와 저항

1. 그리니치 천문대에서 일한 적 있던 핼리는 1682년 출현한 대혜성을 관찰하고, 이 혜성은 1531년과 1607년에도 출현했던 혜성이라고 주장한다. 그는 뉴턴의 역학으로 혜성의 궤도를 계산하여 1705년에 출판한 『혜성 천문학 총론』에서 이 혜성이 1758년에 다시 나타날 것으로 예언한다. 핼리는 1742년에 사망하고, 그의 예언대로 1758년에 대혜성이 다시 나타나자 이 혜성은 '핼리 혜성'이라고 불리게 된다.

2. 뉴턴이 연금술에 심취했다는 사실이 알려진 것은 1936년 존 메이너드 케인스(John

Maynard Keynes)가 뉴턴의 미발표 저작물들을 소더비 경매에서 확보하면서부터이다. 20세기 최고의 경제학자로 평가받는 케인스는 22세이던 1905년에 이미 『프린키피아』 초판을 구입한 뉴턴 광으로 당시로는 최고의 뉴턴 전문가였다. 이에 1942년 런던왕립 학회는 뉴턴 탄생 300주년 행사를 준비하며 케인스에게 기념 강연을 요청한다. 하지만 제2차 세계 대전으로 행사는 취소되고, 케인스는 1946년 사망한다. 케인스 사후 그가 준비한 강연문은 『인간 뉴턴(Newton, the Man)』이라는 제목으로 발표되었으며, 여기서 케인스는 뉴턴을 "마지막 마술사(Last Magician)"라고 평가했다. 뉴턴은 당시 주류 학계의 상식을 뛰어넘는 대담한 가정으로 만유인력을 도입했고, 케인스는 이것이 뉴턴이 신비주의자였기에 가능했다고 보았다.

3장 소멸되는 것과 소멸되지 않는 것

1. 2009년 스탠퍼드 대학교에서는 당시 유럽 전역에 걸친 지식인들의 서신 교환을 지도상에 표기하여 서신 공화국을 시각적으로 나타냈다. (http://republicofletters.stanford. edu/) 여기서 보듯이 당시 서신 교환으로 교류되는 정보는 가히 폭발적이었으며, 이는 마치 현대의 소셜 네트워크 서비스(SNS)와도 같은 역할을 수행했다.

2. 다니엘과 오일러는 유체 유동에서 속도-압력의 관계를 같이 연구하며 각각 베르누이 정리와 오일러 방정식을 유도했다. 나중에 레이놀즈의 후계자 호러스 램은 오일러 방정식을 적분하면 베르누이 정리가 유도됨을 보이며 두 방정식이 본질적으로 동일함을 증명한다.

3. '스칼라'는 크기만 있는 물리량이고 '벡터(vector)'는 크기와 방향이 동시에 있는 물리량이다. 유체 유동에서 압력은 방향성이 없는 스칼라이고, 속도는 벡터이지만, 속도를 제곱하면 스칼라가 된다. 베르누이는 압력과 속도의 제곱이라는 두 가지 스칼라를 더하여 새로운 물리량을 도입한 것이다.

4. '퍼텐셜'은 잠재된 물리량을 뜻하는데, 퍼텐셜로 서로 다른 물리량들이 연결된다. 대표적으로 위치 에너지라고 불리는 중력 퍼텐셜이 있다. 진자 운동의 경우, 높은 지점에서 위치 에너지로 저장된 중력 퍼텐셜은 낮은 지점에서 운동 에너지가 되고, 낮은 지점에서 운동 에너지는 높은 지점의 위치 에너지로 저장된다. 이는 '위치 에너지 + 운동 에너지 = 일정'이라는 간단한 수식으로 표현된다. 베르누이 정리 역시 중력 퍼텐셜을 매개로 유체의 보존량을 보여 주고 있다. 여기서 유체 보존량은 운동 에너지에 압력이 더해진 물리량으로, '위치 에너지 + 운동 에너지 + 압력 = 일정'으로 이해할 수 있다.

5. 유체 역학에서 말하는 오일러 방정식은 변분법(calculus of variations)에서 말하는 오

일러 방정식과 다른 방정식이다. 변분법에서 오일러 방정식은 함수의 극값을 구하는 미분 방정식으로, 수학자 조제프루이 라그랑주와 함께 발견했기에 오일러-라그랑주 방정식이라 불린다.

4장 프랑스 혁명을 잉태한 살롱

1. 파동 방정식의 일반 해가 무수한 사인(sine) 및 코사인(cosine) 곡선들의 중첩으로 이루어진다는 것은 나중에 푸리에 급수를 통해 알려진다. 이 파동 방정식으로 인해 화음이 왜 어울리는지 물리적으로 밝혀졌고, 이는 나중에 맥스웰을 거쳐 전자기파 이론으로 발전하며, 이후 양자 역학과 결합하여 슈뢰딩거의 파동 방정식의 기반이 된다.

2. 동시대의 영국에서도 오페라를 둘러싸고 비슷한 일이 발생했다. 1728년 런던에서 영어로 된 사회 풍자 음악극 「거지 오페라」가 공전의 히트를 기록하며 당시 인기를 누리던 헨델의 오페라단이 심각한 타격을 입고 파산한다. 헨델의 오페라가 망한 것도, 1752년 프랑스에서 오페라의 대중성 논쟁이 벌어진 것도 모두 구체제에 대항하는 새로운 계급과 연관되어 있고, 예술의 수요자는 왕이나 귀족과 같은 유한 계급에서 시민 계급으로 이동했다.

5장 서양이 동양을 넘어서는 1776년

1. 프랭클린의 외가 쪽 후손 제임스 에이시언 폴저(James Athearn Folger)는 나중에 폴저스 커피(Folgers Coffee)를 세웠는데, 현재 세계에서 가장 큰 커피 회사 중 하나이다.

2. 마르코 폴로의 『동방견문록』에서는 중국을 "카타이(Cathay)"라고 부르는데, 이는 거란을 일컫는 '契丹(Khitan)'에서 유래한 것이다. 이 때문에 서양에서는 중국을 일컫는 단어로 'China' 못지않게 'Cathay'를 사용했다. 한편, 1946년에 홍콩에 설립된 '캐세이 퍼시픽(Cathay Pacific)' 항공사의 마일리지 클럽 이름이 '마르코 폴로 클럽'이다.

3. 공기에 압력을 가하면 물에 비해 부피가 상대적으로 쉽게 줄어든다. 이처럼 압력에 따라 부피가 변하는 유체 유동을 압축성 유동(compressible flow)이라고 하고, 변하지 않는 유동을 비압축성 유동(incompressible flow)이라고 한다. 물과 같은 유체를 다루는 수력학에서는 비압축성으로 충분했지만 공기 역학에서는 압축성을 고려해야 한다. 나중에 수증기 기체가 압축되며 일을 하는 과정은 증기기관에서 중요한 역할을 한다.

4. 부의 원천을 토지로 보았기에 '피지오크라시'는 우리나라에서 '중농주의(重農主義)'로 번역된다. 하지만 케네가 의사 선배 데카르트의 '피지올로지(physiology)'에 기반한

혈액 순환에서 영감을 받아 '피지오크라시'로 불렸다는 것을 생각한다면, 원래의 의미와는 상당히 거리가 있다.

5. 보스턴 차 사건 이후, 차보다 커피를 마시는 것이 미국인들에게 애국의 상징이었다. 대신 커피를 홍차의 색깔과 비슷하게 보이려고 유럽 인들에 비해 커피를 연하게 마셨다. 이탈리아 말로 '미국식 커피'라는 뜻의 '카페 아메리카노(Caffe Americano)'는 1970년대 미국의 스타벅스가 상품화한 것이다. 한편, 1775년 4월 19일 보스턴에서 시작된 미국 독립 전쟁을 기념하여, 1897년 제1회 보스턴 마라톤 대회가 시작되었다. 매년 4월 19일에 열리던 이 대회는 1968년 '월요일 공휴일 법(Uniform Monday Holiday Act)'의 시행으로 1969년부터는 매년 4월 셋째 주 월요일에 열리고 있다. 1968년 제정된 월요일 공휴일 법은 공휴일을 월요일로 옮기는 내용으로, 2월 22일 조지 워싱턴의 생일을 기념하던 대통령의 날을 2월 셋째 월요일로, 5월 30일 현충일을 5월 마지막 월요일로, 10월 12일의 콜럼버스 날을 10월 둘째 월요일로, 11월 11일의 재향 군인의 날을 10월 넷째 월요일로 옮겼다. 월요일 공휴일 법은 모든 공휴일을 연휴로 만들어 징검다리 연휴를 없애 노동자들은 휴가를 별도로 내지 않아도 된다. 실제로 미국 노동자들은 세계에서 가장 휴가를 적게 쓰는 편이고, 노동 생산성도 매우 높다. 이를 따라 일본에서도 2000년부터 단계적으로 '해피 먼데이 법'을 도입하여 시행 중이다.

6장 열과 저항

1. 천체 물리학 박사, 치과 대학생, 전자 공학도에 프레디 머큐리로 이루어진 영국 그룹 QUEEN의 멤버들이 평소에 무슨 이야기를 하고 지냈는지는 그들의 대표곡 「돈 스톱 미 나우(Don't stop me now)」의 가사에서 미루어 짐작할 수 있다. 이 곡의 가사에는 "중력 법칙을 무시하는(defying the laws of gravity)"이라거나 "광속(speed of light)", "초음속(supersonic)" 등 일반적인 대중 가요에는 잘 등장하는 않는 표현들이 많다. 이 곡의 백미는 "그래서 사람들은 날 파렌하이트라고 부르지(That's why they call me Mr. Fahrenheit)."라는 부분. 원래 이름이 파로크 불사라(Farrokh Bulsara)였던 프레디 머큐리는 QUEEN에서 이공계 친구들과 어울리며 이름을 머큐리로 바꾸었는데, 파렌하이트가 만든 온도계가 수은 온도계이다.

2. 파렌하이트가 제안한 온도 시스템 '화씨(華氏, 기호 °F)'는 그의 이름의 중국 음역인 '화륜해특(華倫海特)'에서 따 왔으며, 셀시우스가 제안한 온도 시스템 '섭씨(攝氏, 기호 °C)' 역시 셀시우스의 중국 음역인 '섭이수사(攝爾修斯)'에서 유래한다.

3. 1770년 프리스틀리는 당시까지 쓸모없었던 'Gom'이라는 물질을 종이에 문지르면

(rub) 지우개로 쓸 수 있음을 발견하고 'rubber'라고 이름 붙였다. 참고로 Gom은 일본어 발음으로 '고무(ゴム)'라고 읽는다. 이것이 우리말 '고무'의 시작이다.

4. 몽골피에 가문의 선조는 십자군 전쟁에 참가했다가 이슬람의 포로가 되어 이슬람의 제지술을 배웠고, 나중에 석방된 뒤 프랑스에 제지 산업을 일으켰다. 18세기의 '서신 공화국' 붐으로 신성장 동력 산업인 출판업이 번창하자 몽골피에 가문도 제지 산업으로 꽤 큰 부를 축적했다. 이들이 종이 봉지를 띄우는 연구를 하게 된 데에는 이러한 배경이 있었다. 몽골피에 가문의 제지 산업은 오늘날까지 이어지며, 현재는 'Canson'이라는 상호로 루브르 박물관의 중요 후원사 중의 하나이다.

5. 화합물을 구성하는 원소는 일정한 비율로 결합되어 있다는 법칙. 하지만 상당수의 학자는 원소를 섞기만 하면 비율과 상관없이 새로운 물질이 만들어진다고 생각했기에 받아들여지기까지는 상당한 시간이 필요했다. 나중에 화학 반응은 반드시 일정한 비율로만 가능하다는 사실이 인정되자, 화합물은 물리적 결합에 불과한 혼합물과 구분되었다.

6. 모차르트가 보마르셰의 불온 작품을 1786년 오페라로 만들어 공연한 것은 상당한 논란거리였다. 당국의 검열을 통과해 무대에 설 수 있었던 것은 모차르트의 노력도 있었지만, 보마르셰의 희곡을 오페라로 잘 각색한 모차르트의 단짝 대본 작가 로렌초 다 폰테의 능력도 한몫했다.

7. 정치적 논쟁에서 사용되는 '좌파(left wing)'와 '우파(right wing)'라는 개념은 루이 16세의 재판을 둘러싼 논쟁에서 출발하는데, 국왕의 처형을 찬성하는 급진파들은 의회의 왼쪽 자리에 앉았기에 '좌파'가 되었고, 이에 반대하는 온건파는 오른쪽에 앉았기에 '우파'가 되었다.

7장 루나 소사이어티와 산업 혁명

1. 이처럼 열유체에 대한 연구를 배경으로 탄생한 영국의 산업 혁명은 주방 기구와 요리 기법의 발달과도 밀접한 관련이 있다. 이즈음 더치 오븐에 이어 주철로 만든 프라이팬이 처음으로 요리 기구로 등장한다. 서양에서 18세기 말이 되어서야 주철 팬을 이용한 요리인 '팬 쿡(pan cook)'이 럼퍼드(Rumford) 백작, 즉 벤저민 톰프슨에 의해 개발된 데는 이러한 배경이 있었다.

2. 엄청난 재력가 귀족이었던 그는 1810년 사망한다. 그의 막대한 유산은 여러 후손을 거쳐 증식되다가 1874년 케임브리지 대학교에 기부되며 그 이름을 딴 캐번디시 연구소가 설립되었다. 초대 소장에는 맥스웰이 부임했다. 이후 수많은 석학이 거쳐 간 캐번디

시 연구소에서는 29명의 노벨상 수상자가 배출되었는데, 그중에는 DNA 이중 나선 구조를 밝힌 제임스 듀이 왓슨(James Dewey Watson)과 프랜시스 크릭(Francis Crick)도 있다.

3. 현재에도 전 세계가 겪고 있는 문제이다. 저가 화폐인 동전의 액면가보다 동전에 사용된 구리가 오히려 비쌀 수 있다. 이 때문에 동전을 녹여 구리를 추출해 파는 일이 종종 발생하므로, 세계 각국에서는 구리 함량을 대폭 줄인 동전으로 교체하고 있다.

8장 혁명 사관 학교 에콜 폴리테크니크

1. 이 곡은 1871년 파리 코뮌으로 「인터내셔널가」가 만들어지기 전까지 전 세계 좌파들의 애창곡이었다. 베토벤, 베를리오즈, 슈만, 차이콥스키 등 수많은 작곡가의 작품에도 사용되었다. 비틀스의 「올 유 니드 이스 러브(All You Need is Love)」에서도 들을 수 있고, 「카사블랑카」(1942년)와 「러브 액추얼리」(2003년) 등 여러 영화에도 사용되었다.

2. 단두대가 설치되어 수없이 많은 사람을 처형했던 '혁명 광장'은 로베스피에르의 공포 정치가 끝나자 '콩코드(Concorde)' 광장으로 이름을 바꾸어 오늘에 이르고 있다. 프랑스 어로 '콩코드'는 조화 또는 화합이라는 뜻이다. 한편, 1969년 등장한 초음속 여객기 콩코드는 영국과 프랑스의 합작으로 탄생한 것으로, 두 나라의 합작 결과물이라는 의미를 살려 '콩코드'라 이름 지었다.

9장 대포와 화약

1. 재미있는 것은 거의 동시대의 조선에서 비슷한 일이 벌어졌다. 유럽에서 전래한 조총으로 무장한 일본군이 1592년 조선을 침략했다. 하지만 이순신 장군과의 해전에서 조선 수군의 월등한 대포 화력에 밀린 일본군이 대패하여 제해권을 뺏기며 전세가 역전되었다.

2. 로빈스가 언급한 나사산을 '강선(rifle)'이라고 부른다. 로빈스 시대의 기술로는 이러한 나사산은 거의 구현이 불가능했지만, 19세기 중반 이후 이것이 가능하게 되자 총신 내부에 강선이 새겨진 소총을 '라이플'이라고 부르게 되었다.

3. 탄도학에서 'windage'의 또 다른 의미는 탄도의 궤적이 바람에 의해 받는 영향을 의미하기도 한다.

4. 이때 캐러네이드를 실전에 배치시킨 영국 해군 장관이 샌드위치(Sandwich) 백작 존 몬터규(John Montagu)로, 간편식 샌드위치를 탄생시킨 바로 그 샌드위치 백작이다.

5. 이때 왕당파였던 벤저민 프랭클린의 아들도 미국 독립 전쟁의 와중에 벤저민 톰프슨처럼 아내와 자식을 버리고 영국으로 도주했다. 이처럼 미국 독립 전쟁은 프랑스 혁명과 마찬가지로 왕정과 공화정의 치열한 싸움이었다. 이 무렵, 총포와 화약 그리고 탄도의 연구는 엄청난 발전을 거듭하고 있었고, 1782년 프랑스의 신인 학자 르장드르는 공기 저항을 고려한 탄도학에 대한 논문으로 베를린 아카데미 상을 받았다. 이 논문을 본 라그랑주는 르장드르의 탁월함을 알아보고 바로 발탁했다.

10장 나폴레옹을 무너뜨린 산업 혁명

1. 이 시대를 배경으로 한 영화나 드라마에서는 포환이 떨어지는 곳에서 폭발이 일어나지만 사실 이렇게 날아간 포환은 땅에 떨어져도 폭발하지 않고 그냥 볼링 공처럼 굴러가기만 했다. 지면과 접촉하면 폭발하는 포탄은 충격 신관이 개발되고 나서야 등장했는데, 이는 한참 뒤의 일이다. 이처럼 당시 대포의 포환(砲丸 round-shot)은 둥근 쇠구슬에 불과했지만 먼 거리에서 엄청난 속도로 날아오는 이 쇠구슬은 여전히 위력적이었다.

2. 같은 이유로 영국은 몇십 년 뒤 프랑스가 만들어 운영권을 확보한 이집트 수에즈 운하를 유태인 자본을 이용해 프랑스로부터 빼앗았다.

3. 수십 년 뒤 지구 반대편 조선에서 똑같은 상황이 벌어진다. 일본과 서구에서 새로운 문물을 배우고 귀국한 개화파들은 그들이 동경하던 열강들이 함포를 앞세우고 조국에 총칼을 들이대자 어찌할 바를 모르고 분열되며 비극적인 장면들을 연출하고 만다.

4. 「천국의 아나크레온에게」는 18세기 영국 런던의 아마추어 음악가 모임인 아나크레온 소사이어티(Anacreotic Society)의 공식 노래이다. 「즐거운 나의 집(Home, Sweet Home)」을 작곡한 비숍이 이 곡을 편곡할 정도로, 당시 서구 지식인 사회에서는 꽤 알려져 있던 곡이었다. 아나크레온 소사이어티 역시 1791년 영국 여행 중이던 하이든이 방문할 정도로 영국에서 유명한 동호회였다. 참고로, 우리나라의 애국가도 초기에는 스코틀랜드 민요 「올드 랭 사인」의 선율에 가사만 얹어 불렀다.

11장 엔진의 대중화와 대중 과학

1. 프랑스 작가 쥘 베른의 1869년 소설 「해저 2만 리」에는 잠수함 노틸러스 호가 등장한다. 이 소설에 풀턴이 언급되는 것으로 보아 그로부터 영감을 받은 것을 알 수 있다. 참고로 쥘 베른은 「해저 2만 리」 외에도 「지구 속 여행」(1864년), 「지구에서 달까지」(1865년), 「80일간의 세계 일주」(1873년), 「15소년 표류기」(1888년) 등을 출판하여,

SF 작가의 시초로 불린다.

2. 패러데이에게 입장권을 사 준 독지가는 윌리엄 댄스였다. 1813년, 그는 현재까지 이어지는 영국 최고의 음악 전문 단체 '로열 필하모닉 소사이어티(Royal Philharmonic Society)'를 만들었다. 당시 로열 필하모닉 소사이어티는 베토벤을 우상으로 삼고 있었다. 이 무렵 베토벤은 한때 자신이 존경하던 나폴레옹이 벌인 전쟁으로 빈이 초토화되어 고통받고 있었다. 나폴레옹이 무리한 러시아 원정으로 패퇴하기 시작하자 베토벤은 이를 기념하기 위해 「웰링턴의 승리」를 작곡한다. 나폴레옹 전쟁의 뒤처리를 위해 1814년부터 열린 빈 회의에서 이 곡은 단골 레퍼토리가 되어 큰 인기를 끌었다. 이에 로열 필하모닉 소사이어티는 1815년 직접 빈을 방문, 베토벤을 만나 새로운 곡들을 의뢰하고, 나중에는 아예 베토벤을 영국으로 데려올 계획까지 세우게 된다. 하지만 베토벤이 건강 악화를 이유로 정중히 초청을 거절하자, 대신 로열 필하모닉 소사이어티는 새로운 교향곡을 위촉한다. 이렇게 탄생한 곡이 인류 최고의 걸작으로 일컬어지는 베토벤의 마지막 교향곡 「합창」이다.

12장 혁명의 좌절과 열역학

1. 성공한 사업가였던 앙페르의 아버지는 루소, 디드로, 달랑베르의 추종자였고, 어린 앙페르에게 오일러와 베르누이를 배우게 했다. 프랑스 혁명 정부에서 일했던 앙페르의 아버지는 1793년 로베스피에르의 공포 정치 아래 단두대에서 처형되었다. 후에 앙페르는 전류에 대한 연구로 전류량을 의미하는 단위 '암페어(A)'의 어원이 된다.

13장 낭만적이지 않은 낭만주의 혁명

1. 20세기에 레코딩이 발달하면서 LP가 탄생한다. LP는 'Long Play'의 약자로 장시간 녹음을 위해 개발된 것이다. 지휘자 헤르베르트 폰 카라얀(Herbert von Karajan)은 「합창」을 LP 한 장에 담기 위해 필사적으로 연주 시간을 줄여 60여 분에 맞췄다. 심지어 그는 LP의 앞 뒷면으로 나누어 녹음하려고 3악장 중간을 끊는 대담함을 보였고, 이러한 시도는 그를 미디어 시대의 기린아로 만들었다. 나중에 CD가 등장하면서 개발자들은 카라얀에게 CD의 연주 시간을 어떻게 정할지 문의했다. 카라얀은 「합창」에 적당한 시간은 60분이 아니라 사실 74분이라고 실토했고, 그의 의견에 따라 CD의 표준 시간이 74분으로 정해졌다. 카라얀은 다시 74분으로 연주 시간을 늘려 「합창」을 녹음했다. 이는 음악에서 「합창」이 차지하는 비중이 어느 정도인지 잘 보여 준다.

2. 원문은 다음과 같다. "Rettung von Tyrannenketten, Großmut auch dem Bösewicht,

Hoffnung auf den Sterbebetten, Gnade auf dem Hochgericht! Auch die Toten sollen leben!"

3. 이 무렵 나비에의 주선으로 에콜 폴리테크니크에서 가르치던 콩트에게 배운 학생 중에는 영국의 알렉산더 윌리엄 윌리엄슨(Alexander William Williamson)이 있었다. 그는 콩트에게 3년간 수학을 배운 뒤 런던 대학교 교수가 되어 에테르(ether) 합성법으로 유명해진다. 1863년 어느 날 22세의 일본 젊은이가 막부의 쇄국 정책을 피해 배에 몸을 숨겨 윌리엄슨을 찾아왔다. 그는 이 청년을 자신의 집에 하숙시키며 부부가 밤낮으로 가르쳤다. 이 젊은이가 바로 이토 히로부미(伊藤博文)이다. 일본 근대화의 시작점이 된 이 이야기를 기념하기 위해 일본은 2013년 대대적인 150주년 행사를 런던에서 펼쳤다.

14장 엔진이 만들어 낸 컴퓨터

1. 윌리엄 허셜의 선배 음악가 헨델 역시 늦둥이로, 1685년 헨델이 태어날 때 그의 아버지는 무려 63세였다.

2. 이처럼 19세기 자유주의의 확산과 함께 에콜 폴리테크니크를 본받기 위해 서구 전역에 공과 대학 붐이 일어난다. 이렇게 만들어진 공과 대학 중 대표적인 곳으로는 1830년 설립된 스위스 취리히 공과 대학(ETH, 아인슈타인과 뢴트겐 등 노벨상 수상자만 30여 명을 배출한 학교)과 1861년 설립된 미국 메사추세츠 공과 대학(MIT)이 있다.

3. 비오는 1820년 흐르는 전류 주위에 형성되는 자기장의 방향은 전류와 수직이고 그 크기는 전류와의 거리의 제곱에 반비례한다는 것을 발견했다. 이를 비오-사바르(Biot-Savart) 법칙이라고 부른다.

4. 그녀의 아버지 바이런은 말년에 그리스 독립 운동에 투신했다. 사실 이 지역은 고대 그리스 이래 수천 년간 외세의 식민지였고, 고대 그리스 역시 아테네, 스파르타 등 도시 국가들이었기 때문에 실질적으로 '그리스'라는 실체는 역사상 존재한 적이 없다. 하지만 나폴레옹 전쟁 이후 유럽 전역으로 퍼진 낭만주의와 자유주의 열풍은 각 지역의 민족주의를 일으키고 그 첫 단추가 바로 1821년 시작된 그리스 독립 전쟁이었다. 당시 바이런은 이러한 낭만주의에 편승하여 그리스 인문주의에 대한 동경으로 이 전쟁에 직접 총을 들고 뛰어들었다가 1824년 병사한다. 바이런의 죽음을 계기로 오히려 서구 유럽의 그리스 독립 전쟁에 대한 지원이 몰려들어 마침내 1829년 신생 독립국 그리스가 탄생한다. 이러한 자유주의에 기반한 민족주의는 19세기 중반을 지나며 이탈리아와 독일의 통일 운동으로 이어지고, 제1차 세계 대전의 원인이 되었다.

15장 원격 통신의 시작

1. 조지프 헨리와 패러데이의 획기적인 연구에도 불구하고 당시의 모터는 상당히 불완전한 동력이었고, 여전히 동력 장치로는 증기 기관이 일반적이었다. 찰스 배비지가 개발한 최초의 기계식 컴퓨터의 동력으로 증기 기관이 채용되어 이 컴퓨터의 명칭에 '엔진'이라는 용어가 사용된 이유는 이 때문이다.

16장 혁명과 유태인

1. 모제스 멘델스존의 손자가 바로 작곡가 펠릭스 멘델스존(Felix Mendelssohn)이다. 펠릭스의 여동생은 라플라스 방정식을 해석한 대수학자 디리클레와 결혼했다. 한편, 꼽추였던 모제스 멘델스존은 절세의 미인에게 청혼하며 다음과 같은 말로 성공했다고 한다. "당신은 신이 결혼할 신부를 정해 주는 것을 믿나요? 제가 이 세상에 올 때 '너의 아내는 꼽추일 것이다.'라고 신이 말하기에, '차라리 저를 꼽추로 만드시고 그녀에게는 세상에 둘도 없는 아름다움을 주십시오.'라고 부탁했습니다. 그래서 저는 꼽추로. 당신은 아름다움을 가지고 태어난 것입니다."
2. 1847년 지멘스는 마그누스 연구소에서 발명한 전신기를 기반으로 전신 회사를 창업한다. 이것이 세계 최대의 전기 회사 '지멘스(Siemens)'의 시작이다.
3. 아바스의 회사는 나중에 AFP가 되었는데, 세계 최초의 통신사이다.
4. 1981년 프랑스 유력 일간지 《르 몽드》는 당시 문화 예술에서 등장한 새로운 사조에 대해 "지금 유령이 유럽을 휩쓸고 있다. 포스트모더니즘이라는 유령이"라고 표현하며 1848년의 「공산당 선언」을 패러디했다.

17장 소멸되는 것이 아니라 전환되는 것

1. 레이놀즈 역시 이들의 뒤를 이어 나중에 '맨체스터 문학 철학 모임'의 회장이 되었으며, 1889년 줄이 사망하자 레이놀즈는 그의 전기를 집필하여 1891년 출판했다. (참고 문헌 참고)
2. 1883년 런던에서 사망한 마르크스 역시 하이게이트 공동 묘지에 묻혔다.

18장 에테르, 다시 문제는 저항과 보텍스

1. 이 모임에는 나중에 버트런드 러셀, 비트겐슈타인, 케인스 등이 가입한다. 이들의 케임브리지 '사도들'에서의 만남은 20세기의 새로운 사상 흐름을 만들었다.
2. 이 때문에 알베르트 아인슈타인의 연구실에는 패러데이와 맥스웰의 초상화가 걸려 있

었다고 한다.

3. 2017년 영화 「어메이징 메리(Gifted)」는 나비에-스토크스 방정식에 도전하는 수학 신 동의 이야기를 그리고 있으며, 영화 중간에 페렐만의 이야기가 잠시 등장한다.

19장 작은 배와 큰 배

1. 1810년 성직자 집안에서 태어난 프루드의 형은 당시 영국 종교계를 각성시킨 '옥스퍼 드 운동(Oxford Movement)'의 지도자였고, 프루드의 동생은 나중에 유명한 역사학 자가 되었다.

2. 2012년 런던 올림픽 개막식 공연에서는 감독 겸 영화 배우 케네스 브래너(Kenneth Branagh)가 브루넬로 등장했다. 이 장면에 나오는 배경 음악은 「위풍당당 행진곡」으 로 유명한 영국 작곡가 에드워드 엘가(Edward Elgar)의 수수께끼 변주곡 중 「님로드 (Nimrod)」이다. 이 곡은 2007년 영화 「색, 계」의 초반부에 중국 대학생들의 애국 연극 에서 "중국을 지키자!"라고 외치는 장면에 뜬금없이 등장한다. 이 영화의 배경이 아편 전쟁의 결과로 영국이 지배하던 홍콩이고, 이 곡이 1997년 홍콩 반환 행사에 사용된 음악임을 생각한다면 감독의 의도가 명확하다. 이처럼 엘가의 「님로드」는 영국 애국 주의의 상징으로 2017년 영화 「덩케르크」의 엔딩 곡으로 사용되기도 했다. 한편, 2013 년 대중 가수 스팅(Sting)은 앨범 「마지막 배(The Last Ship)」에 브루넬에 대한 오마주 로 「그레이트 이스턴의 발라드(Ballad of the Great Eastern)」를 삽입했다.

3. 배가 호수를 가로질러 갈 때 배 옆면에서 뒤쪽으로 보텍스가 발생한다. 이를 후류 (wake)라고 부른다. 후류는 선박에서 형상 저항의 원인이고, 후류를 줄이기 위해 유선 형 설계가 잘 알려져 있었다. 하지만 프루드는 형상 저항을 줄이는 것보다 배가 지나가 며 만들어 내는 파도의 저항, 즉 조파 저항을 줄이는 것이 더 중요하다고 생각했다. 한 편, 선박 주위의 유동에 대한 연구로 후류에 대한 관심도 증가했다. 이는 당시 막 태동 하기 시작한 파동 연구와 결합하여 '그룹 속도(group velocity)' 등에 대한 레일리, 스 토크스, 켈빈의 연구로 이어졌다.

4. 축소한 모형 선박이 동일한 물리 현상을 갖기 위해서는 '상사성(similarity)'이 중요하 다. 배의 크기가 100분의 1로 줄어들면 파도의 크기도 100분의 1로 줄어들 것인지, 조 파 저항도 100분의 1로 줄어들 것인지 등을 따져야 한다. 이처럼 모형 실험에서는 물 리적 스케일이 변하므로, 길이, 시간, 힘 등의 차원을 결합해 차원이 없는 무차원수 (dimensionless number)로 해석한다. 모형 실험이 실제 크기와 상사성을 보이려면 무 차원수를 일치시켜야 한다. 예를 들어, 조파 저항을 보기 위한 무차원수 프루드 수에

따르면 모형 배의 크기를 100분의 1로 줄이면 실험 속도는 100분의 1이 아니라 10분의 1로 줄여야 한다. 이런 이유로 프루드 이전의 모형 실험들이 다 실패했던 것이다. 하지만, 마찰 저항을 보기 위한 레이놀즈 수에서는 모형의 크기를 100분의 1로 줄이면 실험 속도는 오히려 100배가 되어야 한다. 이처럼 모형 실험을 할 때는 조파 저항을 볼 것인지, 마찰 저항을 볼 것인지에 따라서 실험 조건이 달라진다. 따라서 모형 실험은 늘 한계가 있기에, 비슷하지만 완전히 같지는 않다는 의미로 '상사 법칙'이라고 부른다.

5. 1883년 봄, 청나라는 조선 정부에 "귀국의 섬 하나가 영국에 의해 점령되었다."는 사실을 알린다. 크림 전쟁 이후 러시아와 영국은 세계 전역에 걸쳐 대결 양상을 띠고, 1882년 러시아 정부와 조선 정부가 가까워지자 다급함을 느낀 영국이 거문도에 군함을 파견한 것이다. 거문도를 동아시아의 거점 해군 기지로 만들 생각이던 영국은 홍콩에서 상하이를 거쳐 거문도까지 해저 케이블로 전신을 연결한다. 이것이 우리나라에 최초로 깔린 전신망으로 아직도 거문도에 그 흔적이 남아 있다. 청나라가 알려주기 전까지 점령 사실조차 몰랐던 조선 정부는 청나라의 중재로 영국과 협상에 나서게 되고, 2년 후 영국 정부는 결국 거문도에서 물러난다. 비록 거문도는 남해의 아주 작은 섬에 불과했지만, 프루드의 모형 실험으로 브루넬이 만든 대형 선박이 켈빈의 해저 케이블을 전 세계에 설치하며 세계 지배를 유지하던 영국에게는 매우 중요한 곳이었다. 제2차 세계 대전의 패전국 일본의 책임과 배상을 정하기 위한 샌프란시스코 협정문에서, 거문도는 제주도, 울릉도와 함께 대한민국의 영토를 규정하는 중요한 세 군데 섬으로 언급되었다.

21장 소멸하지 않는 보텍스

1. 헬름홀츠의 어머니는 퀘이커 교도였던 윌리엄 펜(William Penn)의 직계 후손이다. 윌리엄 펜은 귀족이자 식민지 총독이었지만 자유와 평등의 가치를 실현하기 위해 노력한 식민지 초기 계몽 지식인 중의 하나로, 펜실베이니아의 중심 도시 필라델피아가 배출한 벤저민 프랭클린의 추앙을 받았다. '펜실베이니아(Pennsylvania)'라는 이름은 윌리엄 펜에서 유래한 것이다. 세계 최대의 시리얼 회사이자 '게토레이'를 상품화한 '퀘이커 오트밀(Quaker Oats)'의 로고 이미지가 바로 윌리엄 펜이다.

2. 아인슈타인이 노벨상을 수상한 것은 이보다 한참 뒤인 1922년의 일이고, 그마저도 '상대성 이론'에 대한 것이 아니라 양자 역학의 탄생을 이끈 '광전 효과'에 대한 것이었다.

22장 되돌이킬 수 없는 것, 엔트로피

1. 랑케는 당시 유럽을 휩쓸던 자유주의에 회의적이었고 대신 군주제를 지지하며 실증주의 사학을 탄생시킨다. 이는 일본 사학계에 지대한 영향을 미치고, 나중에 이병도로 대표되는 한국 사학계의 주류가 되었다.

2. 독일과 러시아의 경우는 노예보다는 중세 장원 경제에 기반한 농노제에 의존하고 있었다. 독일에서는 나폴레옹 전쟁에 패하며 지식인의 대오각성으로 농노제가 없어졌지만, 나폴레옹에 이긴 러시아는 농노제를 지속하다 크림 전쟁에 패한 후 1861년에야 비로소 농노제를 폐지한다. 이 시기 러시아를 잘 나타내는 인물이 알렉산드르 보로딘(Aleksandr Borodin)이다. 몰락한 조지아 왕자의 아들로 태어난 보로딘은 어머니의 신분 때문에 홍길동처럼 아버지를 주인님으로 부르던 농노였다. 비록 신분은 낮았지만 엄청난 교육열을 가진 어머니 덕분에 보로딘은 대학에 진학한다. 화학을 전공한 그는 하이델베르크에서 대학 후배 멘델레예프와 같이 유학하며 절친이 된다. 이후 농노에서 해방된 그는 1862년 모교인 상트페테르부르크 대학교 교수로 부임하고, 1865년 벤젠 고리를 규명한 독일의 아우구스트 케쿨레(August Kekule)와 경쟁하며 화학의 대가가 되었다. 매일매일 화학 연구에 온 힘을 쏟던 그는 매주 일요일 하루만큼은 반드시 작곡에 시간을 써, 「중앙아시아의 초원에서」, 「이고르 공」 등의 걸작을 발표하며 러시아 5인조의 민족 음악을 이끌었다. 한편, 보로딘의 뒤를 이어 1864년 상트페테르부르크 대학교 교수로 부임한 절친 멘델레예프는 1869년 원소 주기율표를 완성했다.

23장 내전의 시대

1. 이 때문에 보불 전쟁 이후 에펠에게 쏟아진 과도한 비난은 독일 출신 가문이라는 편견이 작용한 것이라는 의견이 있다.

2. 다르시의 원래 이름은 'd'Arcy'였는데, 아버지 사망 후 가세가 기울자 정부로부터 장학금 대출을 얻어 내기 위해 귀족 티가 안 나도록 'Darcy'라고 바꾸었다.

3. 파리 코뮌 이후 파리 시는 자치권을 상실한다. 파리 시가 자치권을 회복한 것은 100년이나 지난 1977년이었으며, 이때 초대 시장은 자크 시라크였다.

24장 혼돈과 불규칙

1. J.J. 톰슨은 전자를 발견한 공로로 1906년 노벨상을 받았다. 참고로 맨체스터 대학교는 현재까지 25명의 노벨상 수상자를 배출했다.

25장 연속과 불연속

1. 에콜 폴리테크니크에서 샤를 에르미트(Charles Hermite)의 제자였던 그는 1904년 푸 앵카레 추측을 발표했고, 그의 사촌 레몽 푸앵카레(Raymond Poincaré)는 1913년 프 랑스 대통령이 되어 제1차 세계 대전을 승리로 이끌었다.

26장 판타 레이와 새로운 산업의 탄생

1. 순식간에 골프공 업계 1위가 된 타이틀리스트는 골프 업계 최초로 10억 달러 매출을 돌파한 기업으로, 2011년 한국 기업 필라코리아와 미래에셋이 12억 2500만 달러에 인 수했다. 현재 타이틀리스트는 골프공 업계 부동의 1위이고, 브리지스톤은 3위, 스릭슨 은 6위를 기록하고 있다.

2. 1909년 세계 최초로 인공 조미료를 탄생시킨 아지노모토(味の素, 맛의 원소)는 1908 년 도쿄대 이케다 교수가 세계 최초로 합성한 MSG를 바탕으로 만들어진 회사이다. 아지노모토 역시 사업 다각화에 성공하여 의료 및 반도체 소재 시장에서 독보적인 위 치를 차지한다.

3. 참고로, 코오롱(KOLON)은 Korea+Nylon의 합성어이다.

27장 유동성 에너지 석유와 자동차 혁명

1. 미국의 한 전기 자동차 회사는 테슬라에 대한 오마주로 회사 이름을 '테슬라(Tesla)' 로 지었다. 현재 일론 머스크가 CEO로 있는 이 회사 역시 테슬라의 개방형 특허 방식 을 따르고 있다.

2. 임오군란의 원인을 제공한 탐관오리 민겸호의 아들 민영환은 1896년 러시아 니콜라이 2세 대관식과 1897년 영국 빅토리아 여왕 즉위 60주년 행사에 참여하며 비로소 국제 정세에 눈을 뜨게 된다. 이후 민영환은 1902년 에드워드 7세의 즉위식에 사절단을 파 견하여 영국과 우호 관계를 맺고자 했지만, 이미 일본이 먼저 손을 쓴 뒤였다. 같은 해, 대한제국의 정식 여권을 소지한 최초의 이민자들이 민영환의 배웅을 받으며 인천항에 서 하와이 사탕수수밭으로 떠난다. 민영환은 이들의 여권과 비자 업무를 총괄했다. 당 시 이들이 받은 일당은 미국 노동자의 절반도 안 되었지만, 그들은 이 돈을 모아 귀국할 꿈에 부풀어 있었고, 일부는 대한제국에 세금으로 납부하기도 한다. 하지만 1905년 대한제국의 외교권이 박탈당하며 민영환은 자결하고, 대한제국의 여권은 무효가 되어 이들 모두는 무국적자가 된다. 이들은 귀국하지 않고 하와이에 남아 다시 돈을 모으기 시작한다. 이후 해방이 될 때까지 독립 운동 자금의 상당 부분이 하와이 노동자들이

일당을 아껴서 모은 돈이었고, 그 총액은 1945년까지 300만 달러에 가까운 것으로 추산된다. 1954년 이들은 미국의 MIT에 못지않은 공과 대학을 설립해 달라고 대한민국에 15만 달러를 기부했다. 이렇게 설립된 대학교는 그들이 떠난 인천과 정착한 하와이의 첫 글자를 따서 '인하' 대학교라고 이름지어졌다.

28장 인류의 비상

1. 독일의 수도 베를린 공항 이름은 이러한 그의 업적을 기려 베를린-테겔 '오토 릴리엔탈' 공항이다.

29장 전쟁의 소용돌이

1. 레이놀즈의 1883년 논문에 등장한 무차원 수를 '레이놀즈 수'라고 이름 붙인 사람이다.
2. 서양 음악사에서 가장 위대한 작품으로 불리는 바흐의 「마태 수난곡」은 1727년 작곡된 이후 거의 연주되지 않고 잊혀져 있었다. 이 곡이 다시 알려진 것은 멘델스존 덕분이다. 1824년 바흐의 아들들과 친분이 있던 멘델스존의 할머니는 손자에게 이 작품의 악보를 생일 선물로 주었다. 유태인 갑부 음악가로 디리클레의 처남이었던 멘델스존은 악보를 보자마자 세기의 걸작임을 직감하고, 지휘자로 나서 이 곡을 음악계에 소개하기 시작한다. 이를 기점으로 잘 알려지지 않았던 바흐의 음악이 알려지게 되었다. 이처럼 「마태 수난곡」은 바흐가 재조명되는 결정적 계기가 된 작품이다.
3. (구)소련은 1947년 모스크바 인근의 한 도시에 '주콥스키'라고 이름 붙여 그의 업적을 기렸다. 이곳에는 소련의 주요 항공 프로젝트를 추진하던 연구소가 있었으며, 현재는 모스크바의 네 번째 국제 공항이 들어서 있다. 이 공항의 이름이 '주콥스키 공항'이다.
4. 이때 괴팅겐 학생들이 부른 독일 국가는 오스트리아 작곡가 하이든의 현악 4중주 「황제」에 가사를 붙인 것이다. 원래 이 곡은 나폴레옹 전쟁 때 오스트리아 합스부르크 왕가에 대한 충성심을 고취하기 위해 오스트리아의 국가로 채택되었다가, 제1차 세계 대전으로 오스트리아-헝가리 제국이 해체되고 합스부르크 왕가가 망명하면서 오스트리아 국가의 지위를 상실한다. 제1차 세계 대전의 결과로 독일 제국도 무너지며 독일 제국 황실 역시 망명한다. 하지만 이렇게 탄생한 독일 공화국은 오스트리아가 버린 하이든의 「황제」에 가사를 붙여 국가로 채택했다. 이 곡은 이후 나치 정권에서도 독일 국가였고, 제2차 세계 대전 후에도 서독의 국가였으며, 동서독 통일 후에도 통일 독일의 국가로 채택되어 오늘에 이르고 있다. 참고로, 현재 오스트리아 국가는 모차르트의 곡이다. 이 곡은 말년에 비밀 결사 조직 '프리메이슨'에 가입한 모차르트가 죽기 직전 프

리메이슨 조직을 위해 작곡했던 곡으로 사망 19일 전에 완성되어, 완성된 곡으로는 모차르트 최후의 곡이다. (「레퀴엠」은 미완성곡이다.)

5. 한편, BMW의 로고는 항공기 프로펠러를 나타낸다고도 알려져 있지만 사실은 망해버린 바이에른 왕국의 국기에서 따 왔다.

6. 하이젠베르크가 박사 학위 논문에서 미처 다 풀지 못한 오어-좀머펠트 방정식은 1971년 MIT 교수 스티븐 오르삭(Steven Orszag)이 슈퍼 컴퓨터로 겨우 풀었다. 하지만 지금은 컴퓨터 성능의 발달로 노트북에서도 쉽게 풀 수 있다. 오르삭 교수는 프란틀의 제자 폰 카르만과 같이 헝가리계 유태인이다. 헝가리 어로 Orszag은 '국가'라는 뜻이다. 헝가리는 스스로를 "Magyarország"이라고 부른다. "마자르 족의 나라"라는 뜻이다. 한편, 막스 보른 역시 학생 시절 프란틀의 강의를 들었지만 결국 양자 역학을 택했고, 하이젠베르크마저 양자 역학의 세계로 끌어들였다. 나치 집권 이후 유태인이었던 막스 보른은 영국으로 망명한다. 1948년 망명지 영국에서 막스 보른의 딸이 낳은 외손녀가 가수 올리비아 뉴튼존(Olivia Newton-John)이다. 막스 보른은 1954년 노벨 물리학상을 받았다.

7. 조지아(옛 그루지야) 출신들의 인물들에는 '-슈빌리' 또는 '-드(나)제'으로 끝나는 이름이 많은데 이는 누구누구의 아들이라는 뜻이다. 조지아 출신인 스탈린의 본명이 주가슈빌리이고, 고르바초프 시대의 외무 장관이었던 세바르드나제 역시 조지아 출신이다.

8. 이 무렵 단치히에서 태어난 귄터 그라스(Günter Grass)가 이 시대의 단치히를 배경으로 1959년 발표한 소설이 『양철북』이고, 1979년 영화화되었다. 제2차 세계 대전이 끝나고 이 지역은 다시 폴란드 영토가 되었고, 단치히는 그단스크(Gdańsk)가 되었다. 1980년대 그단스크에서 노조 활동을 이끌던 레흐 바웬사(Lech Wałęsa)는 1983년 노벨 평화상을 받고 소비에트의 몰락 이후 1990년 폴란드 대통령이 되었다.

31장 유동성과 경제 대공황

1. 루마니아 수도 부쿠레슈티의 공항 이름은 나중에 그의 업적을 기려 '헨리 코안다 국제공항(Henri Coandă International Airport)'이 되었다.

2. 현재까지 12명의 노벨상 수상자를 배출한 이 대학은 독일 최고의 공과 대학이다. 미국을 대표하는 사진 작가 앨프리드 스티글리츠(Alfred Stieglitz) 역시 베를린 공과 대학 출신이다. 미국으로 이주한 유태인 가문에서 태어난 그는 대학 재학 시절 아버지가 사준 카메라에 빠져 사진 작가의 길에 들어섰는데, 마치 2009년 인도 영화 「세 얼간이(3 Idiots)」에 나오는 파르한이 연상된다. 한편, 스티글리츠는 23세 연하의 화가 조지아 오

키프(Georgia O'Keeffe)를 발굴하여 그녀와 결혼했다. 그녀는 미국 모더니즘의 선구자가 되었다.

3. 신자유주의 대처 정권이 노조를 탄압하며 가장 대표적으로 칼을 뽑은 곳이 영국 산업 혁명을 이끈 탄광 산업이었다. 1997년 영화 「브래스트 오프(Brassed off)」는 이 시기 영국 탄광의 현실을 그린 영화로, 엔딩 곡으로 엘가의 「위풍당당 행진곡」이 등장한다. 위풍당당 행진곡은 빅토리아 여왕의 뒤를 이은 에드워드 7세의 즉위식을 위해 작곡된 곡이다. 제1차 세계 대전을 겪으며 이 곡이 애국심을 고취하는 대표곡이 되자, 보수당은 선거 운동에 이 곡을 대대적으로 사용하며 크게 승리한다. 이후 전당 대회의 마지막에 늘 이 곡을 부르게 되며 보수당의 상징이 되었다. 영화에서 탄광 노동자 밴드 지휘자 대니는 이 곡을 "Land of hope and BLOODY glory"라고 부르며 보수당의 신자유주의에 대해 직격탄을 날린다. 1998년 노동당이 집권한 이후 사분오열된 보수당은 전당 대회에서 전통적으로 부르던 엘가의 「위풍당당 행진곡」을 포기하고, 노동당 정권은 영국 곳곳에서 이 곡의 흔적을 지우기 위해 애쓴다. 심지어 2005년 영국 현충일 기념식에서 정권 차원에서 이 곡을 배제하려다 엄청난 반발을 불러일으키기도 했고, 영국 런던 여름의 대표적 음악축제인 BBC 프롬스(Proms)의 마지막 날 연주되던 이 곡의 운명이 위태롭게 되기도 한다. 이처럼 엘가의 「위풍당당 행진곡」은 늘 영국의 이념 논쟁의 중심에 있었다. 한편, 1905년 미국 예일 대학교는 엘가에게 명예 박사 학위를 수여한다. 이 졸업식에서 「위풍당당 행진곡」이 연주되며 미국인들의 마음을 사로잡아, 예일 대학교는 이후 졸업식에서 이 곡을 계속 연주하게 된다. 1907년 프린스턴 대학교 역시 졸업식에 이 곡을 연주하자, 이후 미국 전역에서 학교 졸업식에 이 곡이 사용된다.

32장 로켓의 정치

1. 밀리컨은 기름 방울(oil drop) 실험으로 유명하다. 그는 이 실험에서 중력으로 낙하하는 기름 방울이 공중에 떠 있도록 전기장을 조절하여 전자의 전하량을 측정하는 데 성공했다. 여기서 밀리컨은 매우 정확한 값을 구하기 위해 미세한 기름 방울의 공기 저항에 1851년의 '스토크스 법칙'을 적용했고, 이 공로로 1923년 노벨상을 받았다.

참고 문헌

프롤로그

M. Gharib et al., "Leonardo's Vision of Flow Visualization," *Experiments in Fluids*, 2002, 33: 219-223.

M. Panza, "From Velocities to Fluxions," *Interpreting Newton- Critical Essays* (edited by A. Janiak and E. Schliesser) Chapter 9, 2012, Cambridge University Press.

1장 레볼루션과 보텍스

P. Gassendi and O. Thill, *The Life of Copernicus (1473-1543)*, Xulon Press, 2002.

D. G. Greenbaum, "Astronomy, Astrology, and Medicine," *Handbook of Archaeoastronomy and Ethnoastronomy*, 2015, pp 117-132.

A. C. Sparavigna, "Some Notes on the Gresham's Law of Money Circulation," *International Journal of Sciences*, 2014, 3: 80-91.

일본 가나자와 공과 대학 도서관, 공학의 새벽 문고(工學の曙文庫) 안내문. https://www.kanazawa-it.ac.jp/dawn/index.html.

토머스 쿤, 정동욱 옮김, 『코페르니쿠스 혁명 : 행성 천문학과 서구 사상의 발전』(지식을 만드는 지식, 2016년).

J. McWilliams, *Revolution and the Historical Novel*, Lexington Books, 2017.

S. Gaukroger, *Descartes' System of Natural Philosophy*, Cambridge University Press, 2002.

S. Shapin, "Descartes the Doctor: Rationalism and its Therapies," *The British Journal for the History of Science*, 2000, 33: 131-154.

N. C. Sorel, "When Blaise Pascal met Rene Descartes," *Independent*, Jun. 15, 1996.

2장 소용돌이와 저항

매튜 그린, 김민지 옮김, 『런던 커피하우스, 그 찬란한 세계』(경북대학교출판부, 2016년).

김승중, 「심포지온과 디오니소스 – 와인처럼 어둑한 바다를 마시다, 김승중 교수의 '그리스 문명의 결정적 순간'」, 《월간중앙》 2016년 9월호.

구정은, 장은교, 남지원, 「역사를 바꾼 악마의 음료」, 『카페에서 읽는 세계사: 일상에 얽힌 사소하지만 미처 몰랐던 역사 에피소드』(인물과사상사, 2016년).

E. Slowik, "Descartes' physics," *Stanford Encyclopedia of Philosophy*, 2005. https://plato.stanford.edu/entries/descartes-physics/.

K A Baird, "Some Influences Upon the Young Isaac Newton," *Notes and Records Royal Society of London*, 1987, 41: 169-179.

NOVA 다큐멘터리, *Newton's Dark Secrets*, PBS, 2003. https://www.pbs.org/wgbh/nova/video/newtons-dark-secrets.

D. Kuehn, "Keynes, Newton and the Royal Society: the events of 1942 and 1943," *Notes and Records Royal Society of London*, 2013, 67: 25-36.

A. H. Cook, "Edmond Halley and Newton's Principia," *Notes and Records Royal Society of London*, 1991, 45: 129-138.

R. Dugas, *A History of Mechanics*, Courier Corporation, 1988.

L. Rosenfeld, "Newton's Views on Aether and Gravitation," *Archive for History of Exact Sciences*, 1969, 6: 29-37.

E. G. V. Newman, "The Gold Metallurgy of Isaac Newton," *Gold Bulletin*, 1975, 8: 90-95.

토머스 레벤슨, 박유진 옮김, 『뉴턴과 화폐위조범 천재 과학자 세기의 대범죄를 뒤쫓다』(뿌리와이파리, 2015년).

토마스 데 파도바, 박규호 옮김, 『라이프니츠, 뉴턴 그리고 시간의 발명 』(은행나무, 2016년).

A. Odlyzko, "Newton's Financial Misadventures in the South Sea Bubble," *Notes and Records Royal Society of London*, 2019, 73: 29-59.

UK Government, "Repayment of £2.6 billion historical debt to be completed by government," May 27, 2015. https://www.gov.uk/government/news/repayment-of-26-billion-historical-debt-to-be-completed-by-government.

A. N. L. Munby, "The Distribution of the First Edition of Newton's Principia," *Notes and Records Royal Society of London*, 1952, 10: 28-39.

3장 소멸되는 것과 소멸되지 않는 것

M. Dobre, "Early Cartesianism and the Journal des S?avans, 1665-1671," *Studium*, 2011, 4: 228-240.

J. Peiffer, "Jacob Bernoulli, Teacher and Rival of His Brother Johann," *Electronic Journal for History of Probability and Statistics*. Vol.2, n°1. 2006. (English Translation by E. Tanimura)

C. Truesdell, "The New Bernoulli Edition," *Isis*, 1958, 49: 54-62.

P. C. Deshmukh et al., "The Brachistochrone," *Resonance*, 2017, 22: 847-866.

D. R. Bellhouse and C. Genest, "Maty's Biography of Abraham De Moivre, Translated, Annotated and Augmented," *Statistical Science*, 2007, 22: 109-136.

D. R. Bellhouse, "A Newtonian Intermezzo," *Abraham De Moivre: Setting the Stage for Classical Probability and Its Applications*, Chapter 6, CRC Press, 2011.

G. O. Brown, "Henry Darcy's Perfection of the Pitot Tube," *Symposium to Honor Henry Philibert Caspard Darcy*, American Society of Civil Engineers, 2003.

J. S. Calero, "The Hydrodynamica and the Hydraulica," *The Genesis of Fluid Mechanics 1640-1780*, Chapter 7, Springer Science & Business Media, 2008.

M. B. W. Tent, "Daniel Bernoulli and Leonhard Euler: An Active Scientific Partnership," *Leonhard Euler and the Bernoullis: Mathematicians from Basel*, Chapter 26, Taylor & Francis, 2009.

W. B. Fye, "Johann and Daniel Bernoulli," *Clinical Cardiology*, 2001, 24: 634-635.

K. Dietz and J. A. P. Heesterbeek "Daniel Bernoulli's Epidemiological Model Revisited," *Mathematical Biosciences*, 2002, 180: 1-21.

P. Guyer, "The Starry Heavens and the Moral Law," *The Cambridge Companion to Kant and Modern Philosophy*, Introduction, Cambridge University Press, 2006.

4장 프랑스 혁명을 잉태한 살롱

P. Findlen, "Founding a Scientific Academy: Gender, Patronage and Knowledge in Early Eighteenth-Century Milan," *Republics of Letters: A Journal for the Study of Knowledge, Politics, and the Arts* 1, no. 1, 2009.

서정복, 『살롱문화』(살림출판사, 2003년).

하상복, 『하버마스의 '공론장의 구조변동' 읽기』(세창출판사, 2016년).

이창훈, 「커피 칸타타의 요한 세바스찬 바흐」, 《헤럴드타임즈》, 2012년 3월 23일.

다무라 사부로, 손영수, 성영곤 옮김, 『프랑스혁명과 수학자들 데카르트로부터 가우스까지』(전파과학사, 2016년).

고종환, 「18세기 정치적 상황이 야기한 음악계의 변화와 논쟁: 루소와 라모의 경우를 중심으로」, 《프랑스 문화 연구》 제28집, 2014년, 165-204쪽.

E. Garber, "Vibrating Strings and Eighteenth Century Mechanics," *The Language of Physics: The Calculus and the Development of Theoretical Physics in Europe, 1750-1914*, Chapter 2, Springer Science & Business Media, 2012.

생고뱅 홈페이지, "Our History." https://www.saint-gobain.com/en/group/our-history.

R. Arianrhod, "Emilie du Chatelet: the Woman Science Forgot," *Cosmos Magazine*, 2015. https://cosmosmagazine.com/mathematics/emilie-du-chatelet-woman-science-forgot.

O. Darrigol, "The Dynamical Equations," *Worlds of Flow: A History of Hydrodynamics from the Bernoullis to Prandtl*, Chapter 1, Oxford University Press, 2005.

5장 서양이 동양을 넘어서는 1776년

F. Grubb, "Benjamin Franklin and the Birth of a Paper Money Economy," Federal Reserve Bank of Philadelphia, 2006. https://www.philadelphiafed.org/-/media/publications/economic-education/ben-franklin-and-paper-money-economy.pdf.

T. Harford, "How Chinese Mulberry Bark Paved the Way for Paper Money," BBC World Service, *50 Things That Made the Modern Economy*, Sep. 11, 2017.

스웨덴 국립 은행 홈페이지, "1661 - First banknotes in Europe." https://www.riksbank.se/en-gb/about-the-riksbank/history/1600-1699/first-banknotes-in-europe/.

S. S. Block, *Benjamin Franklin, Genius of Kites, Flights and Voting Rights*, McFarland, 2015.

M. Atiyah, "Benjamin Franklin and the Edinburgh Enlightenment," *Proceedings of the American Philosophical Society*, 2006, 150: 591-606.

P. G. de Monthoux, "The Foundation for The Wealth of Nations," *The Moral Philosophy of Management: From Quesnay to Keynes: From Quesnay to Keynes*, Chapter 2, Routledge, 2016.

P. Mirowski, *More Heat than Light: Economics as Social Physics, Physics as Nature's Economics*, Cambridge University Press, 1989.

V. L. Smith, "Reconnecting Modern Economics with Its Classical Origins: Discovering Adam Smith," *A Life of Experimental Economics*, Volume II: The Next Fifty Years, Chapter 21, Springer, 2018.

J. B. West, "Joseph Black, Carbon Dioxide, Latent Heat, and the Beginnings of the Discovery of the Respiratory Gases," *American Journal of Physiology-Lung Cellular and Molecular Physiology*, 2014, 306: L1057-L1063.

설혜심, 『그랜드투어: 엘리트 교육의 최종 단계』(웅진지식하우스, 2013년).

박영순, 『커피 인문학: 커피는 세상을 어떻게 유혹했는가?』(인물과사상사, 2017년).

배상근, 「임시공휴일과 해피먼데이 효과」, 《매일경제》 2016년 8월 11일.

6장 열과 저항

토머스 핸킨스, 양유성 옮김, 『과학과 계몽주의: 빛의 18세기, 과학혁명의 완성』(글항아리, 2011년).

American Chemical Society, "Discovery of Oxygen by Joseph Priestley." http://www.acs.org/content/acs/en/education/whatischemistry/landmarks/josephpriestleyoxygen.html.

T. K. Sarkar et al., "Evolution of Electromagnetics in the Nineteenth Century," *History of Wireless*, Chapter 3, John Wiley & Sons, 2006.

G. A. Maugin, "The Importance of Observations and Experiments," *Continuum Mechanics through the Ages-From the Renaissance to the Twentieth Century: From Hydraulics to Plasticity*, Chapter 2, Springer, 2015.

American Physical Society APS News, "This Month in Physics History - November 1783: Intrepid Physicist is First to Fly," Nov. 2006. https://www.aps.org/

publications/apsnews/200611/history.cfm.

Canson, "Our History." https://en.canson.com/brand/our-history.

H. Goldwhite, "Gay-Lussac after 200 Years," *Journal of Chemical Education*, 55: 366-368.

J. Wisniak, "Joseph Louis Proust," *Revista CENIC Ciencias Químicas*, 2012, Vol. 43.

H. W. Herr, "Franklin, Lavoisier, and Mesmer: Origin of the Controlled Clinical Trial," *Urologic Oncology: Seminars and Original Investigations*, 2005, 23: 346-351.

D. A. Gallo and S. Finger, "The Power of a Musical Instrument: Franklin, the Mozarts, Mesmer, and the Glass Armonica," *History of Psychology*, 2000, 3: 326-343.

M. Vidal, "David among the Moderns: Art, Science, and the Lavoisiers," *Journal of the History of Ideas*, 1995, 56: 595-623.

7장 루나 소사이어티와 산업 혁명

D. M. Stefanescu, "A History of Cast Iron," *ASM Handbook*, Vol. 1A, Cast Iron Science and Technology, 2017, pp. 3-11.

J. Needham, "The Prenatal History of the Steam Engine," *Clerks and Craftsmen in China and the West*, Chapter 10, Cambridge University Press, 1970.

R. James, "Gunpowder Weapons," *Henry VIII's Military Revolution: The Armies of Sixteenth-century Britain and Europe*, Chapter 2, I. B. Tauris, 2007.

N. Mezenin, "The Darbys," *Metallurgist*, 1971, 15: 698-700.

루나 소사이어티 홈페이지. https://www.lunarsociety.org.uk.

History West Midlands, "The Friends Who Changed the World-Birmingham's Lunar Society," 2017. https://historywm.com/films/the-friends-who-changed-the-world-birminghams-lunar-society)

B. Russell, *James Watt: Making the World Anew*, Reaktion Books, 2014.

R. E. Schofield, *The Enlightened Joseph Priestley: A Study of His Life and Work from 1773 to 1804*, Pennsylvania State University Press, 2004.

F. Blum, "Background of the SodaStream," *Management Trends*, Mar. 19, 2017. https://ems.de/en/mainzer-manager/background-of-the-sodastream/.

W. P. Griffith, "Priestley in London," *Notes and Records Royal Society of London*, 1983, 38: 1-16.

C. Gall, "Matthew Boulton: The Grandfather of Modern Coinage," *BBC News*, Oct. 20, 2014.

테오도르 W. 아도르노, M. 호르크 하이머, 김유동 옮김, 『계몽의 변증법』(문학과지성사, 2001년).

최재봉, 「두 미학자의 생각 가른 '대중문화 양면성'」, 《한겨레신문》 2009년 2월 20일. (신혜경, 『대중문화의 기만 혹은 해방: 벤야민 & 아도르노』에 대한 서평.)

파트리크 쥐스킨트, 강명순 옮김, 『향수 어느 살인자의 이야기』(열린책들, 2009년).

8장 혁명 사관 학교 에콜 폴리테크닉

Jaime Wisniak, "Gaspard Monge," *Revista CENIC Ciencias Químicas*, 2013, 44: 168-178.

I. D. Cvetković et al., "The Man who Invented Descriptive Geometry," *FME Transactions*, 2019, 47: 331-336.

C. C. Gillispie, *Pierre-Simon Laplace, 1749-1827: A Life in Exact Science*, Princeton University Press, 2018.

C. Truesdell, "Kinematical Preliminaries," *The Kinematics of Vorticity*, Chapter 1, Courier Dover Publications, 2018.

D. de Paoli, "Lazare Carnot's Grand Strategy for Political Victory," *EIR*, 1996, 23: 15-31.

P. Beaudry, "Lazare Carnot: Organizer of Victory-How the "Calculus of Enthusiasm" Saved France," *The American Almanac*, 1997.

9장 대포와 화약

W. D. Pesnell, "The flight of Newton's cannonball," *American Journal of Physics*, 2018, 86: 338-343.

B. D. Steele, "Muskets and Pendulums: Benjamin Robins, Leonhard Euler, and the Ballistics Revolution," *Technology and Culture*, 1994, 35: 348-382.

S. Ramsey, "18th Century Weapons," *Tools of War: History of Weapons in Early Modern Times*, Chapter 6, Vij Books India, 2016.

J. E. Talbott, "Trying the Carronade," *The Pen and Ink Sailor: Charles Middleton and the King's Navy, 1778-1813*, Chapter 4, Routledge, 2013.

S. C. Brown, *Men of Physics Benjamin Thompson-Count Rumford: Count Rumford on the Nature of Heat*, Elsevier, 2016.

M. E. Snodgrass, "Count Rumford," *World Food: An Encyclopedia of History, Culture and Social Influence from Hunter Gatherers to the Age of Globalization*, Routledge, 2012.

C. T. Eagle and J. Sloan, "Marie Anne Paulze Lavoisier: the Mother of Modern Chemistry," *The Chemical Educator*, 1998, 3: 1-18.

M. F. Rayner-Canham and G. Rayner-Canham, "The Chemist Assistants of the French Salons," *Women in Chemistry: Their Changing Roles from Alchemical Times to the Mid-twentieth Century*, Chapter 2, Chemical Heritage Foundation, 1998.

K. H. Williams, "du Pont, Eleuthère Irénée (24 June 1771-31 October 1834)," *American National Biography*, 1999, 7: 115-117.

스미스소니언 홈페이지, "James Smithson: Founder of the Smithsonian Institution." https://siarchives.si.edu/history/featured-topics/stories/james-smithson-founder-smithsonian-institution.

10장 나폴레옹을 무너뜨린 산업 혁명

J. Herivel, *Joseph Fourier: the Man and the Physicist*, Clarendon Press, 1975.

J. Z. Buchwald, "Egyptian Stars under Paris Skies," *Engineering and Science*, 2003, 66: 20-31.

A. Robinson, *Cracking the Egyptian Code: The Revolutionary Life of Jean-Francois Champollion*, Oxford University Press, 2012.

R. Bhatia, "A History of Fourier Series," *Fourier Series*, Chapter 0, The Mathematical Association of America, 2005.

R. E. Hunt, "Poisson's Equation," *Lecture Note, Department of Applied Mathematics and Theoretical Physics (DAMTP)*, University of Cambridge. http://www.damtp.cam.ac.uk/user/reh10/lectures/nst-mmii-chapter2.pdf.

R. J. Blakely, "Newtonian Potential," *Potential Theory in Gravity and Magnetic Applications*, Chapter 3, Cambridge University Press, 1996.

미국 의회 도서관 홈페이지, "Star Spangled Banner," 2002. https://www.loc.gov/item/ihas.200000017/.

A. Robinson, *The Last Man who Knew Everything: Thomas Young, the Anonymous Polymath who Proved Newton Wrong, Explained how We See, Cured the Sick, and Deciphered the Rosetta*

Stone, Among Other Feats of Genius, Pi Press, 2006.

11장 엔진의 대중화와 대중과학

C. O. Philip, *Robert Fulton: A Biography*, iUniverse, 2003.

H. W. Dickinson and A. Titley, *Richard Trevithick: The Engineer and the Man*, Cambridge University Press, 2010.

J. M. Thomas, *Michael Faraday and The Royal Institution: The Genius of Man and Place*, Taylor & Francis, 1991.

F. A. J. L. James, *Michael Faraday: A Very Short Introduction*, Oxford University Press, 2010.

영국 로열 필하모닉 소사이어티 홈페이지, "The Society and Beethoven." https://royalphilharmonicsociety.org.uk/rps-since-1813/key-moments/the-society-and-beethoven.

J. W. Klooster, "Mass Transportation: Fitch, Fulton, Stevens, and Trevithick," *Icons of Invention: The Makers of the Modern World from Gutenberg to Gates*, Vol. 1, 2009, ABC-CLIO.

M. W. Kirby, *The Origins of Railway Enterprise: The Stockton and Darlington Railway 1821-1863*, Cambridge University Press, 2002.

12장 혁명의 좌절과 열역학

Robert M. Mckeon, "Navier, Claude-Louis-Marie-Henri," *Complete Dictionary of Scientific Biography*, 2008. https://www.encyclopedia.com/science/dictionaries-thesauruses-pictures-and-press-releases/navier-claude-louis-marie-henri.

B. Belhoste, *Augustin-Louis Cauchy: A Biography*, 2012, Springer Science & Business Media.

C. C. Gillispie and R. Pisano, *Lazare and Sadi Carnot: A Scientific and Filial Relationship*, Springer Science & Business Media, 2014.

J. F. Challey, "Nicolas Leonard Sadi Carnot," *Complete Dictionary of Scientific Biography*, 2008. https://www.encyclopedia.com/people/science-and-technology/physics-biographies/nicolas-leonard-sadi-carnot.

P. Costabe, "Coriolis, Gaspard Gustave De," *Complete Dictionary of Scientific Biography*,

2008. https://www.encyclopedia.com/science/dictionaries-thesauruses-pictures-and-press-releases/coriolis-gaspard-gustave-de.

J. Wisniak, "Andre-Marie-Ampére-The Chemical Side," *Educación Química*, 2004, 15: 166-176.

M. Pickering, "Auguste Comte and the Saint-Simonians," *French Historical Studies*, 1993, 18: 211-236.

홍태영, 「근대정치의 형성에서 민주주의와 종교: 샤토브리앙과 토크빌」,《한국정치연구》, 제4집 제1호, 2014년, 251-276쪽.

J. Elstrodt, "The Life and Work of Gustav Lejeune Dirichlet (1805-1859)," *Analytic Number Theory A Tribute to Gauss and Dirichlet, Clay Mathematics Proceedings*, Vol. 7, 2005, pp. 1-38.

O. Darrigol, "Between Hydrodynamics and Elasticity Theory: The First Five Births of the Navier-Stokes Equation," *Archive for History of Exact Sciences*, 2002, 56: 95-150.

13장 낭만적이지 않은 낭만주의 혁명

메이너드 솔로몬, 윤소영 옮김,『베토벤 윤리적 미 또는 승화된 에로스』(공감, 1997년).

M. E. Brener, "The Useless Precaution-The Barber of Seville," *Opera Offstage: Passion and Politics Behind the Great Operas*, Chapter 5, Franz Steiner Verlag, 2003.

T. Rothman, "Genius and Biographers: the Fictionalization of Evariste Galois," *The American Mathematical Monthly*, 1982, 89: 84-106.

B. M. Kiernan, "The Development of Galois Theory from Lagrange to Artin," *Archive for History of Exact Sciences*, 1971, 8: 40-154.

R. Fox, *Sadi Carnot-Reflexions on the Motive Power of Fire: A Critical Edition with the Surviving Scientific Manuscripts*, Manchester University Press, 1986.

D. Bellos, "The Politics of Les Misérables," *The Novel of the Century: The Extraordinary Adventure of Les Misérables*, Chapter 13, Farrar, Straus and Giroux, 2017.

A. Laster, "A New Creation: Historie de Gavroche in Words and Song," *Les Misérables and Its Afterlives: Between Page, Stage, and Screen*, Chapter 11, Routledge, 2016.

M. Pickering, "Years of Success and Confrontation 1830-1838," *Auguste Comte: An Intellectual Biography*, Chapter 10, Cambridge University Press, 2006.

A. Davies, "Alexander Williamson and the Modernisation of Japan," *Royal Society of*

Chemistry Historical Group Newsletter and Summary of Papers. 65 (Winter). 2014, pp. 14-19.

P. Stamatov, "Interpretive Activism and the Political Uses of Verdi's Operas in the 1840s," *American Sociological Review*, 67: 345-366.

14장 엔진이 만들어 낸 컴퓨터

E. Winterburn, "Philomaths, Herschel, and the Myth of the Self-Taught Man," *Notes and Records Royal Society of London*, 2014, 68: 207-225.

R. McCormmach, *Weighing the World: The Reverend John Michell of Thornhill*, Springer Science & Business Media, 2011.

A. Hyman, *Charles Babbage: Pioneer of the Computer*, Princeton University Press, 1985.

P. C. Enros, "The Analytical Society (1812-1813): Precursor of the Renewal of Cambridge Mathematics," *Historia Mathematica*, 1983, 10: 24-47.

N. Guicciardini, "Reform-Cambridge and Dublink," *The Development of Newtonian Calculus in Britain, 1700-1800*, Chapter 9, Cambridge University Press, 2003.

M. Noack, "Computer Museum Bids Farewell to Babbage Engine," *Mountain View Voice*, Jan. 29, 2016. https://www.mv-voice.com/news/2016/01/29/computer-museum-bids-farewell-to-babbage-engine.

J. A. D. Ackroyd, "Sir George Cayley: The Invention of the Aeroplane near Scarborough at the Time of Trafalgar," *Journal of Aeronautical History*, 2011, Paper No. 2011/6: 130-181.

B. Warner, "Charles Darwin and John Herschel," *South African Journal of Science*, 2009, 105: 432-439.

15장 원격 통신의 시작

낸시 포브스, 배질 마흔, 박찬, 박술 옮김, 『패러데이와 맥스웰: 전자기 시대를 연, 물리학의 두 거장』(반니, 2015년).

L. P. Williams, "What Were Ampere's Earliest Discoveries in Electrodynamics?" *Isis*, 1983, 74: 492-508.

최윤필, 「전자기 유도현상 발견한 패러데이 '검소·겸손' 고전적 미덕까지 두루두루」,《한국일보》2015년 9월 22일.

D. Hochfelder, "Joseph Henry: Inventor of the Telegraph?" *Smithsonian Institution Archives*, 2007. http://siarchives.si.edu/oldsite/siarchives-old/history/jhp/joseph20.htm.

J. Stromberg, "How Samuel Morse Got His Big Idea," *Smithsonian Institution*, 2012. https://www.smithsonianmag.com/smithsonian-institution/how-samuel-morse-got-his-big-idea-16403094/.

A. Mossoff, "O'Reilly vs. Morse," *George Mason Law & Economics Research Paper* No. 14-22, 2014.

16장 혁명과 유태인

정성태, 「중세 기독교에선 '이자 받으면 죄'」, 《매일경제》, 2009년 3월 10일.

폴 존슨, 김한성 옮김, 『유대인의 역사』(포이에마, 2014년).

S. E. Sasso and P. Schram, "A Match Made in Heaven," *Jewish Stories of Love and Marriage: Folktales, Legends, and Letters*, Rowman & Littlefield, 2015.

오귀환, 「(로스차일드) 5발의 화살, 유럽에 명중하다」, 《한겨레21》 제524호, 2004년 9월 2일.

D. Hoffmann, "Physics in Berlin I: The Historical City Center," *The Physical Tourist: A Science Guide for the Traveler*, Springer Science & Business Media, 2009.

W. Ebeling and D. Hoffman, "The Berlin School of Thermodynamics Founded by Helmholtz and Clausius," *European Journal of Physics*, 1991, 12: 1-9.

독일 물리학회 보도 자료, "Vertreibt Siemens die Deutsche Physikalische Gesellschaft?," *DPG Pressemitteilung* Nr. 16/2001. https://web.archive.org/web/20090421155540/http://www.berlinews.de/archiv/2469.shtml.

유윤종, 「스메타나-바그너 등 작곡가들 삶 바꾼 '파리 2월 혁명'」, 《동아일보》 2015년 2월 16일.

B. Arnold, *The Liszt Companion*, Greenwood Publishing Group, 2002.

T. Lennon, "Bank clerk Paul Reuter Turned Old News into News of the Day," *The Daily Telegraph*, Jul. 20, 2016.

C. Jencks, "Postmodern and Late Modern: The Essential Definitions," *Chicago Review*, 1987, 35: 31-58.

B. E. Supple, "A Business Elite: German-Jewish Financiers in Nineteenth-Century

New York," *The Business History Review*, 1957, 31: 143-178.

T. Lenoir, "Laboratories, Medicine and Public Life in Germany 1830-1849: Ideological Roots of the Institutional Revolution," *The Laboratory Revolution in Medicine*, (Edited by A. Cunningham and P. Williams) Cambridge University Press, 2002.

17장 소멸되는 것이 아니라 전환되는 것

O. Reynolds, *Memoir of James Prescott Joule*, Cambridge University Press, 2011 (1st Edition, 1891).

D. Lindley, *Degrees Kelvin: A Tale of Genius, Invention, and Tragedy*, Joseph Henry Press, 2004.

David Cahan, *Hermann Von Helmholtz and the Foundations of Nineteenth-Century Science*, University of California Press, 1993.

H. Austin, "Charles Macintosh: Chemist Who Invented the World-Famous Waterproof Raincoat," *Independent*, Dec. 29, 2016.

N. Bannister, "Generations into Rubber," *The Guardian*, Aug. 7, 1999.

P. Burkett and J. B. Foster, "Metabolism, Energy, and Entropy in Marx's Critique of Political Economy : Beyond and Podolinsky Myth," *Theory and Society*, 2006, 35: 109-156.

18장 에테르, 다시 문제는 저항과 보텍스

S. P. Sutera and R. Skalak, "The History of Poiseuille's Law," *Annual Review of Fluid Mechanics*, 1993, 25: 1-20.

E. M. Parkinson, "Stokes, George Gabriel," *Complete Dictionary of Scientific Biography*, 2008. https://www.encyclopedia.com/science/dictionaries-thesauruses-pictures-and-press-releases/stokes-george-gabriel.

G. G. Stokes, "On the Theories of the Internal Friction of Fluids in Motion and of the Equilibrium and Motion of Elastic Solids," *Transactions of the Cambridge Philosophical Society*, 1845, 8: 287-319.

G. G. Stokes, "On the Effect of Internal Friction of Fluids on the Motion of Pendulums," *Transactions of the Cambridge Philosophical Society*, 1851, 9: 8-106.

R. Flood, *James Clerk Maxwell: Perspectives on His Life and Work*, Oxford University Press, 2014.

W. Thomson, "On a Mechanical Representation of Electric, Magnetic, and Representation of Electric, Magnetic and Galvanic Forces," *Cambridge and Dublin Mathematical Journal*, 1847, 2: 61-109.

J. C. Maxwell, "On Faraday's Lines of Force," *Transactions of the Cambridge Philosophical Society*, 1855, 10: 155-229.

J. C. Maxwell, "On Physical Lines of Force-Part I: The Theory of Molecular Vortices applied to Magnetic Phenomena," *Philosophical Magazine*, 1861, 21: 161-175.

J. C. Maxwell, "On Physical Lines of Force-Part II: The Theory of Molecular Vortices applied to Electric Currents," *Philosophical Magazine*, 1861, 21: 281-291, 338-348.

J. C. Maxwell, "On Physical Lines of Force-Part III: The Theory of Molecular Vortices applied to Statical Electricity," *Philosophical Magazine*, 1861, 23: 12-24.

J. C. Maxwell, "On Physical Lines of Force-Part IV: The Theory of Molecular Vortices applied to the Action of Magnetism on Polarized Light," *Philosophical Magazine*, 1861, 23: 85-95.

19장 작은 배와 큰 배

R. A. Buchanan, *Brunel: The Life and Times of Isambard Kingdom Brunel*, A&C Black, 2006.

D. K. Brown, *The Way of a Ship in the Midst of the Sea: The Life and Work of William Froude*, Periscope Publishing Ltd., 2006.

J. Wisniak, "William John Macquorn Rankine-Thermodynamics, Heat Conversion, and Fluid Mechanics," *Educación Química*, 2007, 18: 238-249.

D. Leggett, "A Scientific Problem of the Highest Order," *Shaping the Royal Navy: Technology, authority and naval architecture, c.1830 -1906*, Chapter 5, Oxford University Press, 2016.

D. Leggett, "Replication, Re-placing and Naval Science in Comparative Context, c.1868-1904," *The British Journal for the History of Science*, 2013, 46: 1-21.

권홍우, 「거문도 사건」, 《서울경제》, 2009년 4월 15일.

R. McKie, "Man on a Suicide Mission," *The Guardian*, Jun. 29, 2003.

J. Gribbin and M. Gribbin, *The Essential Darwin*, Hachette, 2014.

찰스 다윈이 누나 캐롤라인에게 1837년 2월에 보낸 편지. *Darwin Correspondence Project*, Cambridge University. https://darwin-staging.lib.cam.ac.uk/letter/DCP-LETT-346.xml.

A. J. Desmond and J. R Moore, *Darwin*, Penguin, 1992.

S. S. Schweber, "Darwin and the Political Economists: Divergence of Character," *Journal of the History of Biology*, 1980, 13: 195-289.

A. J. Desmond, "Thomas Henry Huxley," *Encyclopedia Britannica*. https://www.britannica.com/biography/Thomas-Henry-Huxley.

E.-M. Engels, *The Reception of Charles Darwin in Europe: The Reception of British Authors in Europe*, A&C Black, 2008.

P. Moore, "The Birth of the Weather Forecast," *BBC News*, Apr. 30, 2015.

R. England, "Censoring Huxley and Wilberforce: A New Source for the Meeting That the Athenaeum 'Wisely Softened Down'," *Notes and Records of the Royal Society*, 2017, 71: 371-384.

"Thomas A. Edison and the Founding of Science: 1880," *Science*, 1947, Vol. 105, Issue 2719, pp. 142-148.

J. L. McNatt, "James Clerk Maxwell's Refusal to Join the Victoria Institute," *Perspectives on Science and Christian Faith*, 2004, 56: 204-215.

R. L. Carneiro, "The Early History of Evolutionism," *Evolutionism In Cultural Anthropology: A Critical History*, Chapter 1, Routledge, 2018.

J. Loadman and F. James, *The Hancocks of Marlborough: Rubber, Art and the Industrial Revolution - A Family of Inventive Genius*, Oxford University Press, 2010.

Carra Lucia Books, "About Lady Godiva and Her Nakedness," 2018. https://carra-lucia-books.co.uk/2018/01/18/about-lady-godiva-and-her-nakedness.

Godiva, "Born in Chocolate." https://www.tbch.be/godiva/.

T. M. Berra, *Darwin and His Children: His Other Legacy*, Oxford University Press, 2013.

21장 소멸하지 않는 보텍스

L. Königsberger (English Translation by F. A. Welby), *Herman von Helmholtz* (with a preface by Lord Kelvin), Oxford Press, 1996.

게토레이 홈페이지, "Heritage and History of Gatorade." http://www.gatorade.com.mx/company/heritage.

Werner von Siemens, *Werner von Siemens-Recollections*, (Edited by Wilfried Feldenkirchen, Translated from the German by William Chatterton Coupland) Piper, 2008.

D. Cahan, "Helmholtz and the British Scientific Elite: From Force Conservation to Energy Conservation," *Notes and Records of the Royal Society*, 2012, 66: 55-68.

R. H. Silliman, "William Thomson: Smoke Rings and Nineteenth-Century Atomism," *Isis*, 1963, 54: 461-474.

김택원, 「복잡한 세상을 풀어주는 매듭론」, 《기초과학연구원 뉴스 레터》 2014년 5월호. https://www.ibs.re.kr/newsletter/2014/05/sub_01.html, IBS.

N. J. Wade and M. T. Swanston, "Helmholtz on Golf," *Perception*, 2001, 30(12): 1407-1410.

홍성욱, 이상욱, 『뉴턴과 아인슈타인, 우리가 몰랐던 천재들의 창조성』(창비, 2004년).

22장 되돌이킬 수 없는 것, 엔트로피

C. Jungnickel and R. McCormmach, "Connecting Laws Careers and Theories in the 1840s," *The Second Physicist: On the History of Theoretical Physics in Germany*, Chapter 7, Springer, 2017.

C. W. Smith, "William Thomson and the Creation of Thermodynamics: 1840-1855," *Archive for History of Exact Sciences*, 1977, 16: 231-288.

E. W. Garber, "Clausius and Maxwell's Kinetic Theory of Gases," *Historical Studies in the Physical Sciences*, 1970, 2: 299-319.

R. Panek, "The Greatest Mind in American History," 2007. https://yalealumnimagazine.com/articles/4496-josiah-willard-gibbs.

J. Podlech, "Try and Fall Sick-the Composer, Chemist, and Surgeon Aleksandr Borodin," *Angewandte Chemie International Edition*, 2010, 49: 6490-6495.

R. Clausius, "Über verschiedene für die Anwendung bequeme Formen der

Hauptgleichungen der mechanischen Wärmetheorie," *Annalen der Physik*, 1865, 201: 353-400.

C. Tsallis, "An Introduction to Nonadditive Entropies and a Thermostatistical Approach of Inanimate and Living Matter," *Contemporary Physics*, 2014, 55: 179-197.

M. Crawford, "Rudolf Julius Emanuel Clausius," https://www.asme.org/topics-resources/content/rudolf-julius-emanuel-clausius, 2012, American Society of Mechanical Engineers (ASME) Web.

영국 케임브리지 대학교 캐번디시 연구소, "Maxwell's Model of Gibbs's Thermodynamic Surface of Water," https://cudl.lib.cam.ac.uk/view/PH-CAVENDISH-P-00016/1.

J. E. Simmons, "Managing Fluid-Preserving Collections," *Fluid Preservation: A Comprehensive Reference*, Chapter 5, Rowman & Littlefield, 2014.

W. H. Cropper, "The Greatest Simplicity: Willard Gibbs," *Great Physicists: the Life and Times of Leading Physicists from Galileo to Hawking*, Chapter 9, Oxford University Press, 2004.

23장 내전의 시대

C. T. Simmons, "Henry Darcy (1803-1858): Immortalised by His Scientific Legacy," *Hydrogeology Journal*, 2008, 16: 1023-1038.

노벨상 홈페이지, "Jean Tirole - Facts." https://www.nobelprize.org/prizes/economic-sciences/2014/tirole/facts/.

J. Harriss, *The Tallest Tower: Eiffel and the Belle Epoque*, Unlimited Publishing, 2004.

파리 국립 오페라 홈페이지, "History." https://www.operadeparis.fr/en/artists/discover/the-paris-opera/history.

Y. S. Khan, "The American Committee and the French Engineers," *Enlightening the World: The Creation of the Statue of Liberty*, Chapter 9, Cornell University Press, 2010.

R. Tombs, *The Paris Commune 1871*, Routledge, 2014.

파리 오르세 미술관 홈페이지 "The Site." https://www.musee-orsay.fr/en/collections/history-of-the-museum/the-site.html.

E. H. and A. M. Blackmore, "The Year of Horrors (1872)," *The Paris Commune 1871*, University of Chicago Press, 2004.

에펠탑 홈페이지, "The Eiffel Tower Laboratory." https://www.toureiffel.paris/en/

the-monument/eiffel-tower-and-science.

Lycée Carnot 홈페이지. http://lycardi.free.fr/Histoire/Hist_1.htm.

B. Chanetz, "A Century of Wind Tunnels Since Eiffel," *Comptes Rendus Mécanique*, 2017, 345: 581-594.

T. Gill, "The International-Working Class Anthem," *The Guardian* (newspaper of the Communist Party of Australia), June 3rd, 1998.

E. Young, *Labor in Europe and America: A Special Report on the Rates of Wages, the Cost of Subsistence, and the Condition of the Working Classes in Great Britain, Germany, France, Belgium and Other Countries of Europe, Also in the United States and British America*, U.S. Government Printing Office, 1875.

P. P. Ferguson, "Babette's Feast-A Fable for Culinary France," *Accounting for Taste: The Triumph of French Cuisine*, University of Chicago Press, 2006.

가스통 르루, 김태영 옮김, 『오페라의 유령』(예담, 2001년).

L. Everett, "Where the Phantom Was Born: the Palais Garnier," *Telegraph*, Feb. 17, 2010.

뮤지컬 오페라의 유령 홈페이지, "Phantom Broadway Reaches Record-Extending 29 Years," Jan. 25, 2017. https://us.thephantomoftheopera.com/phantom-broadway-reaches-record-extending-29-years/.

24장 혼돈과 불규칙

D. Jackson and B. Launder, "Osborne Reynolds and the Publication of His Papers on Turbulent Flow," *Annual Review of Fluid Mechanics*, 2007, 39: 19-35.

B. Launder and D. Jackson, "Osborne Reynolds: A Turbulent Life," *A Voyage Through Turbulence*, Chapter 1, Cambridge University Press, 2011.

J. D. Jackson, "Osborne Reynolds: Scientist, Engineer and Pioneer," *Proceedings of the Royal Society of London Series A*, 1995, 451: 49-86.

R. B. Lindsay, "Strutt, John William, Third Baron Rayleigh," *Complete Dictionary of Scientific Biography*, 2008. https://www.encyclopedia.com/people/science-and-technology/physics-biographies/john-william-strutt-third-baron-rayleigh.

F. G. Schmitt, "Turbulence from 1870 to 1920: The Birth of a Noun and of a Concept," *Comptes Rendus Mécanique*, 2017, 345: 620-626.

J. Allen, "The Life and Work of Osborne Reynolds," *Osborne Reynolds and Engineering Science Today: Papers Presented at the Osborne Reynolds Centenary Symposium, University of Manchester, September 1968*, Chapter 1, Manchester University Press, 1970.

O. Reynolds, "On the Dynamical Theory of Incompressible Viscous Fluids and the Determination of the Criterion," *Philosophical Transactions of the Royal society of London*, 1895, 186: 123-164.

O. Reynolds, "An Experimental Investigation of the Circumstances Which Determine Whether the Motion of Water Shall be Direct or Sinuous, and of the Law of Resistance in Parallel Channels," *Philosophical Transactions of the Royal society of London*, 1883, 174: 935-982.

P. Moin and J. Kim, "Tackling Turbulence with Supercomputers," *Scientific American*, 1997, 276: 62-68.

25장 연속과 불연속

M. S. Salas, "The Curious Events Leading to the Theory of Shock Waves," *Invited Lecture at the 17th Shock Interaction Symposium*, 2006.

H. Reichenbach, "Contributions of Ernst Mach to Fluid Mechanics," *Annual Review of Fluid Mechanics*, 1983, 15:1-28.

J. T. Blackmore, *Ernst Mach; His Work, Life, and Influence*, University of California Press, 1972.

C. Cercignani, *Ludwig Boltzmann: The Man Who Trusted Atoms*, Oxford University Press, 2006.

F. Smutny, "Ernst Mach and Wolfgang Pauli's Ancestors in Prague," *European Journal of Physics*, 11: 257-261.

R. Chéret, "The Life and Work of Pierre-Henri Hugoniot," *Shock Waves*, 1992, 2: 1-4.

B. Einhause, "Fliegende Projektile im Visier," *Kleine Zeitung*, Jul. 21, 2008. https://www.kleinezeitung.at/kaernten/villach/4509443/Fliegende-Projektile-im-Visier.

임경순, 『현대물리학의 선구자』(다산출판사, 2001년).

K. Severson, "A Short History of Cereal," *The New York Times*, Feb. 22, 2016.

F. L. Johnson, "Professor Anderson's 'Food Shot From Guns.'" *Minnesota History* 59, no.

1 (Spring 2004): 4-16.

김명환, 「돈벌이 大王 사려~ 뻥이요! 1932년 '최첨단' 곡물 팽창기 출현」,《조선일보》 2013년 1월 30일.

26장 판타 레이와 새로운 산업의 탄생

Q. R. Skrabec, Jr., *Rubber: An American Industrial History*, McFarland, 2014.

컨티넨탈 홈페이지, "Our History." https://www.continental.com/en/company/history.

굿이어 타이어 홈페이지, "The Charles Goodyear Story." https://corporate.goodyear.com/en-US/about/history/charles-goodyear-story.html.

R. B. Seymour and G. B. Kauffman, "The Rise and Fall of Celluloid," *Journal of Chemical Education*, 1992, 69: 311-314.

L. Marzola, "Better Pictures Through Chemistry: DuPont and the Fight for the Hollywood Film Stock Market," *The Velvet Light Trap*, Number 76, Fall 2015, pp. 3-18.

지멘스 홈페이지, "Bringing the Invisible to Light : X-rays Have Fascinated People Since 1896-and They Revolutionized Medicine." https://www.medmuseum.siemens-healthineers.com/en/stories-from-the-museum/x-ray-technology.

J. Cooke, "John Boyd Dunlop 1840-1921, Inventor," *Dublin Historical Record*, 1996, 49: 16-31.

스미토모 고무(SRI) 홈페이지, "History." http://www.srigroup.co.jp/english/corporate/history.html.

타이틀리스트 홈페이지, "History." https://www.titleist.co.kr/company/history.

C. S. Thompson, *Tour de France: A Cultural History*, University of California Press, 2008.

D. Doraiswamy, "The Origins of Rheology : A Short Historical Excursion," *Rheology Bulletin*, 2002, Vol. 71, pp. 1-9.

A. N. Beris and A. J. Giacomin, "πάντα ῥεῖ : Everything" *Applied Rheology*, 2014, 24: 54918.

브리지스톤 홈페이지, "History." https://www.bridgestone.com/corporate/history/.

D. A. Wren and the late R. G. Greenwood, "Organizers," *Management Innovators: The People and Ideas that Have Shaped Modern Business*, Chapter 8, Oxford University Press,

1998.

P. Kennedy, "Who Made That Zipper?" *The New York Times*, Feb. 8. 2013.

E. Spivack, "Stocking Series, Part 1: Wartime Rationing and Nylon Riots," *Smithsonian Institution*, 2012. https://www.smithsonianmag.com/arts-culture/stocking-series-part-1-wartime-rationing-and-nylon-riots-25391066/.

테팔 홈페이지, "Our History." https://www.tefal.co.uk/about-tefal/our-history.

27장 유동성 에너지 석유와 자동차 혁명

다큐멘터리 드라마, 「부의 탄생(The Men Who Built America)」(경인방송, 2017년). 히스토리채널(History Channel)의 2012년 원작은 다음 링크에서 볼 수 있다. https://www.history.com/shows/men-who-built-america.

B. W. Folsom, "John D. Rockefeller and the Oil Industry," *The Myth of the Robber Barons: A New Look at the Rise of Big Business in America*, Chapter 5, Young Americas Foundation, 1991.

이기환, 「조선에 전깃불이 켜진 날」, 《경향신문》 2015년 6월 2일.

G. King, "Edison vs. Westinghouse: A Shocking Rivalry," *Smithsonian*, Oct. 11, 2011. https://www.smithsonianmag.com/history/edison-vs-westinghouse-a-shocking-rivalry-102146036/.

래리 슈에이카트, 린 피어슨 도티, 장세현 옮김, 『Great Company 500 : 세계 명문기업들의 흥망성쇠』(타임비즈, 2010년).

이왕휘, 김용기, 「미국 금융개혁의 정치경제: JP 모건 사례」, 《미국학》, 2013년, 36권 2호 57-92쪽.

모건 도서관 홈페이지, "History of the Morgan." https://www.themorgan.org/about/history-of-the-morgan.

포르쉐 홈페이지, "Ferdinand Porsche." https://www.porsche-holding.com/en/history/ferdinand-porsche/inventive-genius.

「자동차를 보면 역사가 보인다」, 《한국경제매거진》 2007년 6월 15일.

S. Watts, *The People's Tycoon: Henry Ford and the American Century*, Knopf Doubleday Publishing Group, 2009.

피에르 라루튀르, 도미니크 메다, 이두영 옮김, 『주 4일 근무 시대: 노동 시간 단축, 더 이상 불가능한 상상이 아니다』(율리시즈, 2018년).

R. Smith, "Review: 'Diego Rivera and Frida Kahlo in Detroit,'" *The New York Times*, Apr. 3, 2015.

28장 인류의 비상

J. D. Anderson and J. D. Anderson, Jr., *A History of Aerodynamics: And Its Impact on Flying Machines*, Cambridge University Press, 1998.

J. D. Anderson and J. D. Anderson, Jr., *The Airplane, a History of Its Technology*, AIAA, 2002.

A. Campanella, "Antonio Meucci, The Speaking Telegraph, and The First Telephone," *Acoustics Today* 3(2), April 2007, pp. 37-43.

"Alberto Santos-Dumont," *The Guardian*, Dec. 17, 2003.

W. E. Baxter, "Samuel P. Langley: Aviation Pioneer," *Smithsonian Insitution Library*. https://www.sil.si.edu/ondisplay/langley/part_two.htm.

보잉사 홈페이지, "Biography of William E. Boeing." https://www.boeing.com/history/pioneers/william-e-boeing.page.

롤스로이스 홈페이지, "Charles Rolls-The Life of the Motoring and Aviation Pioneer." https://www.rolls-royceandbentley.co.uk/charles-rolls-the-life-of-the-motoring-and-aviation-pioneer.html.

미국 국립 항공 명예의 전당, "Rentschler, Frederick Brant." https://www.nationalaviation.org/our-enshrinees/rentschler-frederick-brant/.

M. Buckley, "Mysterious Wartime Death of French Novelist," *BBC News*, Aug. 7, 2004.

J. Latson, "Hired for Their Looks, Promoted For Their Heroism: The First Flight Attendants," *Time*, May 15, 2015. https://time.com/3847732/first-stewardess-ellen-church/.

J. T. Correll, "The Air Mail Fiasco," *Air Force Magazine*, March 2008, pp. 61-65.

T. Walch, *Uncommon Americans: The Lives and Legacies of Herbert and Lou Henry Hoover*, Greenwood Publishing Group, 2003.

미국 국립 공원 홈페이지, "Herbert Hoover, Jr." https://www.nps.gov/people/herbert-hoover-jr.htm.

J. Vogel-Prandtl (English translation by V. V. Ram), *Ludwig Prandtl - A Biographical Sketch, Remembrances and Documents*, The International Centre for Theoretical Physics, 2004.

최선아, 「독일의 문화 민족주의와 비스마르크의 문화 투쟁: 니벨룽겐 신화를 중심으로」, 《서양사학연구》 제40집, 2016년, 119-140쪽.

MAN 홈페이지, "Rudolf Diesel." https://museum.man-es.com/en/historical-figures/rudolf-diesel.

W. H. Hager, "Blasius: A Life in Research and Education," *Experiments in Fluids*, 2003, 34: 566-571.

E. Bodenschatz and M. Eckert, "Prandtl and the Göttingen School," *A Voyage Through Turbulence*, Chapterer 2, Cambridge University Press, 2011.

D. Bloor, *The Enigma of the Airfoil : Rival Theories in Aerodynamics 1909-1930*, University of Chicago Press, 2011.

K. Chang, "STAYING ALOFT; What Does Keep Them Up There?," *The New York Times*, Dec. 9, 2003.

J. A. D. Ackroyd, "Babinsky's Demonstration : The Theory of Flight and Its Historical Background," *Journal of Aeronautical History*, Paper No. 2015/01.

BMW 홈페이지, "The BMW Logo: Meaning and History." https://www.bmw.com/en/automotive-life/bmw-logo-meaning-history-outdated.html.

D. Cassidy, "The Sad Story of Heisenberg's Doctoral Oral Exam," *APS News*, January 1998, p. 3.

W. Heisenberg, "On Stability and Turbulence of Fluid Flows," (English Translation of Über Stabilität und Turbulenz von Flüssigkeitsströmen, 1924, Annalen der Physik, 74: 577-627) 1951, NACA Technical Memorandum 1291.

J. S. Turner, "G. I. Taylor in His Later Years," *Annual Review of Fluid Mechanics*, 1997, 29:1-25.

30장 제국의 몰락

H. Föllmer and U. Küchler, "Richard von Mises," *Mathematics in Berlin*, Birkhäuser Verlag GmbH, 1998.

한배선, 『시장의 착각 경제의 방황』(서해문집, 2013년).

J. M. Herbener, "Ludwig von Mises and the Austrian School of Economics," *The Review of Austrian Economics*, 1991, 5: 33-50.

P. M. Kitromilides, *Eleftherios Venizelos: The Trials of Statesmanship*, Edinburgh University Press, 2006.

앤드루 망고, 곽영완 옮김, 『무스타파 케말 아타튀르크』(애플미디어, 2012년).

D. G. Kendall, "Andrei Nikolaevich Kolmogorov. 25 April 1903-20 October 1987," *Biographical Memoirs of Fellows of the Royal Society*, 1991, 37: 300-319.

M. Seymour, "Young Prince Philip by Philip Eade - Review," *The Guardian*, Jun. 10, 2011.

폰 트랍 가족 공식 홈페이지, "The Story behind the Trapp Family." http://www.villa-trapp.com/history/the-story-behind-the-trapp-family/?L=1.

R. Siegmund-Schultze, *Mathematicians Fleeing from Nazi Germany: Individual Fates and Global Impact*, Princeton University Press, 2009.

31장 유동성과 경제 대공황

A. Kenny, *Wittgenstein*, John Wiley & Sons, 2008.

B. McGuinness, *Wittgenstein: A Life : Young Ludwig, 1889-1921*, University of California Press, 1988.

P. D. M. Spelt and B. McGuinness, "Marginalia in Wittgenstein's Copy of Lamb's Hydrodynamics," *From the Tractatus to the Tractatus and Other Essays*, Peter Lang, 2001.

박지욱, 「천재 화가를 죽게 한 스페인 독감」, 《사이언스 타임스》, 2017년 5월 8일.

J. Riche, "A. N. Whitehead Natural Philosopher," *La Science et le Monde Moderne d'Alfred North Whitehead. Alfred North Whitehead's Science and the Modern World*, Ontos Verlag, 2006, pp. 33-59.

G. Dostaler, *Keynes and His Battles*, Edward Elgar Publishing, 2007.

F. A. Hayek, "My Cousin, Ludwig Wittgenstein," *Encounter*, August 1977, pp. 20-22.

R. W. Dimand and R. G. Betancourt , "Retrospectives: Irving Fisher's Appreciation and Interest (1896) and the Fisher Relation," *Journal of Economic Perspectives*, 2012, 26: 185-196.

L. Taylor, *Maynard's Revenge*, Harvard University Press, 2010.

J. Cassidy, "The Hayek Century," *Hoover Institution Digest*, Jun. 30, 2000. https://www.
  hoover.org/research/hayek-century.

32장 로켓의 정치

F. H. Winter, *Rockets Into Space*, Harvard University Press, 1990.

J. D. Hunley, "The Enigma of Robert H. Goddard," *Technology and Culture*, 1995, 36:
  327-350.

G. S. Settles et al., "Theodor Meyer-Lost Pioneer of Gas Dynamics," *Progress on
  Aerospace Sciences*, 2009, 45: 203-210.

H. Dryden, "Theodore von Kármán, 1881-1963," *Biographical Memoirs*, National
  Academy of Sciences, 1965.

I. Chang, *Thread of the Silkworm*, Hachette, 1995.

G. Pendle, *Strange Angel: The Otherworldly Life of Rocket Scientist John Whiteside Parsons*,
  Harcourt, 2006.

에필로그

최규남, 「자연 과학과 학제」, 《동아일보》, 1950년 6월 26일.

한국민족문화대백과사전, 「최규남」. http://encykorea.aks.ac.kr/Contents/Item/
  E0057213.

노경덕, 「리버럴 아츠(Liberal Arts) 교육」, 《한국일보》, 2015년 12월 3일.

도판 저작권

찾아보기

531

판타 레이

1판 1쇄 펴냄 2021년 12월 31일
1판 9쇄 펴냄 2024년 6월 15일

지은이 민태기
펴낸이 박상준
펴낸곳 ㈜사이언스북스

출판등록 1997. 3. 24.(제16-1444호)
(06027) 서울특별시 강남구 도산대로1길 62
대표전화 515-2000 팩시밀리 515-2007
편집부 517-4263   팩시밀리 514-2329
www.sciencebooks.co.kr

ISBN 979-11-91187-32-8 03400